高级心理测量学丛书

涂冬波　蔡艳　丁树良◎著

认知诊断理论

RENZHI ZHENDUAN

LILUN

北京师范大学出版集团
BEIJING NORMAL UNIVERSITY PUBLISHING GROUP
北京师范大学出版社

图书在版编目(CIP)数据

认知诊断理论/涂冬波，蔡艳，丁树良著. —北京：北京师范大学出版社，2021.1

（高级心理测量学丛书）

ISBN 978-7-303-24468-3

Ⅰ. ①认… Ⅱ. ①涂… ②蔡… ③丁… Ⅲ. ①心理测量学 Ⅳ. ①B841.7

中国版本图书馆 CIP 数据核字(2019)第 002154 号

营　销　中　心　电　话　010-58807651
北师大出版社高等教育分社微信公众号　新外大街拾玖号

出版发行：北京师范大学出版社　　www.bnupg.com
　　　　　北京市西城区新街口外大街 12-3 号
　　　　　邮政编码：100088
印　　刷：北京京师印务有限公司
经　　销：全国新华书店
开　　本：787 mm×1092 mm　1/16
印　　张：19.75
字　　数：371 千字
版　　次：2021 年 1 月第 1 版
印　　次：2021 年 1 月第 1 次印刷
定　　价：85.00 元

策划编辑：何　琳　　　　　责任编辑：王玲玲
美术编辑：李向昕　　　　　装帧设计：李向昕
责任校对：段立超　　　　　责任印制：马　洁

高级心理测量学丛书编委会

主　编：戴海琦　丁树良

编　委：（按音序排名）

蔡　艳　戴步云　董圣鸿　高椿雷

高旭亮　罗　芬　罗照盛　宋丽红

涂冬波　汪文义　熊建华　喻晓峰

郑蝉金

总　序

　　心理与教育测量是评价个体心理特质发展水平状态的重要手段。以项目反应理论为代表的现代测量理论的发展，为指导心理与教育测量研究及实践提供了强大的理论与技术支持。在项目反应理论基础上的参数估计、等值、信息量评价、项目功能差异甄别等技术保证了测验开发更加科学。最近十几年蓬勃兴起的认知诊断评价理论，则将测量理论与技术推向了更加精细化的评价水平上。

　　不过，在国内的心理与教育测量实践中，大多数研究和实践仍然主要是基于经典测量理论基础上的。许多试图使用现代测量理论为指导的研究者由于担心无法很好地把握该理论的原理和方法望而却步。为了让现代测量理论的发展研究成果能够更多地用于指导研究和实践工作，测量学研究者应该做出更多的努力。

　　江西师范大学心理与教育测量研究中心团队在漆书青、戴海琦、丁树良等教授的带领下，从20世纪80年代初开始对现代测量理论进行深入研究，取得了许多理论和实践研究成果，研究团队也进一步发展壮大。随着研究的深入以及研究领域的进一步拓展，加之现代测量理论受到越来越多研究者的关注，江西师范大学心理与教育测量研究中心团队顺应形势和发展需要，基于自身近30年的理论研究和实践积累，出版一套关于高级心理测量的丛书，这是心理与教育研究领域的一件有益之事，也必将进一步推动心理与教育测量理论与技术在中国的发展。

　　2012年，该团队曾经出版了一套围绕项目反应理论研究的丛书，该丛书的出版取得了很好的反响。现在，该团队在前期研究和实践的基础上，准备再出版一套关于高级心理测量的丛书，我听后感到非常高兴，且对中国在现代测量理论领域的发展前景充满信心和期待。

　　高级心理测量学丛书主要有：《计算机化自适应测验：理论与方法》《认知诊断理论》《认知诊断评价理论基础》《高级认知诊断》《Q矩阵理论及认知诊断测验的编制》以及《智慧化测评的理论与技术》等著作。这套丛书包括了当今国际上比较前沿的研究领域，涉及计算机化自适应测验、认知诊断理论和智慧化测评等，这对于推动中国的心理测量学发展及其为实践服务具有重要意义。

　　值此丛书即将付梓出版之际，作为与江西师范大学心理与教育测量研究团队交流合作多年的同行，我倍感欣慰，特作此短序以示祝贺，并希望他们在今后取得更多的研究成果和更大的发展。

张华华

于美国伊利诺伊大学香槟校区

2017 年 5 月

张华华教授简介

专业领域：心理学、教育心理学、统计学。

美国伊利诺伊大学香槟校区（University of Illinois Urbana-Champaign）终身教授，世界著名心理测量学杂志《应用心理测量》（*Applied Psychological Measurement*）主编，世界心理计量学会 2012—2013 年主席（President of the International Psychometric Society for 2012—2013），全美教育研究学会院士（AERA Fellow）。

前　言

应读者要求，我们在 2012 年出版的著作《认知诊断理论、方法与应用》(涂冬波、蔡艳、丁树良，北京师范大学出版社出版)的基础上，对书稿进行了部分修订、完善与补充，编写了《认知诊断理论》一书。本书是作者基于多年来对认知诊断的研究及实践而编写的，书中对认知诊断的相关理论、方法、技术及应用等进行了全面、详细的阐述。本书具有以下特色：

第一，注重认知诊断的理论、方法与实践的结合。本书较系统地阐述了认知诊断的基本理论和方法(如第一章至第三章等)，并对相关理论、方法如何在实际中应用进行了翔实介绍(如第四章、第十章等)。

第二，注重学术前沿性。本书紧跟国际研究形势，结合作者最新的研究成果，对当前国际上较前沿的计算机化自适应认知诊断测验(第五章)、多级评分认知诊断模型(第六章)、群体水平认知诊断(第七章)，以及认知诊断相关的新技术(第八、第九和第十一章)进行了介绍。

第三，适合不同的读者群。认知诊断被视为新一代测量理论的核心，它涉及较为复杂的数理统计知识及测量学知识，因此，作者在撰写过程中，充分考虑了不同的读者群，尽量使其通俗易懂。本书既可以作为入门者的读物，也可作为心理测量学专业学者的参考书。

本书编写工作主要分工如下：

涂冬波：第一章，第二章，第三章(第一节至第六节及第八节)，第五章，第六章
　　　　(第一节、第二节)，第十章(第一节)和第十一章。

宋丽红：第三章(第七节)。

许志勇、丁树良、汪文义、涂冬波：第四章。

祝玉芳：第六章(第三节)。

蔡　艳：第七章。

丁树良：第八章。

汪文义：第九章(第一节)。

喻晓锋：第九章(第二节)。

毛萌萌：第九章(第三节)。

曹慧媛：第九章(第四节)。

陈　平：第九章(第五节)。

刘润香：第十章(第二节)。

全书最后由涂冬波统稿。统稿过程中得到了戴海琦先生及美国伊利诺伊大学香槟校区终身教授张华华先生的帮助，还得到了江西师范大学心理学院各位领导及老师的支持，在此一并表示感谢！

限于时间及能力，本书仍有许多不足之处，恳请广大读者批评指正(邮箱：tudongbo@aliyun.com)。

涂冬波

2021 年 1 月

于江西师范大学心理统计与测量中心

目 录
CONTENTS

第一章 新一代测验理论与认知诊断

测验理论本质上探讨的是测验分数与测验所测属性的关系，其发展可分为标准测验理论与新一代测验理论两个阶段。标准测验理论强调对被试宏观能力水平的评价，属于"能力水平研究范式"，经典测量理论、项目反应理论和概化理论均属于标准测验理论；新一代测验理论强调心理测量学与认知心理学的结合，强调问题解决的认知加工模型在测验编制中的指导作用，强调个体宏观能力水平评估和微观心理加工过程评估并重，它属于"认知水平研究范式"，而认知诊断是新一代测验理论的核心。本章重点介绍了认知诊断的基本概念、理论基础、基本过程等。

第一节　新一代测验理论

一、心理与教育测验理论的发展

格里克森(Gulliksen，1961)指出，测验理论(test theory)的本质是讨论测验分数与测验所测属性(attribute)的关系，也就是讨论测验分数对所测属性的解释力。测验理论包括两大块内容：一是测验的开发、编制和应用；二是对测验资料的统计和评估。

自比纳和桑代克时期以来，心理与教育测验理论经过一百多年的发展，先后出现了经典测量理论(classical test theory，CTT)，概化理论(generalizability theory，GT)和项目反应理论(item response theory，IRT)。这些理论对解决许多心理问题、教育问题，甚至其他学科中的实际问题起了很大作用。尤其是项目反应理论，它在计量模型开发、测验开发编制、项目分析、测验等值(test equating)、项目功能差异(different item function，DIF)侦查、项目自动生成(item generation)、测验组卷、题库建设(item banking)、计算机化自适应测验(computerized adaptive testing，CAT)等方面做出了突出贡献，极大丰富了测验理论及其在实际中的应用，可谓是开辟了测验理论的新纪元。

米斯利维(Mislevy，1993)指出，测验理论的发展大致可分为两大阶段：标准测验理论(standard test theory)阶段和新一代测验理论(test theory for a new generation of tests)阶段。经典测量理论、概化理论及项目反应理论都属于标准测验理论，该理论强调对被试宏观能力水平的测量及评估，但忽视了对被试微观的内部心理加工过程的测量及评估。标准测验理论通常把其所测的宏观心理特质视为一个心理学意义并不明晰的"统计结构"，从而导致其对测验结果的解释缺乏心理学的证据。在标准测验理论阶段，人们所采用的心理计量模型(psychometric models)也只是对被试的宏观水平进行评估，而不能更为细致地反映被试作答的内部心理加工机制。米斯利维将这种研究视野称为"能力水平研究范式"(ability level paradigm)。

二、新一代测验理论的产生

随着心理测量学和认知心理学的进一步发展，人们越来越不满足只关注个体宏观层次的能力水平评估，还希望深入了解个体内部微观心理加工过程，进而揭示传统标准测验理论"统计结构"所蕴含的心理学意义。米斯利维将这种研究视野称为"认知水平研究范式"(cognition level paradigm)。

弗雷德里克森(Frederiksen)、米斯利维和贝贾尔(Bejar)编著的专著 *Test theory for a new generation of tests* 的出版,标志着新一代测验理论的诞生。新一代测验理论强调测验应同时在"能力水平"和"认知水平"两种水平的研究范式下进行,强调用心理学理论(尤其是认知心理学理论)来指导测验编制,从而使测验所测量的特质及对测量结果的解释具有心理学理论支持;同时新一代测验理论强调个体宏观能力水平评估和微观心理加工过程评估并重。当然,新一代测验理论至少需要两方面的理论支持:一方面是问题解决的认知加工模型;另一方面是基于现代测验理论的测量模型。并且,这些测量模型能够把认知变量直接融合进去,这种直接融合了认知变量的心理测量模型(如认知诊断模型),为实现对个体内部心理加工过程的测量及评估提供了基础及保障。

总之,新一代测验理论强调心理测量学与认知心理学的结合,强调问题解决的认知加工模型在测验编制中的指导作用,强调个体宏观能力水平评估和微观心理加工过程评估并重。而这些都是新一代测验理论的典型特征。

在新一代测验理论中,认知诊断被视为核心。认知诊断是认知心理学与现代测量学相结合的产物,也是当前心理测量学研究的一个重要热点。认知诊断把认知与测量结合起来,对个体的评价不再只是做宏观能力层面的评估,还要对个体内部微观认知结构进行诊断,以进一步揭示个体内部心理加工过程。

认知诊断(cognitive diagnosis)有助于人们更好地了解个体内部的心理活动规律及加工机制,实现对个体认知发展实况(含优点与缺陷)的诊断评估,以促进个体全面发展。目前关于认知诊断的研究受到了国内外研究者和应用者的广泛关注。

第二节　认知诊断概述

传统的测验理论(CTT 与 IRT)关注的焦点是测验分数,对测验分数这一结果背后所隐藏的心理内部加工过程、加工技能、认知结构/知识结构等无法提供进一步的信息。这一现象在教育测验中表现得更为突出,如学生期中/期末考试、中考、高考等,这些测验主要是关注考生所取得的学习成果,测验功能也仅局限为对考生在一个笼统的宏观层面上进行能力评价及在此基础上对考生进行筛选。对于分数相同的学生常常具有的不同的认知结构、加工技能、认知策略或知识状态常予以漠视,更无法做出合理的分析与解释。传统的测验理论并不能进一步详细地提供关于学生对知识的掌握情况、学生的认知结构如何、学生解题的认知加工过程是什么等的信息,更不能为教师有针对性地对学生进行教学补救及开展因材施教提供指导。

当前人们已不满足于仅给学生一个简单的测验分数，而希望测验能够提供认知诊断信息，能够报告学生的知识结构、加工技能等，帮助人们进行有针对性的补救教学以有效促进教育发展。特别是 2001 年，美国政府通过法案(*No Child Left Behind Act of 2001*)规定美国所有实施的测验应该给家长、教师及学生提供诊断信息。当前美国社会主流舆论认为，只考试不诊断或者只诊断而不进行补救教学，都是不负责任的表现。人们对认知诊断的重视程度可见一斑。随着我国教育改革的深入发展，认知诊断已成为日益重要的研究课题。

一、认知诊断基本概念

(一)认知诊断

在测量学中，人们通常把对个体的认知过程、加工技能或知识结构的诊断评估称为认知诊断评估或认知诊断(cognitive diagnosis assessment)。莱顿和吉尔(Leighton & Gierl，2007a)在其编著的专著中指出，认知诊断是用于测量个体特定的知识结构(knowledge structure)和加工技能(processing skills)的。杨向东和恩布雷森(Yang & Embretson，2007)认为心理或教育中的认知诊断测验至少应测量三方面的认知特性(cognitive characteristics)。一是特定认知领域中较重要的技能或知识。这些技能或知识是构建更高层能力的基础。二是知识结构。知识结构不仅表明了知识、技能的数量或多少，还表明了人们是如何对这些知识、技能进行组织的。三是认知过程。总之，认知诊断建立在传统测验理论的基础上，但它更为强调测验/测量要深入考查被试内部的心理加工过程。

(二)认知诊断模型

要实现对人的内部心理加工过程的测量、诊断、评估不是易事，因为人们无法观察到个体头脑中的思考过程，而只能得到他们对于测验项目的解答结果。为此，心理测量学家、认知心理学家等对此进行了大量艰苦的并具有创造性的尝试和工作，新一代测验理论由此诞生，认知诊断则是新一代测验理论的核心。认知诊断充分吸收了认知心理学对人类认知加工过程的内在机制的研究的丰富成果及独特研究范式，开发出了具有认知诊断功能的心理计量模型(简称认知诊断模型，cognitive diagnosis models，CDMs)，并将认知心理学研究成果直接纳入计量模型中，从而实现对被试内部心理加工过程的测量，进而为人们提供认知诊断信息。因此，认知诊断模型是一种测量模型，是用于实现认知诊断功能的数学模型。当前常用的认知诊断模型主要是基于项目反应理论框架并融入了认知变量的测量模型，如规则空间模型(Rules Space Model，RSM)，属性层级模型(Attribute Hierarchy Model，AHM)，决定性输入噪声与门模型(Deterministic inputs，noisy "and" gate model，DINA 模型），融合模型（Fusion Model，FM），多维项目反应理论（Multidimentional Item Response Theory，MIRT）模型等。

（三）认知模型

认知诊断中的认知模型主要是指问题解决的认知加工模型，它是基于认知心理学研究下所构建的问题解决的心理加工机制的模型，认知模型又被称为认知加工模型。莱顿、吉尔和亨卡（Leighton，Gierl ＆ Hunka，2004）认为目前大多认知理论（含认知模型）难以用于评估和诊断；戈林（Gorin，2007）认为在教育测量领域，目前认知心理学家还未开发出适用于成就测验的认知模型，因此，在这种情况下，戈林提倡测验编制者应开发自己的认知模型来指导测验编制。研究者应大量使用认知心理学的研究范式来构建任务解决的认知模型，以指导认知诊断测验的开发。

（四）认知属性

认知诊断是基于认知加工过程的诊断，是对个体认知加工过程中所涉及的认知属性（cognitive attribute）的诊断。塔苏卡（Tatsuoka，1990）把"属性"描述为产生式规则（production rule）、程序性操作、项目类型或更一般的认知任务；奇普曼、尼科尔斯和布伦南（Chipman，Nichols ＆ Brennan，1995）认为"属性"指成功完成任务的认知过程或认知技能；莱顿、吉尔和亨卡（Leighton，Gierl ＆ Hunka，1999）认为"属性"是对完成某一领域问题所需的陈述性或程序性知识的描述；莱顿和吉尔（Leighton ＆ Gierl，2007a）认为教育测量中的"属性"是指完成任务所应具备的知识结构和加工技能。总之，不同学者均用"认知属性"一词来描述被试正确完成任务所需的知识、技能、策略等，它是对被试问题解决心理内部加工过程的一种描述。

（五）属性层级关系

莱顿、吉尔和亨卡（Leighton，Gierl ＆ Hunka，2004）根据大量认知心理学研究成果［如库恩（Kuhn，2001），沃斯尼阿多和布鲁尔（Vosniadou ＆ Brewer，1992）的研究成果］认为，认知属性不是独立的，它从属于一种相互关联的网络，认知属性间可能存在一定的心理顺序、逻辑顺序或层级关系，由此提出了 AHM，并用属性层级关系（attribute hierarchy）图来表征相关任务的认知模型。莱顿、吉尔和亨卡（Leighton，Gierl ＆ Hunka，2004）指出属性层级关系有四种基本类型，分别为线型、收敛型、分支型和无结构型（如图 1-1），且这四种基本类型可组合成更为复杂的网络层级关系（complex networks of hierarchies）。

如图 1-1 所示，A 线型中属性 A1、A2 和 A3 是属性 A4 的先决条件。具体地说，属性 A1 是属性 A2 的先决条件，即被试只有先掌握了属性 A1，才有可能掌

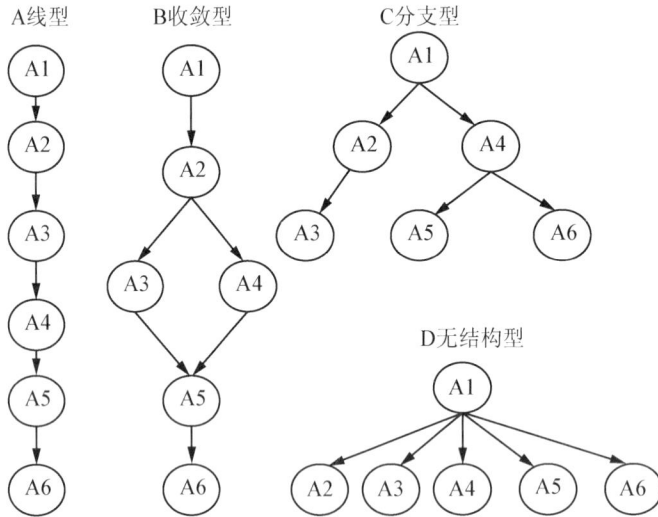

图 1-1　属性间层级关系的四种类型

握属性 A2。在线型层级中，如果没有掌握属性 A1，那么是不可能掌握其他的属性的。D 无结构型是一种非结构化的层级，它呈现了另一种可能出现的层级结构的极端形式。在 D 无结构型中，属性 A1 是属性 A2—A6 的先决条件，它不像 A 线型中属性 A2 是 A3 的先决条件，在这种层级中属性 A2—A6 5 个属性之间没有次序，呈并列无结构关系。B 收敛型呈现了一个有收敛的层级，属性 A2 是属性 A3 和 A4 的先决条件，但 A3 和 A4 两个属性同是属性 A5 的先决条件(只有同时掌握了 A3 和 A4 才能掌握 A5)。C 分支型呈现了一个具有分叉分支的层级。这种层级可被用来描述在某一具体领域解决问题所需的认知加工的整个次序。图 1-1 的这些层级结构能结合起来组成越来越复杂的层级网络，其复杂性随认知问题解决的任务而变化。

二、Q 矩阵理论

(一)Q 矩阵理论

"Q 矩阵"首先由恩布雷森提出，后经塔苏卡(Tatsuoka，1995)完善并形成了"Q 矩阵理论"。Q 矩阵理论主要是要确定测验项目所测的不可观察的认知属性，并把它们转化为可观察的项目反应模式，将被试不可直接观察的认知状态与在项目上可观察的作答反应相连接，从而为进一步了解并推测被试的认知状态提供基础。Q 矩阵理论有几个核心概念：Q 矩阵，邻接矩阵(adjacency matrix，简称 A 矩阵)，可达矩阵(reachability matrix，简称 R 矩阵)，理想掌握模式(ideal master pattern，IMP)，典型项目考核模式及理想反应模式(ideal response pattern，IRP)等。现以图 1-2 的层级关系为例对这些概念进行说明。

（二）Q 矩阵

Q 矩阵是描述测验项目与属性间关系的矩阵，它一般由 J（J 指测验项目数）行 K（K 指测验测量的属性个数）列的 0—1 矩阵组成，若 $Q_{jk}=1$ 代表项目 j 测量了属性 k，若 $Q_{jk}=0$ 代表项目 j 未测量属性 k。表 1-1 是某一含 20 个项目和 4 个认知属性的测验 Q 矩阵（20×4 的 Q 矩阵），其中第 1 题和第 19 题只测量了属性 A1，第 2 题测量了属性 A1、A2 和 A4，其余类推。

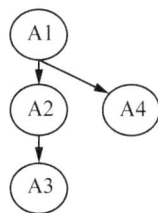

图 1-2　四个属性的层级关系

表 1-1　含 20 个项目的测验 Q 矩阵

属性　\　项目	A1	A2	A3	A4
1	1	0	0	0
2	1	1	0	1
…	…	…	…	…
19	1	0	0	0
20	1	1	1	1

（三）邻接矩阵（A 矩阵）

A 矩阵是反映认知属性间直接关系（不含间接关系和自身关系）的矩阵。它是一个由 K 行 K 列（K 指属性个数）的 0—1 矩阵组成的矩阵，如果认知属性间存在直接关系，则在 A 矩阵中相应的元素用"1"表示，否则用"0"表示。图 1-2 中，只有属性 A1 与 A2、A1 与 A4，A2 与 A3 间有直接关系，其余均无直接关系。因此，图 1-2 的属性间的 A 矩阵为（只有三个元素为 1）：

$$A=\begin{array}{c|cccc} & A1 & A2 & A3 & A4 \\ \hline A1 & 0 & 1 & 0 & 1 \\ A2 & 0 & 0 & 1 & 0 \\ A3 & 0 & 0 & 0 & 0 \\ A4 & 0 & 0 & 0 & 0 \end{array}。$$

（四）可达矩阵

可达矩阵是反映认知属性间直接关系、间接关系和自身关系的矩阵。它也是一个由 K 行 K 列（K 指属性个数）的 0—1 矩阵组成的矩阵，如果认知属性间存在直接关系、间接关系或自身关系中的任何一种，则在可达矩阵（R 矩阵）中相应的元素用"1"表示，否则用"0"表示。图 1-2 属性间的可达矩阵为：

$$\boldsymbol{R} = \begin{array}{c|cccc} & A1 & A2 & A3 & A4 \\ \hline A1 & 1 & 1 & 1 & 1 \\ A2 & 0 & 1 & 1 & 0 \\ A3 & 0 & 0 & 1 & 0 \\ A4 & 0 & 0 & 0 & 1 \end{array}。$$

为了更为方便地获取 $\boldsymbol{R}$ 矩阵，人们求得了它的算法 $\boldsymbol{R} = (\boldsymbol{A} + \boldsymbol{I})^n$，$\boldsymbol{I}$ 为单位矩阵，也就是随着 $(\boldsymbol{A} + \boldsymbol{I})$ 的次方（$n = 1$，2，3，…）不断增加，当其值稳定不变时，则为可达矩阵。在进行矩阵乘法（或次方）运算时，若矩阵中的元素大于"1"，则需进行布尔转换，即将所有大于"1"的元素转换为"1"。按此算法，图 1-2 中的 $\boldsymbol{R}$ 矩阵的求取过程如下。

解：①求取 $(\boldsymbol{A} + \boldsymbol{I})^n$。

$$\boldsymbol{A} = \begin{array}{c|cccc} & A1 & A2 & A3 & A4 \\ \hline A1 & 0 & 1 & 0 & 1 \\ A2 & 0 & 0 & 1 & 0 \\ A3 & 0 & 0 & 0 & 0 \\ A4 & 0 & 0 & 0 & 0 \end{array} \qquad \boldsymbol{A} + \boldsymbol{I} = \begin{array}{c|cccc} & A1 & A2 & A3 & A4 \\ \hline A1 & 1 & 1 & 0 & 1 \\ A2 & 0 & 1 & 1 & 0 \\ A3 & 0 & 0 & 1 & 0 \\ A4 & 0 & 0 & 0 & 1 \end{array}$$

$$(\boldsymbol{A} + \boldsymbol{I})^2 = \begin{array}{c|cccc} & A1 & A2 & A3 & A4 \\ \hline A1 & 1 & 2 & 1 & 2 \\ A2 & 0 & 1 & 2 & 0 \\ A3 & 0 & 0 & 1 & 0 \\ A4 & 0 & 0 & 0 & 1 \end{array} \xrightarrow{\text{布尔转换}} (\boldsymbol{A} + \boldsymbol{I})^2 = \begin{array}{c|cccc} & A1 & A2 & A3 & A4 \\ \hline A1 & 1 & 1 & 1 & 1 \\ A2 & 0 & 1 & 1 & 0 \\ A3 & 0 & 0 & 1 & 0 \\ A4 & 0 & 0 & 0 & 1 \end{array}$$

$$(\boldsymbol{A} + \boldsymbol{I})^3 = \begin{array}{c|cccc} & A1 & A2 & A3 & A4 \\ \hline A1 & 1 & 3 & 3 & 3 \\ A2 & 0 & 1 & 3 & 0 \\ A3 & 0 & 0 & 1 & 0 \\ A4 & 0 & 0 & 0 & 1 \end{array} \xrightarrow{\text{布尔转换}} (\boldsymbol{A} + \boldsymbol{I})^3 = \begin{array}{c|cccc} & A1 & A2 & A3 & A4 \\ \hline A1 & 1 & 1 & 1 & 1 \\ A2 & 0 & 1 & 1 & 0 \\ A3 & 0 & 0 & 1 & 0 \\ A4 & 0 & 0 & 0 & 1 \end{array}。$$

②求取 $\boldsymbol{R}$ 矩阵。

$$\boldsymbol{R} = (\boldsymbol{A} + \boldsymbol{I})^2 = (\boldsymbol{A} + \boldsymbol{I})^3 = \begin{array}{c|cccc} & A1 & A2 & A3 & A4 \\ \hline A1 & 1 & 1 & 1 & 1 \\ A2 & 0 & 1 & 1 & 0 \\ A3 & 0 & 0 & 1 & 0 \\ A4 & 0 & 0 & 0 & 1 \end{array}。$$

(五)理想掌握模式或知识状态(knowledge states，KS)

理想掌握模式是指根据属性间的层级关系，得出的符合逻辑的掌握模式。理想掌握模式通常也被称为知识状态或认知结构。它是一个 K 列 0—1 矩阵，"1"代表掌握了该属性，"0"代表未掌握。如图 1-2，共有四个属性，则被试所有可能的掌握模式种类共 $2^4 = 16$ 种，见表 1-2。

表 1-2 四个属性所有可能的掌握模式(16 种)

	A1	A2	A3	A4
1	0	0	0	0
2	1	0	0	0
3	0	1	0	0
4	0	0	1	0
5	0	0	0	1
6	1	1	0	0
7	1	0	1	0
8	1	0	0	1
9	0	1	1	0
10	0	1	0	1
11	0	0	1	1
12	1	1	1	0
13	1	1	0	1
14	1	0	1	1
15	0	1	1	1
16	1	1	1	1

但根据图 1-2 中的属性间的层级关系，我们知道掌握属性 A2 以掌握属性 A1 为前提，即只有掌握了属性 A1 才有可能掌握属性 A2，因此掌握模式(0，1，0，0)是不合逻辑的，其余类推。由此，我们可以发现所有可能的 16 种掌握模式中只有 7 种是符合图 1-2 的逻辑关系的(见表 1-2 中有阴影的模式)。因此图 1-2 的被试理想掌握模式(知识状态)共 7 种，分别为(0，0，0，0)、(1，0，0，0)、(1，1，0，0)、(1，0，0，1)、(1，1，1，0)、(1，1，0，1)、(1，1，1，1)。

扩张算法(augment algorithm)：理想掌握模式一般可以通过属性间的逻辑关系得出，但当属性个数较多时，仅用人工根据逻辑关系进行判断比较费时，下面介绍一种获取理想掌握模式的算法——扩张算法(丁树良，罗芬，蔡艳，林海菁，汪文义，2008)。该算法以 $\boldsymbol{R}$ 矩阵为基础，$\boldsymbol{R}$ 矩阵的每列就代表一种掌握模式。从

R 矩阵的第一列开始循环，每列分别与后面所有的列进行布尔加法运算（$1+1=1$，$1+0=1$，$0+0=0$），若出现了与前面不同的新列（新掌握模式），则在 R 矩阵后面加上该新列（否则不加），直至所有列的循环结束。循环结束后在新的矩阵上再增加全为 0 的列（全部未掌握的模式），该矩阵的所有列即为理想掌握模式。以图 1-2 的层级关系为例，

$$
R = \begin{array}{c|cccc}
 & A1 & A2 & A3 & A4 \\
\hline
A1 & 1 & 1 & 1 & 1 \\
A2 & 0 & 1 & 1 & 0 \\
A3 & 0 & 0 & 1 & 0 \\
A4 & 0 & 0 & 0 & 1
\end{array} 。
$$

解：①从第一列开始循环，分别与后面的其他列进行布尔加法运算，可得

$$
R1 = \begin{array}{c|cccc|ccc}
 & A1 & A2 & A3 & A4 & & & \\
\hline
A1 & 1 & 1 & 1 & 1 & 1 & 1 & 1 \\
A2 & 0 & 1 & 1 & 0 & 1 & 1 & 0 \\
A3 & 0 & 0 & 1 & 0 & 0 & 1 & 0 \\
A4 & 0 & 0 & 0 & 1 & 0 & 0 & 1
\end{array} 。
$$

新增的三列与前面的列均有重复，因此不加入 R 矩阵中，所以第一次循环后仍是 R 矩阵本身，即 $R1 = R$。

$$
R1 = \begin{array}{c|cccc}
 & A1 & A2 & A3 & A4 \\
\hline
A1 & 1 & 1 & 1 & 1 \\
A2 & 0 & 1 & 1 & 0 \\
A3 & 0 & 0 & 1 & 0 \\
A4 & 0 & 0 & 0 & 1
\end{array} 。
$$

②从第二列开始循环，分别与后面的第三列和第四列进行布尔加法运算，可得：

$$
R2 = \begin{array}{c|cccc|cc}
 & A1 & A2 & A3 & A4 & & \\
\hline
A1 & 1 & 1 & 1 & 1 & 1 & 1 \\
A2 & 0 & 1 & 1 & 0 & 1 & 1 \\
A3 & 0 & 0 & 1 & 0 & 1 & 0 \\
A4 & 0 & 0 & 0 & 1 & 0 & 1
\end{array} 。
$$

新增的二列中，$(1，1，1，0)$ 与前面的列有重复，因此 $(1，1，1，0)$ 不加入 $R1$ 矩阵中。$(1，1，0，1)$ 与前面的所有列没有重复，因此加入 $R1$ 矩阵中。这样 $R2$ 共有 5 列，如下：

$$\mathbf{R}2= \begin{array}{c|cccc|c} & A1 & A2 & A3 & A4 & \\ \hline A1 & 1 & 1 & 1 & 1 & 1 \\ A2 & 0 & 1 & 1 & 0 & 1 \\ A3 & 0 & 0 & 1 & 0 & 0 \\ A4 & 0 & 0 & 0 & 1 & 1 \end{array}。$$

③从第三列开始循环，分别与后面的第四列和第五列进行布尔加法运算，可得：

$$\mathbf{R}2= \begin{array}{c|cccc|ccc} & A1 & A2 & A3 & A4 & & & \\ \hline A1 & 1 & 1 & 1 & 1 & 1 & 1 & 1 \\ A2 & 0 & 1 & 1 & 0 & 1 & 1 & 1 \\ A3 & 0 & 0 & 1 & 0 & 0 & 1 & 1 \\ A4 & 0 & 0 & 0 & 1 & 1 & 1 & 1 \end{array}。$$

新增的两列都为(1，1，1，1)，且与前面的列无重复，因此(1，1，1，1)加入$\mathbf{R}2$矩阵中，则$\mathbf{R}3$共 6 列，如下：

$$\mathbf{R}3= \begin{array}{c|cccc|cc} & A1 & A2 & A3 & A4 & & \\ \hline A1 & 1 & 1 & 1 & 1 & 1 & 1 \\ A2 & 0 & 1 & 1 & 0 & 1 & 1 \\ A3 & 0 & 0 & 1 & 0 & 0 & 1 \\ A4 & 0 & 0 & 0 & 1 & 1 & 1 \end{array}。$$

④从第四列开始循环，分别与第五列和第六列进行布尔加法运算，无新的列生成，$\mathbf{R}4=\mathbf{R}3$。

⑤从第五列开始循环，与第六列进行布尔加法运算，也无新的列生成，$\mathbf{R}5=\mathbf{R}4$。

循环结束，再加上全部未掌握的(0，0，0，0)，$\mathbf{R}5$共 7 列，即

$$\mathbf{R}5= \begin{array}{c|cccc|ccc} & A1 & A2 & A3 & A4 & & & \\ \hline A1 & 1 & 1 & 1 & 1 & 1 & 1 & 0 \\ A2 & 0 & 1 & 1 & 0 & 1 & 1 & 0 \\ A3 & 0 & 0 & 1 & 0 & 0 & 1 & 0 \\ A4 & 0 & 0 & 0 & 1 & 1 & 1 & 0 \end{array}。$$

$$\begin{array}{c}理想掌\\握模式\end{array}= \begin{array}{c|ccccccc} & 1 & 2 & 3 & 4 & 5 & 6 & 7 \\ \hline A1 & 1 & 1 & 1 & 1 & 1 & 1 & 0 \\ A2 & 0 & 1 & 1 & 0 & 1 & 1 & 0 \\ A3 & 0 & 0 & 1 & 0 & 0 & 1 & 0 \\ A4 & 0 & 0 & 0 & 1 & 1 & 1 & 0 \end{array},$$

即被试的理想掌握模式共 7 种，分别为(0，0，0，0)，(1，0，0，0)，(1，1，0，0)，(1，0，0，1)，(1，1，0，1)，(1，1，1，0)，(1，1，1，1)。

（六）典型项目考核模式

典型项目考核模式是指根据属性间的层级关系，确定所有合逻辑的测验项目考核模式种类。它与理想掌握模式类似，对于被试而言，考查的是属性是否掌握；而对于测验项目而言，主要是看属性是否被测量或被考核。典型项目考核模式的获取与理想掌握模式的获取原理一致，但它比理想掌握模式少一种，即全为0的模式（测验项目不会一个属性都不考核，否则被试也没有必要进行测验）。因此，图 1-2 中的典型项目考核模式共 6 种，分别为 $(1, 0, 0, 0)$、$(1, 1, 0, 0)$、$(1, 0, 0, 1)$、$(1, 1, 0, 1)$、$(1, 1, 1, 0)$、$(1, 1, 1, 1)$。

$$\text{典型项目考核模式} = \begin{array}{c|cccccc} & 1 & 2 & 3 & 4 & 5 & 6 \\ \hline A1 & 1 & 1 & 1 & 1 & 1 & 1 \\ A2 & 0 & 1 & 1 & 0 & 1 & 1 \\ A3 & 0 & 0 & 1 & 0 & 0 & 1 \\ A4 & 0 & 0 & 0 & 1 & 1 & 1 \end{array}$$

（七）理想反应模式

理想反应模式是指在被试不存在任何失误和猜测等条件下，被试对项目的作答反应情况。即若被试掌握了项目考核的所有属性则被试答对该题，若被试至少有一个项目考核属性未掌握，则被试答错该题。例如，掌握模式为 $(1, 1, 0, 0)$ 的被试对项目考核模式为 $(1, 0, 0, 0)$ 和 $(1, 1, 0, 1)$ 的两道题的理想反应为 $(1, 0)$，即能答对第一题，但答错第二题。如果测验被试数为 I，项目数为 J，则理想反应模式是一个 I 行 J 列的 0—1 矩阵，0 代表答对，1 代表答错。

三、认知诊断的理论基础

要真正实现测验的认知诊断功能，离不开以下三大理论：现代认知心理学、心理测量学、现代统计数学和计算机科学。

第一，现代认知心理学的发展。现代认知心理学研究人的心理活动和心理加工过程（如学生的解题过程），并将之模型化，它能为测验编制提供心理学理论支持，并直接指导测验项目的开发和编制。认知心理学的分析不仅可以明确被试正确作答所需的知识、技能、解题策略与加工过程，还可以明确项目特征和刺激条件与作答反应的关系，从而有力地提高编制过程中对难度等性能的预控性。所以，它是测验实现认知诊断功能的前提条件。

第二，心理测量学的发展，尤其是以现代项目反应理论为基础的计量心理学的发展。测验认知诊断功能的实现，必须有相应的具有认知诊断功能的心理计量模型，这种心理计量模型要能将认知心理学理论融入心理测量学模型（认知诊断模型）中，也即能把项目所含的认知属性等信息合并到合适的数学模型中，从而将个体的认知结构数学模式化。这样，也就能定性、定量相结合地来考查学生的认知结构和个别差异，实现对个体认知状况的诊断。

第三，现代统计数学和计算机科学的发展。以项目反应理论等计量技术为基础的认知诊断模型，一般都是比较复杂的，而且实现了具有相当高度的数学形式化。同时，要对实现数据进行深入分析和对模型中的未知参数进行估计，必须有相关统计数学和计算机科学的支持，否则，认知诊断模型就会仅有学术理论上的认识价值，而不能真正为实际工作服务。

四、认知诊断的基本过程

认知诊断包含一系列复杂的过程，主要有确定诊断目标、确定并验证认知属性及属性层级关系、认知诊断测验的设计及编制、获取诊断信息及诊断结果报告并采取有针对性的补救措施等步骤，具体可见图1-3。

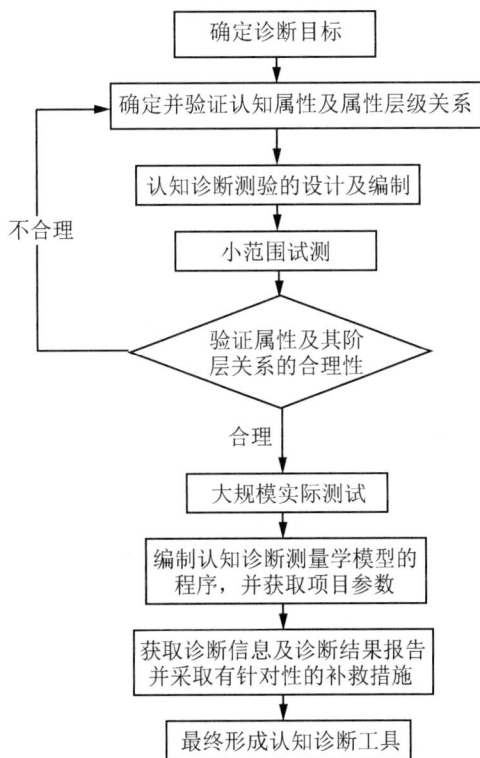

图1-3　认知诊断的基本过程

认知诊断的具体过程如下。

（1）诊断目标的确定。

比如，在教育诊断中，应确定是对哪个学科进行诊断，是该学科的单元诊断还是期末终结性诊断，同时还必须明确诊断的具体内容等。例如，英语学科的语法诊断、阅读理解诊断、听力理解诊断等。

（2）确定诊断目标所涉及的认知属性及属性间的层级关系。

这一步骤主要是构建相应问题解决的认知加工模型。对于第一步确定的诊断目标需进行一定的认知心理学分析，如认知过程分析。依据认知心理学基本理论和方法，分析个体在解决这类任务（解答这类问题）时，所经历的心理历程，也即认知过程，具体确定这一诊断目标所涉及的知识结构及认知技能（以下均简称认知属性）。心理学通常把这一步称为认知分析或诊断性认知模型（cognitive model for diagnosis）的构建。当然，对于所构建的认知模型或认知分析的结果应进行检验，以验证所认定的认知属性是否为关键属性，属性间的层级关系是否合理。

认知属性的确定方法，一般有以下几种：专家确定法、口语报告法、回顾文献法等。专家确定法主要是由学科领域专家从学科知识及其丰富的教学经验的角度出发，给出具体的认知属性。口语报告法（verbal reports）是指研究者在进行实验时，要求正在试图解答问题或解答测验题目的被试报告头脑中的思维过程，或实验后，要求被试回忆并讲述其思维过程。口语报告法使被试内部的认知过程经口语而外显化，通过分析报告，可以探索不能直接观察的人类信息加工的内部过程。例如，对于作答试题"6＋9÷3"，若学生的口语报告为"6 加 9 等于 15，15 除以 3 等于 5，答案为 5"，通过分析口语报告我们可以发现这道试题至少考核了加法、除法和四则运算的先后顺序三个认知属性。回顾文献法主要是回顾前人的研究成果，得出认知属性，它更多的是回顾心理学及其他具体学科在这一领域中的研究成果，从而确定认知属性。

（3）认知诊断测验的正式编制。

用第（2）步所确定的认知属性及属性间的层级关系来指导认知诊断测验的编制，本书在第二章会对其进行详细介绍。

（4）认知属性及属性层级关系的验证。

认知诊断测验的编制是在确认了认知属性及属性层级关系的前提下完成的，因此认知属性及属性层级关系的合理性直接决定了认知诊断测验的合理性及科学性。故应对认知属性及属性层级关系进行科学的认证和验证。一方面，需验证所认定的认知属性是否完备，即诊断目标下的重要认知属性是否都认定准了。可以采用回归分析的统计方法进行验证，即通过建立项目难度对认知属性的回归，考查认知属性对项目难度的解释能力，若所认定的认知属性能解释 60％以上的项目难度，则说明所认定的认知属性基本可靠；另一方面，需验证属性间的层级关系（对于不考虑属性层级关系的情况，此步检验可以省略），可采用层级一致性指标（hierarchy consistency index，HCI；崔颖、莱顿、吉尔和亨卡，2006）或结构方程模型进行验证。当然这一步的验证都是建立在测验已编制好了，并采集到了被试相应的作答数据的基础上的。只有当验证通过了，才说明所认定的认知属性及其层级关系合理，而在此基础之上编制的认知诊断测验才较为有效。这时，方能进入第（5）步，否则，还需要重新回到第（2）步。

(5)大规模的测试及诊断信息的获取。

认知诊断评估更多的是建立在 IRT 的框架之下的，它对于样本容量的要求相对要高，因此需要大规模的测试，对于被试抽样应根据诊断对象、目标等因素确定具体的抽样方法、原则和样本容量，然后再进行施测。之后，再对测试数据采用相关的认知诊断模型进行参数估计，获取诊断性信息。

(6)诊断结果报告及有针对性的补救措施的得出。

诊断结果报告应体现定量与定性相结合的原则，以及为促进个体有效学习及开展因材施教提供信息的原则。诊断报告可分为个体报告和团体报告。对于个体报告，我们要报告学生在测验中的总体表现，即宏观能力水平(定量报告)，同时也要报告个体对测验各微观认知属性的掌握情况(定性报告)；对于团体报告，也需给出团体的宏观能力水平及对微观认知属性的掌握情况。在诊断结果报告的基础上，学科专家还应针对不同被试的诊断结果提出有针对性的补救措施及建议。当然诊断结果报告和有针对性的补救措施、建议的得出最好能实现计算机化，也就是说可以编制一个计算机程序来实现结果报告的自动化获取。

五、认知诊断的意义

认知诊断是当代测验理论发展的新追求，具有重大的意义。首先，认知诊断能让测验实现其最重要的功能：促进发展。现代认知心理学的测量观的基本观点是：运用认知分析的方法描述心理活动的内在机制，据此设计各种形式的测验以探测被试心理活动的机制与相应机制之间是否一致或这些机制是否存在缺陷，以便提出补救措施，促进发展。认知诊断是实现测量与发展循环促进的关键。其次，认知诊断有利于提高测验的内容效度。目前，人们通常借助经典测验理论或项目反应理论来编制教育和心理测验，这两者是依据项目的统计特性来指导测验编制的，对内在的知识结构不够重视，难以对测验的内容效度进行分析。认知诊断依据认知心理学的研究成果编制测验，测验的内容效度能得到保证(刘声涛，戴海崎，周骏，2006)。再次，认知诊断有利于推进个性化教育及素质教育。认知诊断能实现对个体在学习中所存在的认知优势与劣势进行诊断，准确、快速地找出个体在学习中存在的问题，从而为个性化教育及因材施教提供了基础，也为推进素质教育提供了基础。最后，认知诊断可用于构建、评价及检验相关认知心理中的认知加工模型。

总之，认知诊断有助人们更好地了解个体内部的心理活动规律及加工机制，实现对个体认知发展实况(含优点与缺陷)的诊断评估，以促进个体全面发展。目前关于认知诊断的研究受到了国内外研究者和应用者的广泛关注。

思考题：

1. 标准测验理论与新一代测验理论有何关系？

2. 认知诊断测验包括哪些基本概念？

3. 什么是 Q 矩阵理论？

4. 认知诊断的具体过程是什么？

5. 认知诊断未来的应用方向有哪些？

第二章 认知诊断测验编制的理论与方法

　　认知诊断测验是以认知心理学理论为基础，以实现对个体微观认知状态进行诊断而开发的测验。它在测验目的、功能、理论基础、项目质量的评价标准等方面都有别于传统测验。认知诊断测验编制的相关理论有认知设计系统、证据中心设计等。本章重点介绍了认知诊断测验编制的理论基础、模型构建、组卷研究、基本原则与过程等。

第一节　认知诊断测验与传统测验的异同

认知诊断测验指为实现认知诊断功能而开发的测验，它与传统的能力测验和学业成就测验有着本质的差异，主要体现在如下几方面。

一、测验目的、功能不同

认知诊断测验更多强调对个体微观认知优势和认知弱势的细致诊断，并对个体当前发展状况进行反馈和提供补救建议及措施，从而有针对性地促进个体认知发展。传统测验则更多强调对个体的宏观整体能力水平/特质的评价或筛选，较少关注对个体具体的认知结构、加工技能及策略等信息的诊断。

二、测验编制的理论基础不同

认知诊断测验的编制更多强调心理学理论，尤其是认知心理学理论对测验编制的指导作用(Leighton & Gierl，2007a)。

第一，越来越多的心理实验和理论证据资料被用于指导认知诊断测验的编制，而传统测验编制更多是用测验蓝图(或双向细目表)来指导测验编制的。认知诊断测验编制前，需构建相关任务解决的认知模型(cognitive models of task performance，Leighton，2004)，这个经实验验证的认知模型是从回顾大量理论文献和人类信息加工过程的实验研究的基础上开发出来的(Rupp & Mislevy，2007；Yang & Embretson，2007)，它代表了被试在解答这些测验项目时所使用的知识结构和认知过程。而测验蓝图(或双向细目表)一般先由相关学科专家确定，然后再编制相关项目来测查测验蓝图(或双向细目表)中所界定的知识或技能是否合适。莱顿(Leighton，2004)认为传统测验的项目即使测量了测验蓝图所界定的内容，但也并不意味着被试在实际作答时真正应用了测验蓝图中的知识和技能，更不能说明这些知识和技能就代表了被试在这一领域的心理内部加工过程。

因此，对于在认知模型指导下编制的认知诊断测验，可以通过被试的错误反应来获取关于被试掌握了什么知识、未掌握什么知识的信息，并能解释被试为什么出现错误，与传统测验相比能提供更多的有效信息。尽管有些传统测验根据测验蓝图，通过精心设计也可以获取关于被试的知识或加工技能水平的评估信息，但这种评估经常是在缺乏所谓"评估背景(assessment literacy)"的基础上开发的，这种设计及其潜在的测量结构仍然缺乏心理实验的理论基础(Lukin，Bandalos，Eckhout & Mickelson，2004)。

第二，传统大规模统一测验所测量的内容和技能较广，因此在单个测验中想要较好地测量被试的认知成分(cognitive component)将会非常耗时。也就是说,若开发足够多的项目,即足够长的测验,传统大规模测验在一定程度上还是可以提供一些粗浅的关于被试答错的原因的信息的,如是由于失误(如被试在其他同类项目中未答错),还是由于对指导语有误解(如被试在同类的指导语下均答错),或是由于缺乏特定的知识或技能等(如被试在同类知识或技能的考核项目上均答错)。然而,只要项目不是精心设计的为了用于测量特定的知识结构和加工技能而开发的,只是这两者的简单组合(如测验蓝图所界定的),那么即使有大量的项目,关于被试答错原因的诊断信息仍是非常有限的,它不能从本质上诊断出被试答错是由于缺乏哪些具体的认知成分(Gorin,2007)。认知诊断测验是依据心理学框架开发出来的,并且采用相应的认知加工模型来编制测验项目,在测验项目不是很多的情况下仍然可以提供丰富有效的诊断信息,是对传统测验的一大改进和有益补充。

三、测验项目质量的评价标准不同

认知诊断测验的项目质量不能仅根据心理测量学标准(如难度、区分度等)和考核内容标准(项目考核内容是否与测验蓝图或测验双向细目表所界定的内容相符)来评价,还必须要考查项目是否能充分测量认知模型中的知识结构和加工技能,以及是否能有效地区分拥有不同知识状态或认知结构的被试。

因此在认知诊断测验编制前,应构建适合进行认知诊断的认知模型,并采用相关理论和方法来指导认知诊断测验的编制,以实现测验的诊断功能。

第二节 认知诊断测验编制的相关理论与方法

对于认知诊断测验编制的理论及方法,国内外学者均从不同方面做了大量研究。例如,恩布雷森的认知设计系统和米斯利维、斯坦伯格(Steinberg)和阿尔蒙德(Almond)的证据中心设计均可用于构建认知诊断的认知模型;莱顿、吉尔和戈林等人具体提出了有关认知模型构建的理论与方法;亨森(Henson)和道格拉斯(Douglas)提出了认知诊断测验组卷的测量指标;等等。这些均为认知诊断测验的编制提供了相关理论和方法。

一、恩布雷森的认知设计系统

认知设计系统(Cognitive Design System,CDS,Embretson,1998)主要是针对传统项目开发削弱了测验的结构效度而提出的,强调用认知理论来指导测验项目的编制,以提高测验分数的解释力。

为了将测验设计纳入结构效度概念中，恩布雷森（Embretson，1998）提出一个两部分分离的结构效度：结构表征（construct representation）和规则广度（nomothetic span）。结构表征涉及鉴别任务潜在的认知成分，而规则广度则关注测验分数与其他结构间的相互关系。恩布雷森认为传统结构效度只包含后者，通过与其他测量/测验的相关性给测验分数赋予意义（规则广度）；而认知心理学的新进展表明测量的意义也可以直接获得，即通过单个项目的问题解决行为中所涉及的过程、策略和知识来确定（结构表征）。结构表征的研究范式包含运用认知心理学的方法为测量任务建立心理加工模型，如操纵测量任务的刺激特征，从而改变对假定认知过程的影响。这种两部分分离的结构效度对测验编制来说有很大优势。最重要的是可以用认知理论指导测验编制。因为测验分数的意义在结构表征阶段已经确定，因此可以设计测验项目来反映特定的认知结构，进而根据那些已经得到实证性支持而又影响目标过程、策略和知识结构的刺激特征来选择（编制）项目；同时，规则广度也受目标认知过程与重要外部变量之间关系的影响，对问题解决过程进行认知分析可有助于它的提高。

从结构效度中将结构表征区分出来的目的在于强调测验开发中认知理论的重要性。首先，结构效度可以在项目水平上进行评估，即刺激特征影响加工过程，加工过程确定项目的结构表征；其次，认知理论能够在测验开发中发挥作用，因为结构表征依赖项目刺激特征，设计的项目能够反映认知复杂度的来源；最后，CDS要求在项目编写前建立一个合理的认知理论来解释在解决这类项目时所需的认知过程，这可以通过实验研究或已有的相应的认知模型来获取。如果有了非常成熟的认知理论或认知模型，那么解决项目时所需的认知过程就能充分代表测验的结构。还可以通过操纵项目刺激来影响问题解决的认知过程，进而影响测验效度。因而认知理论不仅能指导测验项目编制，而且还能直接影响测验结构。

用CDS指导测验项目编制的基本过程如下。（参见图2-1）

（1）确定测量目标。

（2）确定任务领域的认知特征。考查能通过影响认知过程、认知策略、知识结构来操纵项目结构表征的项目特征。这类特征的确定需要用到认知心理学的相关知识，如一些基本原理等。

（3）开发认知模型。它是CDS的核心，涉及三个方面：第一，通过文献研究合并相关研究和理论，将相关的认知过程、认知策略和知识结构整合在同一个认知模型下。第二，影响认知过程的认知特征必须可操作化、可量化。第三，通过对已有项目的实验研究来考查项目认知特征对项目测量学特征（难度、区分度等）的影响。

（4）项目编制。通过分析真实项目的刺激特征，开发项目结构和替代法则

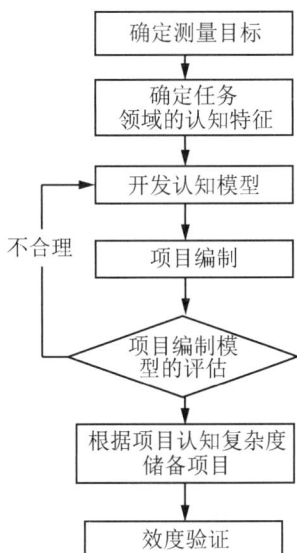

图 2-1　恩布雷森的 CDS 过程图

(substitution rules)。再根据项目结构和替代法则，选择恰当的刺激特征来编制项目。

（5）项目编制模型的评估。它对测验结构表征效度和评价设计系统而言至关重要。主要是评估认知模型和心理测量学模型。通过预测项目成绩与实测成绩之间的相合性或一致性进行评价。

（6）根据项目认知复杂度储备项目（Bank items）。如果认知模型有效，就可以根据项目认知复杂度储备项目。通过认知复杂度模式及其难度来设计项目。

（7）效度验证。根据生成的项目进行外部检验。

总之，对于测验项目的编制，CDS 充分利用认知心理研究范式，深入考查被试作答的内部心理加工过程，开发相应的认知模型指导测验编制，使测验的效度具有心理学理论依据和保障。CDS 主要是针对传统测验结构效度问题而发展出来的，其实质仍属传统测验开发编制理论。测验的认知诊断功能并不能得到保障和实现，如恩布雷森（Embretson，1998）采用 CDS 成功编制了抽象推理测验（Abstract Reasoning Test，ART），并实现了其项目的计算机自动化生成。在我国，周骏（2008）采用 CDS 实现了矩阵完成问题的项目自动生成，由计算机自动生成的矩阵完成问题能较好地测量一般智力。但目前不论是国外学者的研究还是国内学者的研究，采用 CDS 编制的测验对被试的评价仍是一个笼统的能力分数，不能提供关于被试加工过程、策略和知识结构的诊断信息。但对于传统测验的编制而言，CDS 是一大进步，其采用认知模型来指导测验编制的思想，对于认知诊断测验项目的开发和编制而言，具有重要的参考和借鉴价值。

二、米斯利维等人的证据中心设计

证据中心设计(Evidence-Centered Design，ECD，Mislevy，1994)主要收集支持对个体进行统计推断的证据。它不仅可以推断个体的总体水平，还可以推断个体的长处和短处。可分为三个过程或三个子模型。(1)学生模型(Student Model)：确定诊断目标(诊断什么)，即明确欲诊断的认知技能、知识和认知策略。它与测验目的紧密相连。(2)证据模型(Evidence Model)：支持诊断的证据(诊断的证据)。它用于描述能提供诊断证据的可观察的行为或成绩，也即描述能体现被试对技能、知识、策略的掌握情况的可观察的外部行为或证据。(3)任务模型(Task Model)：激发诊断证据的任务(用什么诊断)。它关注能激发诊断证据的任务所具备的特点。包括任务完成的条件、呈现任务的材料、学生作答结果的特征。选定了任务模型后，就要创造一定的环境，使学生能产生与证据模型最大化相关的行为。任务选定后，也即学生模型与证据联系起来后，则需编制具有评估功能的项目。

只有当三个模型间的关系得到了清晰地界定，以及得到了心理学理论的支持，诊断的有效性才高。ECD 的主要要求是：精心设计项目，为合适的评估目的提供尽可能有效而完整的证据。它需要做好如下几方面工作。

(1)描述评估目的。

(2)选择/模式化恰当潜在技能空间。首先，要清楚定义评估目标下所涉及的认知、课程与教学内容，它们直接影响着评估技能空间的数量和种类，还影响着评估项目编制以及测量模型的选择。

(3)开发评估项目(或称作业任务)。这种项目开发极具挑战性，项目形式可以多样化。

(4)选择合适的基于 IRT 的认知诊断模型，以实现测验的诊断功能。

(5)选择恰当的可操作的统计与计算方法。统计与计算方法要精确、可实现、快速、节省人力和物力。

(6)开发评估报告。报告的信息要能提供与评估目的相关而又准确的统计推论。

贝伦斯、米斯利维、鲍尔、威廉森和利维(Behrens，Mislevy，Bauer，Williamson & Levy，2004)还采用 ECD 成功编制了较有影响力的具有诊断功能的测验——网络绩效技能系统(Networking Performance Skill System，NetPASS)。

证据中心设计不仅能指导认知诊断测验的项目开发，还能指导一般传统测验的项目开发。证据中心设计与 CDS 一样，两者都强调认知心理学或认知模型在测验编制中的作用，但证据中心设计还关注对认知结构和加工技能的评估诊断，因此在证据中心设计指导下编制的测验具有诊断功能。但要清晰界定证据中心设计的三个模型——学生模型、证据模型、任务模型间的关系，并要得到心理学理论支持，这一工作在实际中具有一定的难度，这影响了该方法在实际工作中的进一步推广，导致在证据中心设计指导下编制的认知诊断测验较少。

三、莱顿、吉尔和戈林等人关于认知模型构建等的研究

恩布雷森的认知设计系统与米斯利维、斯坦伯格和阿尔蒙德的证据中心设计均强调认知模型在测验编制中的重要作用，任务解决的认知模型是认知诊断测验编制的前提，也是认知诊断测验项目评价的基础。许多测量学者（Leighton & Gierl，2007a，2007b；Gorin，2007；杨向东、恩布雷森，2007；Norris，Macnab & Phillips，2007；等等）认为认知诊断测验的开发编制需要开发或使用合理的关于问题解决的信息加工模型或认知模型，以具体指导测验编制。莱顿、吉尔和亨卡（Leighton，Gierl & Hunka，2004）认为，目前大多数认知理论难以用于实现评估和诊断目的；戈林（Gorin，2007）认为，在教育测量领域，目前认知心理学家还未开发出适合于成就测验的认知模型，因此，在这种情况下，测验编制者应当开发自己的认知模型来指导测验编制。研究者应大量使用认知心理的研究范式来构建任务解决的认知模型。为此莱顿、吉尔（Leighton & Gierl，2007a）和戈林（Gorin，2007）提出了两种具体的认知模型的构建方法：口语报告法和眼动研究（这里不做具体介绍，感兴趣者可以查阅相关文献）。具有诊断功能的 NetPASS 和伯克利考核评价研究评估系统（Berkeley Evaluation and Assessment Research Assessment System，BEAR 评估系统，Briggs，Alonzo，Schwab & Wilson，2006）的项目开发均使用了口语报告法（Gorin，2007）

莱顿和吉尔（Leighton & Gierl，2007a）认为任务解决的认知模型的一种表达方式就是属性层级关系。属性间的这种层级关系可以通过认知心理学方法来确定，如口语报告法、任务—认知分析法、专家意见、实验调查等。莱顿和吉尔采用口语报告法构建了八年级代数问题解决的认知模型（详见 Leighton & Gierl，2007c）。

综上，鉴于当前已有的认知模型难以用于实现评估、诊断目的（Leighton，Gierl & Hunka，2004），研究者需采用认知心理学研究范式来构建自己的认知模型。为此，莱顿、吉尔（Leighton & Gierl，2007c）和戈林（Gorin，2007）提出了两种具体的认知模型的构建方法——口语报告法和眼动研究，并采用相关方法实际构建了认知模型，这对于实际工作者而言，具有重要的理论意义和较强的借鉴价值。但由于口语报告法和眼动研究在实际开展中比较烦琐，非专业人士也难以操控，而且这两种方法也不能适用于所有认知模型的构建，因此非常有必要对新

的、简洁而又有效的认知模型的构建方法进行研究和再探索。对于这一领域，国内外的研究还是非常薄弱的，因此有待进一步深入。

四、亨森和道格拉斯关于认知诊断测验组卷的研究

传统测验更多的是测量被试单维的、连续的特质(trait)，因此 IRT 中有一个假设测验是单维性的，其组卷的一个重要标准是根据项目提供的信息量大小来筛选项目，项目提供的信息量越大，则其对被试特质的测量误差越小。而认知诊断测验大多需诊断被试多维的、离散的认知属性，因此项目质量的好坏，关键看其对具有不同认知属性组合的被试的测量误差的大小。由于认知属性的多维性及离散性，传统 IRT 信息量的方法(如 Fisher 信息量)在认知诊断测验中不适用，为此亨森和道格拉斯(Henson & Douglas，2005)从心理测量学的角度研究了认知诊断测验项目组卷，提出基于 K-L 信息量(Kullback-Leibler Information)来挑选认知诊断测验的项目及组卷。他们分别探讨了 FM 和 DINA 模型两个模型下的相似性加权综合 K-L 信息量(S_GDI)指标，其计算公式为：

$$S\_GDI = \frac{1}{\sum_{u \neq v} h(\alpha_u, \alpha_v)^{-1}} \sum_{u \neq v} h(\alpha_u, \alpha_v)^{-1} D_{juv} \text{。} \tag{2-1}$$

其中：(1) $h(\alpha_u, \alpha_v) = \sum_{k=1}^{K} (\alpha_u - \alpha_v)^2$。

(2)对于 DINA 模型

$$D_{juv} = (1 - s_j)^{\xi_{ju}} g_j^{(1-\xi_{ju})} \log \left[\frac{(1 - s_j)^{\xi_{ju}} g_j^{(1-\xi_{ju})}}{(1 - s_j)^{\xi_{jv}} g_j^{(1-\xi_{jv})}} \right] +$$

$$(s_j)^{\xi_{ju}} (1 - g_j)^{(1-\xi_{ju})} \log \left[\frac{(s_j)^{\xi_{ju}} (1 - g_j)^{(1-\xi_{ju})}}{(s_j)^{\xi_{jv}} (1 - g_j)^{(1-\xi_{jv})}} \right] \text{。}$$

(3)对于 FM

$$D_{juv} = \pi_j^* \prod_{k=1}^{K} r_{jk}^* (1 - \alpha_{uk}) q_{jk} \log \left[\frac{\pi_j^* \prod_{k=1}^{K} r_{jk}^* (1 - \alpha_{uk}) q_{jk}}{\pi_j^* \prod_{k=1}^{K} r_{jk}^* (1 - \alpha_{vk}) q_{jk}} \right] +$$

$$\left[1 - \pi_j^* \prod_{k=1}^{K} r_{jk}^* (1 - \alpha_{uk}) q_{jk} \right] \log \left[\frac{1 - \pi_j^* \prod_{k=1}^{K} r_{jk}^* (1 - \alpha_{uk}) q_{jk}}{1 - \pi_j^* \prod_{k=1}^{K} r_{jk}^* (1 - \alpha_{vk}) q_{jk}} \right] \text{。}$$

S_GDI 指标反映了认知诊断测验中的项目的测量误差，该值越大说明测量误差越小，这为认知诊断测验组卷提供了测量学参考指标。

同时，亨森和道格拉斯自己也承认该方法的组卷速度比较慢，原因是组卷过程中未充分利用属性间的层级关系，而且当测验属性比较多时（8个或以上），使用该方法组出的测验试卷的诊断正确率也不高。

不论是CDS、ECD还是亨森和道格拉斯的组卷法，都对项目如何编写/项目选择关注较多，但认知诊断测验还应将目光放在试卷结构上（项目考核属性的模式问题）。认知诊断测验光有高质量项目测量学参数还不行，还要注意到项目考核属性间的搭配问题，以实现测验对每个属性的诊断或区分（本章第三节内容将对此做进一步阐述）。

第三节 认知诊断测验编制的基本原则与过程

一、认知诊断测验编制的基本原则

实施认知诊断测验的主要目的是实现测验的诊断功能，实现对拥有不同知识状态的被试的诊断及分类，同时还要有较高的诊断正确率。因此认知诊断测验的编制应遵守两个基本原则：

（1）测验应能实现对每个认知属性的诊断。

（2）测验应能实现对每个认知属性的多次观察/测量。

第一个原则是为了保证测验能实现对所有知识状态的诊断分类，第二个原则是为了保证诊断的正确率。

（一）测验应能实现对每个认知属性的诊断

认知诊断测验通常需诊断多个认知属性，根据属性的层级关系，可以得出所有可能的符合逻辑的测验典型项目考核模式，即所有可能的项目考核方式。而这个典型项目考核模式基本上就是认知诊断测验项目设计的基础或测验蓝图。一般而言，如果所编制的认知诊断测验的项目考核模式包含典型项目考核的所有模式，那么这就是一种比较理想的项目设计。但若典型项目考核模式非常多或某些项目考核模式在实际中很难编制出相应的试题，这时就应关注认知诊断测验中哪些测验项目考核模式可以不要，哪些项目考核模式必不可缺，也即上面所提到的第一个原则问题。

何谓"测验应能实现对每个认知属性的诊断"？一般认为，若所有理想掌握模式在测验中的理想作答/反应均不相同，即理想掌握模式/知识状态与理想反应模式一一对应，则该测验就可以实现对每个认知属性的诊断。现以第二节中提到的属性层级关系（图2-2）为例加以说明。

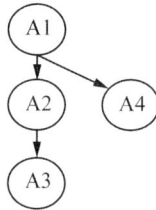

图 2-2　四个属性的层级关系

在图 2-2 四个属性层级关系中，它的 **R** 矩阵、典型项目考核模式、被试理想掌握模式分别为：

$$R = \begin{array}{c|cccc} & A1 & A2 & A3 & A4 \\ \hline A1 & 1 & 1 & 1 & 1 \\ A2 & 0 & 1 & 1 & 0 \\ A3 & 0 & 0 & 1 & 0 \\ A4 & 0 & 0 & 0 & 1 \end{array},$$

$$典型项目考核模式 = \begin{array}{c|cccccc} & 1 & 2 & 3 & 4 & 5 & 6 \\ \hline A1 & 1 & 1 & 1 & 1 & 1 & 1 \\ A2 & 0 & 1 & 1 & 0 & 1 & 1 \\ A3 & 0 & 0 & 1 & 0 & 0 & 1 \\ A4 & 0 & 0 & 0 & 1 & 1 & 1 \end{array},$$

$$被试理想掌握模式 = \begin{array}{c|ccccccc} & 1 & 2 & 3 & 4 & 5 & 6 & 7 \\ \hline A1 & 1 & 1 & 1 & 1 & 1 & 1 & 0 \\ A2 & 0 & 1 & 1 & 0 & 1 & 1 & 0 \\ A3 & 0 & 0 & 1 & 0 & 0 & 1 & 0 \\ A4 & 0 & 0 & 0 & 1 & 1 & 1 & 0 \end{array}.$$

如果某测验编制者编制的认知诊断测验的项目考核模式只有以下 5 种，但缺少典型项目考核模式为 $(1, 0, 0, 0)$ 的项目，即测验缺乏只考核 A1 属性的试题。

$$某测验项目考核模式 = \begin{array}{c|ccccc} & 1 & 2 & 3 & 4 & 5 \\ \hline A1 & 1 & 1 & 1 & 1 & 1 \\ A2 & 1 & 1 & 0 & 1 & 1 \\ A3 & 0 & 1 & 0 & 0 & 1 \\ A4 & 0 & 0 & 1 & 1 & 1 \end{array},$$

则七种理想掌握模式的被试在该认知诊断测验 5 类项目上的理想反应模式见表 2-1（理想反应指若被试掌握了项目考核的所有属性，则答对该项目得 1 分；若被试至少有一个项目考核的属性未掌握，则答错该项目得 0 分）。

表 2-1　理想被试在测验项目上的理想反应模式

		测验项目考核模式				
		(1, 1, 0, 0)	(1, 1, 1, 0)	(1, 0, 0, 1)	(1, 1, 0, 1)	(1, 1, 1, 1)
	(0, 0, 0, 0)	0	0	0	0	0
	(1, 0, 0, 0)	0	0	0	0	0
被试理想 掌握模式	(1, 1, 0, 0)	1	0	0	0	0
	(1, 1, 1, 0)	1	1	0	0	0
	(1, 0, 0, 1)	0	0	1	0	0
	(1, 1, 0, 1)	1	0	1	1	0
	(1, 1, 1, 1)	1	1	1	1	1

由表 2-1 可知，掌握模式为(0，0，0，0)和(1，0，0，0)的被试在测验项目上的理想反应模式完全一样，均为(0，0，0，0，0)，说明该认知诊断测验将无法区分认知属性 A1。也即若被试在测验上全得 0 分，我们无法知道这是因为属性全为(0，0，0，0)，还是因为被试只掌握了属性 A1(1，0，0，0)，因为在这两种情况下被试的理想反应完全一致。因此这个认知诊断测验的项目设计不合理，它违背了认知诊断测验编制的第一个原则。

那么如何才能保证"所有理想掌握模式在测验上的理想作答/反应均不相同"，即保证"测验应能实现对每个认知属性的诊断"？在典型项目考核模式中，哪些项目考核模式在测验中必不可缺呢？丁树良、汪文义、杨淑群(2011)和涂冬波(2009)认为，若测验考核模式包含可达矩阵(**R** 矩阵)，则该测验就能实现对每个属性的诊断，它是实现对每个属性进行诊断的前提条件，也是实现"认知诊断测验的第一个原则"必不可缺的项目考核模式(其数学证明过程这里就不展示了，感兴趣的读者可参看相关文献)。

也就是说在与图 2-2 中的属性层级关系相符的认知诊断测验中，**R** 矩阵中的几种项目考核模式(**R** 矩阵的所有列)必不可缺，否则测验无法实现对所有认知属性的诊断分类。

$$\boldsymbol{R} = \begin{array}{c|cccc|} & A1 & A2 & A3 & A4 \\ \hline A1 & 1 & 1 & 1 & 1 \\ A2 & 0 & 1 & 1 & 0 \\ A3 & 0 & 0 & 1 & 0 \\ A4 & 0 & 0 & 0 & 1 \end{array}。$$

因此，在编制认知诊断测验时，测验项目考核模式应包含 **R** 矩阵中的所有列，否则测验就无法实现对每个认知属性的诊断。

这种将可达矩阵放入认知诊断测验蓝图中的方法，可以使得被试的知识状态与理想反应模式一一对应（如果缺了可达矩阵，可能会导致一个理想反应模式对应多个知识状态），从而实现对所测所有属性进行诊断及区分，大大提高测验的诊断正确率（丁树良等，2011），因此，这对认知诊断测验的编制而言，具有较强的指导意义和理论意义，这也进一步表明了认知诊断测验设计与传统测验设计的不同之处。

(二)测验应能实现对每个认知属性的多次观察/测量

测验中每个认知属性的测量次数（观察次数）也应足够多，这样诊断的随机误差就会减少。比如，如果测验对某个认知属性的测量次数只有 1 次，这意味着我们必须根据被试在这一题上的作答反应来推断被试是否掌握了该属性，这种推断误差显然比较大；如果测验有多个题目测量了该属性，那么我们可根据被试在多道试题上的作答反应来推断被试是否掌握了该属性，这种推断的误差显然会小一些。一般而言，认知诊断测验对每个认知属性的测量次数应在 3 次以上。

二、认知诊断测验编制的过程

纵观国内外已有研究，认知诊断测验编制的基本过程可概括为以下六个过程，后一过程均是建立在前一过程之上的。

诊断目标确定 → 认知模型构建 → 测验项目设计 → 项目编写 → 测试 → 测验组卷

图 2-3　认知诊断测验编制过程

(一)认知模型构建

认知模型是基于认知心理学研究所构建的问题解决的内部心理加工机制的模型。认知模型构建主要是确定诊断所涉及的认知属性以及属性间的逻辑关系，即层级关系。它是认知诊断测验编制中非常重要的一步，是认知诊断测验项目编制及项目设计的基础。莱顿、吉尔和亨卡（Leighton，Gierl & Hunka，2004）认为，目前大多数认知理论（含认知模型）难以用于实现评估和诊断目的；戈林（Gorin，2007）认为，在教育测量领域，目前认知心理学家还未开发出适合于成就测验的认知模型，因此，在这种情况下，研究者可以采用认知心理研究范式（如口语报告法、眼动研究等）来构建适合认知诊断的认知模型，以指导认知诊断测验编制。

(二)测验项目设计

根据认知属性间的层级关系，导出典型的项目考核模式，即所有可能的、符合逻辑的项目考核方式。

(三)项目编写

根据典型的项目考核模式，编制相应的试题，尽量保证试题测量的认识属性与典型的项目考核模式相对应，避免编制出的项目测量的是所界定之外的其他属性，否则，测验很难推断是哪种认知属性缺失导致被试答错，从而导致诊断的正确率偏低。

(四)测验组卷

所组的试卷应尽量保证符合认知诊断测验编制的两个基本原则。所组试卷的项目考核模式应包含 **R** 矩阵，且对每个认知属性的测量次数不少于 3 次；同时根据测试结果，挑选项目测量学指标好(测量误差小)的项目。当然测验组卷过程中还应考虑诊断目标、内容平衡、题型等其他因素。以保证组出一份符合要求的、高质量的认知诊断测验试卷。

思考题：

1. 认知诊断测验与传统测验有哪些异同？

2. 认知诊断测验编制的相关理论有哪些？它们之间有哪些异同？

3. 认知诊断测验编制的基本原则是什么？

4. 认知诊断测验编制的基本过程是什么？

第三章　常用的认知诊断模型

　　认知诊断模型是连接被试外显的项目反应与潜在的认知属性掌握情况的桥梁，在认知诊断评估中起着十分重要的作用。认知诊断模型与测验项目反应机制之间的良好匹配是保证认知诊断评估结果有效、准确的基本前提。目前国内外学者已开发出了近百种认知诊断模型，涉及模型参数估计、模型比较、资料模型拟合检验、CAT、DIF、模型应用等方面。本章主要介绍了一些较具代表性的认知诊断模型，如线性逻辑斯蒂克特质模型（Linear Logistic Trait Model，LLTM）、RSM、AHM、FM、DINA 模型、高阶 DINA 模型（High-order DINA，HO-DINA）等。同时本章还对认知诊断模型的认知假设及模型选择做了详细介绍。

认知诊断测验若要真正实现认知诊断功能，离不开特定的心理测量模型，即认知诊断模型。据研究者(Fu & Li，2008)统计，从事心理测量的学者们到目前为止开发了 60 多种认知诊断模型，涉及参数估计、模型比较、资料模型拟合检验、CAT、DIF、模型应用等方面。较有代表性的认知诊断模型有：

- LLTM(Linear Logistic Trait Model)；线性逻辑斯蒂克特质模型(Fisher，1973)；

- MLTM(Multicomponent Latent Trait Model，多成分潜在特质模型)，GMLTM(General Multicomponent Latent Trait Model，一般多成分潜在特质模型)，MLTM-MS(Multicomponent Latent Trait Model Multiple-Strategy，多策略多成分潜在特质模型，Embretson，1980—1997)；

- MIRT-NC(Multidimensional Item Response Theory non-compensatory，多维项目反应理论非补偿模型)(Noncompensatory MIRT，Sympson，1978)；

- MIRT-C(Multidimensional Item Response Theory-compensatory，多维项目反应理论补偿模型)(Compensatory multidimensional IRT，Reckase & Mckinley，1991)；

- HYBRID(Gitomer & Yamamoto，1991)；

- Rule Space Model (规则空间模型，Tatsuoka，1982—1995)；

- Unified Model (统一模型，DiBello et al.，1995)；

- Fusion Model (融合模型，Hartz，2002)；

- Beysian network(贝叶斯框架，Sinharay，2006；Almond，2007)；

- AHM(Attribute Hierarchy Method，层性层级方法，Leighton et al.，2004)；

- DINA(Deterministic input，nosiy "and" gate model，决定型输入、噪声与门模型)，HO-DINA(Higher-order DINA，高阶 DINA 模型)，NIDA(nosiy-input，deterministic-"and"-gate model，噪声型输入、决定与门模型)，G-DINA(generalized DINA，拓广 DINA 模型)(Macready，1977；Haertel，1989；Maris，1999；Junker，2001；De la Torre & Douglas，2004；De la Torre，2009)；

- GDM(General Diagnostic Model，广义诊断模型，Davier，2003；Sawaki，2006)。

现分别就 LLTM、RSM、AHM、FM、DINA 模型和 HO-DINA 模型以及 MIRT 等常用的认知诊断模型进行介绍。

第一节 线性 Logistic 模型(LLTM)

一、LLTM 简介

费雪(Fisher，1973；1977)的 LLTM 是发展较早的一种认知诊断模型，它是在单参数逻辑斯蒂克模型(one-parameter logistic model，1PLM)或拉希(Rasch)模型的基础上进行扩充、改造而成的，LLTM 数学模型是：

$$P(X_{ij}=1 \mid \theta_j) = \exp(\theta_j - b_i^*) / [1 + \exp(\theta_j - b_i^*)]，\qquad (3\text{-}1)$$

$$\text{其中 } b_i^* = \sum \eta_k q_{ik} + d，$$

上式中 θ_j 是被试能力参数，b_i^* 是项目难度参数，q_{ik} 是项目 i 在认知属性 k 上的复杂度计分，η_k 是认知属性 k 的复杂度权重，d 是标准化常数。LLTM 用认知属性(如项目的刺激特征或所考核的知识点、技能等)复杂度的线性组合模型来刻画项目的难度；项目的难度取决于各认知属性的复杂度。该模型将认知的复杂度融入潜在特质模型中，把原来简单的概率模型转变成具有项目认知内容的潜在特质模型，从而实现了认知与测量的结合。

LLTM 模型的应用研究较多：费雪(Fisher，1973)分析了学生"计算(Calculus)"中的各认知属性难度；卡彭特、贾斯特和谢尔(Carpenter，Just & Shell，1990)对抽象推理测验中项目难度的影响因素进行了考查，发现影响 ART 项目难度的有三个因素——图形数量的变化、图形方向的变化及图形的拉丁方分布；皮斯旺格、费雪和福曼(Piswanger，1975；Fisher & Formann，1982)等人曾用该模型做过跨种族或跨国的 DIF 研究，方法是通过分析不同种族或国家中影响项目难度的因素及各因素对项目难度的作用大小来检验 DIF，深入考查项目中各认知属性的功能差异。在国内，戴海崎、康春花、刘声涛(2001；2004)等人运用此模型对影响空间折叠能力(心理旋转)及影响瑞文测验项目认知难度的因素进行了实证研究，均取得了较理想的效果。

二、LLTM 评价

该模型有以下不足：

第一，项目难度是项目所测认知属性的线性累加组合，这意味着认定属性间存在补偿(compensatory)效应：如一个被试对认知属性 k_1 掌握得不够好，而对认知属性 k_2 掌握得很好；另一个被试对 k_2 掌握得不够好，但对 k_1 掌握得很好，以该模型来计算，则这两个被试答对只测属性 k_1 和 k_2 的项目的概率会相等。对于一些不能补偿的认知属性而言，使用该模型时就应慎重。

第二，被试的能力还是用一个笼统的能力值(θ)来表示，虽然有人采用了一些后续分析进行弥补，但仍没有对被试是否掌握了各认知属性直接进行评价，这也是 LLTM 的一大缺陷。

第二节　RSM

塔苏卡及其同伴应用统计的方法将被试在测验项目上的作答反应划归为某种与认知技能相联系的认知属性掌握模式，创建了 RSM，该模型的一个基本假设思想是：测验项目可以用特定的认知属性来刻画，个体的某种知识结构也可用一组通常无法直接观察的认知属性掌握模式来表征；而且还能用恰当的可观察的项目反应模式来表征不可观察的认知属性。

一、RSM 分析的基本步骤

(一)Q 矩阵理论

该理论主要是要确定测验项目所测的不可观察的认知属性，并把它们转化为可观察的项目反应模式。规则空间模型中，Q 矩阵理论需要确定 Q 矩阵(测验项目与认知属性间的测量关系)、理想掌握模式(认知结构或知识状态)及理想项目反应模式。

首先，建立项目与所测认知属性的关系，即测验 Q 矩阵的构建；

其次，确定被试与认知属性的关系。根据认知属性的层级关系确定符合逻辑的理想掌握模式，即认知结构或知识状态。

最后，根据测验 Q 矩阵、理想掌握模式，确定每种理想掌握模式在测验项目上的理想反应模式。

关于 Q 矩阵理论在第一章已做了详细介绍，这里不再赘述。

(二)规则空间的构建及判别

1. 规则空间的构建

RSM 主要根据理想掌握模式所对应的项目理想反应模式，计算出每种理想掌握模式的一组序偶 $\{(\theta, \zeta)\}$，θ 是 IRT 中被试的潜在能力变量，ζ 是一个基于 IRT 的警戒指标，它表示能力为 θ 的被试其实际测验项目反应模式偏离其能力水平相对应的项目反应模式的程度，它是函数 $f(x)$ 的标准化形式：

$$\zeta = f(x)/\left[Varf(x)\right]^{\frac{1}{2}} \text{。} \tag{3-2}$$

式中：

(1)$f(x) = \left[\boldsymbol{P}(\theta) - \boldsymbol{T}(\theta)\right]'\left[\boldsymbol{P}(\theta) - \boldsymbol{X}\right]$。$\boldsymbol{P}(\theta)$ 是被试对 n 个项目的答对概率

向量。$\boldsymbol{P}(\theta)=[\boldsymbol{P}_1(\theta),\ \boldsymbol{P}_2(\theta),\ \cdots,\ \boldsymbol{P}_n(\theta)]$。$\boldsymbol{X}$ 是被试在测验项目上作答的二值反应向量。$\boldsymbol{T}(\theta)$是项目答对概率的均值向量，其元素都相等，

$$\boldsymbol{T}(\theta)=\left[\frac{1}{n}\sum\boldsymbol{P}(\theta),\ \frac{1}{n}\sum\boldsymbol{P}(\theta),\ \cdots,\ \frac{1}{n}\sum\boldsymbol{P}(\theta)\right],$$

$f(x)$的期望为 0。

$$(2)\ Varf(x)=\sum\boldsymbol{P}_j(\theta)\boldsymbol{Q}_j(\theta)\left[\boldsymbol{P}_j(\theta)-\frac{1}{n}\sum\boldsymbol{P}(\theta)\right]^2。$$

在 RSM 中，一般将理想掌握模式所对应的项目理想反应模式与调查的被试作答数据一起进行 IRT 参数估计，估计所对应的被试能力参数 θ，并在此基础上计算出 ζ 值。从而计算出每种理想掌握模式对应一组 $\{(\theta,\ \zeta)\}$ 序偶，塔苏卡把由 θ 和 ζ 构成的二维空间称为规则空间，如图 3-1，塔苏卡把根据所有理想反应模式估出的序偶点$\{(\theta,\ \zeta)\}$称为该规则空间的纯规则点，即图 3-1 中的圆点。

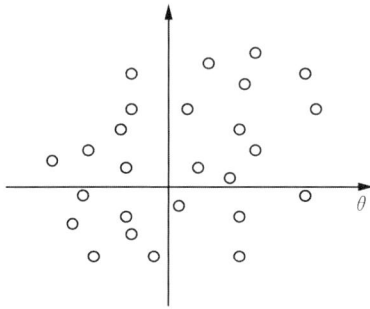

图 3-1　由$\{(\boldsymbol{\theta},\ \boldsymbol{\zeta})\}$构成的二维规则空间

2. 对被试的判别分类

在计算理想掌握模式所对应的$\{(\theta,\ \zeta)\}$同时，也需估计并计算所有调查被试所对应的$\{(\theta',\ \zeta')\}$序偶。被试的$\{(\theta',\ \zeta')\}$序偶主要是根据被试在测验上的作答数据进行估计和计算的。

根据被试的 $\{(\theta'_1,\ \xi'_1),\ (\theta'_2,\ \xi'_2),\ \cdots,\ (\theta'_n,\ \xi'_n)\}$ 序偶与纯规则空间点 $\{(\theta_1,\ \zeta_1),\ (\theta_2,\ \zeta_2),\ \cdots,\ (\theta_m,\ \zeta_m)\}$，按贝叶斯方法或马氏距离判别法将被试序偶点归判为上述纯规则点的某一个。具体判别方法是：分别计算每个被试序偶到纯规则点的马氏距离，计算公式为

$$D_{ij}=[(\theta'_i,\ \zeta'_i)-(\theta_j,\ \zeta_j)]\boldsymbol{\Sigma}^{-1}[(\theta'_i,\ \zeta'_i)-(\theta_j,\ \zeta_j)],$$

$$\boldsymbol{\Sigma}=\begin{bmatrix}1/I(\theta_j) & 0\\ 0 & \sum\limits_{m=1}^{n}p(\theta_{jm})q(\theta_{jm})[p(\theta_{jm})-\boldsymbol{T}(\theta)]\end{bmatrix}。$$

选取马氏距离最小和次小者所对应的纯规则点（我们分别记为 $R1$ 和 $R2$），接着进行贝叶斯判别，从而减少误判。贝叶斯判别规则如下：

若 $\dfrac{f(x \mid R1)}{f(x \mid R2)} > \dfrac{p(R2)}{p(R1)}$，则判为 $R1$，否则判为 $R2$。

其中 $f(x \mid R1)$ 和 $f(x \mid R2)$ 分别是规则点 $R1$ 和 $R2$ 的条件密度函数，$p(R1)$ 和 $p(R2)$ 是规则点 $R1$ 和 $R2$ 的先验概率。

若纯规则点 $R1$ 和 $R2$ 的先验概率（先验分布）未知，一般取正态分布或均匀分布的先验分布。当然，通常也可以直接判给马氏距离最小者所对应的纯规则点。

塔苏卡（Tatsuoka，1992，2009）后来将警戒指标 ζ 进一步拓展，从原来的一维拓展至多维（ζ_1, ζ_2, …），这样原来由 $\{(\theta, \zeta)\}$ 组成的二维规则空间变成 $\{(\theta, \zeta_1, \zeta_2, …)\}$ 这样的多维规则空间。当然其数学复杂度也随之增加，感兴趣的读者可参考塔苏卡（Tatsuoka，2009）的著作（*Cognitive Assessment：An introduce to the Rule Space Model*）。

二、RSM 的运用

该模型不仅能估出被试的能力（θ），还能对学生的认知属性掌握模式进行判别、诊断。这样学生、教师、家长都可以很清楚地了解学生掌握了哪些知识点，没掌握哪些知识点，学生处于何种能力水平，教师在教学上存在哪些不良的教育方法与教育指导思想。根据这些诊断信息，有效地提出针对各类学生的补救措施，真正做到因材施教。因此 RSM 成功地克服了传统考试只给出一个总分（或能力的评价）的缺点，它不仅对学生的能力水平进行了综合评价，还对学生的认知结构进行了诊断，使学生、教师、家长均能获取丰富而有效的信息，为学生改进学习和教师改进教学提供了有效的帮助，还可为衡量学校、教师和学生提供有效标准。

国内外均有人运用 RSM 来解决实际问题：在国外，塔苏卡及其同伴运用该模型对具有 9 个认知属性的"分数加法"的掌握模型进行了诊断，将 593 名学生中 90％的学生归为 33 种掌握模式，并在此基础上建立了具有认知诊断功能的计算化的自适应测验，并同时对于学生未掌握的认知属性加以补救。研究发现，这种具有认知诊断功能并能给出补救措施的计算机化自适应测验，使学生后测（经过补救）时答对项目的概率远远高于前测时答对项目的概率，这种在认知诊断基础上给出相应的补救措施的计算机化自适应测验非常有效地提高了学生的学业成绩，推进了因材施教政策的落实。塔苏卡等人（Tatsuoka et al.，2004）应用 RSM 分析了第三届修正国际数学与科学教育评测研究（the third international math and science study-revised，TIMSS-R），以考查包括美国、英国、法国、韩国、中国香港在内的 20 个国家和地区的八年级儿童数学发展状况，并诊断出各国和地区八年级儿童数学发展中的优势和劣势，为推进跨国、跨地区研究和促进当地教育改革提供参考。

在国内，余嘉元(余嘉元，1995)运用 RSM 对八年级学生在解不等式中存在的认知错误进行了识别，证实了学生在解不等式中所犯的认知错误，为改进教学提供了指导。戴海崎、张青华(戴海崎、张青华，2004)运用 RSM 对 299 名文科大学生描述有关统计学学习的知识点方面的掌握模式进行了诊断，让学生及老师都清楚学生在哪些知识点上掌握得比较好，在哪些知识点上掌握得不够好，并对存在的原因进行了分析，对学生和教师提出了补救意见。李峰、余娜、辛涛(李峰、余娜、辛涛，2009)采用 RSM 编制了小学五年级数学诊断性测验。这些应用研究都为人们落实素质教育、真正做到"因材施教"提供了科学依据和指导。

第三节　AHM

莱顿、马克、吉尔和亨卡(Leighton，Mark，Gierl & Hunka，2004)提出了一种新的认知诊断模型——AHM，它是以测验项目能被一套具有层级次序的属性描述的假设为基础的。这种方法是塔苏卡的规则空间方法的一种变式(Variation)，在 AHM 中，认知属性被假设为具有层级关系，这种层级关系能更好地反映人的某类认知特征，因为认知研究表明认知技能不是孤立的，共属于一个相互联系的加工网络。

一、AHM 中的判别分类方法

AHM(Leighton et al.，2004)是在 RSM 的基础上发展而来的，基本上沿用了 RSM 的 Q 矩阵理论。AHM 分析的重要内容是：Q 矩阵理论以及判别分类。但 AHM 强调先确定认知属性及属性层级关系，然后根据属性层级关系再编制认知诊断测验，其判别分类方法目前主要有两种，分别是 A 方法和 B 方法。

(一)A 方法

将需判别的一个观察反应模式与所有的期望反应模式逐个比较，求取观察反应模式与每一个期望反应模式相似的概率，最后将该观察反应模式判归为有最大相似概率的期望模式，实际上也就是将拥有该观察反应模式的被试判定为有最大相似概率的期望模式所对应的属性掌握模式。

相似概率的具体求法如下：若 V_j 是用向量形式表示的、含 n 个项目的测验上的第 j 个期望反应模式，X 是某个被试的观察反应模式，记 $d_j = V_j - X$，则 d_j 是由元素 -1，0，$+1$ 组成的向量，当 d_j 的某个分量为 0 时，表示没有失误；当 d_j 的某个分量为 -1 时，称为出现了 $0 \rightarrow 1$ 型失误，即期望反应模式在此分量(项目)上为 0，观察反应模式在此分量上为 1，也就是说，在此分量上期望的是被试错误作答,而在观察上却正确作答。观察反应模式与第 j 个期望反应模式相比,所犯 0→1 型失误中的第 k 个失误的概率记为 $p_{jk}(\theta)$,$p_{jk}(\theta)$ 等于拥有第 j 个期望反应模式的"期望被试"在发生该失误的项目上的正确作答概率。当 $\boldsymbol{d}_j$ 的某个分量为 1 时,称为出现了 1→0 型失误,即在此分量上被试被期望正确作答,而在观察上却错误作答。观察反应模式与第 j 个期望反应模式相比,所犯 1→0 型失误中的第 m 个失误的概率记为 $1-p_{jm}(\theta)$。$1-p_{jm}(\theta)$ 等于拥有第 j 个期望反应模式的"期望被试"在发生该失误的项目上的错误作答概率。一个"期望被试"在 n 个项目上连续发生 K 个 0→1 型失误和 M 个 1→0 型失误的概率等于:

$$p_{jExpected}(\theta) = \prod_{k=1}^{K} p_{jk}(\theta) \prod_{m=1}^{M} [1-p_{jm}(\theta)],$$

其意义为,将产生这个观察反应模式的被试判为拥有第 j 个期望反应模式的"期望被试",据期望被试的能力值所求得的发生这一系列失误的概率。这实际上就是一个观察反应模式与第 j 个期望反应模式相似的概率。求出一个观察反应模式与所有的期望反应模式的相似概率 $p_{jExpected}(\theta)$,当相应的 $p_{jExpected}(\theta)$ 最大时,被试就被判别为拥有第 j 种属性掌握模式。

(二)B 方法

第二种分类观察反应模式的方法是通过确定观察被试反应向量中包含的期望被试反应向量而获得的。例如,(1, 1, 1, 1, 1, 1, 1, 1, 1, 1, 1, 1, 1, 0, 1)是一观察反应模式,将所有的期望反应模式与之相比较,当期望被试反应模式包含在观察反应模式中时,就认为被试掌握了这个期望反应模式所对应的属性中[如期望反应模式(1, 1, 1, 0, 0, 0, 0, 0, 0, 0, 0, 0, 0, 0, 0)就逻辑包含在观察反应模式之中]时。当期望被试反应模式并不包含在观察反应模式中[如观察反应模式(1, 1, 0, 1, 1, 0, 1, 1, 0, 1, 1, 0, 1, 1, 0)就不包含在观察反应模式之中]时,计算 1→0 型失误的可能性,1→0 型错误的概率计算如下:

$$p_{ijExpected}(\theta_j) = \prod_{k \in s_{i1}} [1-p_{jm}(\theta_j)]。$$

如果某个期望反应向量的可能性值最大,那么就可以得出结论:这个被试已经掌握了这个期望反应向量所包含的属性。

二、AHM 与 RSM 的联系及差异

(一)AHM 与 RSM 的联系

AHM 是在 RSM 基础上发展起来的,是 RSM 的变种。AHM 和 RSM 都强调 $\boldsymbol{Q}$ 矩阵理论,即根据属性层级关系,得出连接矩阵→可达矩阵→事件矩阵→缩减事件矩阵→典型属性矩阵→典型项目反应模式(Tatsuka,1995;Leighton et al.,

2004），这一过程统称 **Q** 矩阵理论（Tatsuoka，1995）。两个模型都是在获取理想/典型项目反应模式及典型掌握模式的前提下，再采用一定的方法来实现对被试的判别和诊断的。

（二）AHM 与 RSM 的差异

第一，先有 **Q** 矩阵理论还是先有测验。AHM 特别强调在测验编制前，认知属性间的层级关系和逻辑关系要事先确定好，也即测验编制前要构建一定的认知模型，并要经过实践/实验验证，然后再根据该认知模型开发认知属性间的层级关系，测验编制应按照该属性层级关系进行。RSM 方法基本上是在测验开发编制完成后，再由相关专家或人员根据试题来确定测验所考核的认知属性及属性间的关系，属事后分析（post-hoc，Gierl，2007），故不能如实保证属性层级关系的合理性。因此从逻辑角度来讲，AHM 方法较 RSM 方法更合逻辑，且 AHM 对测验的编制有较强的指导意义。

第二，实现对被试的诊断的判别方法不同。在确定了理想反应模式后，RSM 一般采用统计判断的方法（马氏距离和 Beyesian 判别）来实现对被试的诊断；而 AHM 采用 IRT 下似然函数法（具体分为 A 方法、B 方法，Leighton et al.，2004）或人工神经网络方法（Gierl，Cui & Hunka，2007）来实现。

第三，理想反应模式下的项目参数及被试参数的获取方法不同。RSM 强调理想反应数据与所收集到的数据一并估计，以保证项目参数在同一量尺上；而 AHM 强调纯理想下的作答，即独立于收集到的数据而专门由纯理想反应模式独立进行项目参数和被试参数估计。

第四，在理想反应模式下，参数估计所采用的概率模型可能不同。在 AHM 中不宜采用 3PLM，它强调纯理想下的作答，也即无猜测和失误；而在 RSM 中可以采用 3PLM，它承认有异常反应，每个理想模式都对应于一个异常反应指标。

第五，RSM 中纯规则点或规则的个数一般多于其理想/典型项目反应模式的个数，也就是说 RSM 在 **Q** 矩阵理论之外，还要通过访谈、调查等手段获取学生在 **Q** 矩阵理论之外的其他典型错误类型。例如，整数减法中，学生在作答时始终使用"大数减小数"的错误规则，如 $\begin{array}{r} 3\ 5\ 2 \\ -\ 2\ 6\ 5 \\ \hline 1\ 1\ 3 \end{array}$，这种错误规则有时能答对一些项目（如 $\begin{array}{r} 3\ 5\ 2 \\ -\ 2\ 3\ 1 \\ \hline 1\ 2\ 1 \end{array}$），但这种错误规则在 **Q** 矩阵理论中一般难以反映出来。因此更多的实际调查显得十分必要，以便诊断出更多的符合实际而又有效的信息，从这一点讲，RSM 较 AHM 而言分析得更为精细。但若 AHM 能吸取 RSM 的这点优势，也即 RSM 和 AHM 合并，将会更有利于实际工作。

三、AHM 的相关研究

AHM 方法被运用于学业能力(如阅读和数学)评估(Wang，Gierl & Leighton，2006；Gierl，Wang & Zhou，2007；Leighton & Gierl，2007a)及三段论推理研究(Leighton，Gierl & Hunka，2004)等。同时，对模型本身也有学者开展了系列研究：AHM 的分析工作及其测验项目的开发均是建立在一定的属性层级关系之上的，但若属性层级关系未界定好，则整个 AHM 的结果将遭到质疑，因此需开发出相关指标进行检验及监控。为此崔颖、莱顿、吉尔和亨卡(Cui，Leighton，Gierl & Hunka，2006)给出了一个 HCI，用于检验属性间关系的合理性。但 HCI 的分布目前难以确定，因而，确定 HCI 的分布特征以及给出其统计临界值仍是今后需要继续研究的问题。吉尔、崔颖和亨卡(Gierl，Cui & Hunka，2007)还提出了一种全新的判别方法——人工神经网络方法。这些研究都为 AHM 在实际中的应用提供了基础和技术支持。

第四节　FM

一、FM 简介

FM 由哈茨、鲁索斯和斯托特(Hartz，Roussos & Stout，2002)开发，其数学表达式为

$$P(x_{ij}=1 \mid \alpha_j,\ \theta_j)=\pi_i^* \prod_{k=1}^{K} r_{ik}^{*\,(1-\alpha_{jk})q_{ik}} P_{c_i}(\theta_j)。$$

其中：

(1) $\pi_i^* \prod_{k=1}^{K} P(Y_{ijk}=1 \mid \alpha_{jk}=1)^{q_{ik}}$ 为被试正确应用项目 i 所有属性的概率，被称为以 $\bm{Q}$ 矩阵为基础的项目难度参数，其值介于 0 和 1 之间，π_i^* 越大说明项目越容易，一个项目只有一个难度参数。

(2) $r_{ik}^* = \dfrac{P(Y_{ijk}=1 \mid \alpha_{jk}=0)}{P(Y_{ijk}=1 \mid \alpha_{jk}=1)}$ 为被试在缺乏属性 k 与掌握属性 k 两种情况下都答对项目的概率比，它能反映属性 k 的重要性，若其值为 0.25，则说明被试掌握属性 k 答对该题的概率是未掌握属性 k 也答对该题的概率的 4 倍，也就是说掌握属性 k 对答对该题很重要。r_{ik}^* 的值越小说明属性 k 越重要。它被称为项目 i 属性 k 的区分度参数，其值介于 0 和 1 之间。r_{ik}^* 越小说明项目 i 的属性 k 在正确答对项目 i 上越重要，也即该属性越能区分开答对与答错该题的被试，属性 k 有高的

区分度。一个项目若有 K 个属性，则该项目有 K 个区分度参数。

（3）c_i 为被试答对项目 i 所需残余能力的程度。这是一个考查项目 i 在 Q 矩阵中属性完整性（completeness）的指标，c_i 越大说明 Q 矩阵所界定的项目 i 所测的属性越完整。

二、FM 项目参数评价标准

对于 FM 来讲，一个项目仅有一个难度参数（π_i^*）、K 个区分度参数（r_{ik}^*）和一个完整度参数（c_i）；对于一个好的项目而言，应该是 π_i^* 值大、r_{ik}^* 值小和 c_i 值小。

第五节　DINA 模型及 HO-DINA 模型

一、DINA 模型和 HO-DINA 模型简介

（一）DINA 模型

传统 DINA 模型的数学表达式为

$$P(Y_{ij}=1 \mid \alpha_i)=(1-s_j)^{\eta_{ij}}g_j^{1-\eta_{ij}}。 \tag{3-3}$$

η_{ij}：描述被试 i 与项目 j 的关系，被试 i 是否掌握了项目 j 所考核的所有属性。

$\eta_{ij}=\prod_{k=1}^{K}\alpha_{ik}^{q_{jk}}$：若 $\eta_{ij}=1$，说明被试 i 掌握了项目 j 所考核的所有属性；若 $\eta_{ij}=0$，则说明被试 i 至少有一个项目 j 所考核的属性未掌握。

$s_j=P(Y_{ij}=0 \mid \eta_{ij}=1)$：表示被试在项目 j 上失误的概率，即被试掌握了项目 j 所考核的所有属性，但答错的概率。

$g_j=P(Y_{ij}=1 \mid \eta_{ij}=0)$：表示被试在项目 j 上猜对的概率，即被试未全部掌握项目 j 所考核的所有属性，但答对的概率。马里斯（Maris，1999）给出了 g_j 的另一种解释：被试应用其他心理资源（mental resources）正确答对的概率。

在被试及项目局部独立性假设下，DINA 模型的似然函数为

$$L(s，\ g；\ \alpha)=\prod_{i=1}^{N}\prod_{j=1}^{J}\left[s^{1-y_{ij}(1-s_j)y_{ij}}\right]^{\eta_{ij}}\left[g_j^{y_{ij}}(1-g_j)^{1-y_{ij}}\right]^{1-\eta_{ij}}。$$

（二）HO-DINA 模型

德拉托尔和道格拉斯（de la Torre & Douglas，2004）认为，在认知诊断中，作为知识状态的认知属性间可能存在相关，它们与一般智力（general intelligence）或一般能力（general ability）相关。在传统 DINA 模型的基础上，德拉托尔和道格拉斯（de la Torre & Douglas，2004）假设在给定 θ 的前提下认知属性间独立（局部

独立），则认知属性 α 与 θ 存在如下数学关系：

$$P(\alpha \mid \theta) = \prod_{k=1}^{K} P(\alpha_k \mid \theta), \tag{3-4}$$

$$P(\alpha_k \mid \theta) = \frac{\exp(\lambda_{0k} + \lambda_k \theta)}{1 + \exp(\lambda_{0k} + \lambda_k \theta)}。 \tag{3-5}$$

λ_{0k} 为属性 k 的截距。

λ_k 为属性 k 在能力维度上的负荷。也即在传统 DINA 模型下，假设属性间局部独立并从属于一个更高阶的能力，这样传统 DINA 模型就演变为 HO-DINA 模型；从模型角度来看，高阶模型建立在传统模型的基础上，并增加了较"属性"更高阶的"能力"参数，因此该模型不仅能描述被试的总体水平(θ)，还能描述被试对属性(α)的掌握情况以及被试掌握的属性与被试能力之间的关系，提供的信息更为丰富。图 3-2 为 HO-DINA 模型所有参数间的关系。

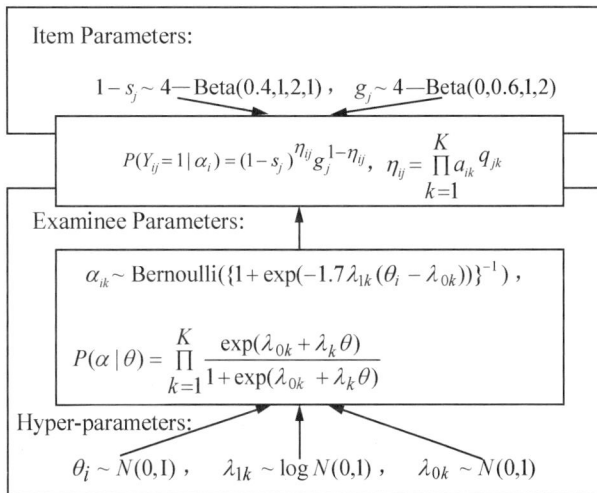

Item Parameters:

$1 - s_j \sim 4 - \text{Beta}(0.4, 1, 2, 1)$, $g_j \sim 4 - \text{Beta}(0, 0.6, 1, 2)$

$P(Y_{ij} = 1 \mid \alpha_i) = (1 - s_j)^{\eta_{ij}} g_j^{1 - \eta_{ij}}$, $\eta_{ij} = \prod_{k=1}^{K} a_{ik} q_{jk}$

Examinee Parameters:

$\alpha_{ik} \sim \text{Bernoulli}(\{1 + \exp(-1.7\lambda_{1k}(\theta_i - \lambda_{0k}))\}^{-1})$,

$P(\alpha \mid \theta) = \prod_{k=1}^{K} \frac{\exp(\lambda_{0k} + \lambda_k \theta)}{1 + \exp(\lambda_{0k} + \lambda_k \theta)}$

Hyper-parameters:

$\theta_i \sim N(0, 1)$, $\lambda_{1k} \sim \log N(0, 1)$, $\lambda_{0k} \sim N(0, 1)$

图 3-2 HO-DINA 模型参数间的关系

二、HO-DINA 模型参数估计的马尔科夫链蒙特卡罗法(Markov Chain Monte Carlo，MCMC 算法)

由于 HO-DINA 模型待估参数非常多，传统的边际极大似然估计法(Marginal maximum likelihood estimation，MMLE)/期望最大算法(Expectation maximization Algorithm，EM 算法)难以实现，德拉托尔和道格拉斯(de la Torre & Douglas，2004)提出采用 MCMC 算法估计 HO-DINA 模型中的参数。

参数的先验分布如下：(de la Torre & Douglas，2004)：

$g \sim 4 - \text{Beta}(0, 0.6, 1, 2)$, $1 - s \sim 4 - \text{Beta}(0.4, 1, 2, 1)$;

$\lambda_0 \sim N(0, 1)$, $\lambda_1 \sim \log N(0, 1)$;

$\theta_i \sim N(0,1)$，$\alpha_{ik} \sim \text{Bernoulli}(\{1+\exp[-1.7\lambda_1(\theta-\lambda_0)]\}^{-1})$。

以上参数的近似满条件分布为：

$$P(\lambda \mid Y, \theta, \alpha, s, g) \propto P(\alpha \mid \lambda, \theta)P(\lambda),$$

$$P(\theta \mid Y, \lambda, \alpha, s, g) \propto P(\alpha \mid \lambda, \theta)P(\theta),$$

$$P(\alpha \mid Y, \lambda, \theta, s, g) \propto L(s, g; \alpha)P(\alpha \mid \lambda, \theta),$$

$$P(s, g \mid Y, \lambda, \theta, \alpha) \propto L(s, g; \alpha)P(s)P(g)。$$

待估参数的 M-H 抽样过程如下（所有待估参数均采用 Gibbs 抽样下的 M-H 算法进行估计）：

（1）λ 参数。

λ_{0k}^{t+1} 和 λ_{1k}^{t+1} 分别从对称的建议分布——正态分布 $N(\lambda_{0k}^t, \sigma\lambda_0^2)$ 和 $N(\lambda_{1k}^t,$ $\sigma\lambda_1^2)$ 中随机抽取（该建议分布不同于德拉托尔与道格拉斯主张的均匀分布，且设定 $\sigma_{\lambda_0}=0.3$，$\sigma_{\lambda_1}=0.3$），则 λ^t 向 λ^{t+1} 转移概率计算公式为：

$$p(\lambda^t, \lambda^{t+1}) = \min\left\{\frac{p(\alpha^t \mid \theta^t, \lambda^{t+1})p(\lambda^{t+1})}{p(\alpha^t \mid \theta^t, \lambda^t)p(\lambda^t)}, 1\right\},$$

将此概率与一随机数 $r \sim U(0,1)$ 相比较，若大于等于 r，则接受转移，否则不接受转移。

（2）θ 参数。

θ_i^{t+1} 从正态分布 $N(\theta^t, \sigma^2)$ 中随机抽取（设定 $\sigma=0.1$），θ^t 向 θ^{t+1} 转移概率计算公式为：

$$p(\theta^t, \theta^{t+1}) = \min\left\{\frac{p(\alpha^t \mid \theta^{t+1}, \lambda^{t+1})p(\theta^{t+1})}{p(\alpha^t \mid \theta^t, \lambda^{t+1})p(\theta^t)}, 1\right\},$$

将此概率与一随机数 $r \sim U(0,1)$ 相比较，若大于等于 r，则接受转移，否则不接受转移。

（3）α 参数。

α_{ik}^{t+1} 从伯努利分布 $\text{Bernoulli}(0.5)$ 中随机抽取，α_{ik}^t 向 α_{ik}^{t+1} 转移概率计算公式为：

$$p(\alpha_{ik}^t, \alpha_{ik}^{t+1}) = \min\left\{\frac{L(s^t, g^t; \alpha_{ik}^{t+1})p(\alpha^{t+1} \mid \theta^{t+1}, \lambda^{t+1})}{L(s^t, g^t; \alpha_{ik}^t)p(\alpha^t \mid \theta^{t+1}, \lambda^{t+1})}, 1\right\},$$

将此概率与一随机数 $r \sim U(0,1)$ 相比较，若大于等于 r，则接受转移，否则不接受转移。

（4）$\{s, g\}$ 参数。

$\{s_j^{t+1}, g_j^{t+1}\}$ 分别从均匀分布 $U(s_j^t-\delta_s, s_j^t+\delta_s)$ 和 $U(g_j^t-\delta_g, g_j^t+\delta_g)$ 中随机抽取（设定 $\delta_s=\delta_g=0.1$），$\{s_j^t, g_j^t\}$ 向 $\{s_j^{t+1}, g_j^{t+1}\}$ 转移概率计算公式为：

$$p(\{s, g\}^t, \{s, g\}^{t+1}) = \min\left\{\frac{L(s^{t+1}, g^{t+1}; \alpha_{ik}^{t+1})p(s^{t+1})p(g^{t+1})}{L(s^t, g^t; \alpha_{ik}^{t+1})p(s^t)p(g^t)}, 1\right\},$$

将此概率与一随机数 $r \sim U(0, 1)$ 相比较，若大于等于 r，则接受转移，否则不接受转移。

三、DINA 模型和 HO-DINA 模型的国内外研究现状

国外研究显示 DINA 和 HO-DINA 模型具有较高的判准率（正确诊断率）（de la Torre De la Torre & Douglas，2004；Rupp & Templin，2008；Cheng，et al，2008），与其他认知诊断模型相比，其研究的领域更为深入，也更为成熟。

国外研究者对 DINA 和 HO-DINA 模型开展了大量研究。（1）相关的计量方法研究：模型参数估计的实现（Junker & Sijtsma，2001；de la Torre & Douglas，2004）、模型的组卷研究（Henson & Douglas，2005）、模型诊断正确率（de la Torre & Douglas，2004；Cheng，2008）、模型下的 DIF 检测方法（Zhang，2006）、Q 矩阵界定有误情况下模型诊断正确率（Rupp & Templin，2007）、DINA 模型的 CAT 实现（Cheng & Zhang，2007）等。尤其值得一提的是德拉托尔等人在 DINA 模型的基础上，开发了 G-DINA 模型、多策略 DINA 模型、处理多重选择题的 DINA 模型等，大大丰富了 DINA 模型在实践中的应用。（2）应用研究：传递推理（Junker & Sijtsma，2001）、儿童心理发展、学业能力测验中的诊断等。

在国内，对于 DINA 和 HO-DINA 模型的研究也较活跃。涂冬波（2009）基于 HO-DINA 模型开发了小学儿童数学问题解决认知诊断 CAT 系统，并实现了对小学儿童数学问题解决的认知诊断（涂冬波、戴海琦、蔡艳和丁树良，2010a）。涂冬波、蔡艳、戴海琦和丁树良（2010b）将 DINA 模型拓展为了多评分模型，开发了适合处理 0—1 计分和多级评分数据的 P-DINA 模型（polytomous DINA model），弥补了传统 DINA 模型只适用 0—1 计分数据的不足；陈平和辛涛（2011a；2011b）在 DINA 模型基础上探讨了认知诊断 CAT 项目的自动标定及项目的自动增补；汪文义和丁树良（2011）探讨了 DINA 模型下认知诊断 CAT 项目属性的自动标定。这些研究既有理论技术探讨又有实际应用研究。

第六节　多维项目反应理论模型

一、多维项目反应理论简介

随着项目反应理论在实际工作中的广泛运用，人们也渐渐发现，传统 IRT 的单维性假设与许多心理或教育测验的实际是不相符的（Reckase，2009），测验数据的多维性与人在完成一项测验任务时需要多种能力的共同配合是相符的，很少有测验只测量单一维度能力或特质（康春花、辛涛，2010）。因此，将传统的单维项

目反应理论(Unidimensional IRT，UIRT)拓展为多维项目反应理论(Multidimensional IRT，MIRT)显得十分必要。为此，心理测量学家们开展了相关研究，如早期的博克和艾特金、雷克斯和麦金利(Bock & Aitkin，1981；Reckase & Mckinley，1982)等知名心理测量学家做了大量关于 MIRT 的基础性的研究和探索。目前，多维项目反应理论、认知诊断(cognitive diagnosis，CD)、计算机化自适应测验被视为现代心理测量理论的三大发展方向。

多维项目反应理论的发展源于项目反应理论和因素分析(Factor Analysis)(Reckase，2009)，但兼具项目反应理论和因素分析的优点。近几年 MIRT 的研究越来越受人们重视，涉及的领域也非常广泛，如 MIRT 的参数估计(DeMars，2009；de la Torre，2008，2009；Jiang，2005；Zhang & Stone，2004；Bolt & Lall，2003)，MIRT 与验证性因素分析(Confirmatory factor analysis，CFA)的比较研究(Finch，2010)。MIRT 的测验等值(Yao & Boughton，2009)，MIRT 的 CAT 研究(Finkelman，Nering & Roussos，2009；Li & Schafer，2005)，MIRT 在心理测验中的应用(Marveled，Glas，Landeghem & Damme，2006；Kacmar，Farmer，Zivnuska & Witt，2006)，等等。

在我国，有关 MIRT 的研究起步较晚，较有代表性的研究有：康春花和辛涛(2010)对多维项目理论进行了综述，并提出了相关的未来发展方向；涂冬波、蔡艳、戴海琦和丁树良(2011a)采用 MCMC 算法自编程序成功实现了 3PL-MIRT 模型的参数估计，并将 MIRT 应用于瑞文高级推理测验，深入探讨了 MIRT 在心理测验中的具体应用。

MIRT 报告了被试个体在多个维度上的能力信息，因此它可以细致地深入分析被试在测验每个维度上的表现/掌握情况，从而也就实现了认知诊断功能(Zhang 和 Stone，2008)。

二、多维项目反应理论模型简介

(一)三参数 logistic MIRT 模型简介

有研究者(Reckase & Mckinley，1982)在回顾以往大量的 MIRT 模型的基础上，提出了当前最实用的 Logistic 多维项目反应模型。该模型的项目反应函数为

$$P(Y_{ij} = 1 \mid \boldsymbol{\theta}_i) = c_j + \frac{(1 - c_j)}{1 + \exp\{-1.7(\boldsymbol{a}'_j \boldsymbol{\theta}_i + d_j)\}} \circ$$

$\boldsymbol{\theta}_i = (\theta_{i1}, \theta_{i2}, \cdots, \theta_{ik})'$ 为被试 k 维能力向量；

$\boldsymbol{a}_j = (a_{j1}, a_{j2}, \cdots, a_{jk})'$ 为项目 k 维区分度向量；

d_j 为与 MIRT 难度相关的参数，它不同于单维 IRT 的难度参数 b_j，但两者间存在某种函数转换式(参见下文)；

c_j 为项目猜测度参数。

因此对于 k 维 MIRT 模型而言，每个被试有 k 维能力，每个项目有 k 维区分度，但每个项目只有一个猜测度参数 c_j 和一个与项目难度相关的参数 d_j。

为了更好地分析 MIRT 项目参数，学者们（Reckase，2009；Zhang & Stone，2008；Reckase & Mckinley，1991）提出了多维区分度指标（Multidimensional discrimination，MDISC），用于评价 MIRT 的项目整体区分度，并根据 MDISC 指标将 MIRT 中的 d_j 参数转换为单维 IRT 的难度参数 b_j，具体计算公式如下。

$$\text{MDISC}_j = \sqrt{\sum_{k=1}^{K} (a_{jk})^2}, \quad b_j = \frac{-d_j}{\text{MDISC}_j}.$$

上式 b_j 代表的是 MIRT 的项目难度参数，它的概念与 UIRT 的难度参数的概念是相同的，其值越大说明题目越难，反之越容易。

(二)MIRT 模型参数估计的 MCMC 算法

对于 MIRT 项目反应模型的参数估计，国际上主要有非线性因素分析法（Non-linear Factor Analysis，NFA；Maydeu-Olivares，2001；Fraser，1988），最大似然估计法（Maximun Likelihood Estimation，ML；DeMars，2006；Bock，Gibbons & Muraki，1988），MCMC 算法（Jiang，2005；Bolt & Venessa，2003）。国际知名的 MIRT 参数估计软件 Noharm（Fraser，1998）、Tastfact（Bock & Schilling，2003）和 BMIRT（Yao，2003）就是分别采用以上三种算法来实现参数估计的。

在我国，对于 MIRT 的参数估计研究未见相关文献，更没有相应的参数估计软件，这大大限制了我国学者对 MIRT 的应用，因此有必要开发适合我国的 MIRT 参数估计软件。结合 MCMC 算法的优势、综合国外相关研究，涂冬波、蔡艳、戴海琦和丁树良（2011a）采用 MCMC 算法来实现 MIRT 的参数估计，其 M-H 的 Gibbs 抽样过程如下。

(1)θ 参数。

θ_i^{v+1} 从多元正态分布 $N(\theta_i^v, \Sigma\theta)$ 中随机抽取，θ_i^v 向 θ_i^{v+1} 转移概率计算公式为

$$p(\theta^v, \theta^{v+1}) = \min\left\{\frac{L(a^v, d^v, c^v; \theta^{v+1})p(\theta^{v+1})}{L(a^v, d^v, c^v; \theta_i^v)p(\theta^v)}, 1\right\}.$$

(2)$\Sigma\theta$ 参数。

多维能力间的方差协方差矩阵（$\Sigma\theta^{v+1}$）从其满条件分布中直接抽取（Jiang，2005），其满条件分布为 $W^{-1}(k+n, (n-1)S + \Psi + \frac{n\tau}{n+\tau}(\bar{\theta}\bar{\theta}')^v)$，$W^{-1}$ 指逆 Wishart 分布，$(n-1)S = \Sigma\theta_i\theta_i'$，$k$ 为能力的维度数，n 为被试数，Ψ 取单位矩阵，τ 取 3。

(3)$\{a, d, c\}$参数。

$\{a^{v+1},\ d^{v+1},\ c^{v+1}\}$分别从均匀分布 $U(a^v-\delta_a,\ a^v+\delta_a)$、正态分布 $N(d^v,\ \sigma^2)$ 和均匀分布 $U(c^v-\delta_c,\ c^v+\delta_c)$ 中随机抽取（设定 $\delta_a=0.3$，$\delta_c=0.03$，$\sigma^2=1$）。$\{a^v,\ d^v,\ c^v\}$ 向 $\{a^{v+1},\ d^{v+1},\ c^{v+1}\}$ 转移概率计算公式为

$$p(\{a^v,\ d^v,\ c^v\},\ \{a^{v+1},\ d^{v+1},\ c^{v+1}\})=$$

$$\min\left\{\frac{L(a^{v+1},\ d^{v+1},\ c^{v+1};\ \theta_i^v)p(a^{v+1})p(d^{v+1})p(c^{v+1})}{L(a^v,\ d^v,\ c^v;\ \theta_i^v)p(a^v)p(d^v)p(c^v)},\ 1\right\}.$$

第七节　认知诊断模型的认知假设与模型选择

认知诊断模型在认知诊断评估中起着十分重要的作用，它是连接被试外显的项目反应与潜在的认知属性掌握情况的桥梁，它使得研究者根据可观察的外显项目反应对不可观察的潜在认知属性掌握情况进行推测这一设想有了现实的具体可操作性。认知诊断评估要确保对被试认知属性掌握情况的推测准确有效，就必须保证其用于分析测验的认知诊断模型恰当合理。因此，认知诊断模型的选用是认知诊断评估实践中一个十分关键的问题。认知诊断模型与测验项目反应机制之间的良好匹配是保证认知诊断评估结果有效、准确的基本前提。反过来说，认知诊断模型的选用不恰当可能导致对被试分类推断的准确性大大降低，甚至完全无效。所以，在选用认知诊断模型进行测验分析时，首先要保证待选用模型的性质与实际资料的性质是相吻合或基本相吻合的。也就是说，要从理论上分析待选用的诊断模型关于被试认知加工过程的假设是否与研究者假设的实际测验中完成任务时的认知加工过程相符或基本相符。本节将简单介绍一下认知诊断评估中涉及任务完成的几个重要认知加工假设，以及部分认知诊断模型的相关认知假设。

一、认知诊断模型的认知假设

（一）知识结构假设

知识结构假设是指研究者关于所要测量的被试的知识或技能在维度及其掌握表征上的假设。

1. 能力维度

能力维度（dimensionality）是指测验具体测量的不同认知属性的个数。根据认知诊断模型对能力维度的假设，可以将其分为单维模型和多维模型。LLTM（Fisher，1973，1983）可以认为是一个单维的认知诊断模型，因为 LLTM 中描述的能力可以认为是多个高度相关的技能的整合。单维认知诊断模型在某些情况下很有用。比如，对于学习一门新课的班级来说，学生都没有任何关于这门新课的基础。所有学生接受相同的教学，因此学生们在各个技能上的排名差不多。在这

种情况下，这几种技能之间具有很高的相关，因此，学生在一个技能上的水平与他在全部技能上的综合水平在全班的相对地位是相当的。此时，采用相对简单的单维模型就可以评估被试的水平了。当然，这种情况还是不多，更多的时候，学生在不同技能上的水平可能不一样，甚至相差很大。例如，同为数学知识，有的学生的几何水平可能在班级名列前茅但代数水平却一般，有的学生则相反，还有的学生在几何和代数上水平相当。对于这样的情况，就需要用多维认知诊断模型进行数据分析和被试能力估计。大部分的认知诊断模型都假设所要测量的被试能力是多维的。例如，RSM（K. K. Tatsuoka，1983；1995），AHM（Leighton，et al.，2004），DINA（Haertel，1984，1990；Junker & Sijtsma，2001），噪声型输入决定性与门模型（Noisy-input，deterministic-and-gate model，NIDA 模型；Maris，1999；Junker & Sijtsma，2001），MIRT（Reckase & McKinley；Sympson，1978；1991），重新参数化统一模型（Reparameterized Unified Model，RUM；DiBello et al.，1995；Hartz，2002；Hartz & Roussos，2005)等。

2. 认知属性掌握表征

认知属性掌握表征(skill mastery scale)是指采用什么类型的变量(连续型变量抑或是离散型变量)来描述被试在潜在特质(认知属性掌握)上的水平。连续型是指被试的认知属性掌握水平在一个连续的量尺上刻画，可以从负无穷到正无穷。离散型是指被试的认知属性掌握水平用若干个离散的点(通常是两个)来刻画，如 0 表示未掌握，1 表示掌握。对于到底是采用连续型变量还是离散型变量这个问题，一方面需要深入考查认知属性本身的性质，另一方面还涉及反应的确定性程度(degree of positivity)(DiBello，et al.，2007)。对于认知属性本身的性质来讲，有的认知属性，被试对于其的掌握只有质的区别，要么掌握了要么没有掌握，此时采用离散型变量即可；而另一些认知属性本身允许被试对其掌握到一定程度，比如说部分掌握，此时采用连续型变量较合适。反应的确定性是指认知属性的潜在掌握水平和外部作答行为之间的一致性程度。一致性程度高指实际上掌握了某技能的被试在测查该技能的项目上被观察到正确作答，相反地，实际上没有掌握某技能的被试在测查该技能的项目上被观察到错误作答。实践中，通常潜在技能其本身的性质就是离散的，但也不能确保其具有完美的反应确定性(perfect positivity)。对于这种完美的反应确定性的缺失，有两种解决方案。一种是对于认知属性的掌握水平采用连续的变量进行表征，同时采用概率的形式表征被试在项目上的正确作答概率。单维认知诊断模型都是采用这种处理方法。另一种是采用离散的变量(如 0 表示未掌握，1 表示掌握)来表征被试的认知属性掌握水平，同时引入两个变量来分别描述掌握了技能却未能答对项目的情况和未掌握技能却答对了项目的情况，通常情况下我们称这两个变量为失误参数和猜测参数。多维认知诊断模型常常采用这种解决办法。例如，NIDA 模型、DINA 模型和缩减重新参算化统一模型（Reduced reparameterized unified model，R-RUM，Hartz，2002），这三个模型都将被试在各认知属性上的掌握情况表征为离散变量，都采用了两个参数，失误参数和猜测参数来表征被试的这种完美的反应确定性的缺失。所不同的是，NIDA 模型将其定义在认知属性水平上，也就是说，不确定性出现在项目作答的输入过程中；DINA 模型则将失误和猜测定义在项目水平上，换句话说，这种不确定性出现在项目作答的输出过程中；R-RUM 则综合了前两者，认为反应的不确定性既存在于认知属性水平上也存在于项目水平上，即认为，在不同认知属性与不同项目的结合水平上这种猜测和失误是不相同的。也有的多维认知诊断模型采用连续属性掌握变量，如 MIRT。MIRT 是在单维项目反应模型的基础上拓展而来的，它保留了单维 IRT 模型对被试能力的连续表征方式。还有的多维认知诊断模型其定义的认知属性掌握变量既可以是离散的也可以是连续的，如 HYBRID 模型（Gitomer & Yamamoto，1991）和 RUM。

（二）项目结构假设

项目结构假设是研究者对于属性或技能与被试项目作答关系的假设。关于项目的结构主要考虑以下四个因素。

1. 项目作答所需技能个数

项目作答所涉及的技能可以是单个也可以是多个。但是，一般来讲，除了那些极其基础、简单的项目的作答可能只涉及单个技能，大多数项目的作答都会涉及两个甚至多个技能。心理和教育测量领域的认知诊断测验大多是认知技能密集或知识密集的。认知心理学研究表明，即使像刺激辨别这样简单的任务也包括一系列的认知加工阶段。一些相对复杂的认知任务，则包含着更为复杂的认知变量和心理操作过程（杨向东，2010）。因此，现实中，大多数测量项目都会涉及两个甚至多个认知技能。

2. 项目反应中的属性作用机制

项目反应中的属性作用机制/属性结构（attribute structure）是指项目（常指涉及两个或两个以上技能的项目）所考查的技能如何对项目作答起作用。这种项目反应机制大致可以分为两类：一类称为补偿机制，另一类称为非补偿机制。补偿机制又可以描述为属性间具有补偿性，指项目考查的属性能够相互补偿，也就是说，被试在一个或几个属性上的高水平掌握可以弥补其对另一个或几个属性的掌握缺失，这种弥补在任意水平上都能达到满意的程度。具体反映到项目反应函数中，表现为在该项目上有高的正确作答概率。在这种属性作用机制下，如果有一个项目只测量了两个属性，某被试对其中一个属性掌握得很糟糕，但是对另一个属性掌握得足够好，那么他也能正确作答这个项目。非补偿机制又可以描述为属性间不具有补偿性(noncompensatory)，指项目考查的属性不能够相互补偿，也就是说被试必须对项目所考查的所有属性均有足够的掌握，才能在该项目上有高的正确作答概率。被试在某个属性上的掌握缺失可以在一定程度上得到其对其他属性高水平掌握的弥补，但弥补的作用不可能很大，也就是说，这种弥补不可能令被试在该项目上具有高的正确作答概率。补偿机制包括部分补偿(partially compensatory)。这里举个生活中大家熟悉的例子来说明补偿和非补偿。我们知道我国高考常包括数个科目的考试，如理科生的考试科目一般包括语文、数学、英语和理综。大学录取常划定一个总分分数线，达线则被录取，未达线则不被录取(这里可能存在志愿填报失误的因素导致不录取，此处不考虑这个因素)。我们把被录取和未被录取分别比喻为项目作答正确和作答错误，4 个科目的成绩为属性掌握水平。我们知道一个学生若数学非常好，成绩为 150 分，但英语很差只得 50 分，语文为 120 分，理综为 250 分。那么他的总分依然比较高，仍然可以被录取，这种录取机制就是补偿性的。再看我国的研究生入学考试，也常包括几个科目的考试，如英语、政治、专业科目 1 和专业科目 2。由于研究生的录取不但要求考生总分达标，同时也要求单科分数达标，所以，如果一个考生英语很差，如 40 分，其他科目成绩再好，也不可能被录取。这种录取机制就是非补偿性的。假设项目反应机制为补偿机制的认知诊断模型叫作补偿模型，反之，假设项目反应机制为非补偿机制的认知诊断模型叫作非补偿模型。事实上声称每个技能掌握变量都具有单调性的项目反应模型都或多或少地存在一定的补偿(DiBello, et al., 2007)。

　　假设属性间为补偿机制的模型有 LLTM，补偿型多维项目反应理论模型 (Compensatory multidimensional IRT model，MIRT-C，Reckase & McKinley, 1991)等。LLTM 可以认为是一个补偿模型，尽管该模型没有明确地分别地表征多个技能，而是将多个技能的掌握水平综合为一个单一的能力水平。但正因如此，多个技能间具有补偿效应。MIRT-C 的项目反应函数实际上是在单维 IRT 项目反应函数的基础上，对单维 IRT 的被试能力进行了细致化的分解。MIRT-C 所定义的被试在各技能掌握水平上的加权和即为单维 IRT 中的被试能力，因此，技能间具有补偿性。大多数认知诊断模型假设属性间为非补偿机制。例如，RSM、AHM、DINA、NIDA、RUM、非补偿型多维项目反应理论模型(Noncompensatory multidimensional IRT model，MIRT-NC，Sympson，1978)等。RSM、AHM、DINA 模型和 NIDA 模型都是较为典型的非补偿模型，RSM 和 AHM 通过定义其理想反应模式(或称期望反应模式)，假设被试只有掌握了所有项目所考查的属性时才能在该项目上正确作答。DINA 模型虽采用的是理想反应变量，但与 RSM 和 AHM 异曲同工，只有在被试掌握了项目所考查的所有属性时，被试的理想反应变量才为1，即被试才能在该项目上正确作答。这三者都假设被试要正确作答项目，必须掌握该项目所测全部属性，缺一不可，可见，这三个模型都假设属性之间为非补偿的关系。RUM 也是非补偿模型，该模型假设被试在项目上要获得高的正确作答概率，必须掌握项目所考查的所有属性，一个或部分属性未掌握会大大地降低被试的成功作答概率。因此，虽然 RUM 所假设的属性间的非补偿机制不像 DINA 模型那样典型，但该模型仍然属于非补偿模型。MIRT-NC 也是一个非补偿模型，它将被试的正确作答概率定义为被试对项目所考查的各属性/技能正确运用的概率乘积。因此，若被试在作答某个项目时有一个属性未掌握，被试对该属性的正确运用概率很低，这种低概率将导致最终所有属性正确运用的概率乘积，即项目正确作答的概率很低。因此，与 RUM 一样，虽然属性间存在一部分的补偿作用，但这种补偿作用太小，无法令被试在项目上获得较高的正确作答概率。因此，MIRT-NC 也是一个非补偿模型。

3. 项目作答是否存在多种策略

策略(strategy)是指关于被试在项目上如何作答的假设。是否有不同的方法能同样达到正确作答同一项目的目的？关于项目作答策略的考虑，一方面应该包括不同的被试在同一项目上采用不同策略，另一方面应该包括同一被试在不同项目上采用不同策略。由于大多数认知诊断模型都只考虑了不同的被试在同一项目上采用不同策略，我们这里将策略的使用限制为同一被试在测验的所有项目上采用相同的策略，也就是说策略的不同只存在于被试之间，而不存在于项目之间。研究者对于测验进行设计或分析前，应该咨询相关学科专家和心理学专家，确定测验的作答策略有一种还是有多种，并将其反映到测验的认知模型或 Q 矩阵中，通常对每一种策略建立一个认知模型或 Q 矩阵。假设项目作答存在多种策略的认知诊断模型叫作多策略的认知诊断模型，假设项目作答只有单一策略的认知诊断模型叫作单策略认知诊断模型。单策略的认知诊断模型很多，如 LLTM，RSM，AHM，DINA，RUM，NIDA，MIRT 等。多策略模型比较少，如多策略决定性输入噪声与门模型(Multiple strategy deterministic input noisy "and" gate model，MS-DINA；de la Torre & Douglas，2008)。另外，决定性输入噪声或门模型(De-terministic inputs，noisy "or" gate model，DINO 模型)假设被试只要掌握项目作答所需属性中的任何一个就能正确作答，这种假设在一些情况下可以解释为策略运用的不同。HYBRID 模型由于可以转变为 DINA 模型或一个单维 IRT 模型，也可以被认为是一个允许两种策略的模型。

4. Q 矩阵完备性

Q 矩阵完备性考查的是对测验项目进行作答所需的所有属性是否被包含在 Q 矩阵中。如果不是，那么称 Q 矩阵是不完备的(Q-incompleteness)，反之则称 Q

矩阵是完备的（*Q*-completeness）。*Q* 矩阵所定义的技能称为 *Q* 矩阵技能（*Q* skills），未被包含在 *Q* 矩阵中的解答项目所必需的属性称为非 *Q* 矩阵技能（non-*Q* skills），又叫作残差技能（residual attributes）。大多数认知诊断模型都假设其 *Q* 矩阵是完备的，如 LLTM、RSM、AHM、DINA、R-RUM、NIDA、MIRT 等。包含非 *Q* 矩阵技能的认知诊断模型常常采用一个连续的变量来笼统地刻画被试在项目作答过程中所涉及的 *Q* 矩阵以外的技能水平。例如，RUM 就用残差能力来指被试的非 *Q* 矩阵技能。然而，有学者（DiBello，et al.，2007）指出，这种非 *Q* 矩阵技能和 *Q* 矩阵技能常常容易混杂（confound）在一起。例如，当在 *Q* 矩阵技能上掌握水平相当的一组被试在非 *Q* 矩阵技能上的掌握水平也相当时，这些被试的非 *Q* 矩阵技能就无法从 *Q* 矩阵技能中分离出来，两者会混杂在一起。所以，如果在 *Q* 矩阵技能上掌握水平相当的被试在非 *Q* 矩阵技能上没有太大差异，则通常可以忽略 *Q* 矩阵以外的技能的影响，假定 *Q* 矩阵是完备的。所以，在选择模型时，如果实际 *Q* 矩阵指定的技能已经接近完备或者 *Q* 矩阵中的技能已经达到足够大的数量（此时可以认为 *Q* 矩阵接近完备，正如因素分析中一定数量的因子能够解释大部分的方差），可以选择采用较为简单的不包含残差技能的认知诊断模型。但是，如果 *Q* 矩阵技能很少，研究者对于认知模型又没有十分的把握，那么采用考虑了残差技能的模型可能比较妥当。

表 3-1 中列出了部分认知诊断模型在属性结构和项目结构上的假设。

表 3-1　认知诊断模型认知假设分类一览表

		Q 矩阵完备		*Q* 矩阵不完备	
		单策略	多策略	单策略	多策略
属性离散	补偿	DINO MCLCM-D MCLCM-C			
	非补偿	RSM AHM DINA/RLCM HO-DINA NIDA R-RUM	MS-DINA	RUM	HYBRID UM
属性连续	补偿	LLTM MIRT-C			
	非补偿	MIRT-NC HO-DINA		GLTM RUM	HYBRID MLTM UM

二、认知诊断模型选择

从以上分析可知，不同认知诊断模型具有不同的认知假设，实际使用者在模型选用时应充分考查认知诊断模型与测验项目反应机制之间的匹配程度，也就是说，要从理论上分析待选用的诊断模型关于被试认知加工过程的假设是否与研究者假设的实际测验中完成任务时的认知加工过程相符或基本相符。

当然认知诊断模型的选择是一个非常复杂的过程，它仍需要根据文献调查、学科专家建议和口语报告等方法，评判出所要测的领域涉及的认知属性的关系，以及它们是如何对项目反应起作用的。由于认知诊断模型的认知假设存在差异，可以构建检查认知诊断模型假设的统计量，从量化的角度进行模型选择，即资料模型的拟合检验(goodness-of-fit test)。但是认知诊断模型的好坏又不能仅凭模型拟合数据的好坏来评判，如单维项目反应理论可能会比较好地拟合数据，但是要求它提供比较多的诊断信息还是比较困难的。另外，认知诊断模型提供的诊断信息是否能真正在教学中起到直接的作用，其效度问题也是模型选用的一个关键因素，这些都有待更多的实证研究去探讨。

第八节　CDMs 小结

一、几种基本的认知诊断模型的特征

众多的认知诊断模型，一方面反映了这一领域所取得的成果，另一方面又反映了进行认知诊断的确不是一件易事，一个计量模型不能适应所有的实际情况，因此需要开发出有不同特点的、适合不同实际需求的多种认知诊断模型。不同的认知诊断模型均是针对具体不同的情境而提出的，各有其特点，为了更好地了解它们并在实际应用时选取适合的模型，我们将部分认知诊断模型的特性、功能及所涉及的相关研究进行了整理归纳，详见表 3-2。

表 3-2　不同认知诊断模型的特征

模型	被试参数	诊断变量是否连续	诊断变量获取方式	补偿/非补偿模型	参数估计方法	目前适用计分模式
LLTM	单个能力	连续	回归分析	补偿	MLE/EM	0—1 计分
RSM	能力及属性	离散二分	判别分析	非补偿	MLE/EM	0—1 计分
MIRT	多个能力	连续	参数估计	补偿或非补偿	EM/MCMC	0—1 计分、多级

续表

模型	被试参数	诊断变量是否连续	诊断变量获取方式	补偿/非补偿模型	参数估计方法	目前适用计分模式
MLTM GLTM MLTM-MS	多个能力	连续	参数估计	非补偿	MLE/EM	0—1 计分
UFM	能力及属性	离散二分	参数估计	非补偿	EM	0—1 计分
FM	能力及属性	离散二分	参数估计	非补偿	MCMC	0—1 计分、多级
AHM	能力及属性	离散二分	判别分析	非补偿	MLE/EM	0—1 计分、多级
GDM	能力及属性	离散	参数估计	补偿	MCMC	0—1 计分、多级
DINA HO-DINA GDINA	属性(能力)	离散二分	参数估计	非补偿	MCMC/EM	0—1 计分、多级

二、认知诊断模型的选用

在实际应用中，选取认知诊断模型时，应充分考虑被试技能标定的连续化/离散化、模型的复杂度、参数的识别、参数的测量学特征、资料模型的拟合度、技能的补偿效应及实际需求等问题。心理测量学家迪贝洛和斯托特(DiBello & Stout，2007)给出了一般性认知诊断模型选取的原则：所选取的认知诊断模型，应足够复杂以便提供充分的技能诊断信息，同时模型参数又要足够精简，还要与数据充分拟合。

思考题：

1. 什么是规则空间模型？

2. 什么是属性层级模型？它与规则空间模型有什么异同？

3. 什么是 DINA 模型？它与 HO-DINA 模型有何关系？

4. 什么是多维项目反应理论模型？它与项目反应理论及认知诊断理论有何关系？

5. 认知诊断模型的认知假设有哪些？

6. 认知诊断模型选择的依据有哪些？

7. 认知诊断模型发展的前景怎样？

第四章 认知诊断运作示例：小学生 分数加减法的认知诊断

本章以小学生分数加减法的认知诊断为示例，具体说明认知诊断的具体过程以及需要注意的事项。本章内容涉及小学数学分数加减法的认知属性及属性层级关系的界定、认知诊断测验的编制、认知诊断结果分析以及诊断效度验证等。供实际应用者参考和借鉴。

第一节　认知属性及属性层级关系的确定

根据小学数学的教学进度安排以及时间要求，我们选用了小学数学五年级下学期的简单分数加、减运算（不含带分数，以下简称分数运算）作为认知诊断内容。该部分内容在《义务教育数学课程标准（2011 年版）》中属于数与代数的内容，内容相对比较简单，涉及的认知能力水平层次也相对较低，相对较易确定认知属性及属性间的层级关系。

一、认知属性及属性层级关系的确定

我们采用了邀请不同领域专家（教研员、一线教师、教育心理学测量专家）共同参与讨论的方式。邀请各领域专家共 7 人，其中教研员 2 人，一线教师 3 人，教育心理学测量专家 2 人，对小学数学五年级下学期分数运算的内容进行了深入的讨论，最终确定了该部分内容主要包含的 7 大认知属性及属性间的层级关系，具体如下。

A1：基础知识（分数单位、分数性质、加减混合运算顺序）。

A2：同分母分数加减方法。

A3：通分。

A4：约分。

A5：异分母分数加减方法。

A6：化成最简分数。

A7：分数加减混合运算方法。

7 个属性间的逻辑关系，即层级关系如图 4-1 所示。

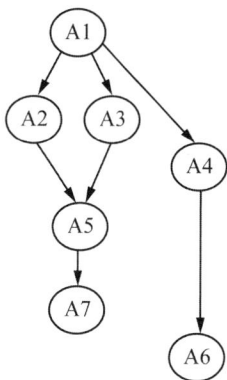

图 4-1　小学数学五年级下学期分数运算认知属性及属性层级关系

二、认知属性层级关系的验证

(一)来自口语报告法的验证

为了对认知属性层级关系进行验证,我们采用了口语报告法。首先根据确定的认知属性及其层级关系,设计了六道一线教师认为比较典型的试题,其考核的认知属性见表4-1。

表 4-1　六道试题考核的认知属性

题号	A1	A2	A3	A4	A5	A6	A7
第 1 题	1	1	0	1	0	1	0
第 2 题	1	1	0	0	0	0	0
第 3 题	1	1	1	0	1	0	0
第 4 题	1	1	1	1	1	1	1
第 5 题	1	1	1	1	1	0	1
第 6 题	1	1	1	1	1	1	1

注:表中的"1"表示试题测量了该属性,"0"表示试题未测量该属性,下同。

口语报告法是指让学生在解答试题的过程中说出其解题的思维过程,然后根据学生的口语报告建立起认知属性间的层级关系,并与之前专家确定的认知属性层级关系进行比较,以验证专家确定的认知属性层级关系是否能得到实证数据的支持。具体实施过程如下。

在某小学五年级某班随机选取六名学生,其中三名成绩较好,三名成绩中等。对每名学生测试相同的试题,要求学生在无干预的情况下解答试题,同时,以特定的数学语言说出自己头脑中进行的思维活动(即时性口语报告)。主试对学生作答表现的情况进行记录,并全程录音。现以一道分数加减混合运算试题(第6题)为例,说明学生作答的思维过程(表4-2)。

表 4-2　六名学生口语报告的第 6 题的解答过程

第 6 题: $\dfrac{9}{10}+\dfrac{1}{7}-\dfrac{7}{10}$	
学生 1	第 1 步:由于9/10与7/10的分母相同,所以将1/7与7/10交换。 第 2 步:9/10与7/10分母相同,分子相减,等于2/10+1/7,2/10约分化简后得1/5+1/7。 第 3 步:1/5与1/7通分得到7/35+5/35。 第 4 步:7/35与5/35分母相同,所以分子相加,等于12/35。

续表

第 6 题：$\frac{9}{10}+\frac{1}{7}-\frac{7}{10}$	
学生 2	第 1 步：9/10 与 7/10 的分母相同，所以先将它们进行计算，再加 1/7。 第 2 步：9/10−7/10 等于 2/10，得 2/10＋1/7。 第 3 步：将 2/10 化简，得 1/5＋1/7。 第 4 步：1/5 与 1/7 通分得到 7/35＋5/35。 第 5 步：等于 12/35。
学生 3	第 1 步：9/10 与 7/10 的分母相同，将 1/7 与 7/10 交换。 第 2 步：9/10−7/10 等于 2/10，得 2/10＋1/7。 第 3 步：2/10 是 1/5。 第 4 步：把 1/5 与 1/7 通分得到 7/35−5/35。 第 5 步：等于 2/35。
学生 4	第 1 步：9/10 与 7/10 的分母相同，所以先将它们相加。 第 2 步：等于 9/10−7/10＋1/7。 第 3 步：等于 2/10＋1/7。 第 4 步：2/10 化简等于 1/5。 第 5 步：1/5 与 1/7 通分得到 7/35＋5/35。 第 6 步：等于 12/35。
学生 5	第 1 步：有两个分母相同，所以先将它们相加。 第 2 步：等于 16/10−1/7。 第 3 步：再通分。 第 4 步：约分 51/36。
学生 6	第 1 步：先用 9/10−7/10，再加 1/7。 第 2 步：等于 2/10＋1/7。 第 3 步：2/10 与 1/7 通分得到 14/70＋10/70。 第 4 步：等于 24/70。 第 5 步：约分等于 12/35。

从表 4-2 中六名学生口语报告的作答过程可以看出，学生首先运用了加减混合运算顺序（A1）和同分母分数加减方法（A2），然后部分学生将同分母加减结果进行约分（A4）和化成最简分数（A6），部分学生没有将结果化成最简，直接运用通分（A3）和异分母分数加减方法（A5），最后运用约分（A4），化成最简分数（A6）。因此由六名学生解答试题的思维过程可以看出，学生的解题思维过程与图 4-1 中的认知属性层级关系基本相符，专家确定的认知属性及属性间的层级关系基本合理。

（二）来自实测数据的验证

采用崔颖、莱顿、吉尔和亨特（Cui，Leighton，Gierl ＆ Hunka，2006）开发的 HCI 进行检验，检验统计量为

$$HCI_i = 1 - \frac{2\sum\limits_{j \in Scorrecti}\sum\limits_{g \in S_j} X_{ij}(1 - S_{ig})}{N_{ci}}。$$

$S_{correcti}$：被试 i 正确作答项目的集合。

X_{ij}：被试 i 在项目 j 上的得分。

S_j：所测属性是项目 j 属性的子集的项目集。

N_{ci}：若某一项目所测属性为被试 i 某一正确作答项目所测属性的子集，则称其为一个"比较"，那么 N_{ci} 是被试 i 所有正确作答项目的所有比较的总数。

HCI 的取值范围为[−1，1]，若其值越接近 1 则拟合越好，若其值越接近 −1 则拟合越差。

我们计算了认知诊断测验 A 卷(见第二节和第三节)1 009 名被试数据的平均 HCI，值为 0.761，一般认为 HCI 超过 0.70 就表示模型与数据很好地拟合了 (Gierl，Wang & Zhou，2008)，图 4-1 中 7 个属性间的层级关系得到了实际数据的支持，属性间的层级关系基本正确。

第二节　认知诊断测验的编制

一、建立 Q 矩阵

认知属性及其层级关系确定以后，需要建立 Q 矩阵来表征试题与认知属性之间的关系。建立 Q 矩阵是测验设计中最重要的一个环节，Q 矩阵是命题的依据，相当于传统测验中的命题蓝图。Q 矩阵通常用 $K \times I$ 关系矩阵 Q 来表示，K 指属性的数目，I 指可能的题目类型的题目。Q 矩阵的获得原理和过程可参见第一章第二节中的相关算法。

根据属性层级关系以及第一章介绍的相关算法，可以得出其 A 矩阵和 R 矩阵。

$$A = \begin{array}{c|ccccccc} & A1 & A2 & A3 & A4 & A5 & A6 & A7 \\ \hline A1 & 0 & 1 & 1 & 1 & 0 & 0 & 0 \\ A2 & 0 & 0 & 0 & 0 & 1 & 0 & 0 \\ A3 & 0 & 0 & 0 & 0 & 1 & 0 & 0 \\ A4 & 0 & 0 & 0 & 0 & 0 & 1 & 0 \\ A5 & 0 & 0 & 0 & 0 & 0 & 0 & 1 \\ A6 & 0 & 0 & 0 & 0 & 0 & 0 & 0 \\ A7 & 0 & 0 & 0 & 0 & 0 & 0 & 0 \end{array}$$

$$
\boldsymbol{R} = \begin{array}{c|ccccccc}
 & A1 & A2 & A3 & A4 & A5 & A6 & A7 \\
\hline
A1 & 1 & 0 & 0 & 0 & 0 & 0 & 0 \\
A2 & 1 & 1 & 0 & 0 & 0 & 0 & 0 \\
A3 & 1 & 0 & 1 & 0 & 0 & 0 & 0 \\
A4 & 1 & 0 & 0 & 1 & 0 & 0 & 0 \\
A5 & 1 & 1 & 1 & 0 & 1 & 0 & 0 \\
A6 & 1 & 0 & 0 & 1 & 0 & 1 & 0 \\
A7 & 1 & 1 & 1 & 0 & 1 & 0 & 1 \\
\end{array}
$$

同时，还可得出所有符合认知属性层级关系的典型项目考核模式，见表4-3。

表 4-3 十八种典型项目考核模式

典型模式	A1	A2	A3	A4	A5	A6	A7
1	1	0	0	0	0	0	0
2	1	1	0	0	0	0	0
3	1	0	1	0	0	0	0
4	1	1	1	0	0	0	0
5	1	0	0	1	0	0	0
6	1	1	0	1	0	0	0
7	1	0	1	1	0	0	0
8	1	1	1	1	0	0	0
9	1	1	1	0	1	0	0
10	1	1	1	1	1	0	0
11	1	0	0	1	0	1	0
12	1	1	0	1	0	1	0
13	1	0	1	1	0	1	0
14	1	1	1	1	0	1	0
15	1	1	1	1	1	1	0
16	1	1	1	0	1	0	1
17	1	1	1	1	1	0	1
18	1	1	1	1	1	1	1

也就是说对于符合图 4-1 中认知属性层级关系的"分数运算"诊断测验，其所有的项目考核模式只有表 4-3 中的 18 种，它是"分数运算"诊断测验编制的蓝图，即"分数运算"诊断测验的项目编写应以表 4-3 为指导。同时为遵循认知诊断测验编制的第一个原则(实现对所有知识状态的诊断分类)，所编制的认知诊断测验中需包含上面所求的 **R** 矩阵代表的题目，或表 4-3 中 7 种(第 1，2，3，5，9，11，

16 种)类型的试题。

二、试题编写及组卷

根据确定的认知属性层级关系和 18 种试题类型，三名经验丰富的小学教师分别针对每种类型命制 2 道试题(其中一道选择题，一道填空题)，对于第 15、16、17、18 种类型，分别多命制一道试题，每名教师命制 20～40 道试题。最后，一名教师命制了 40 道试题，一名教师命制了 36 道试题，一名教师命制了 24 道试题，共命制了 100 道试题。

试题命制完成以后，由这三名一线教师对试题进行初审，淘汰不符合要求的试题，最终剩下 86 道试题，并对其中的一些试题进行相关修改及润色。

三、组卷及等值设计

为了获取更多在同一量尺上的试题参数，借助等值设计技术手段，将计划命制的三份试卷链接起来。具体设计方案是 A，B，C 三套试卷有 7 种基本类型试题可作为共同锚题，A 套试卷与 B 套试卷之间有 5 道共同锚题，A 套试卷与 C 套试卷之间有 5 道共同锚题，B 套试卷与 C 套试卷之间有 5 道共同锚题，共有 22 道锚题，锚题考核的认知属性在每种题型上均不一致，保证锚题的代表性。然后通过斯托金-洛德(Stocking-Lord)等值方法链接起来(漆书青、戴海琦、丁树良，2002)。同时 A，B，C 三套试卷中每卷均包含了 **R** 矩阵的所有项目考核模式，每个属性被测量次数均超 5 次以上。

根据认知诊断要求，我们用 86 道试题组成 3 份试卷。每份试卷共 36 题，包含两种题型，分别为选择题和填空题，其中选择题 20 题，填空题 16 题。组卷时，每份试卷考核的认知属性一样，位置和顺序尽量一样，每种题型内部将考核属性较少的试题放在前面，考核属性较多的试题放在后面。锚题尽量均匀分布在每份试卷之中，而且每种题型锚题题量也基本一致。

四、测试

为了保证测试数据的代表性和测验的可推广性，在天津市选择具有代表性的三个区县，其中 A 区和 C 区均使用人民教育出版社出版的教材，学生初学该部分内容，B 区使用北京师范大学出版社出版的教材，学生上学期已经学习了该部分内容，测试学校及学生人数分布情况见表 4-4。

表 4-4 试测区县、学校及人数

区县	所属区域	学校数	人数
A 区	市区	1	613
B 区		1	423
C 区	郊县	10	1 973

测试时间安排在 A 区和 C 区学习结束的一周之后，每学校安排统一时间进行测试，时间 45 分钟。以班级为单位，按照 A，B，C 套试卷的顺序，分发给学生，保证邻座学生的试卷互不相同。

测试结束以后，统一进行阅卷。阅卷过程中，作答不符合要求的（如选择题作答过程中应填写 A，B，C，D，而没有填写的），视为作答错误。在填空题的阅卷过程中，对于有多个空需要填写的，如果只答对一个空，其他空没有答对，该题视为作答不正确。

第三节 认知诊断结果分析

一、统计分析模型的选择

（一）三参数逻辑斯蒂特模型（three-parameters logistic model，3PLM）

对于试题参数估计，考虑到选择题存在猜测，我们选择 IRT 中的 3PLM 模型（漆书青等人，2002）。

$$P_{ij}(\theta) = c_j + (1-c_j)/\{1+\exp[Da_j(\theta-b_j)]\}$$

其中 θ 为潜在特质，也称为能力，a_j，b_j，c_j 分别为第 j 个项目的区分度、难度和猜测概率参数，$P_{ij}(\theta)$ 表示能力为 θ 的被试 i 在第 j 个项目上正确作答的概率。

（二）DINA 模型

对于诊断模型，我们选择了当前应用较广且模型相对简洁的 DINA 模型（de la Torre，2009）。

二、数据分析的结果

通过运用项目反应理论中的 3PLM 和使用 DINA 模型，我们自编程序对学生考后的测试数据进行了诊断分析。分析结果如下。

(一)不同试卷中各属性的掌握概率

表 4-5　全体学生在 A，B，C 三套试卷上的作答数据基本统计值

试卷编号	学生数	平均分	标准差	缺失数	非重复反应模式数
A	1 009	34.62	5.23	1	814
B	994	35.45	4.68	0	717
C	1 006	34.60	5.04	1	792

注：缺失值视作答错处理。

表 4-6　A，B，C 三套试卷估计知识状态中各属性的掌握概率（DINA 模型）

试卷编号	A1	A2	A3	A4	A5	A6	A7
A	0.98	0.96	0.96	0.95	0.93	0.94	0.92
B	0.99	0.98	0.97	0.98	0.96	0.97	0.95
C	0.99	0.96	0.95	0.96	0.92	0.93	0.89

由表 4-5 中的数据可知，全卷满分 36 分，全体学生在三份试卷上的平均得分率均在 0.96 以上，作答表现很好。具体到各属性的掌握概率，由表 4-6 中的数据可知，全体学生对 7 种属性均掌握得较好，对 A，B 两套试卷 7 种属性的掌握概率都在 0.90 以上，对于 C 套试卷，全体学生在 A7 属性上的掌握水平相对要低（低于 0.90）。

(二)不同学校学生知识状态掌握情况诊断结果

表 4-7　各学校估计知识状态中各属性的掌握概率（DINA 模型）

学校代码	人数	A1	A2	A3	A4	A5	A6	A7
101	613	0.99	0.97	0.96	0.96	0.94	0.95	0.93
102	423	0.99	0.98	0.98	0.98	0.96	0.97	0.96
103	80	0.99	0.99	0.98	0.99	0.98	0.98	0.96
104	245	0.99	0.95	0.94	0.94	0.93	0.93	0.91
105	182	0.99	0.97	0.94	0.91	0.92	0.91	0.90
106	213	0.98	0.93	0.93	0.92	0.87	0.90	0.83
107	290	0.99	0.97	0.98	0.98	0.96	0.97	0.95
108	293	1.00	0.97	0.98	0.98	0.95	0.96	0.94
109	254	1.00	0.98	0.97	0.98	0.96	0.97	0.95
110	236	0.98	0.97	0.97	0.96	0.96	0.96	0.95
111	124	0.98	0.92	0.90	0.93	0.89	0.93	0.85
112	56	1.00	1.00	0.98	0.98	0.96	0.98	0.96
平均	—	0.99	0.97	0.96	0.96	0.94	0.95	0.93

由表 4-7 中的数据可知，参与测试的学生来自三个不同行政区域的 12 所小学，测试结果良好，各属性平均掌握率均在 0.90 以上。但是值得注意的是，学校代码为 101 和 102 的两所学校，均为市内重点小学，两者的学生水平和教师教学水平比较接近，由于学习进度的安排不一样，101 的学生是初学该部分内容，102 的学生已学习该部分内容一段时间，诊断表现结果不甚一致，102 的学生对六种属性（除 A1 属性之外）的掌握概率均要高于 101 的学生对其的掌握概率，特别是对 A7 属性的掌握概率与 101 的相比高 0.03，说明继续学习对于巩固和促进上一部分知识的学习有一定的作用。从表 4-7 中还可以获知，代码为 106 和 111 的两所学校的学生对 A5 和 A7 属性掌握得相对较差，可以考虑进行适当的补救教学。通过以上分析可知，学校可以根据认知诊断模型分析结果帮助教师进行有针对性的教学和调整下一步学习的教学策略。

（三）学生知识状态诊断结果

表 4-8 诊断类型及每种类型包含的人数和能力值分布区间

诊断类型	人数	能力值		
		最大值	最小值	平均值
0, 0, 0, 0, 0, 0, 0	34	−1.65	−4.04	−3.10
1, 0, 0, 0, 0, 0, 0	38	−1.70	−3.87	−2.60
1, 0, 0, 1, 0, 0, 0	4	−1.77	−3.87	−2.55
1, 0, 0, 1, 0, 1, 0	2	−1.55	−1.79	−1.67
1, 0, 1, 0, 0, 0, 0	5	−2.40	−3.41	−2.75
1, 0, 1, 1, 0, 0, 0	2	−1.52	−2.05	−1.79
1, 0, 1, 1, 0, 1, 0	16	−1.48	−2.87	−2.04
1, 1, 0, 0, 0, 0, 0	24	−1.51	−3.61	−2.46
1, 1, 0, 1, 0, 0, 0	8	−1.96	−3.69	−2.60
1, 1, 0, 1, 0, 1, 0	8	−2.21	−2.64	−2.39
1, 1, 1, 0, 0, 0, 0	6	−1.96	−2.93	−2.46
1, 1, 1, 0, 1, 0, 0	5	−1.77	−2.96	−2.56
1, 1, 1, 0, 1, 0, 1	8	−2.12	−2.98	−2.42
1, 1, 1, 1, 0, 0, 0	9	−1.39	−1.72	−1.57
1, 1, 1, 1, 0, 1, 0	20	−1.25	−2.50	−1.75
1, 1, 1, 1, 1, 0, 0	4	−1.41	−2.52	−1.84
1, 1, 1, 1, 1, 0, 1	3	−1.69	−2.29	−2.06
1, 1, 1, 1, 1, 1, 0	33	−0.36	−2.39	−1.41
1, 1, 1, 1, 1, 1, 1	2 780	1.43	−2.16	−0.07

由表 4-8 中的数据可知，参与本次测试的 3 009 名学生中，全部掌握 7 种属性（"1，1，1，1，1，1，1"）的学生占了全部学生的 92.3%，剩下的学生分布于 18 种诊断类型之中。学生可以根据诊断分析结果，对于未掌握的认知属性有针对性地进行补救。教师也可以根据学生的诊断结果，有针对性地进行辅导，达到促进学生学习的目的。

第四节　诊断效度验证

数据诊断分析结束以后，仍需要了解诊断结果的有效性。为了检验认知诊断模型诊断结果的准确性和有效性，我们采用与教师诊断结果相比较的方法，具体过程如下。

一、学生作答试卷的抽样

根据诊断分析结果以及每种诊断类型包含的学生人数，采用分层抽样的方法抽出学生的答卷，提供给教师，由教师根据学生的作答表现，确定学生未掌握的认知属性。

根据表 4-8 中的数据，对于属性掌握模式人数少于 10 人的被试组，从中随机抽出 1 份学生答卷；对于属性掌握模式人数多于 10 人但少于 50 人的被试组，从中随机抽出 2 份学生答卷；对于属性掌握模式人数在 50 人以上的，按能力值区间，随机抽出 10 份学生答卷。共计抽出 34 份学生作答试卷。

二、教师诊断及结果分析

在进行诊断分析前，首先对三名教师进行了相关知识的培训，让教师了解诊断测试考核的认知属性和认知属性之间的层级关系，也让教师了解并熟悉了三份诊断试卷每道试题考核的认知属性，进而学习和掌握判定未掌握认知属性的方法。培训结束之后，教师浏览学生答卷，并在学生作答错误的试题上标注出所考核的认知属性，然后综合考虑，确定学生未掌握的认知属性，再将结果填入相应的表格之中。

教师诊断结束以后，将认知诊断模型诊断结果与教师诊断结果放在一起讨论，对照后讨论的结果见表 4-9。

表 4-9　认知诊断模型诊断结果与三名教师诊断结果的对照

学生编号	认知诊断模型诊断结果	三名教师讨论后结果	一致性
0109a04	***	***	＋
0114a09	***	***	＋

续表

学生编号	认知诊断模型诊断结果	三名教师讨论后结果	一致性
0115a06	0	0	+
0116a06	＊＊＊	3，4	
0201a05	＊＊＊	＊＊＊	+
0204a02	5，7	5，7	+
0207a05	0	0	+
0402A12	2，3，4，5，6，7	3，4，5，6，7	
0404a03	3，5，7	3，5，7	+
0504a09	4，5，6，7	4，5，6，7	+
0604a02	4，6，7	4，6，7	+
0701a19	＊＊＊	3，4	
1006A04	5，7	5，7	+
0106b25	＊＊＊	＊＊＊	+
0113a23	7	7	+
0401b27	6	6	+
0502B27	6，7	6，7	+
0602b27	＊＊＊	5，7	
0602b31	2，4，5，6，7	2，3，4，5，6，7	
0602b34	2，5，7	2，5，7	+
0906b16	3，5，6，7	3，5，6，7	+
0102c25	2，3，4，5，6，7	2，3，4，5，6，7	+
0104c21	＊＊＊	5，7	
0105c29	2，5，6，7	2，5，6，7	+
0105c33	＊＊＊	＊＊＊	+
0501c38	＊＊＊	2，4	
0503c32	3，4，5，6，7	3，4，5，6，7	+
0503c44	4，6	4，6	+
0602c38	3，4，5，6，7	3，4，5，6，7	+
0603c44	4，6	4，6	+
0704c42	2，5，7	2，5，7	+
0805c38	2，3，5，6，7	2，3，5，6，7	+
1102c29	2，3，5，6，7	2，3，5，6，7	+
1103C32	7	7	+

注：＊＊＊表示全掌握，0表示全未掌握。"＋"表示同意认知诊断模型诊断结果；表中数字代号指的是属性的顺序号，如2指的是A2。

三名教师通过了解结果对照，以及讨论，基本认可认知诊断模型诊断结果。由表 4-9 中的数据可知，讨论后的结果与认知诊断模型诊断结果一致的有 27 个，占总数的 79%。

第五节　研究小结

通过以上认知诊断测验的实施过程可以看出，实施重点在于前期的设计——认知属性的确定和 Q 矩阵的建立，这是后期诊断分析的基础，也是实施过程中的难点。以下将对实施过程中存在的一些问题进行深入探讨。

一、认知属性及属性间层级关系的确定

认知属性及属性间层级关系的确定，是测验开发成功的首要条件。而对于认知属性包含的内容，不同的学者有着不同的论述，莱顿和吉尔（Leighton & Gierl，2007a）认为教育测量中的"属性"是指完成任务所应具备的知识结构和加工技能。因此认知属性可以认为是被试正确完成任务所需的知识、技能、策略等，是对被试问题解决心理内部加工过程的一种描述。由于这个概念属于心理学上的概念，对于教学内容哪些应该确定为认知属性，不易清楚界定，也存在着较多争议，这也影响着认知诊断的准确性。而且在诊断分析过程中，人们通常只采用一种层级模型，实际上对同一学习内容而言，也会存在不同的认知模型，这种模型的异构对于认知诊断估计的准确率会产生一定的影响，需要进一步深入探讨。

教师依据 Q 矩阵进行命题，这与传统命题方式不同，教师存在一定的不适应和不习惯问题，有时候甚至会导致命题任务无法完成。其原因在于命制试题时，对考核所包含的认知属性有严格要求，同时不能掺杂其他认知属性，这样恰当的试题情境或背景材料不好寻找。本次研究的认知属性层级关系较为简单，但对于有些教师而言命制试题仍存在困难，而且有些教师命制的试题不符合考核要求，因此对于复杂的认知属性层级关系，教师更加不好把握，命制试题时容易掺杂其他不相关的认知属性，最终影响到认知诊断的准确性。

二、试题难度对于认知诊断的影响

试题难度对于认知诊断测验的诊断准确率有着极其重要的影响，因为诊断是借助学生的试题作答是否正确的信息来判断学生是否掌握了某种属性的。从本次试题的编制过程来看，严格按照确定的认知属性和属性间的层级关系进行命题，没有借助较为复杂的试题情境来考查认知属性，使得本次试题难度相对较低，诊断结果表明大部分学生均掌握了该部分知识内容所含的认知属性，但是对于某些

知识内容较为复杂，选用复杂的试题情境来考查认知属性的试题，学生作答的正确率会降低，这时候通过认知诊断模型做出认知诊断，其掌握概率会相应降低，影响诊断结果，即需要进一步探讨试题难度对于认知诊断是否存在影响，如果存在影响，存在何种影响。

三、认知诊断模型的选择

认知诊断测验开发完成以后，后期的数据分析，是很重要的一个环节。诊断模型的选择对于数据分析而言十分关键。目前国外已开发出 60 多种认知诊断模型。心理测量学家迪贝洛和斯托特（DiBello & Stout，2007）给出了一般性认知诊断模型的选取原则：所选取的认知诊断模型应足够复杂以便提供充分的技能诊断信息，同时模型参数又要足够的精简，还要与数据充分拟合。本次研究在做认知诊断数据分析时，既采用了 DINA 模型，又采用了 AHM 模型，但 AHM 模型的诊断结果与教师的诊断结果的一致性较低，为了节省篇幅，未在本节进行报告。但是值得注意的是，由于采用"0—1"计分评价方式，损失了部分信息。开发多级评分认知诊断模型是未来研究发展的一个方向，它能为认知诊断提供更多的信息。

总之，认知诊断测验的编制与传统测验的编制相比，对前期设计的精确性要求更高，后期的数据分析需要更加复杂的计量模型来进行支撑。它也能够提供更加丰富的反馈信息，为改进教与学提供更加精确的信息，这也是测验编制未来发展的方向，但是由于认知诊断测验编制对专业性的要求太强，使得普通教师难以掌握，也使得认知诊断测验编制的推广变得十分困难，假以时日，若认知诊断测验编制技术发展得更为完善，并使得实施变得更加容易后，认知诊断测验将会在教学评价领域发挥更大的效用。

思考题：

1. 确定认知属性及属性层级关系有哪些方法？本章中使用的是哪种方法？

2. 本章中认知诊断测验的编制过程具体包含哪些步骤，应注意哪些问题？

3. 如何对诊断的结果进行效度验证？本章中采用的是哪种方法？

第五章　计算机化自适应认知诊断测验

计算机化自适应测验采用因人施策策略，与传统纸笔测验相比具备了高效、可准确评定被试水平的优势，而认知诊断则重在从微观的角度对被试的知识状态进行评估，二者对于教育测验和其他心理测验而言都是很好的测量学方法。本章主要介绍了计算机化自适应测验与认知诊断的结合，以及相关的测量学技术，重点研究了计算机化自适应认知诊断测验（Computerized Adaptive Testing for Diagnosis，CD-CAT）的选题策略及初始题选取方法，可为自适应的认知诊断研究带来一些启发。随后开发了基于小学生数学问题解决的认知诊断自适应系统，涉及题库的认知属性构建、试题编写、算法研究等内容。由此，形成了 CD-CAT 在实际应用中的框架结构以供读者借鉴。

第一节　CD-CAT 简介

一、CD-CAT 概述

CAT 被誉为"测验领域的新天地"和"测试技术的重大革新"，它实现了测试策略思想的更新并引进强有力的现代技术手段——计算机，为心理和教育测量开辟了新的道路和新的领域。CD-CAT 或认知诊断 CAT 建立在传统 CAT 的基础之上，同时又赋予了传统 CAT 新的功效——认知诊断，它是认知诊断的基本理论、方法与计算机化自适应测验相结合的产物。

传统 CAT 的测量学技术主要涉及六大项：题库构建、初始题的给定方法（starting point）、被试特质估计方法（estimating method）、选题策略（item selection method）、终止策略（termination rule）及试题曝光（item exposure）的控制方法。对于 CD-CAT 而言，由于其主要目的是诊断学习中存在的问题，以期帮助学生来克服这些问题，而不是为了考核、选拔，所以属低风险（low stake test）测验，试题曝光率问题可以先不纳入考虑范围，因此主要是考虑前五项。同时由于其赋予了传统 CAT 新的功能（认知诊断），因此不能简单照搬、套用传统 CAT 的方法。

CAT 选题策略的宗旨是"因人施测、量体裁衣"，即根据被试当前状态，选取与被试当前状态相匹配的试题进行测试。CD-CAT 的选题策略也应体现"因人施测、量体裁衣"的这一宗旨。传统 CAT 更多关注对个体总体水平（或能力）的估计，因此其自适应更多体现为对被试总体水平（或能力）的自适应、对单维连续特质的自适应。而 CD-CAT 更为关注个体对测验所涉及的认知属性的掌握情况，其自适应更多体现为对被试掌握模式的自适应、对多维离散认知状态的自适应。这是传统 CAT 与 CD-CAT 在"自适应"上的本质差异，这也意味着传统 CAT 的某些选题策略（如按 A 分层法、难度匹配法等）可能不适合 CD-CAT。

二、CD-CAT 基本流程

CD-CAT 基本流程可以概括如下（图 5-1）。

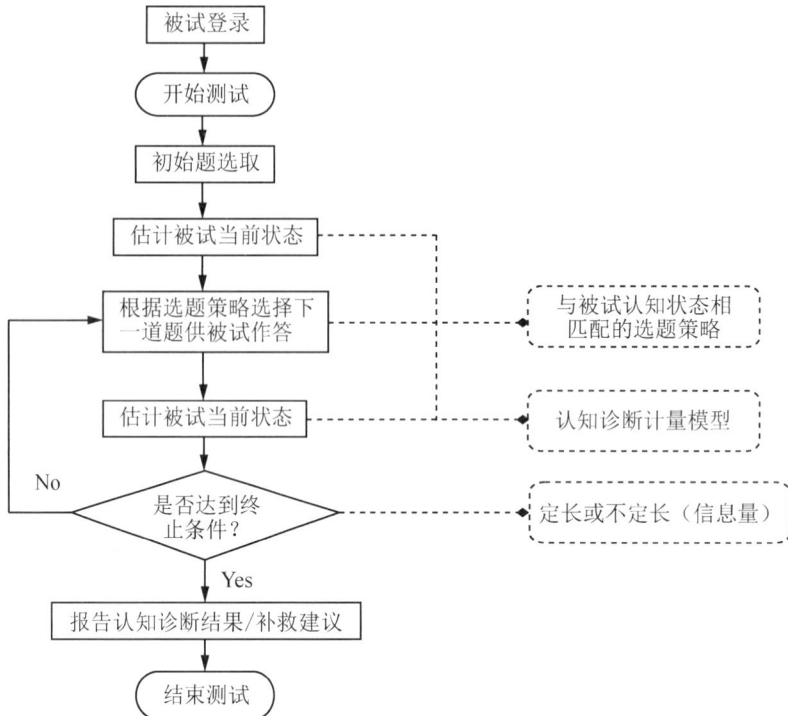

图 5-1　CD-CAT 的基本流程

第二节　CD-CAT 选题策略及初始题选取方法

传统 CAT 选题策略大多是基于项目信息量，即测量误差的原则来选取试题的，这种选题策略最大的好处是估计精度较高，但缺点是题目曝光率相对要高。这种选题策略对于低风险(low stake)的 CD-CAT 而言，具有重要的借鉴意义，但此时该信息量不是传统 CAT 的基于单维连续特质的信息量，而是基于认知诊断的多维离散认知状态的信息量，即挑选对当前被试认知状态具有最大信息量，即最小诊断误差的项目。

目前国内外基于认知诊断的"信息量最大原则"的具体选题方法主要有综合 Kullback-Laibler 信息量(简称 GDI)最大法(Henson et al.，2005；McGlohen M.，2004；Xu & Chang，2003；2005)，相似性加权 GDI 信息量(简称 S_GDI)最大法(Henson et al.，2005)，似然函数加权 GID 信息量(简称 L_GDI)最大法(Cheng Y.，2008)，似然函数和相似性加权的 GDI 信息量(简称 SL_GDI)最大法(Cheng Y.，2008)(四种信息量的具体计算公式可参见本节后面的公式介绍)。这四种选题策略均是基于多维离散认知状态的信息量的选题策略，是目前 CD-CAT 中最能体现 CD-CAT"自适应"的选题策略。但关于四种选题策略的比较研究国内未见相关文献，国外学者研究的也非常少，因此有待进一步深入研究。

对于 CD-CAT 初始题的选取方法，国内外研究者们并未进行专项研究。大都只是沿用传统 CAT 初始题的选取方法——随机法（如 Cheng Y.，2008 等）。这是否意味着，初始题选取的好坏不影响 CD-CAT 的效果呢？这也是一个有待深入探讨的问题。

本节主要是在前人研究的基础上，进一步探讨 CD-CAT 的两个关键问题。(1)关于自适应选题策略：主要是比较前面的基于 K-L 信息量的四种选题策略的优劣，并以随机选题策略（共五种选题策略）为参照基准。(2)关于初始题选取方法：本书提出了一种适合 CD-CAT 初始题选取的新方法（"**T** 阵法"，详见下文），并考查了该方法与传统方法的优劣，以期为实际开发 CD-CAT 的研究者及应用者在考虑选题策略和初始题选取方法时提供参考。

一、关于初始题选取的"**T** 阵法"

认知诊断的主要目的是对被试的认知属性进行诊断。而这又涉及一个核心问题：测验是否能实现对每个认知属性的诊断或分类。为了理解方便，我们以一个例子来说明这一问题的重要性：图 5-2 为六个认知属性的层级关系，表 5-1 是由图 5-2 及塔苏卡的 **Q** 矩阵理论得出的，它描述的是符合图 5-2 的层级关系的所有可能的项目考核模式，也即认知诊断测验蓝图（**Q** 矩阵）。编制认知诊断测验时应

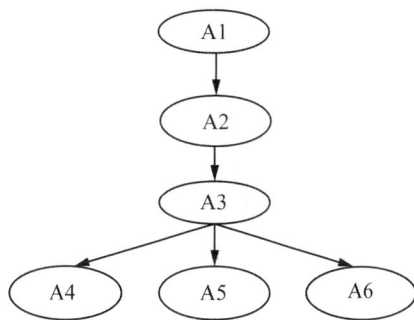

图 5-2　六个属性的层级关系

根据表 5-1 来命制试题。我们不妨设想，倘若所命制的测验中缺第一类试题（考核模式为：1，0，0，0，0，0），这对认知诊断有何影响？我们不难发现，这将导致测验无法对属性 A1 和 A2 进行分类（其他九类项目均同时考核了 A1 和 A2），这势必会影响到测验对属性 A1 和 A2 的诊断的正确性。因此，第一类试题在测验中必不可缺。我们不妨再设想，倘若所命制的测验中缺第二类试题（考核模式为：1，1，0，0，0，0），它会导致测验无法对属性 A2 和 A3 进行分类，因此，第二类试题在测验中也必不可缺。那么在表 5-1 中，到底哪些试题是必不可缺的呢？这个问题就是我们前面提到的"测验是否能实现对每个认知属性的诊断"。

表 5-1 认知诊断测验蓝图(Q 矩阵)

	项目考核模式					
	A1	A2	A3	A4	A5	A6
1	1	0	0	0	0	0
2	1	1	0	0	0	0
3	1	1	1	0	0	0
4	1	1	1	1	0	0
5	1	1	1	0	1	0
6	1	1	1	1	1	0
7	1	1	1	0	0	1
8	1	1	1	1	0	1
9	1	1	1	0	1	1
10	1	1	1	1	1	1

从数学角度来看，若所有理想掌握模式（Tatsuoka，1995）在测验上的理想作答（无猜测和失误，即若全掌握了项目考核属性则答对，若未全掌握则答错）均不相同，则该测验就能实现对每个认知属性的诊断。但在实际的 CD-CAT 中，如何保证？根据塔苏卡的 Q 矩阵原理，我们可知，所有理想的属性掌握模式均可由可达矩阵，即 R 矩阵（详见 Tatsuoka，1995）导出（丁树良、祝玉芳等，2009），因此 R 矩阵是测验实现对每个属性进行诊断的充分条件（数学证明参考丁树良、汪文义、杨淑群，2009），本部分把包含 R 矩阵所考核的认知属性矩阵简称为"T 阵"（R 矩阵为 T 阵的子矩阵），把从"T 阵"中选取 CD-CAT 的初始题并同时保证"T 阵"中含有 R 矩阵的方法称为"T 阵法"。本书之所以提出"T 阵法"，主要是为了保证整个 CAT 在测试的初始阶段就尽可能能实现对每个认知属性的诊断，从而提高 CD-CAT 诊断的正确率。当然，"T 阵法"思想还可用于指导认知诊断测验的编制，也可用于认知诊断测验的组卷中。

二、基于高阶 DINA 模型的 CD-CAT 的参数估计

CD-CAT 主要是在项目参数和属性参数已知的情况下估计被试参数，因此一般为条件估计，本部分采用 MCMC 算法进行估计，具体采用 Gibbs 抽样下的随机移动 M-H 算法（jumping M-H）（龚光鲁等，2003；茆诗松等，1998；涂冬波、漆书青等，2008）。传统的 Gibbs 抽样需获取待估参数的满条件分布（full conditional distributions），而待估参数的满条件分布往往难以甚至无法求取，只能获

取其近似满条件分布，Gibbs 抽样下的随机移动 M-H 算法只需根据其近似满条件分布就可以实现对待估参数的估计，而且其建议分布（proposal distributions）一般取均值为上一次迭代结果的对称分布，从而大大简化了传统 Gibbs 抽样方法。在 HO-DINA 模型中，被试参数的 Gibbs 抽样过程如下（所有待估参数估计均为 MC-MC 算法）。

（1）θ 参数的 MCMC 算法抽样。

θ_i^{t+1} 从正态分布 $N(\theta^t, \sigma^2)$ 中随机抽取（设定 $\sigma = 0.1$），θ^t 向 θ^{t+1} 转移概率计算公式为

$$p(\theta^t, \theta^{t+1}) = \min\left\{\frac{p(\alpha^t \mid \theta^{t+1}, \lambda^{t+1})p(\theta^{t+1})}{p(\alpha^t \mid \theta^t, \lambda^{t+1})p(\theta^t)}, 1\right\},$$

将此概率与一随机数 $r \sim U(0, 1)$ 相比较，若大于等于 r，则接受转移，否则不接受转移。

（2）α 参数的 MCMC 算法抽样。

α_{ik}^{t+1} 从伯努利分布 Bernoulli(0.5)中随机抽取，α_{ik}^t 向 α_{ik}^{t+1} 转移概率计算公式为

$$p(\alpha_{ik}^t, \alpha_{ik}^{t+1}) = \min\left\{\frac{L(s^t, g^t; \alpha_{ik}^{t+1})p(\alpha^{t+1} \mid \theta^{t+1}, \lambda^{t+1})}{L(s^t, g^t; \alpha_{ik}^t)p(\alpha^t \mid \theta^{t+1}, \lambda^{t+1})}, 1\right\},$$

将此概率与一随机数 $r \sim U(0, 1)$ 相比较，若大于等于 r，则接受转移，否则不接受转移。

三、研究方法与过程

（一）实验设计

为了比较不同的选题策略及初始题选取方法，采用 2×5 交叉实验设计，即二种初始题选取方法（随机法和"T 阵法"）和五种自适应选题策略（随机法、GDI 法、L_GDI 法、S_GDI 法、SL_GDI 法）。

（二）Monte Carlo 模拟过程

具体采用 Monte Carlo 模拟方法，认知属性（独立型）的个数分为三种情况（6 个、7 个、8 个）。

（1）题库模拟。

题库模拟包含模拟项目参数及 Q 矩阵（项目考核模式）。项目参数分别从如下分布中随机生成。Q 矩阵采用每个项目以 20% 的概率考核每个属性（Cheng Y.，2008）。共模拟 300 题。

$g \sim 4 - \text{Beta}(0, 0.4, 1, 2)$，$1 - s \sim 4 - \text{Beta}(0.6, 1, 2, 1)$（de la Torre，

2004)。

(2)属性参数模拟。

属性参数 λ_0 和 λ_1 分别从 $\lambda_0 \sim N(0，1)$，$\log \lambda_1 \sim N(0，1)$ 分布中随机抽取 (de la Torre，2004)。

(3)被试参数模拟。

被试参数模拟涉及模拟被试能力参数及被试属性掌握模式。被试的能力参数从 $\theta_i \sim N(0，1)$ 分布中随机生成。属性掌握模式的模拟，首先在能力 θ_j 已知的情况下，从 $\alpha_{jk} \sim \mathrm{Bernoulli}(\{1+\exp[-1.7\lambda_1(\theta_j-\lambda_0)]\}^{-1})$ 分布中随机生成(de la Torre，2004)。共模拟被试 500 人。

(4)被试得分模拟。

根据被试参数真值、项目参数真值及项目考核 $\boldsymbol{Q}$ 矩阵，采用 HO-DINA 模型的项目反应函数 $P(Y_{ij}=1 \mid \alpha_i)=(1-s_j)^{\eta_{ij}}g_j^{1-\eta_{ij}}$，计算答对概率($p$)，再将该概率与一随机数($r$)相比，若 $p \geqslant r$ 则认为该被试答对了该题，得 1 分，否则得 0 分。

以上四步模拟中，认知属性个数分为三种情况，6 个、7 个和 8 个，每种认知属性下均重复实验十次。CAT 的终止策略均为定长(设定为 20 题，即每个被试做完 20 题后结束测试)，认知诊断模型采用 HO-DINA 模型，参数估计方法为 MC-MC 算法，并将"$\boldsymbol{T}$ 阵法"中的 $\boldsymbol{T}$ 阵固定为 $\boldsymbol{R}$ 矩阵，即"$\boldsymbol{T}$ 阵法"中的初始题考核模式为 $\boldsymbol{R}$ 矩阵，CAT 初始题个数固定为认知属性个数。

(三)评价指标

分别依据被试能力参数的返真性(Recovery)、被试认知属性模式判准率(Pattern Match Ratio，PMR)、项目调用的均匀性及稳健性四个指标进行评价。

(1)被试能力参数的返真性。

$\mathrm{Recovery} = \sum_{j=1}^{N} |\theta_j - \hat{\theta}_j| / N$，$\theta_j$ 为被试 j 能力参数真值，$\hat{\theta}_j$ 为估计值，N 为被试总数。它反映了估计值与真值之间的绝对偏离程度，越小说明估计越准，返真性越好。

(2)PMR。

将被试 j 的认知属性掌握模式真值(α_j)与估计值($\hat{\alpha}_j$)进行比较，若 α_j 与 $\hat{\alpha}_j$ 的各分量均相同，令 $R_j=1$，即对被试 j 所有认知属性的诊断均正确，否则 $R_j=0$，则 $\mathrm{PMR} = \sum_{j=1}^{N} R_j / N$，该指标能反映测验对被试诊断的正确性，该指标值越大说明对被试的判准率越高。

（3）项目调用的均匀性。

项目调用的均匀性是度量 CAT 安全性的一个重要指标，通过计算项目调用次数的标准差来进行衡量，计算公式为

$$项目调用次数标准差 = \sqrt{\sum_{i=1}^{M}(f_i - \overline{f})^2/(M-1)}。$$

M 为题库题量，f_i 是项目 i 被调用的次数，$\overline{f}$ 为项目调用的平均次数。项目调用次数标准差越小，说明项目被调用的均匀性越好，测验的安全性就越高。

（4）稳健性。

在考查以上三个指标（Recovery、PMR 及项目调用的均匀性）的同时，还要考查每种选题策略或初始题选取方法在以上三个指标上的稳健性。即在固定的选题策略或初始题选取方法下，考查认知属性的增加（由 6 个增至 8 个）对以上三个指标的影响程度，如果影响程度越大，则说明该方法的稳健性越差，否则稳健性越强。稳健性指标主要是计算属性由 6 个增至 8 个时，Recovery、PMR 及项目调用的均匀性的平均相对下降幅度（简称"平均相对降幅"），计算公式为

$$平均相对降幅 = \frac{(X_6 - X_8)/2}{X_6}。$$

X_6 和 X_8 分别指属性个数为 6 个和 8 个时的 Recovery 或 PMR 或项目调用的均匀性的指标值。

四、研究结果

表 5-2 至表 5-4 分别为不同选题策略和不同初始题选取方法的 PMR、Recovery 和项目调用的均匀性三个评价指标的结果。

表 5-2　CD-CAT 的 PMR

初始题选取方法	属性个数	CD-CAT 选题策略					平均
		随机	GDI	L_GDI	S_GDI	SL_GDI	
随机法	6	63.6%	82.2%	83.1%	82.4%	85.0%	
	7	40.2%	72.4%	73.6%	73.2%	76.2%	69.6%
	8	29.0%	70.6%	69.8%	70.6%	71.6%	
T 阵法	6	78.6%	86.0%	85.2%	85.8%	89.4%	
	7	75.0%	79.0%	79.6%	80.6%	83.2%	80.2%
	8	69.2%	76.8%	74.9%	78.4%	79.2%	
平均		59.3%	77.8%	77.7%	78.5%	81.1%	

注：GDI 指综合最大 K-L 信息量，L_GDI 指似然函数加权 GDI，S_GDI 指相似性加权 GDI，SL_GDI 指相似性和似然函数加权 GDI，下同。

表 5-3 CD-CAT 能力参数(θ)的 Recovery

初始题选取方法	属性个数	CD-CAT 选题策略					平均
		随机	GDI	L_GDI	S_GDI	SL_GDI	
随机法	6	0.411	0.344	0.336	0.321	0.339	
	7	0.439	0.299	0.307	0.308	0.290	0.332 1
	8	0.443	0.287	0.283	0.286	0.288	
T 阵法	6	0.350	0.320	0.308	0.333	0.316	
	7	0.344	0.317	0.310	0.314	0.311	0.319 7
	8	0.340	0.310	0.307	0.312	0.303	
平均		0.387 8	0.312 8	0.308 5	0.312 3	0.307 8	

表 5-4 CD-CAT 项目调用的均匀性

初始题选取方法	属性个数	CD-CAT 选题策略					平均
		随机	GDI	L_GDI	S_GDI	SL_GDI	
随机法	6	4.26	49.23	38.49	48.90	38.61	
	7	3.96	43.11	39.90	42.45	39.24	34.51
	8	3.63	44.88	40.17	40.95	39.87	
T 阵法	6	14.26	49.65	37.59	47.70	36.27	
	7	17.10	43.50	41.52	43.89	41.07	38.26
	8	23.79	46.44	43.38	43.26	44.46	
平均		11.17	46.14	40.18	44.53	39.90	

(一)PMR 及其稳健性比较

由表 5-2 可知,在不同初始题选取方法下,CD-CAT 的 PMR 不同,其中本节提出的"T 阵法"的判准率(80.2%)远高于传统的随机法的判准率(69.6%),"T 阵法"显然优于随机法,说明不同的初始题选取方法会影响 CD-CAT 对被试属性的模式判准率。因此建议在 CD-CAT 开发中,研究者应根据认知诊断的实际情况,采用适合诊断的初始题选取方法(如本节提出的"T 阵法"等)。在不同选题策略下,CD-CAT 的 PMR 也不同。其中 SL_GDI 选题策略的判准率最高(81.1%),随机法的最差(59.3%),GDI、L_GDI 和 S_GDI 三种方法的相当。五种选题策略中,SL_GDI 选题策略在 PMR 指标上最优。因此,初始题选取方法和选题策略均会影响被试认知属性模式判准率。

不论是何种选题策略还是何种初始题选取方法,被试属性的模式判准率均会受到属性个数的影响,随着属性个数的增加,判准率均会降低,但不同方法的降低程度(平均相对降幅)不同。表 5-2 中,对于初始题选取方法,在属性增加的情况下,"**T**阵法"和随机法的判准率均在降低,但"**T**阵法"的平均相对降幅(5.48%)要小于随机法的(11.45%)(见表5-5),说明"**T**阵法"较随机法受属性个数的影响要小,"**T**阵法"在PMA上的稳健性优于随机法的稳健性;而在选题策略中,随机选题策略受属性变化的影响最大(平均相对降幅为16.59%),S_GDI最小(5.74%),GDI、SL_GDI和L_GDI相当。相比较而言S_GDI方法在PMA上的稳健性要优于其余四种选题策略。

表 5-5 属性增加的情况下 PMR 的平均相对降幅

初始题选取方法	CD-CAT 选题策略					平均
	随机	GDI	L_GDI	S_GDI	SL_GDI	
随机法	27.2	7.00	8.00	7.16	7.88	11.45
T阵法	5.98	5.35	6.04	4.31	5.70	5.48
平均	16.59	6.18	7.02	5.74	6.79	

注:单位为%。

(二)能力参数的返真性及其稳健性比较

从表5-3可知,"**T**阵法"的能力的参数返真性(0.319 7)总体上略优于随机法的(0.332 1)。五种选题策略中,随机法的返真性最差,GDI、L_GDI、S_GDI和SL_GDI四种策略的返真性差不多,但从绝对数字来看,SL_GDI和L_GDI的返真性最优。总体来看,初始题选取方法和选题策略均会影响能力参数的返真性。当然从表5-3中还可看出,在"**T**阵法"下,不同选题策略在属性增加的情况下,能力参数的返真性有微弱波动。

同样,不论是何种选题策略还是何种初始题选取方法,能力参数的返真性均会受到属性个数的影响(见表5-6)。在初始题选取方法中,"**T**阵法"(平均相对降幅为1.3%)受属性个数的影响要小于随机法(平均相对降幅为5.1%),"**T**阵法"较随机法更为稳健。在四种基于信息量的选题策略中,受属性个数影响最小的是SL_GDI(3.98%)和L_GDI(4.03%),GDI法最大(4.92%),也即SL_GDI法稳健性最强,GDI法最差。

比较有意思的是,在十种(2×5)随机初始题选题方法和随机选题策略的搭配中,除随机初始题选题方法配随机选题策略外,能力参数总体上是随着属性个数的增加返真性会越好(表5-3)。这可能与本节所采用的HO-DINA模型有关,在该模型中,能力参数是从各认知属性中抽取的一个更高阶因子,它与认知属性相关,随机初始题选题方法和随机选题策略均不考虑认知属性,而其他基本均充分考虑了项目考核的认知属性,认知属性越多则对能力的参数的描述也越充分,返真性就会更好。当然这也还有待进一步验证。

表 5-6　属性增加的情况下返真性指标的平均相对降幅

初始题选取方法	CD-CAT 选题策略					平均
	随机	GDI	L _ GDI	S _ GDI	SL _ GDI	
随机法	−3.89	8.28	7.89	5.45	7.75	5.10
T 阵法	1.43	1.56	0.16	3.15	0.21	1.30
平均	−1.23	4.92	4.03	4.30	3.98	

注：单位为%。

（三）项目调用的均匀性及其稳健性比较

由表 5-4 可以看出，在选题策略中，随机选题策略项目调用的均匀性最好，SL _ GDI 法其次，GDI 法和 S _ GDI 法项目调用的均匀性最差。在初始题选取方法中，随机法项目调用的均匀性优于"**T** 阵法"。因此从 CAT 的题库安全性角度考虑，选题策略中随机法和 SL _ GDI 法比较理想，而初始题选取方法中随机法较理想。

表 5-4 中，在不同选题策略和初始题选取方法中，项目调用的均匀性指标与属性个数的关系并不十分明显（尤其是"**T** 阵法"下的选题策略），有时随属性个数增加而增大，有时随属性个数增加而减小，并无特别的规律性，不便于考查其降幅（稳健性指标）。

五、小结

本节主要使用 Monte Carlo 模拟方法，采用 2×5 交叉实验设计，对 CD-CAT 的选题策略及初始题选取方法进行了比较研究，分别依据 Relovery、PMR、项目调用的均匀性及稳健性四个指标进行了评价。研究发现：在两种初始题选取方法中，本节提出的"**T** 阵法"在 Relovery 和 PMR 及其稳健性上均优于随机法，但在项目调用的均匀性指标上不如随机法；在五种选题策略中，SL _ GDI 法在 Relovery 和 PMR 上均优于其他四种策略，在项目调用的均匀性方面也仅次于随机选题策略。但在 PMR 及其稳健性指标上，S _ GDI 和 L _ GDI 表现得更好。

CD-CAT 主要是为了诊断被试在学习中存在的问题，以期帮助学生来克服这些问题，而不是为了考核、选拔被试，不具高利害性，因此其题库的安全性问题（由项目调用的均匀性指标来反映）不是 CD-CAT 的核心问题，其核心问题是对被试诊断的正确性，只有诊断准了，我们才有可能提供有效的补救教学，才有可能帮助学生解决其存在的问题。因此若要对不同选题策略及初始题选取方法做一综合评价，根据 CD-CAT 的本质及本节第三部分的研究结论，我们认为在初始题选取方法中，"**T** 阵法"总体上优于随机法；在五种选题策略中，SL ＿ GDI 是最佳策略。

六、综合讨论

认知诊断研究有助人们更好地了解人类内部心理活动规律及加工机制，实现对个体认知发展的实况（含优点与缺陷）进行诊断评估，以促进个体健康发展。CAT 采用因人施测策略，能比传统纸笔测验更为高效、准确、可靠地评定被试水平，国际上许多大型测验（如 TOEFL、GRE 等）正在大力推行计算机化自适应测验这种形式。因而将计算机化自适应测验技术融入认知诊断（CD-CAT）具有重要意义：一方面，可以由计算机自动实现因人诊断；另一方面，可以有效地控制每个被试的测量误差，从而保证认知诊断的准确性及高效性。就目前国内外发展情况来看，CD-CAT 所涉及的相关理论及技术还处于初步发展阶段，国内对这一领域的研究还非常薄弱，可供参考的文献非常少，因此还有待更多的研究者们和实践者们付出更多的努力和汗水。

公式介绍：

$$\mathrm{GDI}_j(\alpha_i) = \sum_{c=1}^{2^k}\left[\sum_{y=0}^{1}\log\left(\frac{P(Y_{ij}=y\mid\alpha_i)}{P(Y_{ij}=y\mid\alpha_c)}\right)P(Y_{ij}=y\mid\alpha_i)\right],$$

$$\mathrm{L\_GDI}_j(\alpha_i) = \sum_{c=1}^{2^k}\left[\sum_{y=0}^{1}\log\left(\frac{P(Y_{ij}=y\mid\alpha_i)}{P(Y_{ij}=y\mid\alpha_c)}\right)P(Y_{ij}=y\mid\alpha_i)L(\alpha_c)\right],$$

$$\mathrm{S\_GDI}_j(\alpha_i) = \sum_{c=1}^{2^k}\frac{1}{h(\alpha_i,\ \alpha_c)}\left[\sum_{y=0}^{1}\log\left(\frac{P(Y_{ij}=y\mid\alpha_i)}{P(Y_{ij}=y\mid\alpha_c)}\right)P(Y_{ij}=y\mid\alpha_i)\right],$$

$$\mathrm{SL\_GDI}_j(\alpha_i) = \sum_{c=1}^{2^k}\frac{1}{h(\alpha_i,\ \alpha_c)}\left[\sum_{y=0}^{1}\log\left(\frac{P(Y_{ij}=y\mid\alpha_i)}{P(Y_{ij}=y\mid\alpha_c)}\right)P(Y_{ij}=y\mid\alpha_i)L(\alpha_c)\right],$$

其中 $h(\alpha_i,\ \alpha_c) = \sqrt{\sum_{k=1}^{K}(\alpha_{ik}-\alpha_{ck})^2}$,

$$L(\alpha_c) = \prod p_{\alpha_c}^{u}(1-p_{\alpha_c})^{(1-u)}。$$

第三节　CD-CAT 开发实例

本部分主要探讨 CD-CAT 编制技术，并结合小学儿童数学问题解决的认知诊断，编制小学儿童数学问题解决 CD-CAT 系统，简称"ICC 诊断系统"，利用计算机智能化实现对小学儿童数学问题解决的认知诊断。

一、研究方法与过程

（一）小学儿童数学问题解决 CD-CAT 设计

1. 题库构建

（1）小学儿童数学问题解决的认知成分分析。

这部分内容我们在本书第十章第一节做了详细描述，限于篇幅，这里不再重复。根据对小学儿童数学问题解决的认知分析，我们发现小学儿童数学问题解决涉及两大基本认知成分（包含 7 个子成分，即 7 个认知属性），如表 5-7。

表 5-7　小学儿童数学问题解决基本成分

基本成分	子成分	认知属性代号
语言复杂性		
语义复杂性	合并型语义	A1
	变化型语义	A2
	一致型比较 （一致型陈述＋变化型语义）	A3
语言陈述结 构复杂性	不一致型比较 （不一致型陈述＋变化型语义）	A4
数学关系复杂性		
运算步骤复杂性	多步运算	A5
隐含条件复杂性	含隐含条件	A6
计算复杂性	复杂计算	A7

通过采用多层回归分析和 HCI 指标验证，我们发现表 5-7 中 7 个认知属性可以解释数学问题解决项目难度的 77.8%，说明以项目刺激特征为基础的语言复杂性成分与数学关系复杂性是影响数学问题解决项目难度的主要成分，也即两个基本成分（含 7 个子成分）是影响儿童数学加减问题解决的主要因素。HCI 指标验证发现属性间的层级关系为独立型（HCI＝0.772）。

以上认知成分分析的详细过程请参见本书第十章第一节。

（2）题库试题编写。

根据认知属性、认知属性间的层级关系，以及认知诊断测验编制的相关原则，同时考虑到试题的典型性和一线教师的经验，本 ICC 诊断系统的题库结构见表 5-8。

表 5-8　ICC 诊断系统题库结构及试题分布

模式\属性	A1	A2	A3	A4	A5	A6	A7	题数
1	1	0	0	0	0	0	0	16
2	1	0	0	0	0	0	1	10
3	1	0	0	0	1	0	0	10
4	1	0	0	0	1	0	1	10
5	0	1	0	0	0	0	0	16
6	0	1	0	0	0	0	1	10
7	0	1	0	0	0	0	1	10
8	0	1	0	0	0	0	0	16
9	0	1	0	0	1	0	1	10
10	0	1	0	0	1	0	0	10
11	0	1	0	0	1	0	0	10
12	0	1	0	0	1	0	1	10
13	0	0	1	0	0	0	0	16
14	0	0	1	0	0	0	1	10
15	0	0	0	1	0	0	1	10
16	0	0	0	1	0	0	0	16
17	1	1	0	0	1	0	1	10
18	1	0	1	0	1	0	1	10
19	1	0	1	0	1	0	0	10
20	1	0	1	0	1	1	1	10
21	1	0	1	0	1	1	0	10
22	0	1	1	0	1	1	0	10
23	0	1	1	0	1	1	1	10
24	1	0	0	1	1	1	1	10
25	1	0	0	1	1	1	0	10
26	0	1	0	1	1	1	0	10
27	0	1	0	1	1	1	1	10
考核各认知属性的题数	116	132	86	56	160	70	136	300

注：认知属性 A1—A7 所代表的含义见表 5-7，下同。

　　值得说明的是，考虑到题库量尺化，即测验等值等问题，本部分的项目全部采用项目模型法(Bejar,2003)利用计算机智能化生成所有题库的试题(感兴趣的读者可以参见:涂冬波,2009),具体为由表 5-8 中的每种模式的项目模板生成 20 套试题,共生成 540 道题。然后再从 540 道题中,选取试题情境更为接近小学儿童生活实际的试题 300 道,组成 ICC 诊断系统的题库,300 道题的项目参数均来自模板参数(27 个模板试题的 HO-DINA 模型参数在一次实际测试中获取,见文献:涂冬波,2009),这样具有统一量尺参数的 300 道试题最终组成 ICC 诊断系统的题库,题库的基本结构参见表 5-8。

当然,如果题库试题开发不是采用项目自动生成技术,研究者则需采用传统 CAT 的相关方法以及认知诊断测验编制的相关要求来编制试题,并进行测验等值,以保证题库中所有试题参数在同一量尺上。

2. ICC 诊断系统初始题选取方法

本系统采用"*T* 阵法"(该方法优于传统 CAT 初始题的随机选题法,详见本章第二节)作为 ICC 诊断系统的初始题选取方法,但同时考虑到 ICC 诊断系统题库的实际,最终确定为从表 5-9 的 7 种考核模式中各随机抽取 1 题,共 7 题,作为 ICC 诊断系统的初始题,它能保证在当前题库下,ICC 诊断系统在测验开始探查阶段尽量实现对各认知属性的初步诊断。

表 5-9　ICC 诊断系统初始题选取题集

模式 \ 属性	A1	A2	A3	A4	A5	A6	A7
1	1	0	0	0	0	0	0
3	1	0	0	0	1	0	0
5	0	1	0	0	0	0	0
6	0	1	0	0	0	0	1
13	0	0	1	0	0	0	0
16	0	0	0	1	0	0	0
21	1	0	1	0	1	1	0

3. ICC 诊断系统选题策略

采用"似然函数和相似性加权的 K-L 信息量最大法",即 SL ＿ GDI 法(详见本章第二节)作为 ICC 诊断系统的选题策略。

4. ICC 诊断系统参数估计方法

ICC 诊断系统对被试能力的估计及认知属性的诊断均采用 HO-DINA 模型,参数估计方法采用 MCMC 算法条件估计,即在项目参数、认知属性参数已知的条件下,采用 MCMC 算法估计被试的能力及对认知属性的掌握情况。

5. ICC 诊断系统终止策略

采用"定长"方法来终止测试，测验长度固定为 20 题，即在 ICC 诊断系统中，每个被试在做完 20 道试题后方可结束 CAT 测试。

（二）ICC 诊断系统简介

根据第（一）部分的 ICC 诊断系统的设计，采用计算机语言（Visual Basic）编制成 ICC 诊断系统。该系统是基于认知诊断、项目生成及计算机化自适应测验的基本理论，并结合小学儿童数学问题解决的认知分析编制而成的，其算法、性能如下。

1. ICC 诊断系统的算法流程图

图 5-3 为 ICC 诊断系统的算法流程图，该算法基本体现了 CAT 及认知诊断的两个基本思想：一是因人施测，二是要实现认知诊断。

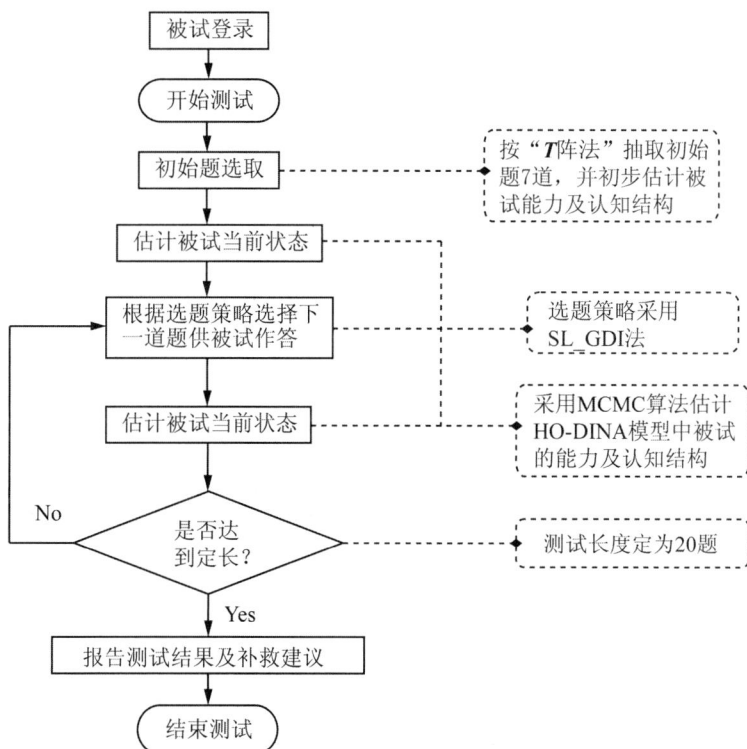

图 5-3 ICC 诊断系统的算法流程图

2. ICC 诊断系统的操作及测试说明

ICC 诊断系统使用 Windows XP 以上的系统平台，1 024×768 以上分辨率。系统开发工具采用 Visual basic 6.0 编制而成，该系统目前适用于小范围局域网或单机版。

3. ICC 诊断系统报告结果

ICC 诊断系统在儿童做完测试后，当场由计算机自动生成并报告测试结果，所有测试结果均自动保存在系统的根目录下。ICC 主要报告以下内容：

- 被试的基本信息(如姓名、年级等)；
- 被试作答的试题数、答对的题数及原始总得分；
- 被试完成每题所需的时间；
- 基于 HO-DINA 模型的被试能力特质(θ)；
- 被试的认知状态(对认知属性的掌握情况)；
- 被试的表征策略(主要有两种：直译表征策略、问题模型表征策略)；
- 被试所回答的每道题的题目、列式过程、计算结果、正确与否/得分；
- 对被试的初步补救建议(供被试参考)。

(三)测试材料

为了检验 ICC 诊断系统的测量信度及效度，以 ICC 诊断系统为测试材料，该系统共 300 道数学问题/文字题，采用计算机智能化测试、挑题、评分及诊断。该系统是基于计算机化认知诊断自适应测验理论而完成的，对于每位被试，计算机根据当前作答情况从题库中挑选具有最大诊断功能(最小测量误差)的测验项目，每位被试定长为 20 题，测试时间约 45 分钟。

(四)测试对象

在南昌市某小学随机整班抽取四年级和五年级的班级，其中抽取四年级 2 个班，五年级 1 个班。测试地点均为该校的机房。为了检验 ICC 诊断系统的重测信度，要求部分做了第一次测试的同学，待一周后再次进行第二次测试。第一次测试有 96 人参加，其中有 90 人(四年级 59 人，五年级 31 人)正常完成测试。正常完成第二次测试的被试有 54 人(四年级 39 人，五年级 15 人)，这 54 人的数据用于检验 ICC 诊断系统的重测信度。

二、研究结果与分析

(一)被试在 ICC 诊断系统测试中的能力分布及诊断结果

采用第一次在 ICC 诊断系统测试中正常完成测试的 90 名学生的结果进行分析，图 5-4 是 90 名学生的能力分布直方图，表 5-10 为其基本统计量。被试中的最高能力为 1.178，最低能力为 -1.846，平均能力为 -0.052，90 名学生的整体水平一般，能力分布呈双峰分布。

人数

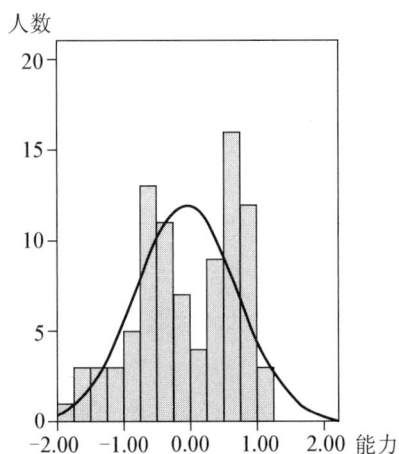

图 5-4 被试能力分布直方图

表 5-10 ICC 诊断系统对被试能力估计的基本统计量

人数	最小值	最大值	平均值	标准差
90	−1.846	1.178	−0.052	0.751

表 5-11 中，90 名儿童对 7 个认知属性的掌握情况为：对 A1、A2、A3、A7 这 4 个属性的掌握比例均在 95％以上，说明儿童对这 4 个属性的掌握情况比较理想；对认知属性 A5 的掌握比例为 87.2％，尚可；但对认知属性 A4 和 A6，分别只有 60.1％和 63.4％人掌握，也即分别还有 39.9％和 36.3％的儿童未掌握认知属性 A4 和 A6。在问题表征策略中（表 5-12），问题模型策略和直译策略是儿童问题表征的两种基本策略（占 97.9％），当前儿童以问题模型策略为主（61.2％），但仍有较高比例（36.7％）的儿童采用较为低级的直译策略。ICC 诊断系统的测试结论与第十章第一节的纸笔测试的研究结果的总体情况基本一致，也即 CAT 的诊断结果与传统的纸笔测试（paper & pencil，P&P）的诊断结果基本相符。

表 5-11 ICC 诊断系统下被试对各个认知属性的掌握情况

A1	A2	A3	A4	A5	A6	A7
97.7％	95.4％	96.5％	60.1％	87.2％	63.4％	98.8％

表 5-12 表征策略在相应人群中的占比情况

表征策略	所有被试
直译策略	36.7％
问题模型策略	61.2％
"待判"策略	2.1％
总和	100％

（二）ICC 诊断系统的测量信度及测量效度分析

1. ICC 诊断系统的测量信度

考查 ICC 诊断系统的重测信度，即考查 54 名学生在 ICC 诊断系统中的重复测量信度，主要是从两次测试（前测和后测）的能力估计一致性程度和诊断结果的一致性程度入手进行分析。

求得的在 ICC 诊断系统中基于 HO-DINA 模型的学生前测与后测（间隔一周）能力的皮尔逊（Pearson）相关系数为 $0.856（p < 0.000）$，结果表明 ICC 诊断系统对被试能力估计具有较高的重测信度。

表 5-13 是 ICC 诊断系统对同一批被试前测与后测诊断结果的一致性程度进行判断的结果，可以看出对于认知属性 A1、A2、A3、A7，前、后诊断结果的一致性程度非常高，均超过 98%，也即对这 4 个属性的两次诊断结果有 98% 以上是完全相同的；对于认知属性 A6，前、后诊断结果的一致性程度相比较而言显得要低一些，但绝对数也超过了 80%；对于认知属性 A4 和 A5，前、后诊断结果的一致性程度均为 91.38%。7 个认知属性平均的前、后诊断结果的一致性程度为94.58%，说明 ICC 诊断系统前、后两次诊断的结果一致性程度较高，ICC 诊断系统的信度较高。

表 5-13　ICC 诊断系统前测与后测诊断结果的一致性程度

A1	A2	A3	A4	A5	A6	A7	平均
100%	100%	98.28%	91.38%	91.38%	82.76%	98.28%	94.58%

因此不论是基于认知诊断的能力特质来看，还是基于认知属性的诊断来看，同一批学生在 ICC 诊断系统上前、后两次诊断的一致性程度均较高，这表明 ICC 诊断系统具有较高的信度。

2. ICC 诊断系统的测量效度分析

考查 ICC 诊断系统的效标关联效度，即主要考查基于认知诊断的能力特质及认知属性的效标关联效度。将学生数学任课教师对学生的数学成绩的等级评定（将学生的成绩评为"好""中等""差"三等）作为能力特质及认知属性的效标，求出学生在 ICC 诊断系统中的表现与任课老师对学生的评价之间的相关（采用斯皮尔曼等级相关），作为能力估计及 7 个认知属性诊断的测量效度指标。即分别求出任课老师对每个学生的评价（此时将"好""中等""差"三种等级分别标定为"3""2""1"）与被试能力值及每个属性的掌握情况（"0""1"两种取值）的等级相关系数。计算结果见表 5-14。

表 5-14 被试能力及认知属性掌握情况与教师评定的相关

$n=90$	能力(θ)	A1	A2	A3	A4	A5	A6	A7
r	0.518***	0.104	0.268*	0.289**	0.357***	0.400***	0.480***	0.165

注：*代表在 5％水平上相关显著，**代表在 1％水平上相关显著，***代表在 0.1％水平上相关显著。

表 5-14 表明在认知属性的评定结果上，学生在 ICC 诊断系统中得到的结果与教师等级评定的结果除 A1 和 A7 两个认知属性外，其余认知属性均存在显著的相关；同时教师评定出来的好、中等、差学生在 7 个认知属性上的掌握情况也有一定的差异（见表 5-15），总体来讲，好学生掌握的比例总体优于中等学生、差学生，中等学生掌握的比例总体优于差学生。这些均表明 ICC 诊断系统对学生基于认知诊断的能力评估及认知属性诊断的效标关联效度尚可。

表 5-15 教师评定的三类学生在各认知属性上的掌握比例

	人数	A1	A2	A3	A4	A5	A6	A7
差生	17	93.8％	81.3％	81.3％	12.5％	50％	6.3％	93.8％
中生	43	97.7％	97.7％	100％	69.8％	95.3％	72.1％	100％
好生	30	100％	100％	100％	73.3％	96.7％	83.3％	100％

三、小结与讨论

本节初步探讨了项目自动生成的认知诊断测验 CAT 的编制技术，具体方法是将 Bejar 的项目模板法、认知诊断及 CAT 基本理论与方法相结合，并编制了 ICC 诊断系统。对小学学生进行了实际调查分析，得出的研究结果如下：

（1）ICC 诊断系统对学生的测试结果（含能力分布、认知属性掌握及表征策略等）与第十章第一节的纸笔测试的结果基本一致。

（2）ICC 诊断系统具有较高的重测信度（前、后测能力相关为 0.856，$p <$ 0.000；前、后平均诊断结果一致性为 94.58％），测量效度尚可。

值得一提的是，现代计算机网络技术的进一步发展为 CD-CAT 提供了更为广阔的发展空间，但如何进一步解决 CD-CAT 自身所面临的问题（如题库建设和维护问题、题库曝光问题、诊断精度问题、效度问题以及开发成本高等问题），充分挖掘 CD-CAT 的潜在优势，也是广大心理测量工作者未来面临的挑战，同时也需要与实务界共同携手，在让更多的人受益于 CD-CAT 的同时，共同促进 CD-CAT 的发展。我们也希望通过本节对 CD-CAT 的实例介绍，能为相关研究者及应用者提供借鉴，更希望起到抛砖引玉的作用，让更多的研究者加入这一领域，促进这一领域的发展并为实践服务。

思考题:

1. 目前 CAT 的选题策略主要有哪些? 适用于 CD-CAT 的选题策略主要有哪些?

2. 什么是 T 阵法? 它有什么优势?

3. ICC 诊断系统的题库和题目是如何构建的?

4. 如何评价 CD-CAT 结果的好坏?

5. CD-CAT 需要研究的主要问题有哪些? 这些问题对 CD-CAT 有何影响?

6. CD-CAT 可应用到哪些实际问题当中? 有什么现实意义?

第六章　多级评分认知诊断模型的开发

　　多级评分认知诊断模型是对 0—1 计分模型的扩展，能契合多级评分的资料，且能更高效地挖掘被试更多的诊断信息，故在实际测验中应用范围更为广泛。本章主要对参数设置简洁的 DINA 模型和 DINO 模型以及基于 Q 矩阵理论的 AHM 模型进行了适用于多级评分的修改。根据这三个模型不同的属性分类方法，改进的 P-DINA(rP-DINA)模型以及 P-DINO 模型主要从模型设定、参数估计和属性层级关系及属性个数的角度探究了其估计精度；GRM-AHM 模型主要从模型设定、期望反应模式、判别归类方式三个方面来确定新方法的判准率。对这三个经典模型的拓展，为科学理论在实际中的应用奠定了基础。

当前心理测量学学者们开发了 100 多种认知诊断模型,这些模型都各具特点。这些模型绝大多数仅适用于 0—1 计分数据(dichotomous data),适合于多级评分数据(polytomous data)的模型非常少。实际情境中,教育与心理测验中的题目形式丰富多样,如教育考试中的计算题、论述题、简答题、证明题、作文题,心理量表中的 Likert 型量表等,这些题型的数据基本都是多级评分数据。尤其是我国还有一个特点,许多测验中 0—1 计分题与多级评分题经常混合使用,这时传统的 0—1 计分的认知诊断模型就不适用了。因此有待开发研究适用于多级评分数据的认知诊断模型。

国内外学者对开发多级评分的认知诊断模型进行过许多尝试和研究。在国外,阿尔蒙德(Almond et al.,2007)在其研究中指出贝叶斯网络可以定义复杂的任务结构,能够运用于多级评分数据,但未能给出实际应用方法。博尔特等人(Bolt & Fu,2004)对 0—1 计分的 FM(Hartz et al.,2002)进行了拓展,但由于 0—1 计分的 FM 过于复杂,多级评分的 FM 更为复杂,未知参数估计比较困难,从而限制了该方法的进一步推广。总之,为了能提出一个适用面更广、更简洁的认知诊断模型,学者们对多级评分的认知诊断模型的研制进行了众多的尝试和探索,这些也为今后的研究提供了很好的思路和方法。

第一节　多级评分的 P-DINA 模型的改进

一、引言

认知诊断因能提供更为丰富和具有诊断意义的信息而深受国内外研究者和应用者的推崇。认知诊断模型(CDMs)对实现认知诊断功能而言是非常重要的内容,它成功地将认知变量融入心理计量模型中,从而实现了对被试内部心理加工过程的分析,进而提供认知诊断信息。目前,国内外心理测量学学者们开发了 100 多种 CDMs(辛涛,乐美玲,张佳慧,2012),但这些 CDMs 大部分仅适用于 0—1 计分数据,适用于多级评分数据的 CDMs 则非常少(涂冬波等,2010)。

国内外学者对多级评分的 CDMs 进行过初步的研究与探索(如 Bolt & Fu,2004;Von Davier,2008;Hansen,2013;Sun et al.,2013;祝玉芳等,2009,2015;田伟和辛涛,2012;涂冬波等,2010;涂冬波等,2013;张淑梅等,2013;康春花等,2015;吴方文,2015),但总体来看,国内外对于多级评分的 CDMs 的研究还相对比较薄弱,这不利于推动认知诊断在实际中的应用。

涂冬波等人于 2010 年提出了多级评分 P-DINA 模型,该模型是基于传统的 0—1 计分的 DINA 模型拓展而来的。P-DINA 模型相对简洁,参数估计精度较高，同时它将认知变量直接融入计量模型中，并将其作为未知参数进行估计，因而 P-DINA 模型属于参数化的认知诊断模型。涂冬波等人（2010）的研究表明 P-DINA 模型具有较好的诊断正确率，模型基本合理，具有较强的参考和借鉴意义；同时，它也是一个真正意义上的参数化的多级评分认知诊断模型。在该模型基础上，研究者们（涂冬波等人，2013；吴方文，2015）又相继开发了多级评分的 HO-DINA 模型和补偿性的多级评分 P-DINO 模型，进一步丰富了多级评分的 CDMs 及其应用。

在多级评分的 AHM（祝玉芳等，2009，2015）、多级评分的 RSM（田伟等，2012）、多级评分的 GDD 模型（Sun et al.，2013）、广义认知诊断模型（张淑梅等，2013）以及多级评分的聚类分析（康春花等，2015）中，认知属性不是作为未知参数进行估计的，而是通过统计判别（如最小距离判别、最大相似性判断、聚类等）的方法进行估计，因而属于非参数化的认知诊断模型。本研究更为关注将认知变量直接融入计量模型中的参数化认知诊断模型，这类参数化模型是当前 IRT 模型及认知诊断模型的主流模型及发展趋势，因此本文拟开发参数化的多级评分 CDMs，对参数化的 P-DINA 模型进行改进（revised P-DINA model，简记为"rP-DINA 模型"），拟克服 P-DINA 只能处理"0 分向满分或满分向 0 分滑动"以及"将被试得分推向 0 分或满分两个极端"的不足（具体分析见下面的 DINA 模型及 P-DINA 模型简介），从而为进一步提升多级评分认知模型的可解释性、诊断正确率以及适用面提供新方法和新模型。

二、DINA 模型及 P-DINA 模型简介

（一）DINA 模型

DINA 的数学函数为：

$$P(Y_{ij}=1 \mid \boldsymbol{\alpha}_i)=(1-s_j)^{1-\eta_{ij}} g_j^{1-\eta_{ij}}, \tag{6-1}$$

其中，s_j 是项目的失误参数，它表示被试掌握了项目 j 考查的全部属性却答错项目 j 的概率；g_j 是项目的猜测参数，它表示被试未掌握项目 j 考查的全部属性但答对项目 j 的概率。一个质量较好的项目，应该具有较小的 s_j 和 g_j，并且要满足 $1-s_j>g_j$（Templin & Henson，2006）。$\eta_{ij}=\prod_{k=1}^{K} \alpha_{ik}^{q_{jk}}$ 是潜在反应指标，若被试 i 掌握了项目 j 所测量的全部属性，则 $\eta_{ij}=1$，否则 $\eta_{ij}=0$。α_{ik} 表示被试 i 对第 k 个属性（$k=1$，2，…，K）的掌握情况，$\alpha_{ik}=1$ 表示掌握，$\alpha_{ik}=0$ 表示未掌握。q_{jk} 表示项目 j 对于属性 k 的考查情况，若 $q_{jk}=1$ 表示考查了，$q_{jk}=0$ 表示未考查。

（二）P-DINA 模型简介

在 DINA 模型的基础上，涂冬波等人（2010）根据塞姆吉玛（Samejima，1997）

的累积类别反应函数的思想，将 0—1 计分的 DINA 模型拓展为多级计分的 P-DINA 模型，从而使传统的 DINA 模型可以处理多级计分的测验情况，进一步拓展了 CDMs 在实际中的应用。P-DINA 模型的项目反应函数为，

$$P(Y_{ij}=t \mid \boldsymbol{\alpha}_i)=P^*(Y_{ij}=t \mid \boldsymbol{\alpha}_i)-P^*(Y_{ij}=t+1 \mid \boldsymbol{\alpha}_i), \tag{6-2}$$

$$P^*(Y_{ij}=t \mid \boldsymbol{\alpha}_i)=(1-s_{jt})^{\eta_{ij}} g_{jt}^{1-\eta_{ij}}, \tag{6-3}$$

其中，$P(Y_{ij}=t \mid \boldsymbol{\alpha}_i)$ 指掌握模式为 $\boldsymbol{\alpha}_i$ 的被试在项目 j 上恰得 t 分的概率，$P^*(Y_{ij}=t \mid \boldsymbol{\alpha}_i)$ 指掌握模式为 $\boldsymbol{\alpha}_i$ 的被试在项目 j 上得 t 分及 t 分以上的概率，$P^*(Y_{ij}=t+1 \mid \boldsymbol{\alpha}_i)$ 指掌握模式为 $\boldsymbol{\alpha}_i$ 的被试在项目 j 上得 $t+1$ 分及 $t+1$ 分以上的概率。

多级评分 P-DINA 模型与 0—1 计分 DINA 模型的不同之处在于：前者分别定义了被试在 t 分上失误的概率参数 s_{jt} 和在 t 分上猜测的概率参数 g_{jt}。与 0—1 计分的 DINA 模型相比，P-DINA 模型沿用了 DINA 模型的理想得分指标 $\eta_{ij}=\prod_{k=1}^{K} \alpha_{ik}^{q_{jk}}$，但该理想得分取值只有 0 或 1（也即 0 或满），这使得 P-DINA 模型只能处理从 0 分向满分方向滑动，或从满分向 0 分方向滑动的情况，不能处理介于 0 分与满分中间的分数的滑动情况；即 P-DINA 模型倾向将被试得分推向 0 分或满分两个极端，而得分介于两者之间的被试非常少，这可能会与实际情况不太相符。为了进一步说明这一缺点，现举例加以说明，假如某项目测量了 4 个属性，且该项目满分为 3 分，那么根据 P-DINA 模型的项目反应函数，可以计算被试得 t 分的概率，见表 6-1。

表 6-1 P-DINA 模型在项目 $q_j=(1, 1, 1, 1)$ 且满分 $m_j=3$ 上的反应概率

t 分	$\eta_{ij}=0$ $\boldsymbol{\alpha}=(1, 1, 1, 1)$	$\eta_{ij}=1$ $\boldsymbol{\alpha}=(1, 1, 1, 1)$
0	$1-g_1$	s_1
1	g_1-g_2	s_2-s_1
2	g_2-g_3	s_3-s_2
3	g_3-g_4	$1-s_4$

注意到，s_{jt} 和 g_{jt} 分别是失误参数和猜测参数，它们在一定程度上反映了随机误差的大小，一般来讲 s_{jt} 和 g_{jt} 的取值越小说明题目质量越好，否则题目质量越差。表 6-1 说明，在 P-DINA 模型中，当 $\eta_{ij}=0$ 时，被试得 0 分的概率倾向最大；当 $\eta_{ij}=1$ 时，被试得满分的概率倾向最大。即 P-DINA 模型将被试得分推向 0 分或满分两个极端，因此不能很好地反映及区分得分处于中间分数段的被试。我们根据 P-DINA 模型的项目反应函数，模拟了 1 000 名被试在项目 j 上的得分

情况(结果如图 6-1)，该项目的 $q_j = (1, 1, 1, 1)$，$m_j = 3$。

所占比例

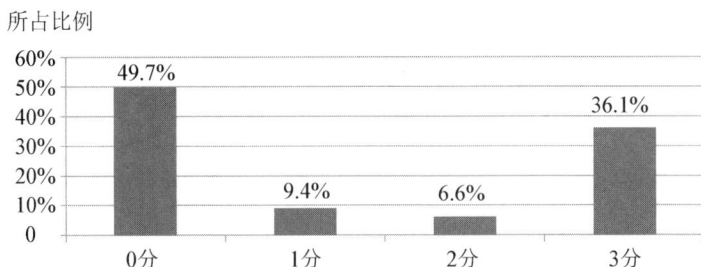

图 6-1　P-DINA 模型模拟被试在 $q_j = (1, 1, 1, 1)$ 且满分 $m_j = 3$ 项目上的得分情况

图 6-1 表明 P-DINA 模型倾向将被试得分推向两端(得 0 分和满分的人数占总人数的 85.8%)，这种假设与实际情况不太相符，为了克服 P-DINA 模型的这一不足，本研究拟对 P-DINA 模型进行改进，从而进一步为实际应用者提供更为合理的 CDMs 及方法支持。

三、P-DINA 模型的改进：rP-DINA 模型的开发

P-DINA 模型的不足主要是由理想得分指标 $\eta_{ij} = \prod_{k=1}^{K} \alpha_{ik}^{q_{jk}}$ 导致的。P-DINA 沿用了 0—1 计分 DINA 模型中的理想得分指标 $\eta_{ij} = \prod_{k=1}^{K} \alpha_{ik}^{q_{jk}}$。在 DINA 模型中，如果被试 α_i 掌握了项目 q_j 测量的所有属性，那么被试在该项目上的理想得分应该为 $1(\eta_{ij} = 1)$，但 DINA 模型是一个考虑了"噪声输出"(noise)的模型，即当 $\eta_{ij} = 1$ 时，被试得 1 分的概率不一定是 100%，而是 $(1 - s_j)$。同理，如果被试未掌握项目测量的所有属性，则被试在该项目上的理想得分应该为 $0(\eta_{ij} = 0)$，同样 DINA 模型考虑了"噪声输出"，因此此时被试得 0 分的概率不一定为 100%，而是 $(1 - g_j)$。但在多级评分模型中，由于被试的理想得分不是只有 0 分和满分，因此需要构建关于多种理想得分的算法或规则。

那么如何来构建多级评分模型下被试的理想得分呢？查阅相关文献，祝玉芳等人(2009)，田伟等人(2012)以及森等人(Sun et al.，2013)用项目测量属性个数与项目满分相对应的法则来构建理想得分，若项目测量了 K 个属性则该项目的满分为 K 分；若被试掌握了 M 个项目属性则该被试在该项目上的理想得分为 M，显然这种假设相对条件要求较严而不易满足。

本研究借用 DINA 模型和 P-DINA 模型中 $\eta_{ij} = \prod_{k=1}^{K} \alpha_{ik}^{q_{jk}}$ 的思想，根据被试的掌握模式 α_i 与项目测量的属性 q_j 来构建被试理想得分，算法规则如下

$$\eta_{ij}=\frac{\boldsymbol{\alpha}_i\boldsymbol{q}_j^{'}}{\boldsymbol{q}_j\boldsymbol{q}_j^{'}}\times m_j, \tag{6-4}$$

即被试所掌握的项目测量的属性个数的百分比乘该项目满分就为被试在该项目上的理想得分(式 6-4 中，$\boldsymbol{q}_j^{'}$ 指对 $\boldsymbol{q}_j$ 向量求转置)，也就是说，被试在项目上的理想得分取决于被试对该项目测量属性的掌握情况，若被试掌握的项目属性越多，则被试在该题上的理想得分也倾向于越高。由式 6-4 计算出的理想得分有小数，因此采用取整方法，见式 6-5。

$$\eta_{ij}=fix\left(\frac{\boldsymbol{\alpha}_i\boldsymbol{q}_j^{'}}{\boldsymbol{q}_j\boldsymbol{q}_j^{'}}\times m_j\right), \tag{6-5}$$

这时，理想得分指标 η_{ij} 不再只有 0 分或满分两种可能，而是从 0 分到满分各种可能情况都有。

现举例加以说明，假如 $\boldsymbol{q}_j=(1，1，1，1)$ 且满分 $m_j=3$，某被试 $\boldsymbol{\alpha}_j=(1，1，0，0)$，则根据式 6-4 可得 $\eta_{ij}=fix\left(\frac{\boldsymbol{\alpha}_i\boldsymbol{q}_j^{'}}{\boldsymbol{q}_j\boldsymbol{q}_j^{'}}\times m_j\right)=fix\left(\frac{2}{4}\times 3\right)=fix(1.5)=1$，即被试掌握了项目所测量属性的 50%，理想得分为 1 分，即被试达到了得 1 分(但未达到得 2 分)的属性掌握比例；若 $\boldsymbol{\alpha}_j=(1，0，0，0)$，则 $\eta_{ij}=0$；其他依此类推。

定义好了理想得分，接下来需构建"噪声输出"部分，即构建 s 参数和 g 参数。那么，理想被试在什么时候会失误，在什么时候会猜测？当被试掌握属性的情况未达到得 t 分所需的属性时，即 $\eta_{ij}=fix\left(\frac{\boldsymbol{\alpha}_i\boldsymbol{q}_j^{'}}{\boldsymbol{q}_j\boldsymbol{q}_j^{'}}\times m_j\right)<t$，则被试在得 t 分及 t 分以上($x_{ij}\geq t$)时会出现猜测，这时 $g_{jt}=P(X_{ij}\geq t\mid\eta_{ij}<t)$；当被试掌握属性的情况达到得 t 分所需的属性时，即 $\eta_{ij}=fix\left(\frac{\boldsymbol{\alpha}_i\boldsymbol{q}_j^{'}}{\boldsymbol{q}_j\boldsymbol{q}_j^{'}}\times m_j\right)\geq t$，则被试得 t 分以下($x_{ij}<t$)时会出现失误，这时 $s_{jt}=P(X_{ij}<t\mid\eta_{ij}\geq t)$。

在定义了理想得分及 s 参数和 g 参数之后，可以对 P-DINA 进行改进，本研究将改进后的 P-DINA 模型称为 rP-DINA 模型，rP-DINA 模型的项目反应函数可以构建为：

$$P(Y_{ij}=t\mid\boldsymbol{\alpha}_i)=P^*(Y_{ij}=t\mid\boldsymbol{\alpha}_i)-P^*(Y_{ij}=t+1\mid\boldsymbol{\alpha}_i), \tag{6-6}$$

$$P^*(Y_{ij}=t\mid\boldsymbol{\alpha}_i)=(1-s_{jt})^{\delta_{ijt}}g_{jt}^{1-\delta_{ijt}}, \tag{6-7}$$

$$\delta_{ijt}=\begin{cases}1 & if \quad \eta_{ij}\geq t, \\ 0 & ortherwise。\end{cases} \tag{6-8}$$

其中，$P(Y_{ij}=t\mid\boldsymbol{\alpha}_i)$ 为被试恰得 t 分的概率；$P^*(Y_{ij}=t\mid\boldsymbol{\alpha}_i)$ 为被试得 t 分及以上分数的概率；$s_{jt}=P(x_{ij}<t\mid\delta_{ijt}=1)$ 为被试达到了得 t 分的属性掌握水平，但观察得分却低于 t 分的概率，也即失误参数，且满足 $s_{jt}\leq s_{jt+1}$；$g_{jt}=P(x_{ij}\geq t\mid\delta_{ijt}=0)$ 为被试未达到在项目 j 上得 t 分及 t 分以上的属性掌握水平，但观察得分却

等于及高于 t 分的概率，即猜测参数，且满足 $g_{jt} \geqslant g_{jt+1}$。与 P-DINA 模型一样，限定 $P^*(Y_{ij}=0)=1$ 和 $P^*(Y_{ij}=m_j+1)=0$。

同理，根据项目反应理论中的局部独立性假设，可得出 rP-DINA 的似然函数为

$$L(s, g; \alpha) = \prod_{i=1}^{N} \prod_{j=1}^{J} \prod_{t=0}^{m_j} P(Y_{ij}=t \mid s, g, \boldsymbol{\alpha}_i)^{u_{ijt}}。 \tag{6-9}$$

这里，

$$u_{ijt} = \begin{cases} 1 & if \quad x_{ij}=t, \\ 0 & ortherwize。 \end{cases}$$

为了更好地理解改进的 rP-DINA 模型与传统 P-DINA 模型的差异，现举例加以说明。假如某项目 $q_j=(1, 1, 1, 1)$ 且满分 $m_j=3$，则根据 rP-DINA 模型项目反应函数可得被试项目反应概率（见表 6-2）；同时我们采用 rP-DINA 模拟 1 000 名被试在该项目上的作答反应矩阵（图 6-2）。

表 6-2　rP-DINA 在项目 $q_j=(1, 1, 1, 1)$ 且满分 $m_j=3$ 上的反应概率

	$\eta_{ij}=0$	$\eta_{ij}=1$	$\eta_{ij}=2$	$\eta_{ij}=3$
t	$\boldsymbol{\alpha}=(0, 0, 0, 0),$ $(1, 0, 0, 0),$ $(0, 1, 0, 0),$ $(0, 0, 1, 0),$ $(0, 0, 0, 0, 1)$	$\boldsymbol{\alpha}=(1, 1, 0, 0),$ $(1, 0, 1, 0),$ $(1, 0, 0, 1),$ $(0, 1, 1, 0),$ $(0, 1, 0, 1),$ $(0, 0, 1, 1)$	$\boldsymbol{\alpha}=(1, 1, 1, 0),$ $(1, 0, 1, 1),$ $(1, 1, 0, 1),$ $(0, 1, 1, 1)$	$\boldsymbol{\alpha}=(1, 1, 1, 1)$
0	$1-g_{j1}$	s_{j1}	s_{j1}	s_{j1}
1	$g_{j1}-g_{j2}$	$(1-s_{j1})-g_{j2}$	$s_{j2}-s_{j1}$	$s_{j2}-s_{j1}$
2	$g_{j2}-g_{j3}$	$g_{j2}-g_{j3}$	$(1-s_{j2})-g_{j3}$	$s_{j3}-s_{j2}$
3	g_{j3}	g_{j3}	g_{j3}	$1-s_{j3}$

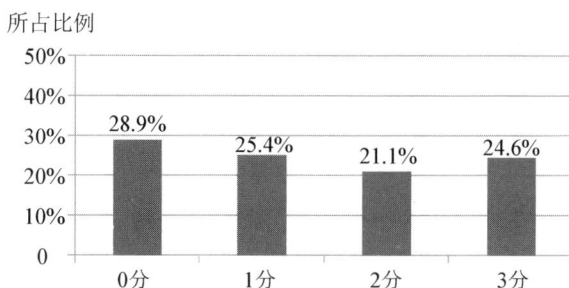

图 6-2　rP-DINA 模型模拟被试在 $q_j=(1, 1, 1, 1)$ 且满分 $m_j=3$ 项目上的得分情况

表 6-2 说明，在同等条件下，P-DINA 模型只能将被试的项目反应概率区分为两类（见表 6-1），而 rP-DINA 模型可以将被试的项目反应概率区分为 (m_j+1) 类（见表 6-2），提供的信息更为细致和丰富；同时，当 $\eta_{ij}=0$ 时，被试得

0 分的概率倾向最大；当 $\eta_{ij}=1$ 时，被试得 1 分的概率倾向最大；当 $\eta_{ij}=2$ 时，被试得 2 分的概率倾向最大；当 $\eta_{ij}=3$ 时，被试得 3 分的概率倾向最大。这点与 P-DINA 模型中被试得分概率较大的均集中在 0 分和满分两极端不同。图 6-2 说明，rP-DINA 模型模拟出来的被试得分较 P-DINA 模型模拟出来的显得更为合理，克服了 P-DINA 模型将被试得分推向 0 分和满分两极端强假设的不足。

整体来讲，rP-DINA 与 P-DINA 的不同之处主要在于理想得分 η_{ij} 的构建。P-DINA 模型中被试理想得分的构建仍是沿用 0—1 计分 DINA 模型中 0 分和满分的思路，这种理想得分的构建未充分考虑多级计分的特点，从而导致 P-DINA 模型"只能处理从 0 分向满分方向滑动，或从满分向 0 分方向滑动的情况"，以及"将被试得分推向两极端"的不足，且未充分利用多级计分数据本有的信息，这也会在一定程度上影响到模型的判准率。而 rP-DINA 模型构建被试的理想得分充分考虑了多级计分数据特征，对信息的利用更为充分，并成功克服了 P-DINA 模型的以上不足，因此理论上更具优势。当然，为了进一步比较 rP-DINA 模型与 P-DINA 模型的性能，以及 rP-DINA 模型能否在 P-DINA 模型的基础上进一步提高模型的判断率等，本书拟采用 Monte Carlo 方法进行研究。

四、研究设计

(一)参数估计算法

为了保证与 P-DINA 模型的可比性，本研究中 rP-DINA 模型的参数估计同样采用 MCMC 算法，其具体的 MCMC 算法过程、相关公式以及条件设置与涂冬波等人(2010)的研究一致，限于篇幅，此处未列出，感兴趣读者请参看相关文献。

(二)属性层级关系

四种属性层级关系分别为线型、收敛型、分支型和无结构型，详见图 6-3。

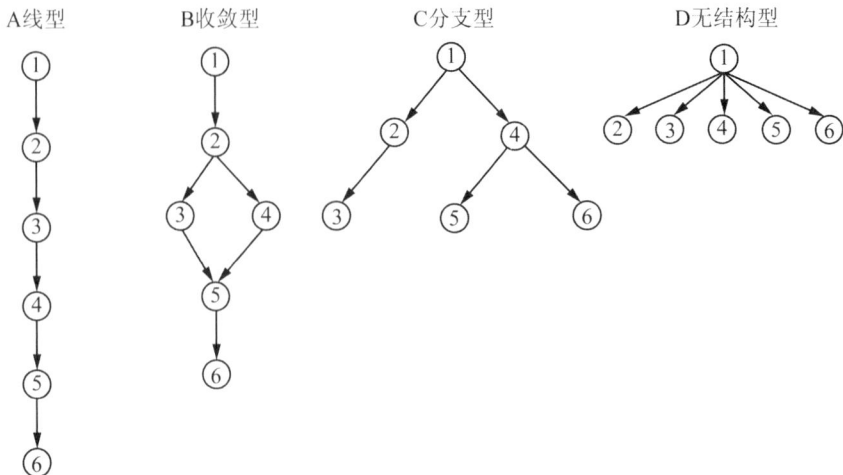

图 6-3　六个属性的四种层级关系

（三）实验设计

为了与 P-DINA 进行比较，本研究采用涂冬波等人（2010）的实验设计，即在同等实验条件下比较 rP-DINA 和 P-DINA。同时为了比较多级评分 CDMs 与传统 0—1 计分 CDMs 的差别，本研究还进行了对比研究。具体分为 3 个实验。实验 1：无结构型属性层级关系下 rP-DINA 与 P-DINA 的比较。实验 2：结构型属性层级关系下 rP-DINA 与 P-DINA 的比较。实验 3：认知属性个数对 rP-DINA 与 P-DINA 估计准确性的影响及两者的比较。

（四）评价指标

评价指标为项目参数平均绝对离差指标（ABSE）、属性边际判准率（MMR）和属性模式判准率（PMR）。

五、rP-DINA 与 P-DINA 的比较研究

（一）实验 1：无结构型属性层级关系下 rP-DINA 与 P-DINA 的比较

1. 实验条件

被试人数、项目数和属性数分别固定为 500 人、60 题和 6 个。模拟测验项目总分为 100 分，其中 38 题为 0—1 计分项目，满分为 2 分、3 分、4 分和 5 分的题目分别有 11 道、6 道、3 道、2 道。

2. 实验模拟过程

为了保证结果的可比性，本实验的模拟过程与涂冬波等人（2010）的模拟过程完全一致，具体如下。

（1）s 和 g 参数从如下分布中随机抽取：$g_{jt} \sim U(0, 0.6)$，$s_{jt} \sim U(0, 0.6)$，$\alpha_{ik} \sim \text{Bernoulli}(0.5)$。

（2）测验 Q 矩阵的模拟。对 0—1 计分项目，每个项目以 0.20 的概率测量每个属性。对于多级评分项目，各项目以 $\{20\% + (mf-1) \times 10\%\}$ 的概率测量各个属性，但最大值不超过 50%，即满分值越高的题目测量的属性相对更多。

（3）据（1）和（2）产生的参数及 Q 矩阵，采用 rP-DINA 模拟被试得分数据。

（4）采用 rP-DINA 估计所有参数值，并与（1）中产生的参数真值进行比较，以考查参数估计的返真性。

（5）重复以上模拟过程 30 次。

3. 实验 1 结果

表 6-3 和图 6-4 是当属性层级关系为无结构型时，rP-DINA 与 P-DINA 的参数估计结果。

表 6-3　rP-DINA 与 P-DINA 的参数估计结果(无结构型)

模型		项目参数		被试参数(MMR)						平均MMR	PMR
		ABS_s	ABS_g	A1	A2	A3	A4	A5	A6		
P-DINA	平均值	0.042	0.029	0.956	0.957	0.961	0.961	0.959	0.967	0.960	0.807
	标准差	0.005	0.005	0.031	0.030	0.036	0.030	0.040	0.024	0.014	0.054
rP-DINA	平均值	0.032	0.026	0.992	0.993	0.992	0.987	0.988	0.994	0.991	0.955
	标准差	0.004	0.004	0.011	0.005	0.007	0.012	0.011	0.066	0.004	0.019

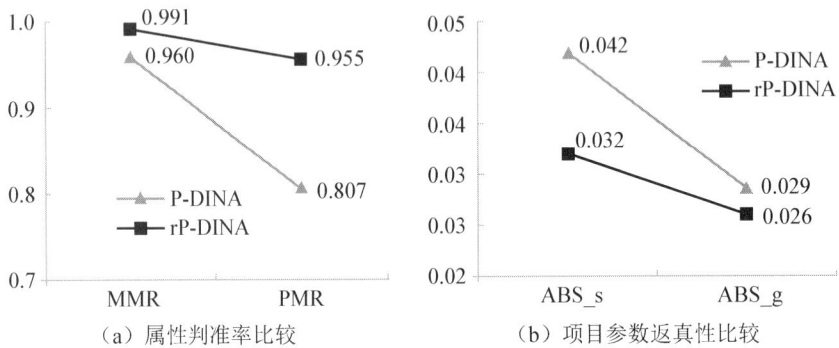

(a) 属性判准率比较　　(b) 项目参数返真性比较

图 6-4　rP-DINA 与 P-DINA 两模型参数估计精度比较

表 6-3 及图 6-4 说明，在同等实验条件下，当属性间无结构时，rP-DINA 不论是在项目参数估计精度上，还是在被试属性诊断正确率上，都优于 P-DINA。尤其是 PMR，rP-DINA 模型高达 95.5%，而 P-DINA 只有 80.7%，两者相差近 15%，这表明 rP-DINA 能在 P-DINA 的基础上进一步提高诊断正确率且提高的幅度非常大，模型改进效果显著。同时，就 30 次实验结果中参数估计的标准差(SD)而言，rP-DINA 的小于 P-DINA 的，也说明改进后的模型参数估计的稳健性得到提高。

因此，实验 1 说明在属性无结构时，rP-DINA 不仅在参数估计的稳健性上优于 P-DINA，而且参数估计精度及诊断正确率均有较大幅度的改善。

(二)实验 2：结构型属性层级关系下 rP-DINA 与 P-DINA 的比较

1. 实验条件与实验过程

实验 2 与实验 1 基本相同，不同之处在于实验 2 的属性有层级关系，具体包括分支型、收敛型和线型三种。

2. 实验 2 结果

从表 6-4 可以看出，当属性间存在层级关系时，不论是分支型、收敛型，还是线型，rP-DINA 的项目参数估计精度及模式判准率均优于 P-DINA 的，说明 rP-DINA 模型改进的效果仍十分显著。

表 6-4　rP-DINA 和 P-DINA 参数估计结果（结构型）

属性层级关系	MMR		PMR		ABS _ s		ABS _ g	
	P-DINA	rP-DINA	P-DINA	rP-DINA	P-DINA	rP-DINA	P-DINA	rP-DINA
分支型	0.982	0.993	0.901	0.961	0.037	0.026	0.035	0.035
收敛型	0.989	0.994	0.940	0.969	0.038	0.028	0.033	0.033
线型	0.992	0.995	0.953	0.973	0.037	0.027	0.033	0.032

（三）实验 3：认知属性个数对 rP-DINA 与 P-DINA 估计准确性的影响与比较

1. 实验条件

诊断的认知属性个数分别为 4 个、5 个、6 个、7 个、8 个和 9 个，共 6 个水平，其余（如测验长度、被试人数及测验每题满分分布）与实验 1 和实验 2 一致，但属性层级关系固定为无结构型。

2. 实验 3 结果

从表 6-5 可以看出，不论在何种属性个数条件下，rP-DINA 在参数估计精度及模式判准率上均优于 P-DINA，而且随着属性数的增加，rP-DINA 的优势越为明显。尤其值得指出的是，当属性为 7 个时，P-DINA 的 PMR 不到 70%，而当属性为 8 个时，P-DINA 的 PMR 不到 60%，这说明 P-DINA 不适合处理属性数超过 7 个（含 7 个）的测验情境；而对于 rP-DINA，当属性数为 9 个时其 PMR 仍保持在 81.6%［比 P-DINA 在属性数为 9 个时的诊断正确率（PMR）高 41.9%］，这说明 rP-DINA 可以处理属性比较多（如超过 9 个）的测验情境，这一点是以往绝大多数 CDMs 所不具备的优势。

表 6-5　不同属性个数下 rP-DINA 与 P-DINA 参数估计结果

属性个数	MMR		PMR		ABS _ s		ABS _ g	
	P-DINA	rP-DINA	P-DINA	rP-DINA	P-DINA	rP-DINA	P-DINA	rP-DINA
4	0.989	0.996	0.957	0.985	0.036	0.030	0.029	0.029
5	0.974	0.996	0.884	0.981	0.040	0.029	0.029	0.026
6	0.960	0.991	0.807	0.955	0.042	0.032	0.029	0.026
7	0.933	0.986	0.660	0.907	0.049	0.032	0.028	0.025

属性个数	MMR		PMR		ABS _ s		ABS _ g	
	P-DINA	rP-DINA	P-DINA	rP-DINA	P-DINA	rP-DINA	P-DINA	rP-DINA
8	0.905	0.980	0.529	0.844	0.051	0.033	0.028	0.024
9	0.862	0.964	0.397	0.816	0.052	0.034	0.027	0.026

六、总结与讨论

本研究在 P-DINA 基础上开发了一种新的多级评分认知诊断模型——rP-DINA。与 P-DINA 相比，rP-DINA 理论上更具优势：它成功克服了 P-DINA 只能处理"0 分向满分或满分向 0 分滑动"以及"将被试得分推向 0 分或满分两个极端"的不足；且 rP-DINA 较 P-DINA 更为充分地利用了多级评分数据本有的特征，从而大大提高了模型的诊断正确率。Monte Carlo 模拟结果表明：（1）rP-DINA 无论是在无结构型属性层级关系下还是在结构型属性层级关系下，参数估计的精度均明显优于 P-DINA；尤其是 PMR，rP-DINA 在 P-DINA 的基础上最大可提高 41.9％（当属性数为 9 时），大大改善了 P-DINA 的诊断正确率。（2）rP-DINA 可以处理测验属性更多的测验情境，当测验的认知属性高达 9 个时，其 MMR 及 PMR 仍高达 96.4％和 81.6％，这是以往绝大多数 CDMs 所不具备的优势。总之，本研究为拓展认知诊断在教育心理中的运用提供了一种新方法、新模型。

本研究的贡献在于：成功克服了 P-DINA 的不足，并大大提高了模型解释力、诊断正确率；同时它适用于多级评分的数据资料，且诊断的正确率较高。它对教育与心理领域的贡献有：一方面，为拓展认知诊断在实际中的运用提供了新方法；另一方面，它能充分挖掘多级评分试题的诊断价值，提供的诊断信息更为丰富、诊断价值更大，具有较好的借鉴和应用价值。

虽然 rP-DINA 模型较 P-DINA 模型有一定改进，但未来还有许多值得进一步研究的领域，如在多级评分 CDMs 下，其 Q 矩阵标定与 0—1 计分是否完全一样？它对诊断结果的影响又会如何？等这些问题本研究并未涉及，这些都值得进一步深入探究。同时本研究开发的 rP-DINA 模型中，属性间是等权的，那么在不等权的属性下 rP-DINA 模型又要如何进一步拓展，以及多级评分认知诊断计算机化自适应测验如何构建等涉及相关基础和应用领域的研究都有待深入。

第二节　基于 DINO 模型的多级评分认知诊断模型的开发

一、引言

CDM 在认知诊断评估中起着重要的作用，模型选择的恰当与否直接关系着认知诊断评估的结果是否准确、有效。据统计，认知诊断模型发展至今其数量已达 100 多种（辛涛，乐美玲，张佳慧，2012）。这些模型各具特点，它们间的一个重要区别在于，项目所需的属性间是否以一种连接（conjunctive）或分离（disjunctive）的机制相互作用（Maris，1995，1999）。根据属性间不同的作用机制，认知诊断模型被分成了连接模型（conjunctive model）和分离模型（disjunctive model）两类。连接模型是指，被试在一个项目上要想有高的正确作答概率，必须掌握项目考查的所有属性。分离模型是指，被试只需掌握项目考查的所有属性的一个子集（在某些情况下只需掌握一个属性），便能有高的正确作答概率。

在实际应用中，模型的选择依赖于诊断的情境（Roussos，Templin & Henson，2007）。例如，在成就测验中，由于其任务一般被分成许多步来完成，所有步骤全部成功完成后被试才可能在任务上正确作答，因此在成就测验中多用连接模型（涂冬波，戴海崎，蔡艳，丁树良，2010；de la Torre & Douglas，2004；Hartz，2002）。而在心理或医学诊断评估、语言阅读理解及存在多种解题策略的测验中，分离模型则更适合（DiBello，Roussos & Stout，2007；Dimitrov & Atanasov，2013；Roussos et al. ，2007；Templin & Henson，2006；Tseng，2010）。这是因为，在这些情境中，诊断评估通常是基于某些存在的症状或策略做出的。即存在的某些症状或策略一定程度上可以弥补不存在的症状或策略，从而实现对个体的分类。分离模型作为一种潜在分类模型，自然也就被应用到了这些领域中。

尽管有研究者（Roussos et al. ，2007；Tseng，2010）认为，分离模型具有广阔的应用前景，但当前分离模型还存在一些不足——只能处理 0—1 计分的数据。而在实际应用中，数据往往是多级的，有的还存在 0—1 计分与多级评分混合使用的情况。例如，心理或医学诊断评估中的抑郁自评量表、焦虑自评量表、统一帕金森病评分量表均采用多级评分，阿肯巴克（Achenbach）儿童行为量表（CBCL）和神经精神病学临床评定表（SCAN）均采用混合评分。这时传统的 0—1 计分认知诊断模型就不适用了。虽有研究者（Hansen，2013）提出了开发多级评分模型的思路，但其并未具体探讨模型的参数估计的实现及模型的性能。而试图通过寻找一个分界点（cut-off point）来将多级评分数据二级化的方法（de la Torre & Liu，

2008，March；Templin & Henson，2006）无疑会损失大量的信息，同时分界点选取的好坏也会影响诊断的效果，进而导致诊断的精确性下降。基于此，分离型的多级评分认知诊断模型亟待开发。

二、DINO 模型简介

DINO 模型是一个典型的分离模型，它有着模型简洁、待估参数少的优点。其函数表达式为

$$P(X_{ij}=1 \mid \omega_{ij})=(1-s_j)^{\omega_{ij}} g_j^{1-\omega_{ij}} 。 \tag{6-10}$$

其中，$P(X_{ij}=1 \mid \omega_{ij})$ 指被试 i 是否至少掌握项目 j 考核的一个属性的正确作答概率。s_j 表示失误参数。g_j 表示猜测参数。ω_{ij} 表示被试 i 是否至少掌握了项目 j 考查的一个属性。其函数表达式为

$$\omega_{ij}=1-\prod_{k=1}^{K}(1-\alpha_{ik})^{q_{jk}} 。 \tag{6-11}$$

其中，α_{ik} 指被试 i 对第 k 个属性的掌握情况。q_{jk} 指项目 j 是否考查了第 k 个属性。

已有不少研究探讨过 DINO 模型（喻晓锋，2015；詹沛达，边玉芳，王立君，2015；詹沛达，王立君，陈鹏飞，2013；Chiu & Köhn，2015）。其中，詹沛达等人（2013）发现，DINO 模型的参数估计精度较好，在独立型结构下其模式判准率较理想，且其已成功应用于病理性赌博研究（Templin & Henson，2006）中。这表明该模型具有较好的发展前景。因此，本研究拟对仅适用于 0—1 计分的 DINO 模型进行拓展。

三、多级评分 DINO 模型开发的思路

分离模型关注被试是否掌握了项目所考查的一个或一些属性，剩余属性的个数并不影响作答结果。因此，分离模型的多级评分拓展很难从属性个数与项目分值的对应关系的角度来展开。而根据被试对属性的掌握程度来拓展似乎是种较好的选择。因此，本研究基于塞姆吉玛（Samejima，1997）的等级反应模型中的累积类别反应函数，对 DINO 模型进行多级评分拓展，开发了一种多级评分的分离模型（Polytomous-DINO Model，P-DINO 模型），其反应函数为

$$P(X_{ij}=t \mid \omega_{ij})=P^*(X_{ij}=t \mid \omega_{ij})-P^*(X_{ij}=t+1 \mid \omega_{ij}) 。 \tag{6-12}$$

其中，

$$P^*(X_{ij}=t \mid \omega_{ij})=(1-s_{jt})^{\omega_{ij}} g_{jt}^{1-\omega_{ij}} 。 \tag{6-13}$$

$P(X_{ij}=t \mid \omega_{ij})$ 表示被试恰得 t 分的概率。$P^*(X_{ij}=t \mid \omega_{ij})$ 表示被试得 t 分及 t 分以上的概率。$s_{jt}=P(X_{ij}=t \mid \omega_{ij})$ 表示被试至少掌握了项目 j 考核的一个

属性，但在 t 分上失误的概率。$g_{jt} = P(X_{ij} = t \mid \omega_{ij})$ 表示项目 j 考核的属性被试一个都未掌握，但在 t 分上猜对的概率。

为保证式 6-12 不为负，限定 $s_{jt} \leqslant s_{jt+1}$，$g_{jt} \geqslant g_{jt+1}$。

同等级反应模型一样，假设：被试得 0 分及 0 分以上的概率为 1，得满分以上的概率为 0，即

$$P^*(X_{ij} > 0) = 1, \tag{6-14}$$

$$P^*(X_{ij} > mf_j) = 0。 \tag{6-15}$$

当 $mf = 1$ 时，式 6-10 与式 6-12 相同（均为 DINO 模型），可知 DINO 模型是 P-DINO 模型的一个特例。由此可以得出，P-DINO 模型既能处理多级评分的数据，也能处理 0—1 计分和多级评分并存的数据，P-DINO 模型比 DINO 模型适用面更广。

同理，根据局部独立性假设，P-DINO 模型的似然函数为

$$L(s, \ g, \ \alpha) = \prod_{i=1}^{N} \prod_{j=1}^{m} \prod_{t=0}^{mf_t} p_{ijt}^{u_{ijt}}。 \tag{6-16}$$

四、研究方法与实验设计

（一）参数估计

本研究采用 MATLAB 2011b 自编程序，运用国际上流行的 MCMC 算法（涂冬波，漆书青，蔡艳，戴海崎，丁树良，2008）实现了对 P-DINO 模型的参数估计。

（二）实验设计

詹沛达等人（2013）的研究表明，DINO 模型对属性层级结构不敏感。因此，本研究探讨独立型结构下 P-DINO 模型参数估计的实现及其性能。研究采用 3×3×3 完全随机实验设计，属性个数分别是 5 个、7 个、9 个，测验长度分别是 30 题、60 题、90 题，被试人数分别是 500 人、1 000 人、2 000 人。

测验的项目满分值为 3 分，共有 0，1，2，3 四个等级。这是因为当前的心理评估量表多采用 4 级评分的形式，如抑郁自评量表、流调中心用抑郁量表、焦虑自评量表等。为使模拟研究更接近实际，本研究也采用 4 级评分的形式。

（三）参数估计精度的评价指数

采用常用的评价指数——ABSE、MMR、PMR 来考查项目参数和属性参数的返真性。

（四）Monte Carlo 模拟过程

（1）模拟 $\boldsymbol{Q}$ 矩阵：参照丁树良、汪文义和杨淑群（2011）的研究结果，保证 $\boldsymbol{Q}$

矩阵中至少包含一个可达矩阵。当属性个数大于等于 7，测验长度分别为 60 题和 90 题时，测验 Q 矩阵包含两个可达矩阵。这是因为，当属性个数多于 7 个时，无论是连接模型还是分离模型，其模式判准率均不高（涂冬波，蔡艳，戴海崎，丁树良，2010；詹沛达等，2013）。为保证模型能够处理属性个数多于 7 个的情况，本研究限定测验 Q 矩阵包含两个可达矩阵。

（2）模拟项目参数和被试参数：从给定的参数分布中随机生成参数真值。各参数的分布为：$g_{jt} \sim U(0, 0.2)$，$s_{jt} \sim U(0, 0.2)$，$\alpha_{ik} \sim \text{Bernoulli}(0.5)$。

（3）根据参数真值和 P-DINO 模型的项目反应函数生成被试的作答矩阵。

（4）采用 P-DINO 模型的自编 MCMC 算法程序实现参数的估计。

（5）将估计出来的参数与参数真值进行比较，以考查参数估计的精度。

（6）为减少实验随机误差，实验重复 30 次。

五、P-DINO 模型的参数估计精度及性能

1. 参数估计精度

表 6-6 为项目参数的返真性。当属性个数分别为 5 个和 7 个时，项目参数 s 和 g 的 ABSE 均比较理想；当属性个数为 9 个时，项目参数 s 的 ABSE 较理想，g 的 ABSE 指标稍差。

表 6-7 是被试参数的返真性。当属性个数为 5 个时，被试参数掌握属性的平均 MMR 在 96％以上，平均 PMR 在 85％以上。当属性个数为 7 个时，平均 MMR 在 94％以上，平均 PMR 在 70％以上。当属性个数为 9 个，测验长度为 60 题和 90 题时，平均 MMR 在 92％以上，平均 PMR 在 80％以上；当测验长度为 30 题时，平均 PMR 在 53％以上。

由上述结果可知，整体而言 P-DINO 模型的项目参数和被试参数的返真性较好，估计精度较好，稳健性较强。这表明 P-DINO 模型能够处理多级评分的数据。

2. P-DINO 模型的性能

对表 6-6 和表 6-7 的结果进行进一步分析发现：（1）随着属性个数的增加，项目参数 s 和 g 的估计均越来越差。这可能与属性间的分离机制有关。分离模型假设只要被试至少掌握了项目考核的一个属性，就有高的正确作答概率，而随着项目考核的属性个数的增加，被试猜对的概率就会很高，由此导致随机误差增加，估计精度变差。（2）随着属性个数的增加，被试的模式判准率在降低；随着测验长度的增加，模式判准率在提高。而被试人数对模式判准率的影响不是很明显。（3）当属性个数为 9 个、测验长度为 30 题时，被试的模式判准率低于 60％，此时的模式判准率不高。

表 6-6 P-DINO 模型项目参数的 ABSE 返真性

测验长度	被试人数		属性个数					
			5		7		9	
			s	*g*	*s*	*g*	*s*	*g*
30	500	*M*	0.031 0	0.063 7	0.033 5	0.082 0	0.040 1	0.101 1
		SD	0.005 5	0.007 6	0.004 2	0.009 3	0.007 1	0.011 1
	1 000	*M*	0.027 8	0.059 5	0.032 5	0.079 1	0.037 3	0.099 8
		SD	0.006 3	0.004 9	0.005 7	0.007 7	0.005 7	0.008 1
	2 000	*M*	0.024 9	0.054 9	0.027 2	0.077 0	0.035 4	0.093 8
		SD	0.005 2	0.008 5	0.003 3	0.010 9	0.005 7	0.011 3
60	500	*M*	0.031 4	0.061 5	0.031 7	0.076 9	0.033 4	0.094 4
		SD	0.003 5	0.005 6	0.003 2	0.006 7	0.002 8	0.007 2
	1 000	*M*	0.026 4	0.056 5	0.027 3	0.075 7	0.029 9	0.092 6
		SD	0.002 3	0.005 9	0.002 8	0.007 1	0.002 8	0.007 4
	2 000	*M*	0.023 8	0.053 6	0.022 5	0.073 1	0.023 9	0.092 0
		SD	0.002 4	0.004 0	0.001 6	0.003 9	0.002 8	0.005 6
90	500	*M*	0.030 6	0.063 9	0.029 1	0.079 9	0.030 1	0.101 5
		SD	0.002 7	0.004 2	0.002 3	0.005 3	0.003 0	0.008 5
	1 000	*M*	0.028 2	0.058 7	0.026 7	0.078 8	0.025 0	0.096 7
		SD	0.002 7	0.004 3	0.001 7	0.005 8	0.002 3	0.006 9
	2 000	*M*	0.024 8	0.054 4	0.022 5	0.073 1	0.024 7	0.096 5
		SD	0.001 7	0.004 1	0.001 6	0.003 9	0.002 0	0.005 4

表 6-7 P-DINO 模型被试参数的返真性

测验长度	被试人数	5 个属性		7 个属性		9 个属性	
		平均 MMR	平均 PMR	平均 MMR	平均 PMR	平均 MMR	平均 PMR
30	500	0.972 1	0.879 8	0.950 0	0.727 5	0.925 4	0.535 3
	1 000	0.976 0	0.893 3	0.953 5	0.743 9	0.925 0	0.533 1
	2 000	0.967 0	0.856 9	0.943 5	0.704 2	0.933 1	0.563 4
60	500	0.996 6	0.983 3	0.987 3	0.919 9	0.975 3	0.806 8
	1 000	0.996 9	0.984 9	0.987 6	0.920 3	0.977 2	0.821 8
	2 000	0.997 7	0.988 7	0.987 6	0.921 9	0.977 2	0.824 0
90	500	0.998 9	0.994 4	0.993 2	0.954 9	0.982 3	0.861 5
	1 000	0.999 1	0.995 8	0.994 6	0.964 5	0.982 6	0.863 7
	2 000	0.999 4	0.996 9	0.993 1	0.956 5	0.984 4	0.876 1

六、讨论及小结

冯·戴维尔（Von Davier，2005）曾认为，许多用于技能诊断的模型仅限于二值数据。而这也是当前分离型模型存在的缺点。模型的不足带来的直接影响是妨碍了认知诊断在理论上的发展和在应用中的推广。

而本研究开发出的 P-DINO 模型参数估计较好，稳健性较强。与 DINO 模型相比，P-DINO 模型的诊断正确率较高。尤其是当属性个数为 9 个，题目为 60 题时，P-DINO 模型的 PMR 甚至可以比 DINO 模型的高 10%。因此，在理论方面，新开发的模型是对认知诊断模型的进一步丰富，而分离型的多级评分模型开发的思想和方法也具有较好的借鉴意义。

在应用方面，由于 0—1 计分的模型无法较好地处理多级评分数据。因此，在编制测验时，应用者会更倾向于使用 0—1 计分形式的项目。而 0—1 计分的项目所考查的知识层次相对较低，项目所提供的信息有限，因此难以较好地对学生的认知过程、知识结构进行准确和全面的诊断评估。此外，在实际中许多教育与心理测验往往是将 0—1 计分项目与多级评分项目结合在一起使用。若这时仍采用 0—1 计分的模型，必然会导致信息流失，产生较大误差。尽管认知诊断模型在抑郁症状评估中体现出了一定的应用价值与前景，但未来仍需进一步探讨它在实际中的应用。

本研究通过使用 Monte Carlo 与实证研究相结合的范式，探讨了 P-DINO 模型的性能及在抑郁症状评估中的应用。研究结果发现：（1）P-DINO 模型参数估计精度较好，参数估计的稳健性较强。（2）采用 MCMC 算法可以实现该模型的参数估计，参数估计的结果较理想。（3）测验长度的增加能有效提高模型的判准率，被试人数的增加对模式判准率的提高影响相对较小，属性个数的增加会降低判准率。

第三节　基于 AHM 的多级评分认知诊断模型的开发

一、引言

认知诊断的优势在于能够揭示每个被试的具体认知状况，有助于进一步有效地、有针对性地对个体进行补救（Cui，Leighton & Zheng，2006）。认知诊断模型有助于诊断被试对每个属性的掌握情况。规则空间模型是较早提出的一种认知诊断模型，它由塔苏卡及其同事开发并被应用于实际中（Tatsuoka，1983），国内一些学者也对 RSM 进行过研究和应用（戴海崎，张青华，2004；余嘉元，1995；曹亦薇，2001）。RSM 包括两大部分，第一部分是 Q 矩阵理论，第二部分是判别分类。Q 矩阵理论引入 Q 矩阵以表述属性和项目之间的关联，其元素非 0 即 1，它的第 i 行第 j 列元素 q_{ij} 若为 1，则表示项目 j 具有属性 i，反之则 q_{ij} 为 0。根据 Q 矩阵，给出被试在既不猜测也不失误时的理想项目反应模式，将不可观察的属性掌握模式转化为可观察的项目反应模式。判别分类是根据项目反应理论和多元分析中模式识别的原理构造一个规则空间，将被试的观察反应模式与理想反应模式都转化为规则空间中的点，理想反应模式所对应的规则空间中的点称为纯规则点，它是分类判别的类中心，通过比较观察反应模式所对应的规则空间中的点与纯规则点的马氏距离的大小（甚至用 Bayes 判别）来对观察反应模式进行判别，以达到认知诊断的目的。RSM 可以根据考卷来构造 Q 矩阵，即通过已有项目得出 Q 矩阵。莱顿等人（Leighton，et al.，2004）认为这样构造的 Q 矩阵可能没有反映所测属性之间真正的层级关系，这势必会影响诊断的精确性，因而莱顿等人在 RSM 的基础上提出了一种认知诊断模型——AHM。

　　AHM 中被试能力参数和项目参数的估计需使用项目反应模型。在 0—1 计分 AHM 中使用三参数 Logistic 模型，本节为了导出多级评分的 AHM，我们使用了塞姆吉玛（Samejima，1969）的等级反应模型（Grade Response Model，GRM）。然而对于多级评分 AHM，如何给出期望项目反应模式，如何给出判别方法是建立新模型的关键，本节第二部分讨论了这两个问题，第三部分提出了一种新的归类方法，第四部分用通常使用的 Monte Carlo 模拟方法考察了基于等级反应模型的 AHM 中的几种归类法，并进行了一些讨论。

二、多级评分的 AHM

　　如上所述，一个属性层级方法要求对应一个 IRT 模型和一个确定期望项目反应模式的方法，将期望项目反应模式看成是类的代表，然后依据被试项目反应模式和判别方法，将每个被试判归为相应的期望项目反应模式。因此要构造一个新的多级评分模型 AHM，除了选用 IRT 中的多级评分模型（本节选用了 GRM）外，还要给出确定期望项目反应模式的方法及判别方法。

（一）多级评分 AHM 期望项目反应模式全集的确定方法

　　为了说明全貌而不至于对细节进行过度纠缠，我们先对最简单的情形进行讨论，以图 6-5 所示的属性层级关系为例来介绍确定期望项目反应模式全集的方法。假设项目按属性评分，且每个属性赋值为 1，则满分为 f_j 的项目含 f_j 个属性，被试每正确反应一个

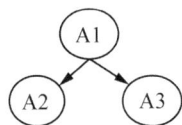

图 6-5　三个属性的层级关系

属性则累计 1 分。

图 6-5 所示的属性层级关系按如下步骤逐步推导出简化关联矩阵 Q_r 和权值矩阵 W，见表 6-8。由属性间的层级关系可推导出相应的表征属性间直接关系的 K 阶（K 是属性个数）邻接矩阵 A（任两个属性间有直接关系的用 1 表示，否则为 0）；然后通过布尔加法和乘法运算 $R=(A+I)^n$，得到 K 阶可达矩阵。R 表征属性间直接或间接关系，其中 n 是使 $(A+I)^n$ 达到稳定状态的值，即 $(A+I)^n$ 再乘 $A+I$ 其值不变，I 是与 A 同阶的单位阵。再构造 K 行 2^K-1 列的关联矩阵 Q，即 Q 中包含所有的属性组合（扣除不含任一属性的组合），把 Q 中不符合 R 中要求的列去掉，求出简化关联矩阵 Q_r。Q_r 转置后的行便对应了典型被试的知识状态，如 $\boldsymbol{\alpha}_1=(1,0,0)$，$\boldsymbol{\alpha}_2=(1,1,0)$，$\boldsymbol{\alpha}_3=(1,0,1)$，$\boldsymbol{\alpha}_4=(1,1,1)$，则 $\boldsymbol{\alpha}_i$ 与 Q_r 的乘积 $\boldsymbol{\alpha}_i \cdot Q_r$ 是属性掌握模式为 $\boldsymbol{\alpha}_i$ 的被试的期望项目反应模式，如 $\boldsymbol{\alpha}_3 \cdot Q_r=$

$$(1,0,1)\begin{bmatrix} 1 & 1 & 1 & 1 \\ 0 & 1 & 0 & 1 \\ 0 & 0 & 1 & 1 \end{bmatrix}=(1,1,2,2)。$$ 期望反应模式全集由式 6-17 中的 IRM 组成：

$$\text{IRM}=E \cdot Q_r。 \tag{6-17}$$

这里，E 是 Q_r 的转置且加上全 0 的知识状态（E 为所有可能的属性掌握模式的全集）。期望项目反应模式若要表示成 0—1 计分的期望项目反应模式，则对上述运算结果还要进行处理。因为 0—1 计分的 AHM 中，假设被试只有掌握了项目中的所有属性才得 1 分，否则为 0 分，所以上例中 $\boldsymbol{\alpha}_3 \cdot Q_r$ 给出的 $(1,1,2,2)$ 还不能作为最后的结果，比如第 2（第 4）个项目中含有 2 个（3 个）属性，但被试 $\boldsymbol{\alpha}_3$ 只掌握了其中 1 个（2 个）属性，故应判为 0 分。我们对式 6-17 进行如下修正，$\text{IRMU}=[\text{IRM} \cdot W]$，其中 W 是一个 n 阶对角阵（n 表示项目的个数），其第 j 个对角元为 $w_j=1/(\sum_k q_{kj})$，$j=1, \cdots, n$（q_{kj} 是 Q_r 中第 k 行第 j 列对应的元素），这表示 w_j 是第 j 个项目中所有属性个数的倒数；$[A]$ 是一个 m 行 n 列矩阵，其中第 i 行第 j 列元素为 $[a_{ij}]$，$[a_{ij}]$ 是不超过 a_{ij} 且与 a_{ij} 最接近的整数。表 6-8 中 Q_r 中含 4 个项目，故相应的 W 为 4×4 对角阵，又由于 Q_r 的各列之和分别为 1，2，2，3，故 $W=\text{diag}\left(1,\dfrac{1}{2},\dfrac{1}{2},\dfrac{1}{3}\right)$，这里 $\text{diag}(a_1,a_2,a_3,a_4)$ 表示对角元为 a_1,a_2,a_3,a_4 的对角阵。（表 6-8）

用上面介绍的方法求出多级评分 AHM 的期望项目反应模式全集，见表 6-9，0—1 计分 AHM 的期望项目反应模式全集见表 6-10，由表 6-10 可知，用该法求出的期望反应模式全集与用别的方法得到的结果是一致的，这可以通过分析对角阵 W 的加权作用来证明，限于篇幅在此就不赘述了。

表 6-8　由图 6-5 导出的简化关联矩阵和权值矩阵

属性	简化关联矩阵 Q_r				权值矩阵 W			
	I_1	I_2	I_3	I_4	I_1	I_2	I_3	I_4
A1	1	1	1	1	1	0	0	0
A2	0	1	0	1	0	1/2	0	0
A3	0	0	1	1	0	0	1/2	0
					0	0	0	1/3

注：$I_j(j=1,2,3,4)$表示第 j 个项目。

表 6-9　多级评分模型下属性掌握模式所对应的期望反应模式

	属性掌握模式 T				期望反应模式 IRM			
	A_1	A_2	A_3		I_1	I_2	I_3	I_4
T1	0	0	0	IRM1	0	0	0	0
T2	1	0	0	IRM2	1	1	1	1
T3	1	1	0	IRM3	1	2	1	2
T4	1	0	1	IRM4	1	1	2	2
T5	1	1	1	IRM5	1	2	2	3

注：$A_j(j=1,2,3)$表示第 j 个属性，$I_j(j=1,2,3,4)$表示第 j 个项目。

表 6-10　0—1 计分 AHM 的期望反应模式全集

期望反应模式	$IRM \cdot W$				0—1 计分模型的期望反应模式 IRMU=$[IRM \cdot W]$			
	I_1	I_2	I_3	I_4	I_1	I_2	I_3	I_4
IRMU1	0	0	0	0	0	0	0	0
IRMU2	1	1/2	1/2	1/3	1	0	0	0
IRMU3	1	1	1/2	2/3	1	1	0	0
IRMU4	1	1/2	1	2/3	1	0	1	0
IRMU5	1	1	1	1	1	1	1	1

注：$I_j(j=1,2,3,4)$表示第 j 个项目。

(二)AHM 中分类方法的推广

1.0—1 计分 AHM 的分类法

莱顿(Leighton，2004)在 0—1 计分 AHM 中提出了两种分类方法——方法 A和方法 B。在方法 A 中，观察反应模式与期望反应模式进行比较，计算发生猜测(期望得分为 0，实际得分为 1，记为 0—＞1 型)和失误(期望得分为 1，实际得分为 0，记为 1—＞0 型)的概率；而方法 B，只对那些没有逻辑包含在期望反应模式中的观察反应模式计算发生失误的概率。给定一个观察反应模式，分别将这个观察反应模式与每个期望反应模式相对比，并计算每一次对比之下所产生的失误和猜测的函数值，最后把观察反应模式归类到使函数值最大的期望反应模式中。计算公式如下。

方法 A：$\qquad P_{ijExpected}(\theta_j) = \prod_{k \in S_{i0}} P_{jk}(\theta_j) \prod_{m \in S_{i1}} Q_{jk}(\theta_j)$。 $\qquad$ (6-18)

方法 B：$\qquad P_{ijExpected}(\theta_j) = \prod_{m \in S_{i1}} Q_{jk}(\theta_j)$。 $\qquad$ (6-19)

这里 $P_{ijExpected}(\theta_j)$ 表示被试 i 的观察反应模式与第 j 个期望反应模式做对比，计算时采用的能力是第 j 个期望反应模式对应的能力 θ_j，而 $P_{jk}(\theta_j)$ 是在 IRT 中能力值为 θ_j 的被试在项目 k 上得 1 分的概率，$Q_{jk}(\theta_j) = 1 - P_{jk}(\theta_j)$。两个集合 s_{i0} 和 s_{i1} 表示：

$s_{i0} = \{$被试 i 发生 0—>1 型错误的所有项目的集合$\}$，

$s_{i1} = \{$被试 i 发生 1—>0 型错误的所有项目的集合$\}$。

2. GRM-AHM 模型的分类方法

对于多级评分而言，也是将被试 α（$\alpha = 1$，…，N）的观察得分向量 $\boldsymbol{X}_a$ 与期望得分向量 $\boldsymbol{V}_\beta$（$\beta = 1$，…，R）进行比较（N 是被试数，R 是期望反应模式数），我们仍可将 $\boldsymbol{X}_a$（$\boldsymbol{V}_\beta$）称为观察（期望）项目反应模式。设诊断测验由 n 个项目构成，则 $\boldsymbol{X}_a$ 与 $\boldsymbol{V}_\beta$ 均为 n 维向量，又设第 j 个项目满分为 f_j（$f_j \geqslant 1$，$j = 1$，2，…，n），则向量 $\boldsymbol{X}_a$ 和 $\boldsymbol{V}_\beta$ 的第 j 个分量的值可以是 0 到 f_j 之间的任何整数，然后根据分类准则把观察反应模式归类到某一期望反应模式中。若 $\boldsymbol{V}_\beta$ 的第 j 个项目得 t 分（记 $v_{\beta j} = t$），而 $\boldsymbol{X}_a$ 的第 j 题为 k 分（记 $x_{aj} = k$），如果 $k = t$，则说明在第 j 个项目上，被试反应与期望反应吻合，如果在各个项目上它们都吻合，则当然要判被试 α 的属性掌握模式为 $\boldsymbol{V}_\beta$ 所对应的属性掌握模式。若被试 α 在答题过程中发生了失误或猜测，这会使得在项目 j 上的期望得分和被试观察得分有差异，如果 $k > t$，则表示发生了猜测；如果 $k < t$，则表示出现了失误。

由于多级评分 AHM 是 0—1 计分 AHM 的推广，故多级评分 AHM 的归类方法应该是莱顿等人所给方法的推广，所以我们先分析莱顿等人的做法。对于 0—1 计分，莱顿等人用方法 A 和方法 B 做归类。对于方法 A，既要考虑猜测又要考虑失误，因猜测只有当 $v_{\beta j} = 0$，$x_{aj} = 1$ 时才发生，这时只计算 $\prod_{t = v_{\beta j}+1}^{x_{aj}} p_{\beta j t} = p_{\beta j 1}$，即计算当观察得分 x_{aj} 比期望得分 $v_{\beta j}$ 更高时所对应的那些等级的得分概率的乘积，于是对多级评分情形要计算 $p_{\beta j, v_{\beta j}+1}$，…，$p_{\beta j, x_{aj}}$。而计算失误时，考虑到失误只有在 $v_{\beta j} = 1$，$x_{aj} = 0$ 时发生，此时莱顿等人只考虑答错概率，也可以概括成只计算

$\prod\limits_{t=x_{aj}}^{v_{\beta j}-1} p_{\beta jt} = p_{\beta j0}$，所以在多级评分模型中计算失误时，我们也就计算 $p_{\beta j,x_{aj}}$，…，$p_{\beta j,v_{\beta j}-1}$，其中 $p_{\beta jt}$ 是期望反应模式 $\mathbf{V}_\beta$ 对应能力水平的被试在第 j 题上得 t 分的概率。假设 p_{ajt} 是被试 $\boldsymbol{\alpha}$ 在第 j 题上得 t 分的概率，则多级评分模型的方法 A 和方法 B 的分类判别函数如下。

方法 A：既考虑猜测也考虑失误。

(1)对于第 j 题，将被试 $\boldsymbol{\alpha}$ 的得分和期望反应模式 $\boldsymbol{\beta}$ 的相应得分相比较，如果观察得分大于期望得分，即产生猜测。此时 $x_{aj} > v_{\beta j}$，其发生概率为 $\prod\limits_{t=v_{\beta j}+1}^{x_{aj}} p_{\beta jt}$。例如，对于第 j 题，考生的观察得分是 4 分，期望得分是 2 分，那么发生这种情况的概率为具有第 β 个期望模式对应能力的被试在第 j 题得 3 分和得 4 分的概率之积，即 $p_{\beta j3} \times p_{\beta j4}$。

(2)若实际得分小于期望得分，即产生失误。此时 $x_{aj} < v_{\beta j}$，发生概率为 $\prod\limits_{t=x_{aj}}^{v_{\beta j}-1} p_{\beta jt}$。例如，对于第 j 题，考生的观察得分是 2 分，期望得分是 4 分，那么发生这种情况的概率为具有第 β 个期望模式对应能力的被试在第 j 题得 2 分和得 3 分的概率之积，即 $p_{\beta j2} \times p_{\beta j3}$。所以多级评分模型 AHM 的分类方法 A 的归类函数为

$$P_{\alpha\beta Expected}(\theta_\beta) = \prod\limits_{x_{aj} > v_{\beta j}} \Big(\prod\limits_{t=v_{\beta j}+1}^{x_{aj}} p_{\beta jt}(\theta_\beta) \Big) \prod\limits_{x_{aj} < v_{\beta j}} \Big(\prod\limits_{t=x_{aj}}^{v_{\beta j}-1} p_{\beta jt}(\theta_\beta) \Big) 。 \tag{6-20}$$

然后把观察反应模式划归为使得归类函数值最大的期望反应模式中，该期望反应模式对应的典型被试知识状态即为观察反应模式对应的知识状态。

方法 B：只考虑失误，计算方法同方法 A 失误的情况，但也只考虑那些没有逻辑包含在期望反应模式中的那些观察反应模式。

三、新的归类法——对数似然比

似然比检验是一种统计检验方法，将两个似然函数值的比用作检验统计量。受似然比检验的启发，我们将观察反应模式与期望反应模式的似然进行对比，对比的方式是考虑它们的商。若观察反应模式与期望反应模式的似然都是一样的，则当然应该判该观察反应模式为与之匹配的期望反应模式，进而确定观察反应模式的知识状态，即进行诊断。由于反应模式对应的知识状态是各项目上反应构成的向量，根据项目反应理论，给定能力水平下，各项目反应是相互独立的(局部独立性)，于是相应的比值可以等于各个项目反应的似然的乘积，而对数似然函数的计算更方便，所以计算公式改为

$$LL(\boldsymbol{X}_\alpha, \boldsymbol{V}_\beta) = \sum_{j=1}^{m} \left| \log\left(\prod_{t=0}^{f_j} P_{ajt}^{x_{ajt}}\right) - \log\left(\prod_{t=0}^{f_j} p_{\beta jt}^{v_{\beta jt}}\right) \right| 。 \tag{6-21}$$

这里，x_{ajt} 和 $v_{\beta jt}$ 的值非 0 即 1，若被试 $\boldsymbol{\alpha}$ 在第 j 个项目上的得分为 m，记 $X_{aj} = m$，则 $x_{ajm} = 1$，而 $t \neq m$ 时，$x_{ajt} = 0 (0 \leqslant t \leqslant f_j)$；若期望反应模式 $\boldsymbol{V}_\beta$ 的第 j 分量为 m，即 $V_{\beta j} = m$，则 $v_{\beta jm} = 1$，而 $t \neq m$ 时，$v_{\beta jt} = 0 (0 \leqslant t \leqslant f_j)$。将使 $LL(\boldsymbol{X}_\alpha, \boldsymbol{V}_\beta)$ 值达到最小的期望反应模式 $\boldsymbol{V}_\beta$ 对应的属性掌握模式判为被试 $\boldsymbol{\alpha}$ 的属性掌握模式。显然若反应模式 $\boldsymbol{X}_\alpha = \boldsymbol{V}_\beta$，则 $LL(\boldsymbol{X}_\alpha, \boldsymbol{V}_\beta) = 0$，此时当然应判被试 $\boldsymbol{\alpha}$ 的属性掌握模式为期望反应模式 $\boldsymbol{V}_\beta$ 对应的属性掌握模式。式 6-21 之所以要加绝对值，是为了避免各项目在似然计算过程中所产生的补偿效应的出现。

值得一提的是，原则上我们所提供的 AHM 归类方法 A、方法 B 以及 LL 方法对任一多级评分模型都适用，但接下来的"四、实验研究"中所使用的只是塞姆吉玛的 GRM。

四、实验研究

（一）研究方法

为了比较 GRM-AHM 的分类方法，包括 AHM 的方法 A、方法 B 和本节提出的新方法——LL 方法的分类效果，我们进行蒙特卡罗（Monte Carlo）模拟实验。

1. 实验设计

本节采用莱顿等人的 4 种属性层级结构（如第一章图 1-1），在 4 种被试作答失误概率（分别为 2％、5％、10％和 15％）下考虑这 4 种属性层级结构的诊断结果，即用 4×4 交叉设计，共 16 个实验，每个实验都重复进行 30 次以减少误差，每次实验都对三种分类方法进行比较，以考察失误概率及分类方法对判准率的影响。

2. 计算期望反应模式

根据图 1-1（见第一章）所示的 4 种属性层级结构依次求出邻接矩阵、可达矩阵、关联矩阵、简化关联矩阵和期望属性掌握模式，可计算得到分支型的期望模式的项目个数是 25，收敛型的是 8 个，线型的是 7 个，无结构型的是 64 个。4 种属性层级结构的期望反应模式的个数见表 6-11。然后用本节提出的方法求出期望属性掌握模式对应的多级评分的期望项目反应模式。

3. 模拟观察反应模式

采用 Monte Carlo 方法模拟被试观察反应模式，具体做法是在期望反应模式的分量上加上随机误差，造成错误应答反应（包含作答失误和猜测作答行为）后将所得到的反应向量作为被试观察反应模式。

把期望反应模式按得分从小到大排序，然后使具有这些得分的被试的人数满足标准正态分布，产生 5 000 个被试（5 000 个观察反应模式）进行分配，若出现得分相同的期望反应模式，则按照平均分配的原则将被试平均分配在各反应模式之下。为了产生发生了错误应答反应的观察反应模式，我们按如下的方法模拟，比如要模拟每个模式的每个项目的得分有 5% 的概率发生错误应答反应的情况，本实验将产生一个在 0~1 的范围内（不含 0 和 1 本身）并服从均匀分布 $U(0,1)$ 的随机数 r，如果 $r > 0.925$ 且该项目得分不是满分，则该项目得分增加 1 分，如果 $r < 0.025$ 且该项目得分不是 0 分，则该项目得分减 1 分，否则该项目得分不变，这样就模拟产生了一个有 5% 失误概率的观察项目反应模式。用相同的方法模拟产生有 2%、10% 和 15% 失误概率的观察反应模式。

4. 分类

用 ANOTE 1.60(Qi，Dai & Ding) 来估计能力参数和项目参数，然后分别用多级评分 AHM 的方法 A、方法 B 和 LL 方法把观察反应模式归类到期望反应模式中。

5. 评价指标

将发生作答失误前的属性模式作为真值，然后计算属性模式归类的正确率，从而来比较方法的好坏。比如，诊断测验共有 K 个属性（本实验 $K = 7$）且有 N 个被试参加测验，发生作答失误前被试 α 的属性掌握模式为 y_α（y_α 为 K 维向量），而归类结果为 z_α（z_α 为 K 维向量），如果 $y_\alpha = z_\alpha$，令 $h_\alpha = 1$，否则 $h_\alpha = 0$，则属性模式判准率为 $\sum_{\alpha=1}^{N} h_\alpha / N$，记为 pattern ratio(PR)。注意，还有一种评价指标是边际属性诊断判准率（也称为单个属性判准率），对 K 个属性中第 t 个属性，考查 N 个被试中对第 t 个属性的判准率，比如被试 α 掌握（未掌握）第 t 个属性，今诊断其掌握（未掌握）该属性，则称为对第 t 个属性判准了一次，记为 $g_{\alpha t} = 1$，否则 $g_{\alpha t} = 0$。$\sum_{\alpha=1}^{N} g_{\alpha t} / N$ 即为第 t 个属性诊断归准率 [Marginal ration(t)]，记为 $MR(t)$，也称为边际判准率。K 个属性的平均判准率记为 $MR = \sum_{t=1}^{K} MR(t) / K$，简称为属性平均判准率。

(二)结果分析

本节后附图显示了多级评分 AHM 的 LL 方法、方法 A 和方法 B 对于图 1-1（见第一章）所示的 4 种属性层级结构在 4 种失误概率（分别为 2%、5%、10% 和 15%）下的归类结果，由这些图表可以看出，在各属性层级结构中，LL 方法和方法 A 的归类结果是最好的；方法 B 的分类效果最差。随着失误概率的增大，各方法的模式归准率和边际判准率都相应地降低。

表 6-11 详细列出了各分类法在各种失误概率下的归准率，其中的归准率都是 30 次重复实验所得数据的平均值。由表 6-11 可以看出：在相似条件下，GRM-

AHM 相对于崔颖等人(Cui et al.，2006)报告的0—1计分 AHM 在归准率上有了很大的提高，如 A 方法，对于分支型层级结构，发生 5% 的失误概率的0—1计分 AHM 的归准率是 53.68%，而本节发生 15% 的失误概率的 GRM-AHM 的归准率已达到 80.54%；收敛型发生 5% 的失误概率的0—1计分 AHM 的归准率是 75.99%，而发生 15% 的失误概率的 GRM-AHM 的归准率已达到 83.33%；对于线型，发生 5% 的失误概率的0—1计分 AHM 的归准率是 65.53%，而发生 15% 的失误概率的 GRM-AHM 的归准率已达到 83.61%；无结构型发生 5% 的失误概率的0—1计分 AHM 的归准率是 32.58%，而发生 15% 的失误概率的 GRM-AHM 的归准率已达到 97.28%。

不论对什么属性层级结构，方法 B 均不如方法 A 和 LL 方法，且 LL 方法的单个属性归准率都在 90% 以上。对于无结构型和分支型，各方法的两种判准率都高于发生相同失误概率时线型和收敛型的，这可能是因为无结构型和分支型的期望项目反应模式个数比线型和收敛型的多，或者说无结构型和分支型的期望项目个数比线型和收敛型的多。随着失误概率值的升高，无结构型和分支型的两种归准率都下降得更缓慢。

另外新模型比博尔特(Bolt，2004)的多级 FM 简单得多，众所周知 FM 的参数个数比较多，参数估计方法比较复杂，可我们给出的新的多级评分诊断模型不存在这样的问题，特别要指出的是 FM 的诊断准确率也比新模型的诊断准确率要低，FM 在 5 000 个被试、4 个属性的认知诊断测验中，结构良好的最高的边际判准率才为 0.949。

表 6-11　归类结果

层级结构 [试题个数]	分类方法	分析的水平	失误概率			
			2%	5%	10%	15%
分支型(Divergent) [25 题]	A	PR	0.973	0.939	0.872	0.805
		MR	0.994	0.987	0.971	0.957
	B	PR	0.653	0.346	0.131	0.058
		MR	0.832	0.682	0.582	0.544
	LL	PR	0.982	0.954	0.897	0.848
		MR	0.996	0.989	0.974	0.959
收敛型 (Convergent) [8 题]	A	PR	0.928	0.903	0.852	0.833
		MR	0.985	0.980	0.973	0.972
	B	PR	0.889	0.747	0.562	0.411
		MR	0.949	0.883	0.798	0.723
	LL	PR	0.975	0.943	0.876	0.830
		MR	0.993	0.986	0.965	0.957

续表

层级结构 ［试题个数］	分类方法	分析的水平	失误概率			
			2%	5%	10%	15%
线型 （Linear） ［7题］	A	PR	0.953	0.914	0.897	0.836
		MR	0.993	0.987	0.984	0.974
	B	PR	0.904	0.777	0.600	0.445
		MR	0.955	0.896	0.813	0.733
	LL	PR	0.978	0.942	0.898	0.850
		MR	0.994	0.985	0.974	0.959
无结构型 （Unstructed） ［64题］	A	PR	0.983	0.952	0.902	0.879
		MR	0.996	0.988	0.977	0.973
	B	PR	0.341	0.098	0.043	0.035
		MR	0.690	0.585	0.568	0.563
	LL	PR	0.998	0.996	0.985	0.971
		MR	0.999	0.999	0.996	0.991

注：①A 为 AHM 中的方法 A，B 为 AHM 中的方法 B，LL 方法是本节提出的对数似然法。
②PR 指属性模式判准率，MR 指边际判准率。

表 6-12 列出了不同属性层级结构、不同分类法与不同失误概率对归准率的影响的方差分析情况。其中因子 A 指属性层级结构，有 4 个水平，分别为分支型、收敛型、线型和无结构型；因子 B 指分类法，有 3 个水平，为方法 A、方法 B 和 LL 方法；因子 C 指失误概率，有 4 个水平，为 15%、10%、5% 和 2%。用于进行方差分析的数据是前 20 次的重复实验所得的数据。本节所采用的假设检验水平为 $\alpha = 0.01$，并且归准率(包括属性模式归准率和属性平均判准率)服从正态分布时，判断归准率不会因属性层级结构、分类法与失误概率的不同而有显著差异。

由表 6-12 可得，F_A，$F_C > F_{0.01}(3, 912) \approx 3.7$，所以因子 A 和因子 C 都显著；因为 $F_B > F_{0.01}(2, 912) \approx 4.6$，所以因子 B 显著；因为 F_{AB}，$F_{BC} > F_{0.01}(6, 912) \approx 2.8$，所以交互效应 AB 和交互效应 BC 都显著；因为 $F_{AC} > F_{0.01}(9, 912) \approx 2.4$，所以交互效应 AC 显著；因为 $F_{ABC} > F_{0.01}(18, 912) \approx 1.9$，因此交互效应 ABC 显著。以上结论不论是对于属性模式归准率而言，还是对于属性平均判准率而言，实验结果都成立。

表 6-12　不同属性层级结构、不同分类法与不同失误概率对归准率的影响的方差分析

来源	属性模式归准率				属性平均判准率			
	平方和	df	均方和	F 值	平方和	df	均方和	F 值
因子 A	4.20	3	1.40	304.00	1.13	3	0.38	304.00
因子 B	48.59	2	24.30	5269.58	12.73	2	6.36	5143.86
因子 C	7.12	3	2.37	514.89	1.08	3	0.36	291.12
交互效应 AB	13.88	6	0.70	152.00	2.68	6	0.19	152.00
交互效应 AC	0.57	9	0.06	13.72	0.11	9	0.01	10.25
交互效应 BC	3.74	6	0.62	135.23	1.10	6	0.18	148.08
交互效应 ABC	0.50	18	0.03	6.04	0.15	18	0.01	6.77
误差	1.26	912	0.00		0.10	912	0.00	
总和	79.87	959			19.08	959		

注：因子 A 指属性层级结构，因子 B 指分类法，因子 C 指失误概率。

五、讨论

本节把 0—1 计分 AHM 扩展成基于等级反应模型的 AHM，同时提出了一种新的分类方法——对数似然比(LL)方法，并用 Monte Carlo 模拟实验将 LL 方法与 AHM 中的两种分类方法进行比较，用属性模式归准率和属性平均判准率作为判别分类方法好坏的指标。

由于观察反应模式是通过随机修改期望反应模式得到的，这有可能把当前修改的期望反应模式改为了另外一种期望反应模式，对于判别方法来说，它并未误判，所以这样会降低归准率。

本节只采用了基于等级反应模型的 AHM 模型进行研究，而基于多级评分的拓广分部评分模型(Generalized partial credit model，GPCM)是否更适合 AHM 的精确诊断呢？扩展到 GPCM 是以后要考虑的内容。除此之外，本节只是假设每个属性的值都是 1，即属性权重都是一样的，这种假设可能过于简单，以后我们还要考虑属性权重不同的情况。

用 AHM 进行认知诊断的第一步是确定属性以及属性间的层级关系，正确识别属性才能保证正确诊断。事实上，识别属性问题是认知诊断模型的重点问题，也是难点问题，如何确定、验证认知属性并使之可操作化，以及把多级评分 AHM 应用于实际测验是下一步急需解决的问题。

附图

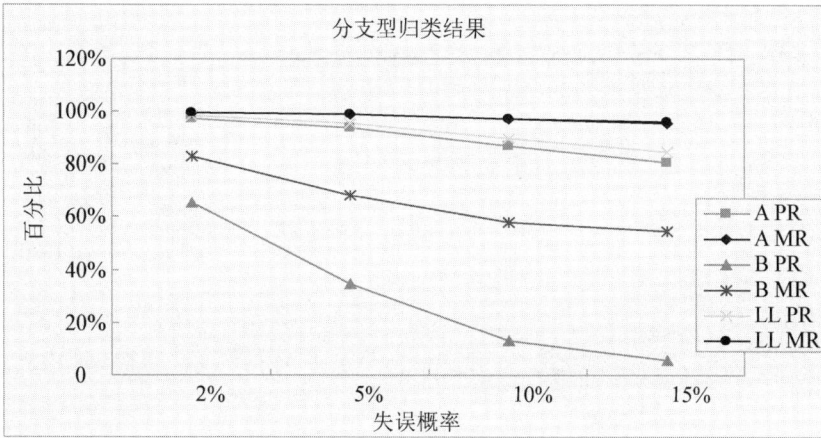

分支型归类结果

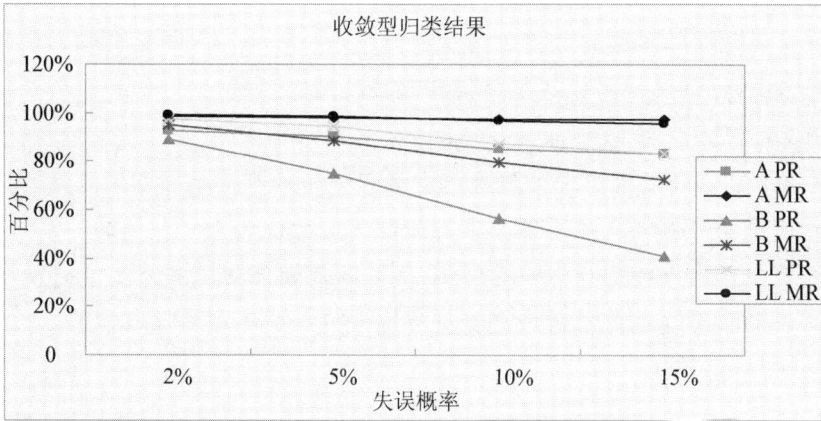

收敛型归类结果

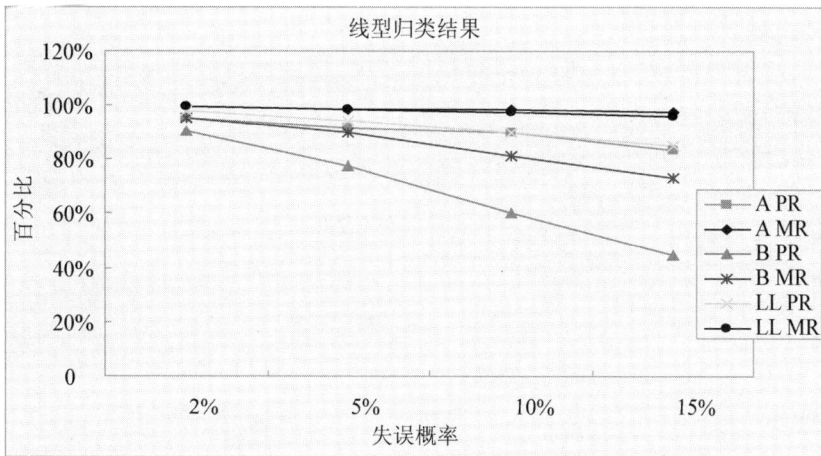

线型归类结果

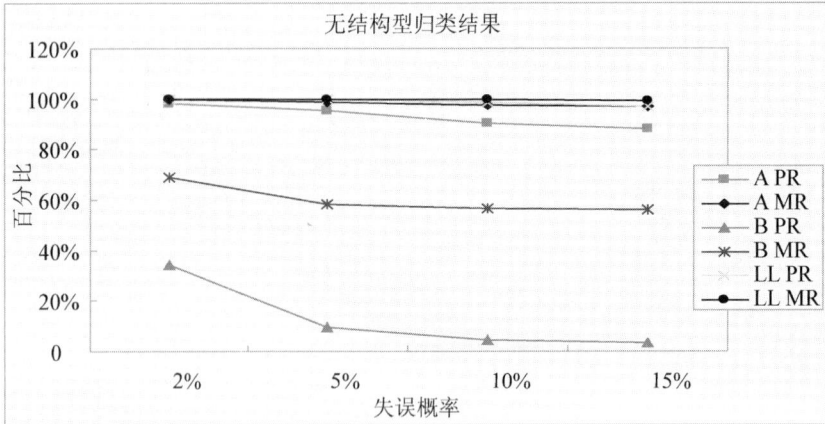

思考题:

1. 累计类别反应函数如何应用到 rP-DINA 和 P-DINO 模型的拓展中?

2. rP-DINA 模型和 P-DINA 模型有哪些异同?

3. 可通过哪些方法判别新模型的优劣? 评价指标有哪些?

4. 在 GRM-AHM 模型中如何得出多级评分下的期望反应模式?

5. 方法 A 在 GRM-AHM 模型中是如何实现对被试进行归类的?

6. 对数似然比检验是什么? 它与 A 方法和 B 方法相比有什么不同?

7. 基于 DINA 模型和 AHM 模型开发新模型的思路有哪些不同?

第七章　群体水平的认知诊断方法与实践

　　基于群体水平的认知诊断是为了了解特定群体的知识状态水平而避开对个体进行单独诊断，并可直接获得群体认知水平信息的方法。本章首先介绍了基于群体作答的抽样设计和以往有关群体水平项目反应理论的研究，并基于此开发了结合RSM和AHM的群体水平认知诊断模型。该模型提出了群体认知状态、群体掌握模式、群体水平的理想反应模式等新概念。重点研究了新模型在理论指标检验和实证研究下的效果，从而对模型的合理性进行了验证，得出了相关的实际应用范例。最后通过和传统方法进行比较，探讨了新方法的参数估计结果的准确率，以及它在施测过程中存在的优势和它的实用价值。

群体评估一直是国内外研究者及实践工作者所关注的问题。传统上群体评估主要有群体状态水平评估、群体能力水平评估、群体成就评估等。最近几年研究者们又给群体评估添加了一个新的内容，即群体水平认知诊断评估（Birenbaum，Tatsuoka & Yamada，2004；Tatsuoka，James & Tatsuoka，2004；Eunkyoung，Dogan & Secongah et al.，2003；蔡艳，2009）。

传统的群体认知诊断评估主要是在个体诊断的基础上，计算群体内所有个体属性掌握的平均比例，并将其作为群体诊断结果。本书第三章所提到的认知诊断模型均是个体水平的认知诊断模型。这种诊断方法的优点在于可以同时提供个体及群体的诊断信息，缺点在于它必须对群体内的所有个体都进行诊断，投入的人财物相对要大。

本章主要介绍一种新的群体水平认知诊断模型——相似度群体水平认知诊断模型（Similarity group-level cognitive diagnosis model，SGCDM），该模型可以避开对个体的诊断，直接实现对群体的诊断评估。

第一节　矩阵抽样设计与群体水平项目反应理论

一、矩阵抽样设计

矩阵抽样设计（matrix sampling design）最早由洛德提出，经过数十年的发展，主要有两大类型：完全矩阵抽样和非完全矩阵抽样。

（一）完全矩阵抽样简介

1. 完全矩阵抽样

完全矩阵抽样设计，即洛德提出的矩阵抽样设计，是指将施测目标中的项目随机指派给群体内的个体，且每个个体只随机接受一个（或少量）项目进行作答。完全随机的指派方式在实际操作中存在一定的难度，因此人们在其基础上提出了改进的螺旋式矩阵抽样。

2. 螺旋式矩阵抽样

螺旋式矩阵抽样首先对测试项目和被试进行随机编号，然后将第一个编好号的项目随机指派给一名被试，随后的项目按编号顺序依次分发给随后的被试；当第一轮项目分发结束后，再重新从第一个项目开始分发，如此螺旋循环往复，直至所有被试均分发了某一项目为止。具体操作可参阅表7-1。

表 7-1 螺旋式矩阵抽样方法

项目号	被试号	被试号	⋯	被试号
1	1	21	⋯	181
2	2	22	⋯	182
3	3	23	⋯	183
4	4	24	⋯	184
5	5	25	⋯	185
6	6	26	⋯	186
7	7	27	⋯	187
8	8	28	⋯	188
9	9	29	⋯	189
10	10	30	⋯	190
11	11	31	⋯	191
12	12	32	⋯	192
13	13	33	⋯	193
14	14	34	⋯	194
15	15	35	⋯	195
16	16	36	⋯	196
17	17	37	⋯	197
18	18	38	⋯	198
19	19	39	⋯	199
20	20	40	⋯	200

表 7-1 的例子中，测验项目为 20 个，被试为 200 人，表中的编号（项目和被试）均为随机编号，1～20 号被试分别对应按照顺序进行排列的 1～20 题中的一题，21～40 被试又分别对应按顺序排列的 1～20 题中的一题，以此螺旋循环。

3. 多重矩阵抽样

当有多个测验目标时，可以使每个测验目标中的项目构成一个子试题集，群体内的每个个体只随机作答每个子试题集中的一个（或少量）项目，这种抽样方式称为多重矩阵抽样（multiple-matrix sampling，MMS）。该抽样方式类似于 Duplex 设计，它既保证了每个被试测试内容的平衡性，又缩短了被试的测试时间，扩大了测试范围。

（二）不完全矩阵抽样简介

在完全矩阵抽样设计中，由于每个被试的测试项目不尽相同，从而导致被试间的测试结果不具有"可比性"。矩阵抽样的一种变式，即不完全矩阵抽样（或部分矩阵抽样），可以帮助人们解决学生个体间的结果比较问题。其具体做法如下：首先，对于每个测试目标下的项目，选用一部分项目作为公共测试项目，对所有被试进行施测；其次，将剩余项目按完全矩阵抽样方法指派给被试作答。这种方法的优点是：当公共测试项目足够多时，可以实现对个体间的比较分析。但当公共测试项目太多时，就会导致被试所测项目过多，从而失去了矩阵抽样所带来的优势。因此实际操作时，应用者应根据实际情况选择合理的公共测试项目数。

二、群体水平项目反应理论

博克和米斯利维（Bock ＆ Mislevy，1981；Mislevy，1983）将项目反应理论和矩阵抽样设计相结合，提出了基于项目反应理论的群体水平评估的新模型——群体水平项目反应理论（group-level item response theory，GIRT）。群体水平项目反应理论将一个群体或团体作为一个评估单元，采用矩阵抽样的方式，群体内的个体只需随机回答测验中的一个（或少许）项目。最后根据群体在每个项目上的作答人数和正确作答人数，利用群体在该项目上的通过率估计被试群体的能力，该能力值代表群体中个体的平均能力（简称群体能力）。

（一）群体水平项目反应理论模型简介

下式运用了较为广泛的两参数 GIRT 模型（two parameters group-level logistic model，2GPLM）（Bock ＆ Mislevy，1988；Bock ＆ Zimowski，1989；Mislevy ＆ Bock，1989）。

$$P_{hj} = P(u_{hij}=1 \mid \theta_h, a^*, b^*) = \{1+\exp[-Da_j^*(\theta_h-b_j^*)]\}^{-1}, \quad (7\text{-}1)$$

P_{hj} 表示从平均能力为 θ_h 的群体 h 中随机抽取一个被试 i 答对项目 j 的概率，a_j^*，b_j^* 为项目 j 在群体 IRT 中的区分度参数和难度参数，$D=1.7$。米斯利维和博克（Mislevy ＆ Bock，1989）证实了该模型下的项目参数 a^*，b^* 与对应的 2PLM 中的项目参数 a，b 有下述关系：

$$a^* = \frac{a\zeta}{\sqrt{1+(1-\zeta^2)a^2}}, \quad (7\text{-}2)$$

$$b^* = \frac{b}{\zeta}。 \quad (7\text{-}3)$$

其中 ζ^2 称为组间差异或组间方差。上述式子表明 b^* 与 b 存在线性关系，a^* 与 a 存在非线性关系。

假设被试作答独立，则在群体 h 中 N_{hj} 个作答项目 j 的被试中有 r_{hj} 个被试答对的概率为二项分布

$$P(N_{hj}, r_{hj}) = \frac{N_{hj}!}{r_{hj}!(N_{hj}-r_{hj})!}P_{hj}^{r_{hj}}(1-P_{hj})^{N_{hj}-r_{hj}}, \quad (7\text{-}4)$$

当 $N_{hj}=1$，$r_{hj}=u_{hij}$ 时，上式为 IRT 的概率模型。

GIRT 从提出到现在，已经经历了一定的发展，该理论下的模型有 0—1 计分单参数群体水平项目反应模型（1GPLM）、二参数群体水平项目反应模型（2GPLM）、三参数群体水平项目反应模型（3GPLM）及多级/分步评分模型，而这些模型都有一个共同的一般形式（Bock & Zimowski，1989），如下：

假设 $i(1, 2, \cdots, n)$ 代表项目，$h(1, 2, \cdots, m_i)$ 代表项目 i 的类别，m_i 为项目 i 的总类别数，$k(1, 2, \cdots, g)$ 代表群体，j 代表被试 $(1, 2, \cdots, N_k)$，N_k 为群体 k 中的被试数。记群体 k 中被试 j 对项目 i 的作答得分为 u_{kji}，则被试对所有项目的作答反应模式为 $\boldsymbol{U}_{kj}=(u_{kj1}, u_{kj2}, \cdots, u_{kjn})$。设群体 k 中被试 j 在项目 i 上得分为第 h 类的概率为 $P_{kjih}=P(u_{kji}=h \mid \theta_{kj}, \xi_i)$，其中 θ_{kj}，ξ_i 分别代表群体 k 中被试 j 的能力和项目 i 的项目参数。由局部独立假设可知，群体 k 中被试 j 作答反应模式为 $\boldsymbol{U}_{kj}$ 的似然概率为

$$P_{kj}=P(\boldsymbol{U}_{kj} \mid \theta_{kj}, \boldsymbol{\xi})=\prod_{i=1}^{n} P_{kji}, \tag{7-5}$$

其中 $\boldsymbol{\xi}$ 为所有项目的项目参数向量。

设群体 k 中被试 j 的密度函数为 $g_k(\theta_j \mid \eta_k)$，其中 η_k 为分布的参数，则边际概率

$$\overline{P_k(\boldsymbol{U}_{kj})}=\int_{-\infty}^{+\infty} P_{kj} g_k(\theta_j \mid \eta_k)\mathrm{d}\theta_j, \tag{7-6}$$

为群体 k 中作答模式为 $\boldsymbol{U}_{kj}$ 的所有被试的平均作答概率，简记为 $\overline{P_{kj}}$。设 r_{kj} 表示群体 k 中出现作答模式 $\boldsymbol{U}_{kj}$ 的次数，$s_k \leqslant \min(N_k, S)$，$S=\prod_{i=1}^{n} m_i$ 为满足 $r_{kj}>0$ 的模式数，则边际似然概率为

$$L_M=\prod_{k=1}^{g} \frac{N_k!}{\prod\limits_{j=1}^{s_k} r_{kj}!} \prod_{j=1}^{s_k} \overline{P_{kj}}^{r_{kj}}, \tag{7-7}$$

该概率实际上服从多项分布。则边际似然概率关于项目 i 的项目参数 ξ_i 和被试密度函数参数 η_k 的一阶导数分别为

$$\frac{\partial \log L_M}{\partial \boldsymbol{\xi}_i}=\sum_{k=1}^{g} \sum_{j=1}^{N_k} \frac{r_{kj}}{P_{kj}} \int_{-\infty}^{+\infty} \left[\frac{u_{kjih}}{P_{kjih}} \frac{\partial P_{kjih}}{\partial \boldsymbol{\xi}_i}\right] P_{kj} g_k(\theta_j)\mathrm{d}\theta_j, \tag{7-8}$$

$$\frac{\partial \log L_M}{\partial \eta_k}=\sum_{j=1}^{N_k} \frac{r_{kj}}{P_{kj}} \int_{-\infty}^{+\infty} P_{kj} \frac{\partial g_k(\theta_j)}{\partial \eta_k}d\theta_j。 \tag{7-9}$$

当密度函数 $g_k(\theta_j \mid \eta_k)$ 为一元正态分布函数时，$\boldsymbol{\mu}_k$ 为平均数 μ_k 和标准差 σ_k 构成的向量，平均数 μ_k 即为群体 k 的平均能力。当 $P_{kjih}=P(u_{kji}=h \mid \theta_{kj}, \xi_i)$ 分别为 IRT 框架下的 1PLM、2PLM、3PLM 及多级评分或分步评分模型时，则上面各式

就变为相应的 GIRT 框架下的 1GPLM、2GPLM、3GPLM 及多级/分步评分模型。模型中未知参数的估计方法同 IRT 的参数估计方法（Back，2004）。

值得注意的是，由于 GIRT 是在 IRT 的基础上发展起来的，因此 GIRT 模型除了必须满足传统 IRT 下总体的能力分布服从标准正态分布、个体作答反应局部独立和单维性假设外，还必须满足群体水平能力的三个分布假设：（1）个体能力在群体内服从正态分布（称为个体水平正态分布）；（2）每个群体内个体能力的方差是相同的，即方差齐性；（3）群体能力服从正态分布（称为群体水平正态分布）。

（二）群体水平项目反应理论的相关研究与应用

博克和米斯利维（Bock & Mislevy，1981；Mislevy，1983）在 IRT 理论的基础上提出了 GIRT 理论，探讨了 GIRT 模型的参数估计问题，并在心理学、教育学、人口统计学和地理政治学中讨论了其应用问题。随后，有学者（Bock & Mislevy，1988；Bock & Zimowski，1989；Mislevy & Bock，1989）将该 GIRT 模型与 Duplex 设计相结合，将所收集的数据用 2GPLM 进行分析，并在 BILOG 3 程序中实现了该模型的参数估计。

有学者（Tate & King，1994；Tate，1995，2000）利用计算机模拟研究，探讨了 2GPLM 模型下群体能力估计精度的影响因素，发现：群体样本大小（群体中的个体数）和群体组间方差是两个重要的影响因素。同时，在 GIRT 框架下，当采用多重矩阵抽样设计时，项目数的变化并不会影响群体能力的估计精度，且群体能力的大小和项目的质量（项目参数的好坏）对群体水平估计精度的影响较弱。另外，量表和项目都固定时，估计偏差是关于群体能力和群体样本大小的函数，当群体能力离总体均值越远或者群体中的个体数越少时，偏差越大。因此，对于具有相同能力的群体，小样本群体的估计值会比大样本群体的估计值更靠近于总体均值，这种不同程度的偏差以对能力低而样本小的群体和对能力高而样本大的群体有利的形式出现，导致基于群体真实能力的排序产生系统扭曲。文章还探讨了 2GPLM 模型的稳健性，研究发现：在群体样本量固定为 1 000 时，该模型在违背群体水平正态分布这一假设时，模型的稳健性稍差；而在违背其他模型假设条件时，模型均具有较强的稳健性。而且，当组间差异、学校能力、学校样本大小、项目数和项目质量 5 个变量改变时，该模型也具有较强的稳健性。

蔡艳、丁树良和涂冬波（2011b）同样利用计算机模拟，探讨了当群体样本量固定为 400 时，2GPLM 模型的稳健性，研究发现：该模型的参数估计具有较强的稳健性和较好的估计精度，且与 IRT 框架下对应模型的估计精度相比，两模型对群体能力的估计精度相近。

泰特和海多恩（Tate & Heidorn，1998）抽取了 1994 年 1 440 所学校中 200 所学校的写作数据，利用 PARSCALE 程序实现了多级评分模型的参数估计，文章通过群体水平广义分步评分模型（group-level generalized partial credit IRT model）的估计结果与传统方法的分析结果的比较，证实了群体水平广义分步评分模型是评估群体的另一方法。随后，他们（Tate & Heidorn，1999）在上述基础上，又增加了 1995 年同一批学校的写作数据，共有 188 所学校的有效数据，文章利用群体水平广义分步评分模型评价了 188 所学校逐年（year-to-year）写作平均水平的变化。结果显示：在经过等值处理后，在学校能力估计误差许可的范围之内，GIRT 多级评分模型是能够实现某年内或年与年之间学校能力间的比较的。

GIRT 模型除了被用于教育评估领域，有学者（Reise，Meijier，Ainsworth，Morales & Hays，2006）还将 GIRT 模型用于医疗评估。他们采用消费者医疗保健评估和系统（Consumer Assessment of Healthcare and Systems，CAHPS）量表调查了 131 个公共医疗补助健康计划。研究中将每个补助健康计划的消费者视为一个群体，采用三参数 GIRT 模型探查了 CAHPS 项目的心理测量学特征，并提供了公共医疗补助健康计划本身和其服务机构的评估结果。

（三）群体水平项目反应理论的优缺点

群体水平项目反应理论由于建立在项目反应理论和矩阵抽样设计的基础上，与其他理论相比，具有许多优势：

第一，基于该理论的模型可以直接估计群体能力，避免由于多次分析造成不必要的误差。

第二，该理论采用的是矩阵抽样设计，不要求群体内的个体作答测量工具内的所有项目，因此该理论下的模型既适用于分析有缺失的测试数据，也适用于分析数据收集齐全的测试数据。

第三，采用矩阵抽样，大大减少了个体的测试时间，避免了测验中可能出现的疲劳效应和练习效应，大大节省了人力、财力、物力及时间投入。

当然，GIRT 理论也存在缺点，如该理论下的模型只关注群体水平能力，而不关注个体水平能力。因此，当人们同时关注个体结果时，该方法就显得力不从心了。

第二节　群体水平认知诊断模型的开发

一、相关概念

本节中所涉及的群体水平认知诊断模型——SGCDM 模型是在 GIRT 理论的框架下，结合 RSM 和 AHM 开发出来的，该模型以 Q 矩阵理论为核心理论。下面将以 GIRT 的 2GPLM 模型为例，介绍 SGCDM 模型的几个基本概念。

(一)群体认知状态

在理想状态下,同一群体内个体的认知状态是相同的,因此个体的认知状态也代表了整个群体的认知水平。同样地,如果群体内个体的认知状态不同,但他们的平均的认知状态也代表了整个群体的认知水平。类似于 GIRT 的群体平均能力,当群体内个体作答时,可以看成是以群体的平均认知状态进行作答,因此,该平均认知状态叫作群体认知状态。为了与个体认知状态的表示一致,群体认知状态的元素仍用 0/1 来表示,分别表示在平均状态下群体未掌握或掌握了对应的属性。当群体内只有一个个体时,群体认知状态和个体认知状态一致。

(二)群体期望反应模式

在理想状态下,群体内个体的认知状态相同,且个体作答不存在失误和猜测。假设每个项目只随机选取群体内的某一个个体作答,则群体的期望反应与 RSM 模型中的个体期望反应相同,即如果项目 j 所测属性被群体 h 全部掌握,则个体答对项目 j,群体在项目 j 上的得分 s_{hj} 为 1;反之,为 0。更进一步,如果项目 j 由群体内随机选取的 N_{hj} 位个体作答,则群体在项目 j 上的得分为 $N_{hj}s_{hj}$ $= r_{hj}$,其中 s_{hj} 如前。可知,群体对项目的作答中含有项目作答人数的信息,为此定义群体的期望反应模式为 $(N_{h1},\ r_{h1},\ N_{h2},\ r_{h2}\cdots,\ N_{hm},\ r_{hm})_{1\times 2m}$。

举例来讲,图 7-1 为 4 个属性的层级关系,表 7-2 为依据图 7-1 所示的属性层级关系,根据 $\boldsymbol{Q}$ 矩阵理论得出的缩减矩阵 $\boldsymbol{Q}_r$,表中的每一列表示一类可能的项目(共 5 类),列中的元素 1 表示该项目测量了所对应的属性,反之表示未测量,即 $\boldsymbol{Q}_r$ 矩阵提供了一个测验蓝图。同时,$\boldsymbol{Q}_r$ 矩阵的每一行表示一种可能的认知状态或属性掌握模式,加入一类元素全为 0 的认知状态,则得到了图 7-1 所示属性阶层关系下所有可能的群体认知状态(共 6 种),具体见表 7-3。

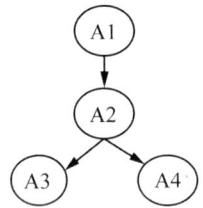

图 7-1 属性层级关系

表 7-2 缩减矩阵 $\boldsymbol{Q}_r$

属性	项目 1	项目 2	项目 3	项目 4	项目 5
A1	1	1	1	1	1
A2	0	1	1	1	1
A3	0	0	1	0	1
A4	0	0	0	1	1

表 7-3 所有认知状态

认知状态序号	属性 A1	属性 A2	属性 A2	属性 A4
1	0	0	0	0
2	1	0	0	0
3	1	1	0	0
4	1	1	1	0
5	1	1	0	1
6	1	1	1	1

不妨设群体 $h(h=1, 2, \cdots, N)$ 当前的认知状态为 $(1, 1, 0, 1)$，即认知状态 5，测验由表 7-2 中的 5 个项目构成。设该群体对每个项目只作答一次，则在理想情况下，群体 h 对所有项目的理想作答向量为 $(1, 1, 0, 1, 0)$，1 表示答对，0 表示答错。假设群体 h 对项目 i 的作答人数为 $N_{hi}(i=1, 2, \cdots, 5)$，即群体 h 对所有项目的作答次数向量为 $(N_{h1}, N_{h2}, N_{h3}, N_{h4}, N_{h5})$，则群体 h 对所有项目的理想作答向量和理想反应模式分别为 $(N_{h1}, N_{h2}, 0, N_{h4}, 0)$ 和 $(N_{h1}, N_{h1}, N_{h2}, N_{h2}, N_{h3}, 0, N_{h4}, N_{h4}, N_{h5}, 0)$。特别地，若 $N_{hi}=5(i=1, 2, \cdots, 5)$，则群体 h 的理想反应模式为 $(5, 5, 5, 5, 5, 0, 5, 5, 5, 0)$。同理可以得到所有认知状态的理想反应模式。表 7-4 为所有可能存在的认知状态的群体在对所有项目的作答人数均为 1 时的理想反应模式。

表 7-4 群体水平下所有认知状态的理想反应模式

认知状态序号	理想反应模式									
0	1	0	1	0	1	0	1	0	1	0
1	1	1	1	0	1	0	1	0	1	0
2	1	1	1	1	1	0	1	0	1	0
3	1	1	1	1	1	1	1	0	1	0
4	1	1	1	1	1	0	1	1	1	0
5	1	1	1	1	1	1	1	1	1	1

二、群体水平规则空间的构建

在 RSM 下 $f(x)$ 函数和警戒指标 ζ 中均利用了观察反应模式的信息，而 GIRT 框架下观察反应模式和理想反应模式的改变，导致 $f(x)$ 函数和 ζ 警戒指标不适合群体水平的认知诊断。为此本节提出了一个新的函数 $f_G(x)$ 和一个新的指标 ζ_G，其计算过程如下。

令 $f_G(x)=[\boldsymbol{P}(\theta)-\boldsymbol{T}(\theta)][\boldsymbol{P}(\theta)-\boldsymbol{X}]'$，其中 $\boldsymbol{X}=(x_1, \cdots, x_n)$，$n$ 为项目

数，$x_j = \dfrac{r_j}{N_j}$ 为被试在项目 j 的通过率，N_j，$r_j(j=1，\cdots，n)$ 分别为被试在项目 j 上的作答人数和答对人数。$\boldsymbol{P}(\theta)$，$\boldsymbol{T}(\theta)$ 分别表示被试对所有项目的正确作答概率向量和平均概率向量，即

$$\boldsymbol{P}(\theta)=(P_1(\theta)，P_2(\theta)，\cdots，P_n(\theta))，\boldsymbol{T}(\theta)=[t(\theta)，t(\theta)，\cdots，t(\theta)]_{1\times n}，$$

其中 $t(\theta)=\dfrac{1}{n}\sum\limits_{j=1}^{n}P_j(\theta)$。当将项目按概率值降序排列后，理想反应模式在前部分项目的通过率为 1，后部分项目的通过率为 0，此时 $f_G(x)$ 值很小，为负值。因此 $f_G(x)$ 的值可用来判断典型反应模式，$f_G(x)$ 值越小，反应模式越理想，且

$$E(f_G(x))=0，$$

$$Varf_G(x)=\sum_{j=1}^{n}\frac{1}{N_j}P_j(\theta)Q_j(\theta)\left[P_j(\theta)-\frac{1}{n}\sum_{j=1}^{n}P_j(\theta)\right]^2。$$

令 $\zeta_G=f_G(x)/[Varf_G(x)]^{\frac{1}{2}}$，则 $E\zeta_G=0$，$Var\,\zeta_G=1$。显然地，当研究对象是个体时，$N_j=1$，x_j 变为传统的 0—1 二分变量，此时 ζ_G 指标即为传统的警戒指标 ζ，因此也将 ζ_G 指标称为群体水平的警戒指标。为了实现观察反应模式与理想反应模式的匹配，构建一个有序对 $(\theta，\zeta_G)$，其中 θ 表示群体能力。从而建立了一个规则空间（笛卡儿积空间），分别将观察反应模式与理想反应模式映射到规则空间得到规则点 $X_i=(\theta_{X_i}，\zeta_{GX_i})$ 和纯规则点 $R_t=(\theta_{R_t}，\zeta_{GR_t})$。

可以证明 θ 与 ζ_G 是无关的，下证 θ 与 ζ_G 无关。

要证 θ 与 ζ_G 无关，只要证 θ 与 $f_G(x)$ 无关即可。事实上，对任意给定的群体 h，假设其能力为 θ_h，则

$$\mathrm{cov}(\theta_h，f_G(X_h))=\underset{k|h}{E}\left[(\hat{\theta}_{hk}-E(\theta_h))f_G(X_h)\right]$$
$$=$$

$$\underset{k|h}{E}\left[\sum_{j}(\hat{\theta}_{hk}-\theta_h)\left(P_j(\theta_h)-\frac{r_{hj}}{N_{hj}}\right)(P_j(\theta_h)-t(\theta_h))\right]，$$

由泰勒定理知 $\hat{\theta}_{hk}$ 满足：

$$\left(\frac{\partial\log L}{\partial\theta}\right)_{\hat{\theta}_{hk}}=\left(\frac{\partial\log L}{\partial\theta}\right)_{\theta_h}+(\hat{\theta}_{hk}-\theta_h)\left(\frac{\partial^2\log L}{\partial\theta^2}\right)_{\theta^*}=0，$$

其中 θ^* 介于 $\hat{\theta}_{hk}$ 与 θ_h 之间，则 $(\hat{\theta}_{hk}-\theta_h)$ 可用 $(\partial\log L/\partial\theta)_{\theta_h}/I(\theta_h)$ 代替（Kendall & Stuart，1973），于是，

$$\mathrm{cov}(\theta_h，f_G(X_h))=\frac{1}{I(\theta_h)}\underset{k|h}{E}\left[\sum_{j}\left(\frac{\partial\log L}{\partial\theta}\right)_{\theta_h}\left(P_j(\theta_h)-\frac{r_{hj}}{N_{hj}}\right)(P_j(\theta_h)-t(\theta_h))\right]$$

$$=\frac{1}{I(\theta_h)}\underset{k|h}{E}\left[\sum_{j=1}^{n}\sum_{l=1}^{n}Da_l^*(r_{hl}-N_{hl}P_l(\theta_h))\left(P_j(\theta_h)-\frac{r_{hj}}{N_{hj}}\right)\right.$$

$$(P_j(\theta_h) - t(\theta_h))\Big],$$

由局部独立性假设及 $\underset{k \mid h}{E}(r_{hl}) = N_{hl}P_l(\theta_h)$，$\underset{k \mid h}{E}(r_{hj}) = N_{hl}P_j(\theta_h)$ 得到

$$\mathrm{cov}(\theta_h, f_G(X_h)) = 0,$$

即 θ 与 $f_G(x)$ 无关，所以 θ 与 ζ_G 无关。得证！

三、分类判别方法

(一)贝叶斯判别法

计算规则点与纯规则点间的马氏距离（记为 D^2），其公式为

$$D_{XR}^2 = \left(\binom{\theta_X}{\zeta_X} - \binom{\theta_R}{\zeta_R}\right)' \boldsymbol{\Sigma}^{-1} \left(\binom{\theta_X}{\zeta_X} - \binom{\theta_R}{\zeta_R}\right)$$

$$= [\boldsymbol{\Sigma}_j D^2 N_j^2 \alpha_j^{*2} P_j(\theta_X)(1 - P_j(\theta_X))](\theta_X - \theta_R)^2 + (\zeta_G - \zeta_{GR})^2,$$

其中 $\boldsymbol{\Sigma}$ 为 θ 和 ζ_G 的协方差矩阵，

$$\boldsymbol{\Sigma} = \begin{pmatrix} I(\theta_X)^{-1} & 0 \\ 0 & 1 \end{pmatrix} = \begin{pmatrix} (\boldsymbol{\Sigma}_j D^2 N_j^2 \alpha_j^{*2} P_j(\theta_X)(1 - P_j(\theta_X)))^{-1} & 0 \\ 0 & 1 \end{pmatrix}。$$

$P_j(\theta)$ 表示能力为 θ 的群体对项目 j 的作答概率。由 RSM 知：D_{XR}^2 服从自由度为 2 的 χ^2 分布。取显著性水平为 $p = 0.01$，则当存在 $D_{XR}^2 > 9.21$ 时，认为观察反应模式 X 可判，否则不可判。取第一小距离和第二小距离，当两距离不相等时，将第一小距离所对应的认知状态判为群体的认知状态，否则利用贝叶斯判别法（Bayesian decision method，BDM）进行判别。

(二)相似度判别法(SDM)

BDM 仅利用了被试的能力及被试作答的异常信息，而 SDM 则利用了被试对项目作答的具体信息，其基本思想源自似然比，具体地：假设群体 h 的观察反应模式为 X_h，考虑其与某理想反应模式（或理想掌握模式）R_k 的相似程度 $L(R_k \mid X_h)$，假设群体 h 对项目 j 的正确作答概率为 P_{hj}，错误作答概率为 $Q_{hj} = 1 - P_{hj}$，作答人数为 N_{hj}，其观察的正确作答人数为 r_{hj}，而其理想的正确作答人数为 R_{hj}，令 $t_{hj} = R_{hj} - r_{hj}$，如果 $t_{hj} \geqslant 0$，则认为在群体正确作答的 R_{hj} 个人中有 t_{hj} 个人出现了 1→0 失误，此时的观察反应模式与理想反应模式在项目 j 上的相似程度为 L_{hj}，$L_{hj} = \dfrac{R_{hj}!}{(R_{hj} - t_{hj})! \ t_{hj}!} Q_{hj}^{t_{hj}}$；如果 $t_{hj} < 0$，则认为在群体错误作答的 $N_{hj} - R_{hj}$ 个人中有 $|t_{hj}|$ 个人出现了 0→1 失误，观察反应模式与理想反应模式在项目 j 上的相似程度为 L_{hj}，$L_{hj} = \dfrac{(N_{hj} - R_{hj})!}{(N_{hj} - R_{hj} - |t_{hj}|)! \ |t_{hj}|!} P_{hj}^{|t_{hj}|}$，则定义 X_h 与 R_k 的相似程度为：$L(R_k \mid X_h) = \prod_j L_{hj}$。

由上述相似度的定义可知，相似程度越接近 1，表明观察反应模式越有可能由理想反应模式 R_k 产生，可以将使得相似程度 $L(R_k \mid X_h)$ 最大的理想反应模式 R_k 对应的认知状态判为群体 h 的认知状态。

然而上述相似度中采用的能力不同，计算的结果也会有所不同，因此可以得到方法 A 和方法 B。方法 A：正确作答概率中所采用的能力为理想反应模式所对应的能力。方法 B：正确作答概率中所采用的能力为观察反应模式所对应的能力。

当每个参与项目作答的群体中仅包含 1 个被试时，方法 A 即为 AHM 认知诊断模型中的分类判别方法 A，方法 B 为毛萌萌（2008）所提出的方法。

（三）距离—相似度判别法（DSDM）

DSDM 结合了 BDM 和 SDM 的特点，同时考虑被试作答的具体信息和异常信息。具体如下。

首先，按 RSM 的方法计算观察反应模式 X_h 与理想反应模式 R_k（$k=1, \cdots, I$）间的马氏距离 d_{hk}，其服从自由度为 2 的 χ^2 分布，当显著水平 $p = 0.01$ 时，临界值 $\chi^2_{0.01}(2) = 9.21$，设有 M 个理想反应模式满足 $d_{hk} \geq 9.21$；其次，分别计算观察反应模式 X_h 与 M 个理想反应模式间的相似度，将满足相似度最大的条件的理想反应模式 R_K 所对应的认知状态判为观察反应模式为 X_h 的群体的认知状态。与相似度判别法一样，该方法也会因为使用的能力不同而有方法 A 和方法 B 之分。

四、SGCDM 性能的 Monte Carlo 模拟研究

（一）研究目的

本节包含两个子研究：子研究一为模型性能研究，其目的是检验群体水平认知诊断模型的合理性、可行性，比较五种分类判别方法在认知诊断中的准确性，找出最佳的判别分类方法；子研究二为模型的可解释性研究，主要目的是检验模型的可解释性，即验证群体属性掌握比例与群体属性掌握概率的一致性。本节仅对无结构型的属性层级关系进行探讨，以为后续研究提供方法支持和数据支持。

（二）研究方法和分析工具

利用 Monte Carlo 模拟实验中的方法进行研究，利用 SGCDM 程序进行认知诊断分析，用 SPSS 及 Excel 分析数据和结果。

（三）评价指标

在该研究中，我们主要采用常用的三个指标，可判率（Allowed Decision Ratio，ADR），MMR 和 PMR 来表示认知诊断的准确度。但是模式中被误判的属性数越多，表示误判的程度越大。而事实上在同一模式判准率下，如果误判的程度越

小，则表明该判别方法越好。因此本节还采用了允许一个失误的判准率(one-slip Pattern Match Rate，OPMR)(周婕，2007)，它指的是在判定的认知状态中只允许有一个属性被错误判别时所占的比例，若将该指标值减去 PMR 则等于误判程度较小的被试比例。各指标值的计算公式如下

$$\text{MMR} = \frac{1}{K} \sum_{k=1}^{K} \frac{s_k}{S}, \tag{7-10}$$

$$\text{PMR} = \frac{C_p}{S}, \tag{7-11}$$

$$\text{OPMR} = \frac{C_{1p}}{S}, \tag{7-12}$$

$$\text{ADR} = \frac{S}{N}。 \tag{7-13}$$

其中 S 表示能够被诊断的群体数，N 表示群体总数，s_k 表示属性 k 被正确诊断的群体数，C_p 表示群体的认知状态或属性掌握模式被正确诊断的群体数，C_{1p} 表示属性掌握模式中最多一个属性诊断失误的群体数。ADR 越大，表明能够进行判别的群体比例越大。ADR 的值相同时，MMR、PMR 越大，表示诊断的精度也越高；同样地，对于不同的判别方法，在同一 ADR 和 PMR 下，OPMR 越大，说明相应方法认知诊断的准确度越高。

(四)实验设计

研究中只考虑一个因素，即只考虑数据中存在失误或不存在失误对认知诊断准确率的影响。对该因素，本节首先考虑不存在猜测和失误的理想反应数据，即模拟的数据中不存在任何失误的情况，对它进行考虑的目的是验证模型的可行性；其次，考虑观察反应存在失误的数据，数据中假定存在的失误概率分别为 0.05，0.1，0.15，分别表示从小到大的失误概率，共四个实验(详见表 7-5)。

表 7-5　实验设计表

S	失误概率
1	0
2	0.05
3	0.1
4	0.15

(五)数据 Monte Carlo 模拟

1. Q 矩阵模拟

为了更好地为后续研究服务，这里假定项目数为 20 个，共考核了 7 个属性，

且属性间的层级关系为无结构型。丁树良、汪文义、杨淑群指出，Q 矩阵必须包含 R 矩阵才能区分每个属性，而当每个属性的测量次数不少于 3 时，属性才能较好区分。为保证研究结果的一般性，以及便于对研究结果进行比较，这里随机模拟了一个 Q 矩阵(见表 7-6)，模拟方法如下。

Q 矩阵的前 7 个项目中，每个项目只考核 1 个属性，它们的属性考核模式构成 R 矩阵；其余项目的属性考核模式按照每个项目所考核的属性不超过 4 个，同时每个属性被考核的次数大于 3 随机生成。

表 7-6　模拟研究的 Q 矩阵

项目	A1	A2	A3	A4	A5	A6	A7	项目	A1	A2	A3	A4	A5	A6	A7
1	1	0	0	0	0	0	0	11	0	0	1	1	0	0	0
2	0	1	0	0	0	0	0	12	0	1	0	1	0	0	0
3	0	0	1	0	0	0	0	13	1	0	1	1	0	1	0
4	0	0	0	1	0	0	0	14	0	0	1	0	0	0	1
5	0	0	0	0	1	0	0	15	0	0	0	1	1	0	0
6	0	0	0	0	0	1	0	16	1	1	1	0	0	0	0
7	0	0	0	0	0	0	1	17	1	0	0	1	0	0	1
8	0	1	1	1	0	0	1	18	0	0	1	1	0	0	0
9	0	1	0	0	0	1	0	19	1	1	1	0	0	0	0
10	0	1	0	0	1	1	1	20	0	1	0	0	0	0	0
								$\sum$	5	8	10	9	3	5	5

2. 数据模拟

在所有实验中，Q 矩阵固定，群体数固定为 1 000 个，假定每个群体对每个项目的作答人数均为 10 人。对每个实验其模拟步骤具体如下。

(1)生成 7 个属性的无结构型层级关系的所有认知状态，共 128 种。

(2)生成所有认知状态对 20 个项目的理想反应模式。

(3)生成 1 000 个群体在所有项目上的作答数据。具体而言，将理想反应模式按项目的平均通过率从小到大排序，然后使具有这些得分的群体满足正态分布，对 1 000 个群体进行分配，其中在平均通过率这一指标上相等的理想反应模式按照平均的原则分配群体数量。同时将每个群体的理想反应模式所对应的认知状态作为该群体的真实认知状态。这里每个群体对每个项目的作答人数固定为 10 人，其平均通过率即为理想反应模式的偶数列元素的和与奇数列元素的和的比。

(4)生成上一步 1 000 个群体对应的观察作答数据。具体地，对失误概率为 0.1 的观察反应，本实验生成了 10 个服从 $U(0，1)$ 的随机数 r，如果 10 个随机数

中有 s 个 r 满足 $r > 0.9$，假设某个期望反应模式在某个项目上的得分为 10，则将其变为 $10-s$；反之，如果该期望反应模式在该题上的得分为 0，则将其变为 s。这样就模拟产生一个有 10% 失误概率的观察反应模式。同样的可以生成失误概率为 0.05 及 0.15 的观察反应模式。同时，对全为 0 和全为 1 的认知状态，每个项目最多允许一个失误。

值得指出的是，在对模拟生成的观察反应进行分析时发现，在分别加入 0.05，0.1，0.15 失误概率的观察数据中，10 人中最多会分别出现 3 人、4 人、5 人作答失误，即在观察数据中正确作答人数分别在 [0，3] 或 [7，10]，[0，4] 或 [6，10]，[0，10] 范围内。

（5）参数估计和认知诊断。将理想反应模式和理想作答或观察作答一起进行参数估计，并利用分类判别方法将观察作答与理想作答相匹配，得到群体估计的认知状态。

（6）计算各评价指标值。

（7）重复上述（2）—（6）步 30 次，即重复实验 30 次。

（六）结果与分析

对于不存在失误的期望反应，所有判别方法中各指标的值都为 1，说明所有判别方法都是有效的。

对于存在失误的观察反应，SDM（A）、SDM（B）没有对可能的理想掌握模式进行限制，因此它们的可判率始终为 1，而从表 7-7 中可以看到 BDM 的可判率都为 1，DSDM（A）、DSDM（B）的可判率都大于 0.997，平均值为 0.999，约为 1。可见所有方法几乎都能对被试进行有效诊断。因此，在所有实验中，相同指标的值是可以近似比较的。

从表 7-8、表 7-9 和表 7-10 中可以看出，不管是哪种判别方法，它们的判准率都会随着假定存在的失误概率的增加而下降。从均值来看，BDM 的判准率是最差的。其他判别方法则各具优势，具体如下。

表 7-7　观察反应下各分类方法的 ADR

判别方法	失误概率	最小值	最大值	均值
BDM	0.05	1	1	1
	0.1	1	1	1
	0.15	1	1	1
DSDM（A）	0.05	1	1	1
	0.1	0.999 0	1	0.999 7
	0.15	0.998 0	1	0.999 0

续表

判别方法	失误概率	最小值	最大值	均值
DSDM(B)	0.05	1	1	1
	0.1	0.999 0	1	0.999 7
	0.15	0.998 0	1	0.999 0

①从 MMR 指标来看（表 7-8），当失误概率为 0.05 时，DSDM（B）最高，SDM（A）次之，DSDM（A）随后，SDM（B）最差；当失误概率为 0.1 时，SDM（A）最高，DSDM（B）次之，DSDM（A）随后，SDM（B）最差；当失误概率为 0.15 时，SDM（A）最高，DSDM（B）次之，SDM（B）随后，DSDM（A）最差。但不管是哪种假定存在的失误概率，四种方法的判准率都比较高（都大于 0.85），且它们的差异不明显。

表 7-8　观察反应下各分类方法的 MMR

判别方法	失误概率	最小值	最大值	均值	标准差
BDM	0.05	0.720	0.738	0.730	0.006
	0.1	0.654	0.664	0.658	0.004
	0.15	0.617	0.629	0.626	0.005
DSDM(A)	0.05	0.974	0.976	0.975	0.001
	0.1	0.929	0.934	0.932	0.001
	0.15	0.856	0.866	0.863	0.004
DSDM(B)	0.05	0.979	0.983	0.981	0.001
	0.1	0.947	0.952	0.949	0.002
	0.15	0.879	0.887	0.884	0.003
SDM(A)	0.05	0.975	0.977	0.976	0.001
	0.1	0.952	0.954	0.953	0.001
	0.15	0.927	0.932	0.929	0.002
SDM(B)	0.05	0.930	0.936	0.932	0.002
	0.1	0.893	0.897	0.895	0.002
	0.15	0.863	0.872	0.869	0.003

②从 PMR 指标来看（表 7-9），当失误概率为 0.05 时，结果与 MMR 相同，但四个方法的差异不明显（最大降幅小于 0.1）；当失误概率为 0.1 或 0.15 时，判别方法 SDM（B）的 PMR 平均值最高，DSDM（B）的次之，SDM（A）的随后，DSDM（A）的最差，但当失误概率为 0.1 时，四种方法的差异不明显（各 PMR 值的最大降幅小于 0.1），而失误概率为 0.15 时，四种方法的差异明显（各 PMR 值

的最大降幅大于 0.279）。而且从指标值的变化趋势可以看出，SDM(B)判别方法最稳定（大于 0.75），当假定存在的失误概率越大时，它的优势越明显。

表 7-9　观察反应下各分类方法的 PMR

判别方法	失误概率	最小值	最大值	均值	标准差
BDM	0.05	0.317	0.351	0.331	0.013
	0.1	0.181	0.203	0.191	0.009
	0.15	0.144	0.163	0.155	0.007
DSDM(A)	0.05	0.882	0.892	0.886	0.004
	0.1	0.682	0.703	0.693	0.007
	0.15	0.450	0.480	0.472	0.011
DSDM(B)	0.05	0.930	0.951	0.939	0.006
	0.1	0.753	0.778	0.766	0.011
	0.15	0.490	0.534	0.514	0.014
SDM(A)	0.05	0.882	0.896	0.892	0.005
	0.1	0.766	0.776	0.770	0.004
	0.15	0.653	0.677	0.662	0.008
SDM(B)	0.05	0.836	0.853	0.844	0.006
	0.1	0.784	0.798	0.789	0.005
	0.15	0.742	0.759	0.751	0.006

③从 OPMR 指标来看（表 7-10），在三种假定存在的失误概率下，SDM(A)的判准率均最高[在二种假定存在的失误概率下，SDM(A)判别方法的三个 OPMR 均值都大于 0.9]，且最稳定；当假定存在的失误概率越大时，它的优势越明显。当失误概率为 0.05 时，DSDM(A)次之，DSDM(B)随后，SDM(B)最差；当失误概率为 0.1 时，DSDM(B)次之，DSDM(A)随后，SDM(B)最差；当失误概率为 0.15 时，DSDM(B)次之，SDM(B)随后，DSDM(A)最差。

表 7-10　观察反应下各分类方法的 OPMR

判别方法	失误概率	最小值	最大值	均值	标准差
BDM	0.05	0.393	0.423	0.407	0.012
	0.1	0.277	0.298	0.289	0.008
	0.15	0.231	0.257	0.244	0.008
DSDM(A)	0.05	0.985	0.992	0.990	0.002
	0.1	0.892	0.904	0.899	0.005
	0.15	0.678	0.716	0.703	0.013

续表

判别方法	失误概率	最小值	最大值	均值	标准差
DSDM(B)	0.05	0.977	0.987	0.981	0.004
	0.1	0.930	0.947	0.936	0.006
	0.15	0.754	0.779	0.770	0.009
SDM(A)	0.05	0.989	0.994	0.991	0.002
	0.1	0.946	0.960	0.955	0.005
	0.15	0.896	0.909	0.904	0.005
SDM(B)	0.05	0.858	0.874	0.865	0.005
	0.1	0.754	0.809	0.792	0.019
	0.15	0.746	0.763	0.755	0.006

总之，DSDM(A)方法的判准率是最差的，SDM(A)、SDM(B)、DSDM(B)三种方法在不同的条件下针对不同的指标各具优势。

(七)总结与讨论

本节证实了 SGCDM 模型的合理性及可解释性，同时探讨了各种判别分类方法在认知诊断中的判准率，发现：总体上 SDM(A)与 DSDM(B)方法要优于其他几种判别分类方法，且当数据存在的失误概率较小时，DSDM(B)方法最好，而当数据存在的失误概率较大时，则 SDM(A)方法最好。但需要注意的是，仅从模式判准率来讲，DSDM(A)方法最优。

第三节　英语阅读问题解决的群体水平认知诊断

本节主要探讨了新开发的 SGCDM 的实践应用，介绍了它与传统个体水平诊断模型的比较研究。我们(蔡艳、丁树良和涂冬波)在《心理科学》杂志 2011 年第 2 期上发表了《英语阅读问题解决的认知诊断》一文，该文主要是采用传统诊断方法进行个体诊断，并在此基础上进行群体诊断评估。为了节省篇幅，本节对英语阅读认知分析、属性认定及个体诊断结果不再重复报告(感兴趣者请参阅上述文章)，重点讨论 SGCDM 的应用以及它与传统个体水平诊断模型的比较。

一、SGCDM 模型下群体水平能力评估及认知诊断

(一)基本思路

在 GIRT 理论框架下，采用螺旋式矩阵抽样方法，随机抽取 200 名学生在每个项目(共 20 道阅读理解题目)上的原始作答数据(具体抽样方法见表 7-11)。因

此，在 GIRT 模型下进行群体评估最终所使用的数据量仅为在 IRT 模型下所使用的数据量的二十分之一。

表 7-11 螺旋式矩阵抽样方法

项目号	学号	学号	…	学号	项目号	学号	学号	…	学号
1	1	21	…	181	11	11	31	…	191
2	2	22	…	182	12	12	32	…	192
3	3	23	…	183	13	13	33	…	193
4	4	24	…	184	14	14	34	…	194
5	5	25	…	185	15	15	35	…	195
6	6	26	…	186	16	16	36	…	196
7	7	27	…	187	17	17	37	…	197
8	8	28	…	188	18	18	38	…	198
9	9	29	…	189	19	19	39	…	199
10	10	30	…	190	20	20	40	…	200

这里的群体评估包含两个方面，一方面是学校能力评估，另一方面是学校认知诊断评估，因此新方法与传统方法的比较要从这两个方面入手。主要采用相关系数 r_{XY} 和平均 $ABSE$ 作为衡量两个方法在群体评估一致性程度上的指标，具体表达式如下：

$$r_{XY} = \frac{\sum_{h=1}^{n} (X_h - \overline{X})(Y_h - \overline{Y})}{\sqrt{\sum_{h=1}^{n} (X_h - \overline{X})^2} \sqrt{\sum_{h=1}^{n} (Y_h - \overline{Y})^2}},$$

$$ABSE = \frac{1}{n} \sum_{h=1}^{n} |X_h - Y_h|。$$

其中 X_h，Y_h 分别表示在传统方法和新方法下学校 h 的评估结果，可以是学校能力，也可以是学校属性掌握比例或掌握概率向量，$\overline{X}$，$\overline{Y}$ 分别表示 X_h，Y_h 的均值。

(二)分析工具

由于现有商业软件不具有认知诊断功能，更不具有群体水平认知诊断功能，不能同时实现群体能力评估和认知诊断评估，这里采用 CYGIRT 和 SGCDM 程序进行参数估计和认知诊断。

(三)研究结果与分析

1. 资料模型拟合检验

采用 2GPLM 模型，利用 BIOLG3 MG 程序进行拟合检验，拟合检验的结果详见表 7-12。从表 7-12 中可以看到，在 $p=0.05$ 的水平上只有一个项目（第 14 题）不拟合，其他项目在该水平上都与模型拟合。因此总体上讲，GIRT 模型与资料是拟合的。

表 7-12　群体水平资料模型拟合检验

项目	卡方值	显著水平	项目	卡方值	显著水平
1	5.4	$p>0.05$	11	3.1	$p>0.05$
2	1.9	$p>0.05$	12	9.7	$p>0.05$
3	6.2	$p>0.05$	13	5.8	$p>0.05$
4	2.8	$p>0.05$	14	19.1*	$p<0.05$
5	5.5	$p>0.05$	15	6.2	$p>0.05$
6	16.1	$p>0.05$	16	7.1	$p>0.05$
7	5.8	$p>0.05$	17	4.8	$p>0.05$
8	12.5	$p>0.05$	18	12.5	$p>0.05$
9	3.9	$p>0.05$	19	7	$p>0.05$
10	6.1	$p>0.05$	20	2.6	$p>0.05$

2. 群体能力评估及认知诊断

在 GIRT 框架下，根据第二节中的研究结果及对实测数据进行观察分析的结果，本节采用 EAP 估计方法估计群体能力，且采用相似度判别法的方法 A［SDM（A）］对群体进行认知诊断。

（1）学校能力评估结果。

用 CYGIRT 程序估计得到的学校能力最大值为 1.0684，最小值为−1.1711，均值为−0.1743，标准差为 0.4300，学校能力分布详见图 7-2。结合表 7-12 可以看到，学校的能力主要分布在［−1，1］中，占 98.29%，这表明对测验 I 而言，410 所学校中没有能力极端高和极端低的学校。能力分布在［−0.5，0.5］中的学校的占比为 68.53%，这表明绝大部分学校的能力适中；能力分布在［−1，0.5］中的学校的占比为 24.88%，这表明有大约四分之一的学校能力相对较差；而能力分布在［0.5，1］中的学校的占比仅为 4.88%，这表明只有少数学校的能力较好。总体上，就测验 I 而言，所有学校的英语阅读理解能力都属于中等偏下水平，这一结果与传统方法得到的学校能力评估结果一致。

将学校按学校类别进行分组分析发现（表 7-13）：省重点中学的平均学校能力最高，省重点建设中学的平均学校能力居中，稍高于普通中学的平均学校能力。标准差的大小表明普通中学的学校能力差异最大，而省重点建设中学的学校能力差异居中，省重点中学的学校能力差异最小，这一结果与传统方法的评估结果一致。

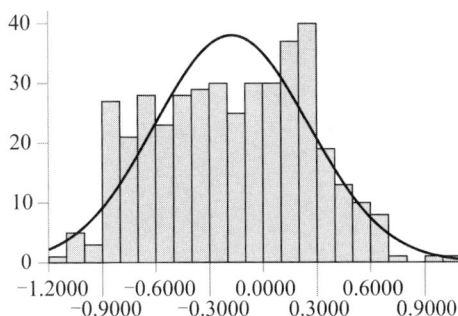

图 7-2　GIRT 下的学校能力分布直方图

表 7-13　新方法下各类学校能力比较

学校类型	学校数	最小值	最大值	均值	标准差
普通中学	182	−2.32	2.70	−0.47	0.93
省重点建设中学	76	−2.10	1.49	−0.33	0.79
省重点中学	144	−1.55	2.89	0.77	0.67

（2）群体诊断评估结果。

从表 7-14 中可以看到：在 GIRT 框架下，对 410 所学校进行诊断，所得的认知状态只有 14 种，在 128 种认知状态中所占比例较小，比对个体进行诊断所得的 125 种认知状态少很多，这一结果是合理的。因为理论上讲，个体间的差异要显著的大于群体间的差异，而且群体内个体间的差异信息在进行群体评估时会被大量的忽略掉，只有群体内个体间的一些重要的差异才会被保留下来。即群体特征主要涵盖个体特征的共性，群体诊断的 14 种认知状态（表 7-14）中，有 12 种认知状态出现在当个体诊断占比为 78.44％时所对应的 15 种认知状态中，这进一步说明基于个体的认知诊断与基于群体的认知诊断具有较强的诊断一致性。

表 7-14　学校认知状态的频数分布

认知状态①	频数	百分比／％	累积百分比／％
1，0，1，1，1，1，0	5	1.22	1.22
1，0，1，1，0，1，1	8	1.95	3.17
1，1，0，1，1，1，1	3	0.73	3.90
0，1，1，1，1，0，1	7	1.71	5.61
0，1，1，1，1，1，0	4	0.98	6.59

① 七个认知属性分别为：A1——词汇；A2——理解复句；A3——理解句子间的关系；A4——理解修辞组织结构；A5——推理；A6——信息匹配；A7——理解主旨大意。

续表

认知状态①	频数	百分比/%	累积百分比/%
1, 1, 1, 1, 1, 0, 0	15	3.66	10.24
0, 1, 1, 1, 0, 1, 1	9	2.20	12.44
1, 0, 1, 1, 1, 1, 1	30	7.32	19.76
1, 1, 1, 1, 0, 0, 1	65	15.85	35.61
1, 1, 1, 1, 0, 1, 0	67	16.34	51.95
0, 1, 1, 1, 1, 1, 1	26	6.34	58.29
1, 1, 1, 1, 1, 0, 1	117	28.54	86.83
1, 1, 1, 1, 1, 1, 0	37	9.02	95.85
1, 1, 1, 1, 0, 1, 1	17	4.15	100.00

在14种认知状态中，只有(1, 1, 1, 1, 1, 0, 1)、(1, 1, 1, 1, 0, 1, 0)、(1, 1, 1, 1, 0, 0, 1)这三种认知状态所对应的学校数所占的百分比大于10%，且三种模式所占比例之和为60.73%，约占学校总数的三分之二。而这三种认知状态主要表现为属性 A5、A6 或 A7 未被掌握，即约有三分之二的学校未掌握上述三个属性中的一个或两个。另被诊断为具有认知状态(1, 1, 1, 1, 1, 1, 0)的学校所占的比例也达到了9.02%，表明该认知状态也是一种较常见的学校认知状态。对所有诊断出的 14 种认知状态进行研究，发现：属性 A1、A2、A3、A4、A5、A6、A7 的掌握比例分别为88.78%、89.51%、99.27%、100%、59.51%、50.24%、68.78%。即对学校而言，理解修辞组织结构和理解句子间的关系这两个属性学校几乎都能掌握，掌握的程度非常高，而理解复句和词汇这两个属性约有十分之一的学校被诊断为未掌握，掌握的程度较好。但约有一半的学校被诊断为未掌握信息匹配属性；约五分之二的学校被诊断为未掌握推理属性；约有三分之一的学校被诊断为未掌握理解主旨大意属性。

因为测试项目中所测试的理解复句、修辞和句际关系是大家在训练过程中常会见到的，因此比较熟悉；词汇项目虽然是大多数学生学习中的难点，但阅读理解的测试目的只是考查学生的问题解决能力，因此短文中所出现的词汇是大多数考生所熟悉的。对于信息匹配这一属性，由于测试项目中有60%的项目是考查学生查找不明显信息的能力的，这也增加了这一属性的难度。其他两个属性的诊断结果与学科专家们在平时的测试中发现的结果一致。对于上述诊断结果，学科专家经过分析后认为基本合理，因此建议学校在保证前四个属性的教与学下，加强后三个属性的教与学。

按学校类别进行分组分析发现(表 7-15)，各类学校所对应的认知状态存在一定的差异，普通中学、省重点建设中学、省重点中学的认知状态数分别为 14 种、

12种和11种，这表明普通中学的认知状态要比省重点建设中学的认知状态丰富，而省重点建设中学的认知状态要比省重点中学的认知状态丰富。这一结果是合理的，这是由各类学校的生源差异决定的。

表 7-15　各类学校认知状态相对频数分布的比较

认知状态	频数百分比/%		
	省重点中学	省重点建设中学	普通中学
0，1，1，1，0，1，1	0.69	2.63	3.30
0，1，1，1，1，0，1	0.69	2.63	2.20
0，1，1，1，1，1，0	0	2.63	1.65
0，1，1，1，1，1，1	13.89	2.63	2.20
1，0，1，1，0，1，1	0.69	0	3.85
1，0，1，1，1，1，0	0	2.63	1.65
1，0，1，1，1，1，1	3.47	9.21	10.44
1，1，0，1，1，1，1	0	0	1.65
1，1，1，1，0，0，1	2.78	21.32	23.08
1，1，1，1，0，1，0	12.50	10.74	19.78
1，1，1，1，0，1，1	9.03	1.32	1.65
1，1，1，1，1，0，0	0.69	5.26	4.95
1，1，1，1，1，0，1	39.58	33.21	19.78
1，1，1，1，1，1，0	15.97	6.58	3.85

二、SGCDM 与传统诊断方法关于群体诊断评估结果的比较

本节主要从项目参数估计及被试群体参数估计两个角度来比较 IRT 与 GIRT。

（一）项目参数估计结果的比较

从表 7-16 中可以看出：在 GIRT 模型下，GIRT 程序估计的项目难度参数均值为 -1.0156，且基本上都是负数，只有第 14 题的难度参数大于 $0(0.0854)$，最小的难度值为 -1.9517，这说明测验 I 中的所有项目总体上对所测的群体（学校）而言很容易。而所有项目的区分度介于 0.3211 和 1.0371 之间，均值为 0.7268，这说明总体上测验 I 内的所有项目对群体（学校）具有适中的区分能力，但第 14 题、第 16 题和第 20 题的区分度分别仅为 0.3211，0.3375 和 0.52，这说明这三个项目对所测群体（学校）的区分能力较低。

表 7-16 测验的群体水平项目参数

项目	a	b	项目	a	b
1	0.901 9	−1.084 3	11	0.822 3	−0.718 3
2	0.619 2	−0.540 5	12	0.865 4	−1.106
3	1.037 1	−0.898 7	13	0.781 4	−0.834 4
4	0.917 4	−1.121	14	0.321 1	0.085 4
5	0.838 3	−0.952 4	15	0.762 4	−1.575 9
6	0.738 3	−1.228 7	16	0.337 5	−1.951 7
7	0.554 9	−0.932 3	17	0.661 5	−1.028 4
8	0.636 5	−1.724	18	0.765 8	−1.381 3
9	0.801 9	−1.034 7	19	0.733 1	−0.272 9
10	0.920 2	−1.094 3	20	0.52	−0.917
			均值	**0.726 8**	**−1.015 6**

同时，由式 7-2 和式 7-3 可知，2GPLM 下的项目参数与 2PLM 下的项目参数之间存在着关系转换式，群体水平难度参数与个体水平难度参数之间具有线性关系，而群体水平区分度参数与个体水平区分度参数间具有非线性关系。由于这是对实测数据的分析，无法获取学校能力间的组间差异的真值，而只能获取估计值，为避免误差的扩大，因此不将两模型下的项目参数估计值进行转换后比较，而只考查两模型下难度参数估计结果之间的皮尔逊相关。而 IRT 模型与 GIRT 模型对难度参数估计结果的皮尔逊相关系数为 0.965，在 $p=0.01$ 的水平上相关显著，说明在 GIRT 模型与 IRT 模型下项目难度的估计结果是符合两个模型间的理论关系的。

(二)群体参数估计结果的比较

1. 学校能力估计结果的比较

用传统方法得到的学校能力与用新方法得到的学校能力间的皮尔逊相关系数为 0.957，相关显著（$p<0.001$），说明 GIRT 模型下的 CYGIRT 与 IRT 模型下的 BILOG 的估计结果是高度一致的。而且两者间的绝对离差的最大值为 0.56，最小值为 0，平均值为 0.185 9，这一误差总体上是可以接受的。

2. 学校水平诊断结果的比较

用传统方法诊断出的学校对属性的平均掌握情况由高到低依次为 A3（92.64%）、A2（87.44%）、A4（85.63%）、A1（74.71%）、A7（74.09%）、A6（73.29%）、A5（61.59%），而用新方法诊断出的学校对属性的平均掌握情况由高到低依次为 A4、A3、A2、A6、A1、A7、A5，虽然排序并不一致，但两者的相关为 0.803，在 $p=0.05$ 的水平上相关显著。

三、小结与讨论

采用新方法对群体进行评估发现：2GPLM 与资料拟合良好，群体能力和项目参数估计结果与用传统方法得到的估计结果相似，且群体水平难度参数与个体水平难度参数的相关高达 0.965，说明在实测数据下，两模型所得的难度参数符合理论关系；410 所学校只出现 14 种认知状态，且主要为(1，1，1，1，1，1，0)，(1，1，1，1，0，1，0)，(1，1，1，1，0，0，1)三种认知状态，说明学校间的认知差异比较小；将学校按省重点中学、省重点建设中学和普通中学分类，通过分析发现它们的认知状态数满足"省重点中学＜省重点建设中学＜普通中学"，这表示"省重点中学间的差异＜省重点建设中学间的差异＜普通中学间的差异"；总体上看，除属性 A5 外，所有学校对其他属性的掌握都较好，尤其对属性 A4、A3、A2 的掌握非常好。但值得注意的是：省重点中学对属性 A5 的属性掌握概率远远低于其他类别学校的属性掌握概率，而对其他属性的掌握概率都高于其他类别学校的属性掌握概率，这表明省重点中学应重点加强对属性 A5 的教与学；同时，属性掌握概率与传统方法下得到的属性掌握比例也比较一致。

上述结果说明新方法与传统方法在对实测数据进行分析时能得到相似的评估结果，这进一步证实了新方法在群体评估中的可应用性和可靠性。同时也从另一个角度证实了学校属性掌握概率本质上就是学校属性掌握比例。

值得指出的是，一方面，在 IRT 框架下，进行群体评估时所使用的数据量为 82 000×20，数据量庞大，要在心理学等领域收集这么大的数据需要花费大量的时间、人力、财力和物力。同时，在这类数据的收集过程中，由于测试时间长，被试往往会因为疲劳、疏忽等原因而出现不必要的失误，从而导致所收集的数据不能真实地反映他们的能力，从而造成更大的误差。而在 GIRT 框架下，采用矩阵抽样，每个学生只需回答测验中的一个项目，所使用的数据量为 82 000×1，仅为 IRT 框架下收集的数据量的二十分之一，从而大大节省了收集和处理数据所花费的时间、人力、财力和物力。同时，测试时间短，学生能更积极、认真地投入测试中，从而更容易保证作答数据的真实性。另一方面，在数据处理时，在 IRT 框架下，群体评估要经过两个分析步骤才能实现，容易由于中间环节的增加而导致不必要的失误增加，而在 GIRT 框架下，实现群体评估时可避免这一失误的发生。

思考题:

1. 群体水平的规则空间构建了哪些新指标?

2. GIRT 有哪些判别分类方法,各有什么特点?

3. 新模型的性能评价用了哪些指标?

4. 个体认知诊断和群体认知诊断有何差异?

5. 你认为群体水平的认知诊断还有哪些需要研究的内容?

第八章　Q 矩阵理论修正及拓展

　　Q 矩阵是众多认知诊断模型的基础，是将被试外部作答和潜在特质进行连接的桥梁。塔苏卡等人提出的 Q 矩阵理论包含属性提取、期望反应模式计算、提高构念效度等问题。但科学工作的大厦总是需要不断修葺和翻新，本章从前人的理论出发，在指出以往研究不足的同时进一步细化和扩展了 Q 矩阵理论，给出了几种新的矩阵算法并研究了矩阵之间的关系及深层次的意义，为我们科学地运用这一理论铺平了道路。最后对塔苏卡的理论和拓展后的内容做了简要的总结，并介绍了实际工作中 Q 矩阵理论存在的多个属性标定、属性校准等问题的切实解决途径。

第一节　如何认定属性层级关系

一、Q 矩阵与属性层级关系

塔苏卡在认知诊断方面做了开创性的工作，发表了一系列文章，甚至出版了相关专著，进行了一系列的实证研究。一般来讲，研究工作是越来越深入、越来越完善的，有一些早期研究难免会有这样或那样的纰漏，后来者在其基础上，取其精华，弃其谬误，使之更加合理。塔苏卡在这一领域长年奋战，在实际中发现了许多问题，给后来者提出了许多研究课题，其中一个重要的课题是如何设计认知诊断测验，使得诊断准确率能得到提升。为此我们先剖析认知诊断中的属性及其层级关系（认知模型），确定描述这个层级和相关问题的一系列 Q 矩阵（为了明确起见，我们建立一套表达这一系列 Q 矩阵的特殊符号系统，以区别描述不同对象的 Q 矩阵），以及期望反应模式、观察反应模式和认知模型之间的关系。根据这些关系我们找出了提高认知诊断测验分类判准率的一个关键因素——测验对应的 Q 矩阵（Q_t），实际上这属于认知诊断测验蓝图的设计问题。根据 Q_t 和期望反应模式，每一个知识状态等价类只能含一个知识状态（KS），即构造一个 Q_t，使得期望反应模式（Expected response pattern，ERP）与知识状态这两个集合之间的对应关系为一一对应，即一个 ERP 只对应唯一一个 KS，一个 KS 只对应一个 ERP。对于 0—1 计分方式，能够达到这个目标的测验蓝图就是一个好的认知诊断蓝图。

对某一需诊断的内容，由学科专家（任课老师）分析出这部分内容所涉及的关键认知属性及属性间的层级关系。获取这些属性及其层级关系，也可通过学生的口语报告或者文献综述等途径。

一个属性包含的内容不宜太多（属性粒度不宜太粗），即属性的概括程度不能太高，比如欲诊断小学三年级数学"四则运算"这一个单元的学习情况，便不能将"四则运算"作为一个属性。因为这时诊断的目的是了解学生对四则运算中的哪一部分已经掌握，哪一部分还存在学习困难，因此将"四则运算"作为一个属性太粗，所获得的诊断信息过于笼统，不能为以后的补救教学提供有针对性的信息。此外，属性也不能太细，这是因为如果属性划分太细，要诊断的内容领域所包含的属性就太多了。如果属性个数太多，目前的认知诊断模型难以处理，会给认知诊断造成新的困难。再者，属性粒度的粗细还与内容的层次有关，一些内容层次低时的大粒度属性，在内容层次高时，同样的粒度又很可能合适，比如"四则运算"对三年级的单元测验而言太粗，而对期末测验来讲，属性粒度或许刚好合适。

一个认知诊断所涉及的属性个数不宜太多，一般为 7～8 个，超过 12 个有些模型运算起来就很困难。

如果 A 是 B 的先决属性，而且不存在属性 C，C 不等于 A，也不等于 B，使得 A 是 C 的先决属性且 C 是 B 的先决属性，那么称 A 是 B 的直接先决属性。给出了属性及属性之间的层级关系以后，就可以将这些属性画出来。用小圆圈代表属性。如果属性 A 是属性 B 的先决属性，则将代表属性 A 的小圆圈画在代表属性 B 的小圆圈之上。如果 A 是 B 的直接先决属性，则在 A 与 B 之间连线。这样画出的图实际上是一个有向图，因为代表属性的点之间有上下位置的分别。属性之间的直接先决关系可以用邻接矩阵 A 表示，从邻接矩阵出发，可以获得一系列相关矩阵，它们的元素都是 0 和 1。塔苏卡将这些矩阵统称为 Q 矩阵，本节中，我们准备根据 Q 矩阵的不同功能，对 Q 使用不同的下标，以免造成不必要的混乱。

有学者(Rupp，Templin & Henson，2010)认为 Q 矩阵是所有认知诊断模型的精华，Q 矩阵表达了对实质性理论的操作，而实质性理论引发了对诊断评估的设计。但是，不论是鲁普等人还是塔苏卡，他们所说的 Q 矩阵往往指测验 Q 矩阵(测验蓝图对应的 Q 矩阵)，而有时候又指其他 Q 矩阵，为了避免混乱，这里用不同的数学符号表达不同的 Q 矩阵。显然，测验 Q 矩阵是否科学，是否合理，是否优质，肯定和这个矩阵的设计有关。

塔苏卡在开发规则空间模型(rule space model，RSM)这一认知诊断模型的过程中，将 RSM 分成两大部分：Q 矩阵理论和分类判别。她的 Q 矩阵理论包含如下内容：对现存的测验如何提取属性和属性层级，如何计算 ERP，以及如何提高认知诊断测验的构念效度。她应用一系列矩阵描述属性和属性的关系(邻接矩阵 A)、属性和项目的关系(可达矩阵 R 和简化 Q 矩阵)，描述被试的知识状态，并且给出了充分 Q 矩阵的概念(参见 Tatsuoka，2009)，她将包含充分 Q 矩阵的所有列对应的项目的题库定义为充分题库。她认为充分题库可以改善构念效度，从而她认为充分 Q 矩阵是知识结构的一个核心。

然而，要获取邻接矩阵 A，就必须确定属性之间的层级关系。

二、属性层级关系的认定

认知诊断中属性及其层级关系是十分重要的，有学者(Tatsuoka，1995；2009；Leighton，Gierl & Hunka，2004)认为教育中的认知模型可以由属性及其层级关系来表示。目前对属性及其层级关系的获得有两种方法。第一种是很早便开始对认知诊断进行研究并且创立了规则空间模型的塔苏卡使用的方法，她认为可以从以往存在的测验中提取属性及其层级关系，这种方法又被称为"翻新"

(retrofitting)；另一种是创立了属性层级模型的莱顿等人（Leighton et al.，2004）使用的方法，他们认为要开展认知诊断，首先必须要厘清欲诊断的内容领域所涉及的属性及其层级，然后再编制测验。显然，针对认知诊断目的而言，"翻新"必须对带有盲目性的测验进行分析，其构念效度就难以保证；而第二种方法至少为提高构念效度提供了基础。但是"翻新"可以充分利用现有资源（比如中考、高考数据，英语或计算机等级考试数据，甚至是 TOFEL 数据）进行诊断分析，这一优点无法否定（Jang，2009）。因此有必要介绍塔苏卡从测验中确定属性及其层级关系的方法。

给出一个测验，设共有 m 个项目。请命题专家或学科专家（必要时进行口语报告）写出测验中各个项目所测属性，这一步可能引起较大争论，因为仁者见仁，智者见智。同一项目若有多种策略求解（比如常说的一题多解），则同一个项目可能对应不同的属性。为了简单而又能说明原理，这里不妨假定每个项目只使用一个策略。

如果专家意见基本达成一致，将所有项目中涉及的属性数目记为 K，用一个 K 行 m 列的 0—1 矩阵（$\boldsymbol{Q}$ 矩阵）记录这份试卷的属性与项目的关联（incidence）。若第 j 个项目考查了第 i 个属性，则 $q_{ij}=1$，否则，$q_{ij}=0$。如果将 $\boldsymbol{Q}$ 中相同的列仅仅保留 1 列，这时获得的测验 $\boldsymbol{Q}$ 矩阵，记为 $\boldsymbol{Q}_t$，不妨仍设 $\boldsymbol{Q}_t$ 为 $K \times m$ 矩阵。

对于上述的 $\boldsymbol{Q}_t$，塔苏卡采用行的包含关系来确定属性之间的包含关系。这里，用下述的另外一种更加方便的计算方法将塔苏卡的做法翻译出来。对于 $\boldsymbol{Q}_t$ 的任意两行，设为 $\boldsymbol{S}_i$ 和 $\boldsymbol{S}_j$，$\boldsymbol{S}_i$ 和 $\boldsymbol{S}_j$ 均为 $1 \times m$ 的 0—1 向量。如果 $\boldsymbol{S}_i - \boldsymbol{S}_j$ 的每个元素均非负，则属性 i 是属性 j 的先决属性，i，$j=1$，2，…，K。这样便由该份试卷获得了其所涉及的属性之间的层级。

[例 8-1]对于测验 $\boldsymbol{Q}$ 矩阵 $\boldsymbol{Q}_t = \begin{bmatrix} 1 & 1 & 1 & 1 & 1 \\ 1 & 1 & 1 & 0 & 1 \\ 0 & 1 & 0 & 0 & 0 \\ 0 & 0 & 1 & 0 & 0 \\ 0 & 0 & 0 & 1 & 1 \end{bmatrix}$，其行向量分别记为 $\boldsymbol{S}_1$，$\boldsymbol{S}_2$，$\boldsymbol{S}_3$，

$\boldsymbol{S}_4$，$\boldsymbol{S}_5$。显然 $\boldsymbol{S}_1 - \boldsymbol{S}_i$ 中的每一个元素均非负，$i=2$，3，4，5。故属性 A1 是其他属性的先决属性，由于 $\boldsymbol{S}_2 - \boldsymbol{S}_j$ 中的每一个元素均非负，$j=2$，3，4。故属性 A2 是 A3、A4 的先决属性，但 $\boldsymbol{S}_2 - \boldsymbol{S}_5$ 的第 4 个分量为 -1，故 A2 不是 A5 的先决属性。可知 A2 是 A4 的先决属性，对于 $\boldsymbol{Q}_t$ 中的第 1 行与第 2 行，$\boldsymbol{Q}_t$ 中其他行 $\boldsymbol{S}_j(j=3$，4，5）都不能满足 $\boldsymbol{S}_1 - \boldsymbol{S}_j$ 中的每一个元素均非负，且 $\boldsymbol{S}_j - \boldsymbol{S}_2$ 中的每一个元素均非负。故知 A1 是 A2 的直接先决属性，同样可以计算出 A2 是 A3 的先决属性，也是 A4 的先决属性，而 A1 是 A5 的先决属性，于是可以由 $\boldsymbol{Q}_t$ 导出如图 8-1

所示的属性层级关系。

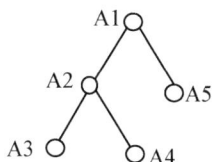

图 8-1　5 个属性的一种层级

如果将上述 Q_t 的第 1 列、第 4 列用其他符合层级关系的两列进行替换，变成

$$Q_t^{(1)} = \begin{bmatrix} 1 & 1 & 1 & 1 & 1 \\ 0 & 1 & 1 & 1 & 1 \\ 0 & 1 & 1 & 0 & 0 \\ 0 & 0 & 1 & 1 & 0 \\ 0 & 0 & 0 & 1 & 1 \end{bmatrix}，则得到 A2 是 A3，A4 和 A5 的直接先决属性，显然这与}$$

图 8-1 不符。然而这个例子只是一个展示，有时候用这种分析方法导出的层级关系与专家认定的层级关系大相径庭，这不是说这种方法是错误的，刚好相反，该方法可揭示测验编制的不合理性。

[**例 8-2**]（Sanharay & Almond，2007）有关学者（Tatsuoka，Linn，Tatsuoka & Yamamoto，1988）对带分数减法认知诊断测验进行了研究。理论上该测验含五个属性。A1：基本分数减法（同分母分数减法）。A2：分数或带分数化简。A3：从带分数中将整数分离。A4：从带分数整数部分借 1。A5：化整数为分数。专家认定的属性层级结构（下文称为专家理论上的属性及层级）是 A1，A2，A3，A5 相互独立，且互不为先决属性，而 A3 是 A4 的先决属性，由此可以给出属性及其层级关系图［图 8-2(a)］。该测验含有 15 个项目，属性与这 15 个项目的关联阵为 5×15 的 ***Q*** 矩阵（Sinharay et al.，2008）。

$$Q = \begin{bmatrix} 1 & 1 & 1 & 1 & 1 & 1 & 1 & 1 & 1 & 1 & 1 & 1 & 1 & 1 & 1 \\ 0 & 0 & 1 & 0 & 0 & 0 & 0 & 0 & 0 & 0 & 0 & 0 & 0 & 0 & 1 \\ 0 & 0 & 0 & 1 & 1 & 1 & 1 & 1 & 1 & 1 & 1 & 1 & 1 & 1 & 1 \\ 0 & 0 & 0 & 0 & 0 & 1 & 1 & 1 & 1 & 1 & 1 & 1 & 1 & 1 & 1 \\ 0 & 0 & 0 & 0 & 0 & 0 & 0 & 0 & 0 & 0 & 0 & 1 & 1 & 1 & 0 \end{bmatrix}, \quad Q_t = \begin{bmatrix} 1 & 1 & 1 & 1 & 1 & 1 \\ 0 & 1 & 0 & 0 & 0 & 1 \\ 0 & 0 & 1 & 1 & 1 & 1 \\ 0 & 0 & 0 & 1 & 1 & 1 \\ 0 & 0 & 0 & 0 & 1 & 0 \end{bmatrix},$$

将 ***Q*** 中相同的列仅保留 1 列，则 ***Q*** 简化成 5×6 矩阵，即依项目中所含属性进行分类，仅有 6 种不同项目类，得到 Q_t，Q_t 中的每一列代表一个项目类。

使用塔苏卡引入的行比较方法，可知由 Q_t 导出的属性层级是：A1 是 A2 的直接先决属性，A1 也是 A3 的直接先决属性，A3 是 A4 的直接先决属性，而 A4 是 A5 的直接先决属性。因此专家理论上的属性及层级［图 8-2(a)］与测验抽取出的属性层级[图 8-2(b)]是完全不同的。以后将会讲到这样设计的测验的危害性。

(a)专家认定的属性层级　　　　(b)测验抽取出的属性层级

图 8-2　两种属性层级

由扩张算法及期望反应模式的计算可知，由图 8-2(b)导出的 Q_s 只有 9 种不同的知识状态，这与由图 8-2(a)可以导出 24 种不同知识状态相差甚远。

第二节　认知诊断中几类矩阵及其计算

一、邻接矩阵

有了属性及其层级关系图之后，可以得到这些属性的邻接矩阵 A。比如说共 K 个属性，A 是一个 K 行 K 列的 0—1 矩阵。若 $a_{ij}=1(i,\ j=1,\ 2,\ \cdots,\ k,\ i\neq j)$，则说明属性 i 是属性 j 的直接先决属性，即只有先掌握了属性 i 才能掌握属性 j；若 $a_{ij}=0$，则说明属性 i 与属性 j 互不为先决条件。

图 8-1 所对应的邻接矩阵 A 是 5×5 矩阵，$A=\begin{bmatrix} 0 & 1 & 0 & 0 & 1 \\ 0 & 0 & 1 & 1 & 0 \\ 0 & 0 & 0 & 0 & 0 \\ 0 & 0 & 0 & 0 & 0 \\ 0 & 0 & 0 & 0 & 0 \end{bmatrix}$。

二、可达矩阵

在邻接矩阵 A 的基础上可以得到可达矩阵 R。R 也是 $K\times K$ 的 0—1 矩阵。它表示属性之间的直接和间接关系。常用的可达矩阵 R 的求取方法有两种，一种是先求邻接矩阵 A 和同阶单位矩阵 I 的和矩阵 $A+I$，我们记为 B，即 $B=A+I$，然后计算 B 和 B 的乘积，记为 B^2，再有 $B^2=B^2\cdot B$。这里的矩阵乘法与通常的矩阵乘法有一点不同，即如果相乘以后的第 i 行第 j 列元素不等于 0 则化为 1，否则保持为 0。用这种方法不断求 B 的幂，一直使得 $B^n=B^{n+1}$，一旦 $B^n=B^{n+1}$ 成立，则可达矩阵 $R=B^n$。

[例 8-3]对根据上面的邻接矩阵 A，$A+I = \begin{bmatrix} 1 & 1 & 0 & 0 & 1 \\ 0 & 1 & 1 & 1 & 0 \\ 0 & 0 & 1 & 0 & 0 \\ 0 & 0 & 0 & 1 & 0 \\ 0 & 0 & 0 & 0 & 1 \end{bmatrix} = B$，$B^2 =$

$\begin{bmatrix} 1 & 1 & 1 & 1 & 1 \\ 0 & 1 & 1 & 1 & 0 \\ 0 & 0 & 1 & 0 & 0 \\ 0 & 0 & 0 & 1 & 0 \\ 0 & 0 & 0 & 0 & 1 \end{bmatrix} = R$，故 $R = B^2$。B^2 与 B 相比，B^2 的第一行第三列所对应的元

素和第一行第四列所对应的元素均为 1，而 B 的相应元素为 0。这表示图 8-1 中从 A1 到 A3，A1 到 A4，至少有一条长度为 2 的路，即从 A1 开始至少可以通过某一个属性到达属性 A3(或者 A4)。

由 $A+I$ 计算 R 的另一种方法是 Warshall 算法，这是计算偏序关系的传递闭包的一种有效的算法，有兴趣的读者可以参考离散数学的相关内容(如左孝凌，李为鑑，刘永才，1982；屈婉玲，耿素云，张立昂，2008)。

三、潜在 Q 矩阵(Q_p)和学生 Q 矩阵(Q_s)

1. 塔苏卡关于 Q_p 的删减算法

在可达矩阵 R 的基础上，可以获得潜在 Q 矩阵(Q_p)和学生 Q 矩阵(Q_s)。塔苏卡又称潜在 Q 矩阵为简化 Q 矩阵，她记为 Q_r。这与她根据可达矩阵进行删减有关。塔苏卡对 K 个属性，建立了一个 $K \times (2^K-1)$ 的 0—1 矩阵。也就是将零向量从所有可能的含 K 行 K 列的 0—1 矩阵中删除，记为 Q，然后删去 Q 中所有不符合可达矩阵 R 规定的属性层级关系的列。

[例 8-4]图 8-1 对应的可达矩阵 R 的每一列第 1 个元素均为 1，将 Q 中所有第 1 个元素为 0 的列统统删去，而以 0 为第 1 个元素的 5 维 0—1 列向量有 $2^4 = 16$ 个，除去全零列外，共有 15 列，从 Q 中删去这 15 列，则得到仅含 16 列的矩阵 Q_1。

$$Q \rightarrow Q_1 = \begin{bmatrix} 1 & 1 & 1 & 1 & 1 & 1 & 1 & 1 & 1 & 1 & 1 & 1 & 1 & 1 & 1 & 1 \\ 0 & 0 & 0 & 0 & 0 & 0 & 0 & 0 & 1 & 1 & 1 & 1 & 1 & 1 & 1 & 1 \\ 0 & 0 & 0 & 0 & 1 & 1 & 1 & 1 & 0 & 0 & 0 & 0 & 1 & 1 & 1 & 1 \\ 0 & 0 & 1 & 1 & 0 & 0 & 1 & 1 & 0 & 0 & 1 & 1 & 0 & 0 & 1 & 1 \\ 0 & 1 & 0 & 1 & 0 & 1 & 0 & 1 & 0 & 1 & 0 & 1 & 0 & 1 & 0 & 1 \end{bmatrix},$$

Q_1 与 R 相比较，又可以删去第 3，4，5，6，7，8 列，因为在 R 中除 $\begin{bmatrix} 1 \\ 0 \\ 0 \\ 0 \\ 0 \end{bmatrix}$ 和

$\begin{bmatrix} 1 \\ 0 \\ 0 \\ 0 \\ 1 \end{bmatrix}$ 外，其他列的第二个元素不能为 0。而 Q_1 中第 3，4，5，6，7，8 列中第 2 个

元素均为 0。于是从 Q_1 中删去这 6 列，只剩下 10 列，

$$Q_1 \rightarrow Q_2 = \begin{bmatrix} 1 & 1 & 1 & 1 & 1 & 1 & 1 & 1 & 1 & 1 \\ 0 & 0 & 1 & 1 & 1 & 1 & 1 & 1 & 1 & 1 \\ 0 & 0 & 0 & 0 & 0 & 0 & 1 & 1 & 1 & 1 \\ 0 & 0 & 0 & 0 & 1 & 1 & 0 & 0 & 1 & 1 \\ 0 & 1 & 0 & 1 & 0 & 1 & 0 & 1 & 0 & 1 \end{bmatrix}_{5 \times 10},$$

Q_2 即 Q_p，这也是塔苏卡所说的简化 Q 矩阵(Q_r)。如上所示，塔苏卡(Tatsuoka，1995；2009)通过删减手段获得了简化 Q 矩阵的算法：

(1)计算可达矩阵 R，设其为 K 行 K 列；

(2)生成 K 行 2^k 列的 0—1 矩阵 Q，它由所有的 K 维 0—1 向量构成，然后删去 Q 的元素全为 0 的列，仍记为 Q；

(3)删去 Q 矩阵中与 R 矩阵表达的层级结构相冲突的列，余下的列便构成了简化的 Q 矩阵。

2. 关于 Q_p 的扩张算法

前面已经介绍了根据 R 矩阵获取 Q_p 的扩张算法(Ding，Luo，Cai，Lin & Wang，2008；丁树良，祝玉芳，2009；杨淑群，蔡声镇，丁树良，林海菁，丁秋林，2008)，这时获得的 Q 矩阵即为 Q_p。可以证明，Q_p 与塔苏卡的 Q_r 是等同的。

扩张算法与塔苏卡的缩减算法类似于数理统计中的向前回归和向后回归。扩张算法可以抽象为：

(1)给出 K 阶可达矩阵 R，令 $Q = R$；

(2)对 Q 中的第 j 列，让其分别和其右边的所有列作布尔加法运算，如果所得的和向量与 Q 中已有列向量皆不相同，则将新向量添加到 Q 的最右边，所获得的新矩阵仍记为 Q，$j = 1，2，\cdots，K$。

在可达矩阵的基础上，由扩张算法导出的 Q 矩阵称为潜在 Q 矩阵(Q_p)的原

因是，$\boldsymbol{Q}_p$ 中的每一列都可以对应这个内容领域中的一类项目，所以它的列是"潜在"的项目类的集合。如果将零列放在 $\boldsymbol{Q}_p$ 中，所得到的 $\boldsymbol{Q}$ 矩阵称为学生 $\boldsymbol{Q}$ 矩阵，记为 $\boldsymbol{Q}_s$，$\boldsymbol{Q}_s$ 中每一列代表一类被试的知识状态。

第三节　如何计算期望反应模式

给定一个认知诊断测验，其中每个项目所测试的属性应该标记出来，被试在既不猜测也不失误的理想情况下，对项目的反应称为期望反应（也常常称为理想反应），即被试若掌握了该项目所含的所有属性，则做对该项目（不失误），当被试对项目所含属性并没有完全掌握时，则做错该项目（无猜测），这便是无补偿作用的认知过程中的期望反应。如果对测验中的所有项目，被试均会做出理想反应，那么所获得的得分模式为 ERP。一般来说，只要测验设计合理（请参见第四节如何提高认知诊断的构念效度），如果被试的反应均是期望反应，那么估计被试的知识状态就很容易。

一、塔苏卡如何计算期望反应模式

塔苏卡在从测验中提取出属性及其层级关系之后，对给定的测验 $\boldsymbol{Q}$ 矩阵（$\boldsymbol{Q}_t$），她希望引入一个布尔描述函数（BDF）以完成期望反应模式的计算。为了说明这一方法的合理性，她给出了一系列概念，比如她定义了 $\boldsymbol{Q}$ 矩阵表示属性关系的行空间（L_A）和表示项目关系的列空间（L_I），并声称 L_A 和 L_I 在行（列）的包含关系之下是布尔格。然而丁树良等人指出，L_A 和 L_I 并不一定能构成布尔格，因为有限布尔格中所含元素的个数一定是 2^p，其中 p 为正整数（左孝凌等人，1982；Kolman，Busby & Ross，1996）。比如三个呈线性结构的属性，其对应的 $\boldsymbol{Q}_p$ 为 $\begin{pmatrix} 1 & 0 & 0 \\ 1 & 1 & 0 \\ 1 & 1 & 1 \end{pmatrix}$，3 无论如何也不能表示成 2 的正整数幂。

其实有了属性及其层级关系，给定 $\boldsymbol{Q}_t$，期望反应模式的计算是十分容易实现的，完全没有必要将这一简单问题复杂化。

二、计算期望反应模式的简便方法

期望反应模式的简便计算可以归纳如下：给出测验 $\boldsymbol{Q}$ 矩阵，记为 $\boldsymbol{Q}_t$，这是 $k \times m$ 阵，给出被试 $\boldsymbol{Q}$ 矩阵 $\boldsymbol{Q}_s$，设 $\boldsymbol{Q}_s$ 为 $k \times N$ 阵。

（1）取任 $\boldsymbol{Q}_s$ 中一列 $\boldsymbol{\alpha}_i$，对于 $\boldsymbol{Q}_t$ 中每一列 $\boldsymbol{q}_j$，如果 $\boldsymbol{\alpha}_i - \boldsymbol{q}_j$ 每个分量均非负，则 $v_{ij}=1$，否则 $v_{ij}=0$，$i=1, 2, \cdots, N$，$j=1, 2, \cdots, m$。

这时 $V=[v_{ij}]$ 是一个 $N\times m$ 的矩阵，它是一个期望反应模式矩阵，每一行表示一个被试对 Q_t 的一个期望反应模式，上述 $\boldsymbol{\alpha}_i-\boldsymbol{q}_j$ 是向量的减法，定义为对应元素相减，由于 $\boldsymbol{\alpha}_i$，$\boldsymbol{q}_j$ 中的元素均为 0，1，故 $\boldsymbol{\alpha}_i-\boldsymbol{q}_j$ 中每个元素只能是 -1，0，1。

[例 8-5]如例 8-4 所示，$Q_s=\begin{bmatrix} 1 & 1 & 1 & 1 & 1 & 1 & 1 & 1 & 1 & 1 & 0 \\ 0 & 1 & 1 & 1 & 0 & 1 & 1 & 1 & 1 & 1 & 0 \\ 0 & 0 & 1 & 0 & 0 & 0 & 1 & 1 & 0 & 1 & 0 \\ 0 & 0 & 0 & 1 & 0 & 0 & 1 & 0 & 1 & 1 & 0 \\ 0 & 0 & 0 & 0 & 1 & 1 & 0 & 1 & 1 & 1 & 0 \end{bmatrix}$，这是

5×11 矩阵，设给出的测验蓝图为 $Q_t=\begin{bmatrix} 1 & 1 & 1 & 1 & 1 \\ 1 & 1 & 1 & 0 & 1 \\ 0 & 1 & 0 & 0 & 0 \\ 0 & 0 & 1 & 0 & 0 \\ 0 & 0 & 0 & 1 & 1 \end{bmatrix}$，这是 5×5 矩阵，显然

Q_s 第 1 列 α_1 与 Q_t 各列相减均出现负元素，故 $v_1=(0, 0, 0, 0, 0)$，Q_s 第 2 列 α_2 与 Q_t 各列相减，只有一个差向量中所有元素均非负，故 $v_2=(1, 0, 0, 0, 0)$，而 Q_s 第 10 列与 Q_t 中各列相减，所得差向量中的元素均非负。故对应的 ERP 为 $(1, 1, 1, 1, 1)$。请注意这个例子中，Q_s 中 α_1 与 α_{11} 对应同一个 ERP。

第四节　如何提高认知诊断的构念效度

一、塔苏卡的充分 Q 矩阵

正如例 8-2 所示，对于"翻新"来说，测验所蕴含的属性层级与专家所认定的层级很可能不一致。纵使是事先认定了属性及其层级关系，但由编制出的测验挖掘出的层级关系却也可能与专家认定的不一致。在这种情况下，测验的构念效度（construct validity）就低。为了解决这个问题，塔苏卡早在 1995 年就给出了充分 Q 矩阵的概念，即如果 Q_t 的行表示属性，则使用逐行比较的方法挖掘出属性之间的层级关系，这个层级关系如果可以对应专家认定的可达矩阵，那么这个 Q_t 就是充分 Q 矩阵，如例 8-5 中的 Q_t 就是一个充分 Q 矩阵。但是正如例 8-5 所示，Q_s 中的完全不同的两类被试（他们的知识状态分别为 α_1 与 α_{11}）却对应同一个期望反应模式。

当然塔苏卡（Tatsuoka，1995；2009）意识到充分 Q 矩阵也不一定能够将所有被试分类，更不一定能将被试都正确分类。她表示，充分 Q 矩阵不一定是合适（appropriate）Q 矩阵（Tatsuoka，2009）。同时她称对应于同一个期望反应模式的

知识状态的集合为一个知识状态等价类(equivalent class)。显然这个等价类是定义在 Q_s 的列上,由测验 Q 矩阵(Q_t)决定的。下面的例子表明,纵使是充分 Q 矩阵也不能保证每个知识状态等价类仅仅包含唯一一个知识状态。同时这个例子还表明,纵使讨论构念效度,是充分 Q 矩阵的也不一定会比不是充分 Q 矩阵的更

好。比如有三个独立属性,令 $Q_1 = \begin{pmatrix} 1 & 0 & 1 \\ 1 & 1 & 0 \\ 0 & 1 & 1 \end{pmatrix}$,$Q_2 = \begin{pmatrix} 1 & 0 & 1 \\ 0 & 1 & 0 \\ 0 & 0 & 1 \end{pmatrix}$,显然 Q_1 是充分

Q 矩阵,根据 Q_2 可得属性 1 是属性 3 的先决属性,故 Q_2 不是充分 Q 矩阵,但是

Q_2 对应的测验仅仅使知识状态 $\begin{pmatrix} 0 \\ 0 \\ 0 \end{pmatrix}$ 与 $\begin{pmatrix} 0 \\ 0 \\ 1 \end{pmatrix}$ 的 ERP 相等,$\begin{pmatrix} 0 \\ 1 \\ 0 \end{pmatrix}$ 与 $\begin{pmatrix} 0 \\ 1 \\ 1 \end{pmatrix}$ 的 ERP 相等,而

Q_1 却使 $\begin{pmatrix} 1 \\ 0 \\ 0 \end{pmatrix} \begin{pmatrix} 0 \\ 1 \\ 0 \end{pmatrix} \begin{pmatrix} 0 \\ 0 \\ 1 \end{pmatrix}$ 与 $\begin{pmatrix} 0 \\ 0 \\ 0 \end{pmatrix}$ 的 ERP 相等,即 Q_2 对应了 6 个不同的 ERP,Q_1 只能对

应 5 个不同的 ERP。因此在认知诊断测验中,一般来说使用 Q_1 比使用 Q_2 效果会差一些。至少应用 AHM 或者 RSM 的时候,分类的类中心缺少一个,从而增加了错误判别的可能性,其实 DINA 模型也存在同样的问题。这个例子表明,充分 Q 矩阵的概念不一定能够达到提高认知诊断的效度的效果。

二、充分必要 **Q** 矩阵

(一)认知诊断原理剖析

给出属性及其层级关系(A&H),可以得到属性的邻接矩阵 A,计算 A 和单位矩阵 I 的和,对这个和矩阵进行幂运算,可以得出可达矩阵 R,由可达矩阵 R 可以导出 Q_p 及 Q_s。而认知诊断测验对应的属性和项目关联矩阵 Q_t 的每一列均来自 Q_p,故可以说 Q_t 是 Q_p 的一个子矩阵(不论列的排列顺序),于是有图 8-3。

A&H ⟺ 邻接矩阵A ⟺ 可达矩阵R⟺ Q_p ⟺ Q_s

⇓

Q_t

(a)A&H 与各类 Q 矩阵之间的联系

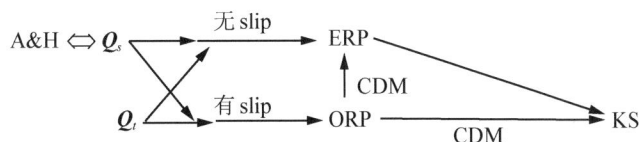

(b)认知诊断原理示意图

图 8-3 原理剖析

图 8-3(a)中的⇒表示由左可以得到右，即左边是右边的充分条件，而⇔表示双方可以互相推导，即左右两边互为充要条件。图 8-3(a)中除 $A \Leftrightarrow R$ 需要解释之外，其他都是不言而喻的。而如前所述，$A \Leftrightarrow R$ 是显然的，但这里 R 表示的是一个偏序关系(partial relation)的可达矩阵，由清洗算法(丁树良，罗芬，2005)可以导出邻接关系矩阵 A。

图 8-3(b)表示由 Q_s 和 Q_t 可以导出 ERP，即知识状态集合(Q_s 中列的集合)在 Q_t 之下，可以获得 ERP。被试在测验上的反应向量，称为观察反应模式(ORP)。有的认知诊断模型(CDM)，比如规则空间模型、属性层级模型，以及广义距离判别分类方法(GDD 分类方法，孙佳楠，张淑梅，辛涛，包钰，2011)，都建立了由 ORP 到 ERP 的关系，所以图 8-3(b)在 ORP→ERP 的箭头旁边写上了 CDM 的字样；如果 ERP 集合又可以和 KS 集合建立起一一对应关系，那么就可以建立起 ORP 与 KS 之间的关系，GDD 分类方法的工作原理就是这样的。实际上，确定性输入噪声"与门"模型(DINA)，也是建立在 ORP、ERP 与 KS 之间联系的基础上的，所以如果能建立一个 Q_t，使 ERP 集合与 KS 集合之间建立一一对应关系，则能提高认知诊断的分类准确率。

(二)Q 矩阵理论拓展之一，充分必要 Q 矩阵

[**例 8-6**](续例 8-5)例 8-5 中 $Q_t = \begin{bmatrix} 1 & 1 & 1 & 1 & 1 \\ 1 & 1 & 1 & 0 & 1 \\ 0 & 1 & 0 & 0 & 0 \\ 0 & 0 & 1 & 0 & 0 \\ 0 & 0 & 0 & 1 & 1 \end{bmatrix}$，又记

$$Q_t^{(1)} = \begin{bmatrix} 1 & 1 & 1 & 1 & 1 & 1 \\ 0 & 1 & 1 & 1 & 0 & 1 \\ 0 & 0 & 1 & 0 & 0 & 0 \\ 0 & 0 & 0 & 1 & 0 & 0 \\ 0 & 0 & 0 & 0 & 1 & 1 \end{bmatrix},$$

$Q_t^{(1)}$ 是取 Q_s 中的前 6 列构成的测验 Q 矩阵，则因为 Q_s 中含 11 列，代表 11 类被试，故理想反应模式集合中含 11 行 6 列，记为 ERP_1，而例 8-5 中 Q_t 对应的 ERP 矩阵为 11 行 5 列，记为 **ERP**。

$$
\mathbf{ERP}_1 = \begin{bmatrix} 1 & 0 & 0 & 0 & 0 & 0 \\ 1 & 1 & 0 & 0 & 0 & 0 \\ 1 & 1 & 1 & 0 & 0 & 0 \\ 1 & 1 & 0 & 1 & 0 & 0 \\ 1 & 0 & 0 & 0 & 1 & 0 \\ 1 & 1 & 0 & 0 & 1 & 0 \\ 1 & 1 & 1 & 1 & 0 & 0 \\ 1 & 1 & 1 & 1 & 0 & 1 \\ 1 & 1 & 1 & 0 & 1 & 1 \\ 1 & 1 & 1 & 1 & 1 & 1 \\ 0 & 0 & 0 & 0 & 0 & 0 \end{bmatrix}, \qquad \mathbf{ERP} = \begin{bmatrix} 0 & 0 & 0 & 0 & 0 \\ 1 & 0 & 0 & 0 & 0 \\ 1 & 1 & 0 & 0 & 0 \\ 1 & 0 & 1 & 0 & 0 \\ 0 & 0 & 0 & 1 & 0 \\ 1 & 0 & 0 & 1 & 1 \\ 1 & 1 & 1 & 0 & 0 \\ 1 & 1 & 0 & 1 & 1 \\ 1 & 0 & 0 & 1 & 1 \\ 1 & 1 & 1 & 1 & 1 \\ 0 & 0 & 0 & 0 & 0 \end{bmatrix}。
$$

可见 $\mathbf{ERP}_1$ 中各个行（每一个行对应一个 $\mathbf{ERP}$）都不相同，而 $\mathbf{ERP}$ 中第一行和最后一行相同。为什么会产生这种现象？因为 $\boldsymbol{Q}_t^{(1)}$ 与 $\boldsymbol{Q}_t$ 的差别是 $\boldsymbol{Q}_t^{(1)}$ 包含了可达矩阵 $\boldsymbol{R}$，而由例 8-6 可知 $\boldsymbol{Q}_t$ 能由行的包含关系导出可达矩阵 $\boldsymbol{R}$，但不包含可达矩阵 $\boldsymbol{R}$。

事实上，我们有如下定理（丁树良，杨淑群，汪文义，2010；丁树良，汪文义，杨淑群，2011）。

定理 1　假设所讨论的认知属性对认知任务所起的作用是非补偿、连接的，并且采用 0—1 计分方式，则 $\boldsymbol{Q}_t$ 中包含可达矩阵 $\boldsymbol{R}$ 是使知识状态与期望反应模式建立起一一对应关系的充要条件。

以后我们称包含可达矩阵的 $\boldsymbol{Q}_t$ 为充分必要 $\boldsymbol{Q}$ 矩阵（简称充要 $\boldsymbol{Q}$ 矩阵）以与塔苏卡（Tatsuoka，1995，2009）所给的充分 $\boldsymbol{Q}$ 矩阵的概念进行区分。

定理 1 的证明需要一些图论知识和偏序关系方面的知识，这里略去，有兴趣的读者可以找相关的参考文献（丁树良等，2010）。

（三）如何评价 $\boldsymbol{Q}_t$ 代表属性及其层级关系的程度？

给出属性及其层级关系（A&H），以及相应的测验 $\boldsymbol{Q}$ 矩阵（$\boldsymbol{Q}_t$），$\boldsymbol{Q}_t$ 在多大程度上可以代表 A&H？这是一个有趣的问题，因为若 $\boldsymbol{Q}_t$ 不能充分代表 A&H，则理论构念效度就必然有问题。我们引入一个指标，叫作理论构念效度（theoretic construct validity，TCV），以度量 $\boldsymbol{Q}_t$ 代表 A&H 的程度。我们可以考虑另外一个问题，是否有不能导出可达矩阵的 $\boldsymbol{Q}_t$？比如，$\boldsymbol{Q}_t = \begin{pmatrix} 1 & 1 \\ 1 & 0 \\ 0 & 1 \end{pmatrix}$，由行的包含关系知 A1 是 A2 和 A3 的直接先决属性，而 A1 和 A2 无关，即 $\boldsymbol{R} = \begin{pmatrix} 1 & 1 & 1 \\ 0 & 1 & 0 \\ 0 & 0 & 1 \end{pmatrix}$；但若 $\boldsymbol{Q}_t$

有零行，如 $\begin{pmatrix} 1 & 1 \\ 1 & 0 \\ 0 & 0 \end{pmatrix}$，则无法确定可达矩阵 $\boldsymbol{R}$，因为 $\boldsymbol{Q}_t$ 有 3 行，理论上就应该有 3

个属性，$\boldsymbol{Q}$ 矩阵中仅仅出现了两个非零行，而第三行代表的第三个属性与项目如

何关联，却无法确定；另外，如果 $\boldsymbol{Q}$ 矩阵所有列都相同，即本质上只有一列，如

$\boldsymbol{Q}_t = \begin{pmatrix} 1 \\ 1 \\ 1 \end{pmatrix}$，则也很难确定 $\boldsymbol{R}$，因为 3 个属性仅仅以一种模式出现在项目中。

如果 $\boldsymbol{Q}_t$ 代表的层级可以导出可达矩阵 $\boldsymbol{R}_1$，由扩张算法得到 $\boldsymbol{Q}_p^{(1)}$ 和 $\boldsymbol{Q}_s^{(1)}$，而由专家给出的 A&H 导出的可达矩阵为 $\boldsymbol{R}$，由扩张算法得到 $\boldsymbol{Q}_p$ 及 $\boldsymbol{Q}_s$。设 $\boldsymbol{Q}_s$ 的列为 N，而 $\boldsymbol{Q}_s^{(1)}$ 与 $\boldsymbol{Q}_s$ 共同的列数为 N_1，则 $\boldsymbol{Q}_t$ 的理论构念效度定义为 $\mathrm{TCV}(\boldsymbol{Q}_t)$；

$$\mathrm{TCV}(\boldsymbol{Q}_t) = \frac{N_1}{N}。$$

[例 8-7]利用例 8-2 中所求得的 $\boldsymbol{Q}_t$，我们可以计算出该 $\boldsymbol{Q}_t$ 所对应的 TCV 值，$\mathrm{TCV}(\boldsymbol{Q}_t) = \frac{9}{24} = 0.375$，这个理论构念效度是比较低的。如果 $\boldsymbol{Q}_t$ 为充要 $\boldsymbol{Q}$ 矩阵，自然其对应的理论构念效度应为 1。

（四）充要 $\boldsymbol{Q}$ 矩阵的作用

充要 $\boldsymbol{Q}$ 矩阵的定义及定理 1 表明了可达矩阵在认知诊断测验编制中的重要作用。为了说明充要 $\boldsymbol{Q}$ 矩阵的作用，我们进行了一些模拟测验，获得了一些结果。在这些模拟测验中，我们依照莱顿等人（Leighton et al.，2004）的做法，着重考察了四种基本的层次结构，它们分别为线型（L）、收敛型（C）、分支型（D）及无结构型（U）。事实上，塔苏卡等人的研究中还使用了一种独立型结构（I）。其他更复杂的结构可以由这五种结构组合而成。

图 8-4 为当 $K = 8$ 时，各种结构类型的示意图。

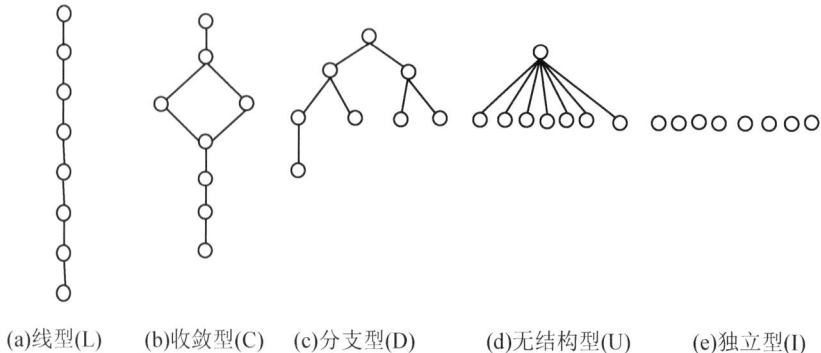

(a)线型(L)　　(b)收敛型(C)　　(c)分支型(D)　　(d)无结构型(U)　　(e)独立型(I)

图 8-4　五种属性层次关系

杨淑群等人(2009)给出了层级关系松散度的定义；设有 K 个属性，其对应的学生 **Q** 矩阵(Q_s)共有 N 列，则其松散度为 $\frac{N}{2^k}$，而其紧密度为 $1-\frac{N}{2^k}$。例如，图 8-4(a)线型，其松散度为 $\frac{7}{2^6}$，其紧密度为 $1-\frac{7}{2^6}$。而对于图 8-4(e)独立型，其松散度为 1，紧密度为 0。

1. 可达矩阵对诊断准确率的影响

用 $j \in Q_p-R$ 表示项目 j 所含属性等同于 Q_p 的列，而不等同于 **R** 的列。由于对于线型结构而言，$R=Q_p$，这时 Q_p-R 表示空集合，而这时用无结构型的 Q_p 代表线型对应的 Q_p。故取出的项目 $j \in Q_p-R$ 必定不满足线型结构。同样地，对于收敛型结构而言，Q_p-R 中仅含有少数项目类。比如对于图 8-5(a)来讲，Q_p-R 仅含 4 个项目类：含属性 1，2，3，4 的一类；含属性 1，2，3，5 的一类；含属性 1，2，4，5 的一类；含属性 1，2，3，4，5 的一类。(图 8-5)

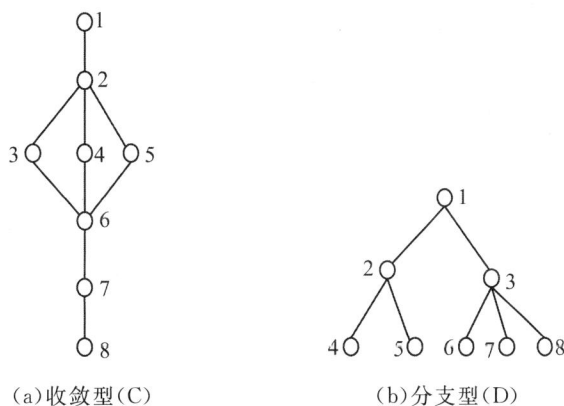

(a)收敛型(C)　　　　　(b)分支型(D)

图 8-5　具体属性层次关系

实验设计：测验蓝图 1，2，3，4 分别表示 Q_t 中含 5 个、3 个、1 个及 0 个可达矩阵；每个知识状态(含未掌握一个属性的知识状态)模拟 30 人，对于图 8-4(a)、图 8-5(a)、图 8-5(b)及图 8-4(d)的 L、C、D、U 这四种类型，各模拟被试 270 人、390 人、1 380 人及 3 870 人，重复 6 次。

计算测验的边际判准率和模式判准率及模式判准率的标准差(SD)。如上所述，对于线型，由于 Q_p-R 中的项目的特殊性，故不含 **R** 的测验判准率低(丁树良，汪文义，杨淑群，2011)。

表 8-1 测验蓝图不同对诊断准确率的影响

结构	蓝图	边际判准率（MMR）均值								模式判准率（PMR）	
		A1	A2	A3	A4	A5	A6	A7	A8	M	SD
1(L) 270 人	1	0.993	0.993	0.990	0.993	0.990	0.994	0.994	0.995	0.944	0.017
	2	0.969	0.964	0.951	0.942	0.954	0.941	0.936	0.955	0.784	0.040
	3	0.884	0.914	0.890	0.918	0.946	0.930	0.964	0.967	0.691	0.063
	4	0.743	0.743	0.839	0.836	0.847	0.864	0.860	0.824	0.482	0.080
2(C) 390 人	1	0.992	0.996	0.984	0.981	0.980	0.996	0.994	0.997	0.925	0.017
	2	0.989	0.982	0.978	0.974	0.978	0.991	0.983	0.993	0.896	0.021
	3	0.964	0.947	0.948	0.941	0.938	0.966	0.965	0.991	0.771	0.016
	4	0.615	0.687	0.911	0.912	0.909	0.845	0.920	0.997	0.448	0.005
3(D) 1 380 人	1	0.999	0.987	0.993	0.977	0.983	0.976	0.977	0.977	0.880	0.009
	2	0.997	0.976	0.982	0.960	0.965	0.958	0.965	0.960	0.802	0.011
	3	0.984	0.944	0.947	0.943	0.926	0.927	0.913	0.959	0.706	0.018
	4	0.792	0.811	0.824	0.858	0.864	0.817	0.846	0.892	0.486	0.016
4(U) 3 870 人	1	0.999	0.972	0.975	0.971	0.973	0.974	0.975	0.975	0.830	0.009
	2	0.998	0.951	0.950	0.952	0.949	0.948	0.953	0.949	0.716	0.009
	3	0.989	0.884	0.886	0.885	0.889	0.880	0.886	0.891	0.517	0.014
	4	0.935	0.794	0.758	0.773	0.754	0.751	0.732	0.808	0.348	0.033

注：蓝图 1，2，3，4 分别含有 5 个、3 个、1 个、0 个可达矩阵；SD 表示对同一蓝图，进行 6 次随机试验的标准差；M 对应的列表示模式判准率。由于表格限制，边际判准率标准差未列入表中。

2. 可达矩阵在测验编制中的作用

有研究者（Henson & Donglay，2005）讨论过认知诊断测验的构造问题，给出了项目 j 关于任意两个知识状态 α_u 和 α_v 的 Kullback-Leibler（K-L）距离 D_{juv} 的平均值 $\overline{D_j}$，以及项目 j 的加权 K-L 信息量。

为了说明他们的指标的效果，他们设计了 Monte Carlo 模拟，对于 8 个独立型属性，设计 Q_t 中每个项目至少含两个属性。这样他们的 Q_t 肯定不是充分必要 Q 矩阵。有学者（Zeng，Ding & Gen，2010）设置了一个试验用可达矩阵置换 Q_t 中的项目，以保持项目数不变（对于植入了可达矩阵 $\boldsymbol{R}$ 的方法，用方法名字后面添加带括号的 $\boldsymbol{R}$ 表示）。将其和 Q_t 中不含 $\boldsymbol{R}$ 的情况进行对比。

与使用 MKLI 计算极大化 K-L 信息量的均值（$\overline{D_j}$）相同，用 MCDI 表示极大化指标 CDI_j，而用 MKLI(R) 表示使用 MKLI 和 MCDI 时，选题对优先选择可达矩阵 $\boldsymbol{R}$ 对应的项目，余下的项目用 MKLI 和 MCDI 准则选取。测验对应的层级如

图 8-4 中的(a)(b)(c)(e)。亨森和道格拉斯仅讨论独立型(用 4e 对应的层级),对其他层级他们没有给出相应结果。另外,实验安排了随机选题以作为对比。测验结果的报告介绍了 30 次重复实验的模式判准率和平均边际判准率(表 8-2)。

表 8-2　模式判准率及平均边际判准率

	层级类型	MKLI(R)	MKLI	MCDI(R)	MCDI	H&D	随机
模式	线　型	0.748 9	0.618 9	0.768 9	0.628 9		0.116 7
	收敛型	0.577 9	0.525	0.574 3	0.452 5		0.073 6
	分支型	0.584 4	0.389 4	0.583 6	0.389 4		0.026 9
	独立型	0.454 8	0.285 7	0.462 2	0.288 4	0.232	0.003 4
	层级类型	MKLI(R)	MKLI	MCDI(R)	MCDI	H&D	随机
边际	线　型	0.961 1	0.909 6	0.962 6	0.912 2		0.548 1
	收敛型	0.963 5	0.916	0.936 5	0.885 4		0.506 1
	分支型	0.938 3	0.895 2	0.938 5	0.894 3		0.507 2
	独立型	0.906 7	0.862 2	0.907 6	0.862 6	0.772	0.498 5

注:表 8-2 中 H&D 表示亨森和道格拉斯采用的方法。

由表 8-2 可以看出,不论是哪一类层级结构,也不论是采用 MKLI 方法还是 MCDI 方法,在选题的过程中,优先使用了可达矩阵所对应的项目以后,其模式判准率及平均边际判准率均得到了提高。

3. 使用充要 Q 矩阵作为测验蓝图可部分弥补项目质量的不足

上文表明,Monte Carlo 的试验结果说明充要 Q 矩阵对提高诊断准确率有作用,以下说明充要 Q 矩阵甚至可以在一定程度上弥补项目质量的不足。(吴智辉,甘登文,丁树良,2011)

使用 DINA 模型,为了考察充要 Q 矩阵是否对项目质量有补偿作用,我们设计了一个对比试验,其中一个 $Q_t^{(1)}$ 矩阵为充要 Q 矩阵,而可达矩阵 R 对应的项目的质量较差,即其 $S_j + G_j$ 较大,而对比试验中 $Q_t^{(2)}$ 和 $Q_t^{(1)}$ 的项目数相同,不同的仅仅是 $Q_t^{(1)}$ 中的 R 所对应的项目被 Q_p 中的 R 所对应的项目取代,且这一部分项目的 $S_j + G_j$ 相对偏小一点,即质量高一点。测量蓝图的设计有 4 个水平,其中前 3 个水平的测验 Q 矩阵分别含 0 个、1 个和 3 个可达矩阵,第 4 个水平的 Q_t 中除尽可能多地包含整个可达矩阵 R 之外,其他部分的项目还是与 R 中的列相对应的(比如测验长度为 28,可达矩阵 R 为 8×8 矩阵,则使 Q_t 含 3 个可达矩阵,还有另外 4 个项目也对应于可达矩阵 R 的列)。我们称这个测验蓝图为全部取自 R 的列,在表中简记该试验条件为"全"。对于线型,所谓含 0 个可达矩阵是从 R 中随机取 5 列,重复 6 次;仅含 1 个可达矩阵时,其他 22 个项目的构成方法是从可达矩阵 R 中任取 2 个项目,重复 11 次;仅含 3 个可达矩阵时,余下项目是从 R 中任取 1 列,重复 6 次。对于项目质量分成可达矩阵对应项目及扩张部分对应项目两部分考虑，每部分均考虑 7 个水平(表 8-3)。

表 8-3 项目参数变化水平

项目参数水平	L1	L2	L3	L4	L5	L6	L7
可达矩阵中项目参数	0.1, 0.1	0.2, 0.2	0.15, 0.15	0.3, 0.3	0.2, 0.2	0.45, 0.45	0.05, 0.45
扩张部分	0.1, 0.1	0.1, 0.1	0.15, 0.15	0.15, 0.15	0.2, 0.2	0.2, 0.2	0.2, 0.2

由于线型结构中的项目都是由可达矩阵中的项目构成的，故当只含有 0 个可达矩阵时，从 R 中随机选取 5 个项目，重复 6 次，表示没有包含完整的 R 矩阵；仅含 1 个可达矩阵时，剩余 22 个项目是从 R 中随机抽取 2 个项目，重复 11 次；含有 3 个可达矩阵时，剩余 6 个项目是从 R 中随机抽取 1 个，重复 6 次。而其他三种层级结构下的剩余项目是从可达矩阵扩张部分的列中抽取(表 8-4)。

表 8-4 不同属性层级结构、测验蓝图以及项目参数水平下的模式判准率

结构	实验	L1	L2	L3	L4	L5	L6	L7
线型	0	0.582	0.573	0.565	0.563	0.497	0.477	0.463
	1	0.783	0.722	0.753	0.692	0.688	0.666	0.648
	3	0.918	0.910	0.909	0.892	0.888	0.852	0.832
	全	0.934	0.926	0.927	0.922	0.921	0.876	0.864
收敛型	0	0.502	0.503	0.448	0.441	0.421	0.415	0.411
	1	0.741	0.655	0.721	0.641	0.661	0.643	0.614
	3	0.891	0.880	0.878	0.865	0.854	0.839	0.812
	全	0.922	0.911	0.914	0.895	0.897	0.865	0.843
分支型	0	0.486	0.473	0.433	0.420	0.414	0.408	0.408
	1	0.676	0.593	0.640	0.553	0.622	0.596	0.574
	3	0.863	0.842	0.847	0.833	0.823	0.801	0.783
	全	0.893	0.885	0.885	0.873	0.878	0.862	0.824
无结构型	0	0.363	0.358	0.326	0.322	0.301	0.297	0.292
	1	0.517	0.442	0.453	0.375	0.437	0.416	0.408
	3	0.733	0.716	0.722	0.706	0.710	0.674	0.665
	全	0.809	0.803	0.807	0.791	0.803	0.763	0.747

注：除线型结构在正文中做了特别说明之外，对其他层级结构而言，"实验"一列中的数字 0，1，3 分别表示为含 0 个、1 个、3 个可达矩阵，全部用可达矩阵中的项目。当测验蓝图含有 0 个可达矩阵，即不含可达矩阵时，所有实验项目的失误参数和猜测参数都相同。

4. 充要 Q 矩阵在认知诊断模型开发中的作用

充要 Q 矩阵的概念不仅仅可以用在测验编制上，以改善认知诊断的精度，还可以用来作为构造认知诊断模型的部件。孙佳楠等人(2011)创建了一个广义距离判别(GDD)分类方法，用于认知诊断分类。

他们设给出了潜在 **Q** 矩阵(Q_p)、学生 **Q** 矩阵(Q_s，它是 $K \times S$ 矩阵)以及测验 **Q** 矩阵(Q_t)，测验 Q_t 是一个充要 **Q** 矩阵，它是 $K \times m$ 阵，设有得分矩阵为 $N \times m$ 阵，其中第 i 行记为 $x_i = (x_{i1}, x_{i2}, \cdots, x_{im})$。而期望反应模式矩阵为 $S \times m$ 阵，记为 y，其中第 t 行向量为 $y_t = (y_{t1}, y_{t2}, \cdots, y_{tm})$。令 P_{ij} 为 0—1 计分 Logistic 反应函数，$Q_{ij} = 1 - P_{ij}$。令 $G(t) = \sum_{j=1}^{m} |x_{ij} - y_{tj}| P_{ij}^{x_{ij}} Q_{ij}^{1-x_{ij}}$，则使 $G(t)$ 达到最小的 $G(t_0)$ 对应的 y_{t_0} 即为观察反应模式 x_i 对应的期望反应模式。由于 Q_t 为充要 **Q** 矩阵，故与 y_{t_0} 对应的 Q_s 中的知识状态 α_{t_0} 是 x_i 对应的知识状态。综上所述，GDD 分类方法的基本原理是设 $G(t_0) = \arg \min_{y_t \in ERP} \sum_{j=1}^{m} |x_{ij} - y_{tj}| P_{ij}^{x_{ij}} Q_{ij}^{1-x_{ij}}$，则由 $x_i \to y_{t_0} \leftrightarrow \alpha_{t_0}$，知 $x_i \to \alpha_{t_0}$。

至于充要 **Q** 矩阵的其他应用，如在 CD-CAT 选题策略中的应用、在项目属性的计算机辅助标识中的应用等，在后面章节介绍。

第五节　**Q** 矩阵理论的评注

一、对塔苏卡的 **Q** 矩阵理论的简单回顾

1995 年，塔苏卡对自己的 **Q** 矩阵理论进行了介绍：

Hence，the first part of the rule space methodology is devoted to determining unobservable knowledge states and representing them by observable item response patterns (called Q-matrix theory).

即 **Q** 矩阵理论可以确定不可直接观察的知识状态，并且用可以直接得到的观察反应模式表示这些知识状态。

简单回顾一下塔苏卡关于 **Q** 矩阵理论的工作，可以归纳为：

(1)使用 **Q** 矩阵这个数学工具描述属性与项目的关联。

(2)创建从 **Q** 矩阵中提取属性之间层级关系的方法，即将表示属性的行互相比较，找出包含关系，确定属性之间的先决关系及直接先决关系。

(3)有了属性之间的直接先决关系，塔苏卡根据图论，给出属性的邻接矩阵 **A**，并介绍了由邻接矩阵 **A** 导出可达矩阵 **R** 的方法。可达矩阵 **R** 可表示属性之间所有先决关系及直接先决关系。

(4)假设所讨论的内容领域仅仅包含 K 个属性，塔苏卡列出所有的 K 维 0—1 列向量，然后从中删除不符合可达矩阵 **R** 规定的层级关系的列，这样便导出

了简化 Q 矩阵，我们这里将这种方法称为"由缩减方法基于可达矩阵给出了计算简化 Q 矩阵(Q_r)"。

(5)给出计算期望反应模式的方法。

(6)给出了充分 Q 矩阵的概念和知识状态等价类的概念，希冀提高认知诊断测验的构念效度。

上述的(2)(3)(4)点确定了不可直接观察的知识状态，(5)(6)两点是企图用观察反应模式表示[第(6)点甚至是为了更好地表示]这些知识状态。

当然塔苏卡还给出了评价观察反应模式和理想反应模式拟合好坏的指标，如个体一致性指标(individual conformity index，ICI)和反映被试组与组之间一致性的常模一致性指标(norm conformity index，NCI)，也给出了描述项目与属性之间关系的项目树。

二、Q 矩阵理论的修正及扩展

(一)塔苏卡的 Q 矩阵理论的修正

因为几乎所有的认知诊断都使用了 Q 矩阵，都必须解决观察反应模式与知识状态对应的问题，而这些就是 Q 矩阵及 Q 矩阵理论研究的问题。塔苏卡的 Q 矩阵理论中存在一些错误(Ding，Luo，Cai，Lin & Wang，2008；丁树良，祝玉芳，林海菁，蔡艳，2009)和不足。这些错误使得 Q 矩阵理论出现混乱，不能深入发展，而不足之处又削弱了 Q 矩阵理论的功能。这里我们整理了一些关于 Q 矩阵理论的修正和扩展的内容。

(1)指出塔苏卡的 Q 矩阵理论存在的问题(比如，误认为 L_A 和 L_I 是布尔格)；

(2)指出概念格可以正确描述属性和项目之间的关系(参见 Yang，Ding & Yao，2009)；

(3)指出 Warshall 算法是由邻接矩阵和单位矩阵的和矩阵计算可达矩阵的十分有效的算法；

(4)发现潜在 Q 矩阵(塔苏卡的简化 Q 矩阵)的每一列都可以由可达矩阵的列表示出来(丁树良等人，2009；杨淑群等人，2011)；

(5)揭示可达矩阵 R 在测验蓝图中的重要作用(丁树良等人，2010；丁树良等人，2011)；

(6)可以使用扩张算法由可达矩阵导出潜在 Q 矩阵(Ding，et al.，2008；丁树良等人，2009；杨淑群等人，2008)；

(7)给出由学生 Q 矩阵和测验 Q 矩阵计算期望(理想)反应的简便算法(Ding，et al.，2008；丁树良等人，2009)；

(8)给出充要 Q 矩阵/题库的概念，指出它与充分 Q 矩阵在概念上的不同。在

0—1 计分方式下，对于非补偿连接认知模型，充要 **Q** 矩阵能够提高认知诊断的构念效度。

（二）为什么要扩展塔苏卡的 **Q** 矩阵理论

当然我们认为，**Q** 矩阵理论不仅要指导人们构造一个好的认知诊断测验，还要帮助人们评估一个认知诊断测验。首先是要了解这个测验在多大程度上代表了认知模型，于是我们给出了理论构念效度的概念。然而这还不够，**Q** 矩阵理论还必须考察理论构念效度不高的测验产生的原因，这就有了以下章节的介绍，如层级相合性指标（HCI）的介绍和修正（MHCI）、贝叶斯网络对专家给出的层级关系的修正。

另外，在认知诊断测验开发中，如何给数量众多的项目标定属性，如何校准这些项目的参数，这都是实际工作者面临的难题。为了解决这些难题，我们还将介绍在线（on-line）属性标定（identification）及在线校准（calibration），在线属性标定可以给专家提供辅助信息，而在线校准可以节省大量的人力、物力，解决在建立大型认知诊断题库时对测验进行等值处理时的难题。

在线属性标定及在线校准必须在计算机化测验基础上进行，而认知诊断与计算机化自适应测验结合，是一个有广阔应用前景的课题。在介绍 CD-CAT 选题策略时，可达矩阵也可以发挥其作用。

思考题：

1. 本章对塔苏卡的 **Q** 矩阵理论有哪些发现？其实际意义如何？

2. **Q** 矩阵理论是如何指导测验的？对测验的价值及意义在哪儿？

3. 属性层级关系如何认定？塔苏卡是怎样做的？

4. 本章提到了哪几种 **Q** 矩阵？它们各自的意义是什么？

5. 如何理解潜在 **Q** 矩阵？

6. 期望反应模式如何和被试的知识状态相对应？

7. 充要 **Q** 矩阵的作用是什么？

第九章 认知诊断的技术探索

本章对认知诊断的一些技术进行了讨论，包括 CD-CAT 中原始题属性的自动标定、贝叶斯网络在认知诊断中的应用、HCI 指标及其扩展、人工神经网络在认知诊断分类中的应用和 CD-CAT 中题目参数的在线标定及其设计，本章对这些技术做了简单的分析及评价。

第一节　CD-CAT 中原始题属性的自动标定

属性的标定向来是认知诊断中一件非常重要但却比较棘手的工作，德卡洛（DeCarlo，2011）曾感叹属性标定的复杂性，并认为它是认知诊断目前在实际应用中受限的主要原因之一。那么在实践中，能否找到一种辅助手段，给属性标定助一臂之力呢？也正是这一问题，促使我们在本节中，在 CD-CAT 情境下探讨属性的在线（on-line）标定的方法及技术。

一、引言

近三十年来，认知诊断受到了测量学界的高度关注，但它仍处于不太成熟的阶段（Leighton & Gierl，2007），人们对认知诊断也相对陌生，认知诊断和大家比较熟悉的成就测验相比，在项目开发与测验编制上有很大的不同。比如，对测验中的所有项目所测量的属性进行标定这一工作对诊断测验开发或测验分析而言尤为重要，这也表明诊断测验开发或测验分析比传统测验要求更高。已有研究认为，认知诊断属性及属性间的层级结构需学科专家讨论决定（Leighton et al.，2004）。在认知诊断测验中，用一个 0—1 矩阵（Q 矩阵）描述属性与项目的关联（Tatsuoka，2009），$Q = (q_{ij})$，$q_{ij} = 1$ 表示项目 j 中含属性 i，否则 $q_{ij} = 0$。然而由专家构建的 Q 矩阵并不一定完全正确，需利用统计方法进行修正：鲁普和坦普林（Rupp & Templin，2008）讨论过误指 Q 矩阵产生的影响；德拉托尔（de la Torre，2008）针对 DINA 模型给出了一种修止 Q 矩阵的经验方法；鲁索斯等人（Roussose et al.，2007）也基于融合模型，给 Q 矩阵的修正方法提出了一些建议；喻晓锋、丁树良、秦春影和陆云娜（2010）根据被试反应数据，通过 Bayes 网络训练发现专家构建的属性层级关系不完全准确，也说明了专家指定的 Q 矩阵存在缺陷的事实。

以上讨论都是针对已有测验来进行分析的，都对专家标定的项目属性进行了质量评估和必要的修正，并且都给出了一些相应的方法。然而建设大型题库时，专家标定项目属性的任务十分繁重，并且专家标定的属性也不一定完全正确，一般来讲，这个工作不可能一蹴而就。比如，德卡洛（DeCarlo，2011）指出，塔卡苏的分数减法认知诊断测验，包含 20 个项目。这 20 个项目的属性认定经过了 20 年，至少五批专家对此进行过争论，但仍然不能保证标注正确。所以，德卡洛（DeCarlo，2011）在文章中感叹：属性标定不是一件容易的事情，而且这是使认知诊断的实际应用受到限制的原因。当然，对于认知诊断，我们不是悲观论者，认为它不可行，我们清醒地认识到了它的困难和复杂性，积极想办法突破属性标定这个认知诊断工作中的瓶颈。因此可否请一批专家充分讨论、精心标定相对少量的项目作为样板，应用被试在样板项目上的反应和在未标定属性的项目上的反应，进行项目中属性在线自动标定，给命题专家属性标定工作一些有益的建议和参考意见，减少专家负担和尽快消弭分歧，这是一个值得讨论的问题。

对项目中的属性进行自动标定和对被试的属性掌握模式进行分类这两个问题是对偶(dual)问题，因为在认知诊断中是给定项目中的属性，根据被试反应，对被试的属性掌握模式进行分类。尽管人们对于传统项目反应理论下计算机化自适应测验中原始题的未知参数估计已有所研究，但是这和项目中的属性自动标定有许多不同，如项目中的属性自动标定是估计向量而不是估计标量。

然而回顾传统 CAT 中原始题的未知参数估计的已有研究是有益的。根据CAT 实施时对施测项目参数的信息掌握的多寡，传统 CAT 中原始题的未知参数估计即在线项目参数的自动标定(online calibration)的结果，是令人鼓舞的(Makransky, 2009；Ban, Hanson, Wang, Yi & Harris, 2000；Ban, Hanson, Yi & Harris, 2001；Han, 2007；游晓锋、丁树良和刘红云，2010)。而在计算机化自适应诊断测验中的项目属性的标定尚未见到报道。

前面已经介绍了，在认知诊断测验中，题库中的项目至少包括两部分参数，项目所包含的属性(通常由命题专家提供而且一个项目很可能包含若干个属性，即有属性的集合)和认知诊断模型中的项目参数(分别叫作项目属性和项目参数)，而且专家标定大量项目的属性相当费时费力，并且有的属性较难确定。本节讨论在已有的为诊断测验开发的小型题库基础上，在计算机化自适应诊断测验过程中，植入属性和参数均未知的项目(以后简称原始题)，在已进行属性标定和项目参数校准的试题以及收集到的这些题目的被试作答数据的基础之上估计被试的知识状态，再对原始题进行项目属性标定的问题，重点研究原始题属性标定的方法及其影响因素。针对基于 DINA 模型的计算机化诊断测验，通过 Monte Carlo 模拟，在不同属性结构下，考虑原始题的不同失误和猜测水平、不同知识状态的估计精度(模式判准率)、不同原始题作答次数和不同属性标定方法等四个因素，以此来考查以上 4 个因素对属性在线标定结果的影响。

从使用的技术手段来看，本节在自行设定 DINA 模型项目参数条件下应用极大似然估计(Maximum Likelihood Estimation，MLE)和 MMLE，进行项目属性标定。另外，本节针对非补偿模型，而不涉及特定的(非补偿)认知诊断模型，提出了一种只需根据作答被试的估计知识状态，不必设定项目参数条件下的项目属性标定的方法——交差方法。项目属性估计的 MLE、MMLE 和交差方法都必须依赖于 CD-CAT 中估计的被试的 KS，假定使用的模型是非补偿模型，所谓被试 α 对项目 j 的作答符合理想反应，是指不计失误和猜测，α 只有掌握了项目 j 中的所有属性，才能对项目 j 有正确反应，否则答错。设原始题 j 包含的所有属性记为 S，交差方法基于以下假设：如果一批被试对 j 进行作答，有的做出正确反应，有的做出错误反应。在 j 题上作答正确的被试所掌握的属性集应该包含 S，所以在 j 题上作答正确的所有被试所掌握的属性集的交集(记为 S_1)应该包含 S；而在 j 题上作答错误的被试至少没有完全掌握 j 所包含的所有属性，所以 S 应该包含在 j 题上错误作答的某些被试(请注意，并不是全体，更准确地说，只考虑那些知识状态包含在 S_1 中且在项目 j 上错误作答的被试)所掌握的属性集的并集(记为 S_2)，因此 j 题中所有属性的集合 S 可能被 S_1 和 S_2"夹逼"出来($S_2 \subseteq S \subseteq S_1$)。

二、计算机化自适应诊断测验简介

计算机化自适应诊断测验主要涉及诊断题库、认知诊断模型、选题策略、被试知识状态估计和终止规则等，下面简单介绍本节所采用的认知诊断模型、选题策略、被试知识状态估计和终止规则。

(一)认知诊断模型

DINA 模型项目反应函数(de la Torre，2008；Junker ＆ Sijtsma，2001)：

$$P_j(\boldsymbol{\alpha}_i) = P(X_{ij}=1 \mid \boldsymbol{\alpha}_i) = g_j^{1-\eta_{ij}}(1-s_j)^{\eta_{ij}} = \begin{cases} g_j, & \text{若 } \eta_{ij}=0 \Leftrightarrow \boldsymbol{\alpha}_i' \boldsymbol{q}_j < \boldsymbol{q}_j' \boldsymbol{q}_j \\ 1-s_j, & \text{若 } \eta_{ij}=1 \Leftrightarrow \boldsymbol{\alpha}_i' \boldsymbol{q}_j = \boldsymbol{q}_j' \boldsymbol{q}_j \text{。} \end{cases}$$

其中，$\eta_{ij} = \prod_{k=1}^{K} \alpha_{ik}^{q_{kj}}$ 表示知识状态 $\boldsymbol{\alpha}_i$ 的被试 i 在第 j 个项目上的理想反应模式，s_j 为失误参数，表示被试 i 掌握了项目 j 所测的全部属性，可能由于粗心而答错；g_j 为猜测参数，表示被试 i 未完全掌握项目 j 所测的全部属性，可能由于记忆或随机作答而答对，$\boldsymbol{q}_j$ 为项目 j 所测的属性向量。

(二)计算机化自适应诊断测验

确定了认知诊断模型，要编制具有认知诊断功能的 CAT，便要在此模型上制定选题策略，选题策略的好坏直接影响着测试结果的精度。塔苏卡(Tatsuoka，2002)提出用香农熵(Shannon Entropy，SHE)的方法来进行选题，这是一种基于知识状态的选题方法，它选择那些可以减少知识状态空间的期望后验分布的熵(不确定性)的项目给被试作答，对被试进行序贯分类(sequential classification)，当某个知识状态的后验分布达到 0.80 时，终止测试。

后来有的学者(Xu ＆ Chang，2003)针对 RUM(Reparameterized Unified Model)使用了相对熵(Kullback-Leibler information，KL)方法和 SHE 方法，对知识状态正确分类准确率(correct classification rate，CCR)和项目曝光度控制进行了研究，但没有估计能力。有的学者(Wen，2003)在博士论文中讨论了将 RSM 应用于 CAT 中，讨论了 KL 和 SHE 等方法。有的学者(Cheng ＆ Chang，2007)

提出了增加属性约束的修正 KL 方法(Modified Maximum Global Discrimination Index,MMGDI)。有人(McGlohen,2004,2008)使用 RUM 和 3PLM,既估计被试能力又估计被试知识状态,分别采用估计的能力进行选题(使用了 KL)、估计的知识状态进行选题(使用了 KL 和 SHE),以及先按估计的能力构建影子测验,再按估计的知识状态从影子测验中选题(使用了 KL 和 SHE)等选题方法。有人(Cheng,2009)将几种加权的 KL 方法和 SHE 方法用于 DINA 模型下 CAT 选题,用 MLE 方法进行分类。研究结果显示 SHE 方法是一种分类准确率相当高的选题策略。另外还有学者,根据贝叶斯网(Bayesian Networks,Collins,Greer & Huang,1993)或顺序理论(Ordering Theory,OT,杨智为、林佳桦、杨思伟和许曜瀚,2008)或知识状态转换图(林海菁和丁树良,2007)提出了 CD-CAT 选题策略。

本节中,在 CD-CAT 预测阶段随机选择三道试题,正式测试阶段采用 SHE 选题(知识状态的先验分布采用均匀分布,每步都计算其后验分布),知识状态采用 MLE,终止规则采用定长测验形式,其测验长度为 30 题。

三、研究设计

本节提出了三种对原始题的属性向量进行在线标定的方法,并考虑五种可能影响属性标定的因素:①属性层级结构,属性层级结构不同,项目属性向量全集(Q_r)列数不一样,原始题的属性向量候选空间基数就不一样,候选空间越大,标定应该会越困难;②原始题作答次数,原始题作答次数越多,标定应该会越准确;③知识状态估计准确性,由于上述三种属性标定方法均建立在 CD-CAT 估计的知识状态基础之上,知识状态估计得越准,应该越有利于标定;④属性标定方法,属性标定方法本身的好坏将直接影响到属性标定的准确性;⑤原始题的猜测和失误参数,由于原始题的表面特征,如选择题,可能具有更高的猜测或干扰性,原始题的猜测和失误参数越大,应该会对属性标定产生不利的影响。下面主要介绍属性标定方法(三种)、实验设计、实验过程和评价指标。

(一)研究方法——属性标定方法

基于 IRT 的计算机化自适应测验,IRT 能力参数和难度参数处于同一量表上,即它们可以相互比较大小。根据在线估计设计(online item calibration design),原始题植入正式 CAT 过程当中,利用已知项目参数估计得到的被试的能力或能力后验分布,然后估计原始题参数,从而原始题参数自动标定在已有试题参数量表上。本节将极大似然估计方法(Maximum likelihood estimator,MLE)和边际极大似然估计方法(Marginal maximum likelihood estimator,MMLE)(Wainer & Mislevy,2000)应用到 CD-CAT 属性向量的标定当中。在认知诊断中(如

DINA 模型），知识状态和项目属性向量处于同一代数系统——格（Lattice，Tat-suoka，2009）中，格是一个特殊的偏序关系，格中所有元素并不是都可以相互比较的（赵春来，徐明曜，2008）。比如，(1，0，0)和(1，1，0)可以比较，甚至可以说(1，1，0)比(1，0，0)"大"，但是(1，0，0)和(0，1，0)，(0，0，1)就不能比较，甚至和(0，1，1)也不能比较。知识状态与项目属性之间不是总可以相互比较的，也就是说有时候这个知识状态与那个项目属性向量不可以相互比较。因此在线项目属性的自动标定与通常 CAT 的项目（参数）在线标定是不同的。

1. MLE

记题库中参数已知的项目参数$(s，g)$和所包含的属性向量(q)为$\beta_{old}(q，s，g)$，并且被试 i 对这部分项目的得分 $X_{i,old}$，可估计得到的被试的知识状态 $\hat{\alpha}_i$，$i=1，\cdots，N_j$，记知识状态全集中各个元素分别为 $\hat{\alpha}_c$，$c=1，\cdots，T$，Q_r 为约简 Q 矩阵，q_r 为 Q_r 中的列，给定被试的知识状态为 $\hat{\alpha}_i$，设定原始题猜测和失误参数[具体设定值见本节中的"（二）实验设计"]，项目 j 的属性向量为 q_r 条件下的项目反应概率为 $P_{jr}(\hat{\alpha}_i)$[公式见本节的"（一）认知诊断模型"]，然后估计原始项目 j 的属性向量 q_j：

$$q_j = \mathrm{argmax}_{q_r \in Q_r} \prod_{i=1}^{N_j} P_{jr}(\hat{\alpha}_i)^{X_{ij}} (1-P_{jr}(\hat{\alpha}_i))^{1-X_{ij}}。$$

为计算方便，上式可统计每种知识状态 α_c 在项目 j 上的正确作答频数 r_{cj} 和错误作答频数 w_{cj}，并转化成对数似然函数：

$$q_j = \mathrm{argmax}_{q_r \in Q_r} \sum_{c=1}^{T} (r_{cj} \log P_{jr})(\hat{\alpha}_c) + w_{cj} \log(1-P_{jr}(\hat{\alpha}_c))。$$

2. MMLE

只有一个 EM 循环的边际极大似然估计方法（Marginal Maximum Likelihood Estimate with One EM cycle，OEM）和有多个 EM 循环的边际极大似然估计方法（Marginal Maximum Likelihood Estimate with Multiple EM cycles，MEM）的基本思想与 MMLE（Wainer & Mislevy，2000）的相同，OEM 和 MEM 的第一次循环与 MMLE 的相同，只是 MEM 方法在接下来的 EM 循环中利用原始题和固定的已有参数试题得到能力（知识状态）的后验分布，直到收敛。在认知诊断自适应测验中，思想方法与上文所提及的类似，但是问题更复杂，模型与参数也显然不同。利用已知项目参数 $\beta_{old}(q，s，g)$ 及其被试得分 $X_{i,old}$ 计算得到的被试的知识状态的后验分布 $p(\alpha_c \mid X_{i,old}，\beta_{old})$，$i=1，\cdots，N_j$，并设定原始题猜测和失误参数，然后估计原始项目 j 的属性向量 q_j：

$$q_j = \mathrm{argmax}_{q_r \in Q_r} \prod_{i=1}^{j} \sum_{c}^{T} \left[P_{jr}(\alpha_c)^{X_{ij}} (1-P_{jr}(\alpha_c))^{1-X_{ij}} p(\alpha_c \mid X_{i,old}，\beta_{old}) \right]$$

3. 交差方法

如前所述，考虑使用非补偿模型，先考虑理想反应情况。在项目 j 上正确作答的被试所对应的知识状态中包含的属性掌握情况组合，以下简称为知识状态并记为 $\boldsymbol{\alpha}_c$，必有项目 j 包含的属性集合 $\boldsymbol{q}_j$ 是 $\boldsymbol{\alpha}_c$ 所包含的属性集合的子集，记为 $\boldsymbol{q}_j \subseteq \boldsymbol{\alpha}_c$，记所有答对项目 j 的知识状态的属性集合 $\boldsymbol{\alpha}_c$ 的交集为：$upper = \bigcap_{\boldsymbol{\alpha}_c \in Q_r \text{且} \boldsymbol{q}_j \subseteq \boldsymbol{\alpha}_c} \boldsymbol{\alpha}_c$，由理想反应模式的定义及集合论可知，$\boldsymbol{q}_j \subseteq upper$。而对项目 j 做出错误反应的所有被试的知识状态 $\boldsymbol{\alpha}_c$ 都不可能包含 $\boldsymbol{q}_j$，做出错误反应的被试的知识状态集中有一部分知识状态 $\boldsymbol{\beta}$ 是 $\boldsymbol{q}_j$ 的真子集，对满足这一条件的 $\boldsymbol{\beta}$ 作并运算，并运算结果记为 $lower$，由于并运算可能会使得集合所包含的元素增加，于是 $lower$ 可能更接近 $\boldsymbol{q}_j$。特别是当对项目 j 做出反应的人数很多时，有 $lower \subseteq \boldsymbol{q}_j \subseteq upper$。

但是以上是对理想反应情况的讨论，实际反应中存在猜测与失误。故设定一个指标，如果具有某种知识状态 $\boldsymbol{\alpha}_c$ 的所有被试（人数为 $n_{cj} = r_{cj} + w_{cj}$）对某题（可以抽象为 Q 矩阵中某一列 $\boldsymbol{q}_j$）的答对比例（$P_{cj} = r_{cj}/n_{cj}$）高于答错比例（$Q_{cj} = 1 - P_{cj}$），即 $P_{cj} > Q_{cj}$，则认为知识状态为 $\boldsymbol{\alpha}_c$ 的被试掌握了正确回答项目 j 所需的所有属性 $\boldsymbol{q}_j$，被试应该答对，答错只是因为失误。从集合论的观点来看，$\boldsymbol{q}_j$ 包含的属性集合是 $\boldsymbol{\alpha}_c$ 包含的属性集合的子集（$\boldsymbol{q}_j \leqslant \boldsymbol{\alpha}_c$）。如果从偏序关系的观点来看，可以认为 $\boldsymbol{q}_j$ 是 $\boldsymbol{\alpha}_c$ 的下界，即令 $L_{\boldsymbol{\alpha}_c} = \{\boldsymbol{q}_c \mid \forall \boldsymbol{q}_c \in \boldsymbol{Q}_r \text{且} \boldsymbol{q}_c \leqslant \boldsymbol{\alpha}_c\}$（式中 $\forall$ 是数理逻辑中的全称量词，$\forall_{\boldsymbol{q}_c}$ 表示对所有的 $\boldsymbol{q}_c$），其中 $\boldsymbol{q}_c \leqslant \boldsymbol{\alpha}_c$ 表示向量 $\boldsymbol{q}_c$ 中的元素均小于或等于 $\boldsymbol{\alpha}_c$ 中的对应元素，知 $L_{\boldsymbol{\alpha}_c}$ 为 $\boldsymbol{\alpha}_c$ 的下界，则 $\boldsymbol{q}_j \in L_{\boldsymbol{\alpha}_c}$。反之，若 $P_{cj} < Q_{cj}$，$\boldsymbol{q}_j$ 包含的属性集合不是 $\boldsymbol{\alpha}_c$ 包含的属性集合的子集，即 $\boldsymbol{q}_j \notin L_{\boldsymbol{\alpha}_c}$，被试本不应该答对，答对只是因为猜测。

另外，由于原始题随机分配给被试作答，并且存在失误和猜测，作答原始题的每种知识状态的人数及其答对与答错的比例大小将有所差别，某些知识状态答对与答错的比例可能相差不大，如 0.51 或 0.49 时。对于这种情况，交差方法将优先选择答对比答错的比例大或答错比答对的比例大的作交差运算，当得到的属性向量的候选空间仅剩一个时，就不再考虑其他知识状态。交差方法采用下述步骤来实现：由于 $\boldsymbol{q}_j$ 是 $\boldsymbol{Q}_r$ 的某一列，故初始设 $\boldsymbol{q}_j$ 的候选集为 $C_j = \boldsymbol{Q}_r$；通过对所有知识状态的作答情况进行统计，对每个知识状态计算 $\max(P_{cj}/Q_{cj}, Q_{cj}/P_{cj})$（$r_{cj}$ 或 w_{cj} 分母为 0 时设为 1），按从大到小排序；依次取出 $\boldsymbol{\alpha}_c$，若 $P_{cj} > Q_{cj}$，$C_j \Leftarrow C_j \bigcap L_{\boldsymbol{\alpha}_c}$，否则 $C_j \Leftarrow C_j - L_{\boldsymbol{\alpha}_c}$（若出现集合元素为空则不作差运算），直到 C_j 只有一个元素，即 $\{\boldsymbol{q}_j\} = C_j$（所有的知识状态均完成循环运算后若 C_j 仍含有多个元素则判定为错误作答）。由于估计方法使用了集合的交运算和差运算，故称为交差方法。

（二）实验设计

莱顿等人认为属性层级是在解决问题时要求的属性的心理顺序（psychological ordering）。五种属性层级结构分别是：莱顿等人用的三段论推理（syllogistic reasoning，SR)的属性层级结构；祝玉芳与丁树良(2009)所采用的含 7 个属性的四种结构，这四种结构是由莱顿等人的线型(L)、收敛型(C)、分支型(D)和无结构型(U)变换而来的，而三段论型可由 L、C、D 和 U 型结构组合而成。采用SHE，对含 7 个属性的五种属性层级结构进行模拟实验，由于要求专家标定项目属性，并且需要进行预测及效度验证等，在诊断应用中往往出现小题库，故模拟每种结构以 6 个可达矩阵的项目为初始题库(已标定属性并且具有项目参数，共42 题)，并且模拟产生项目猜测与失误参数，均固定为 0.25。原始题关联矩阵采用一个约简 Q_r 矩阵。每种知识状态(学生矩阵 Q_s)模拟 30 个被试。

　　例如，三段论推理结构，约简 Q_r 矩阵有 7 行 15 列，对应 15 类项目，加上全0 知识状态，学生矩阵 Q_s 就有 16 类知识状态。模拟产生服从 DINA 模型的题库，6 个可达矩阵组成题库(丁树良，杨淑群，汪文义，2010)，共 42 题，每个项目猜测和失误参数均相同，为 0.25。这里采用的猜测失误参数较大，目的是便于比较不同属性模式判准率对原始题的影响；知识状态服从均匀分布，每类知识状态 30个被试，共 480 个被试；而原始题为 15 个项目，由一个 Q_r 矩阵组成。

　　实验中考查原始题作答次数、原始题属性标定中所涉及的知识状态的估计精度、三种原始题标定方法和原始题的三种不同大小的项目参数这四种因素对原始题属性标定的影响。每种结构下均采用交叉实验设计 $10 \times 7 \times 7 \times 3$(因素 1×因素2×因素 3×因素 4)，在每种实验条件下重复进行 30 次模拟实验，共进行 44 100次实验，四种因素的水平定义如下。

　　因素 1：对原始题的作答次数分为 10 个水平，$r=1, \cdots, 10$，每个被试随机选做 m 题。各结构下原始题的属性关联矩阵对应一个约简 Q 矩阵，记原始题数为 m，而知识状态全集还需在约简 Q 矩阵上加上一个全零知识状态，知识状态数为 $m+1$，每种知识状态模拟了 30 人，被试人数共计为 $30(m+1)$ 人，若每个被试随机选做 r 题，得到每个原始题的平均作答次数为：总作答次数/原始题数 $=30r(m+1)/m=30r+30r/m$。

　　因素 2：CD-CAT 中知识状态估计精度分为 7 个水平，由于随着测验长度增加，知识状态估计的模式判准率会增加，因此估计精度水平采用不同测验长度来衡量。前 6 个水平分别对应的测验长度为 3，5，10，15，20，30，第 7 个水平采用的测验长度为整个题库所包含的题目数量。由于测验长度为整个题库的题目数量，因此可以获得知识状态真值并以此得到属性标定在知识状态真值时的基准值。

　　因素 3：使用 MLE 和 MMLE 标定原始题的属性时，因为要计算似然函数，这就需要假定项目参数，因此设定了三个水平的原始题的项目参数，分别对应于0.05，0.15，0.25，如 MLE 当设定参数为 0.15 时，记为 MLE(0.15)，其余类推。加上交差方法，估计方法共七个水平。

因素 4：原始题的项目参数真值模拟了三个水平，分别为 0.05，0.15，0.25，其中因素 3 和因素 4 中所使用的项目参数完全相同，视为基准值。

(三)实验过程

为了排除 CD-CAT 模拟过程的影响，在每种结构的同一个题库下，在 CD-CAT 过程中，所有被试模拟作答 30 个项目，然后进行各种实验组合条件下的实验。原始题随机分配给被试，采用被试的真实知识状态、真实属性向量和真实项目参数模拟作答。为处理方便，在模拟中，原始题未被植入测验的不同位置，而在最后阶段施测。在模拟研究中这样做并不失一般性，不影响模拟结果。

考虑到在实际测试中各种知识状态的被试人数不定，考试时间不同，只能根据被试的测试的先后顺序，动态选择最适合的原始题给新来的被试作答。所以对原始题，除了随机分配给被试外，还采用了一种自适应分配的方法。该方法中自适应体现在以下三个方面：①增加最可能确定原始题属性向量的知识状态对应的被试，直至交差方法唯一确定其属性向量为止。即对原始题 j，可根据交差方法计算其候选属性向量集 C_j，若 C_j 中只有一个元素，则不再选择被试作答，否则，若 C_j 中包含新来被试的估计知识状态，则让新来被试作答原始题 j。②根据原始题 j 上的作答反应，对原始题 j 的属性向量有一初始估计 $\hat{\boldsymbol{q}}_j^{(0)}$，从尚未作答原始题 j 的被试群体中，选择最有利于对 $\hat{\boldsymbol{q}}_j^{(0)}$ 进行修正的被试。对原始题 j，预先设定已分配知识状态(按上述分配方法)需要 10 个被试参与反应，计算每种已分配知识状态的缺额被试数(假设为 l_j)，让他们优先作答使 $1/l_j$ 指标最大的原始题 j。③对原始题增加相应知识状态的被试，尽量打破答对与答错比例相当接近的局面。即对于某原始题，当所需某知识状态的被试数达到预先设定值时，若答对的与答错的被试数差的绝对值小于 5 时，增加 5 个待选被试数(在原来预先设定值上加 5)，可递增。

(四)评价指标

评价指标为项目属性标识准确率(Rate of Item Attributes Identification，RIAI)，若原始题 $i(i=1,\cdots,m)$ 标识的属性向量与模拟的真实的属性向量相等，则 $h_i=1$，否则 $h_i=0$，RIAI$=\sum_i h_i/m$。

四、实验结果

(一)随机分配原始题结果

经检验实验结果数据并不满足方差分析 ANOVA 所要求的正态性和方差齐性的假设。如对各结构下原始题的项目参数为 0.15 的结果数据采用 Minitab 15

(Parsad，2008)中的 GLM(General Linear Model)分析，对全模型下误差进行正态性(Normality test)和方差齐性检验(Test for Equal Variances)，误差正态性检验采用 KS 检验(Kolmororov-Smirnov test)，各结构下统计量分别为 0.078，0.270，0.200，0.037，0.025，P 值均小于 0.01，误差方差齐性检验采用 Levene's Test，各结构下统计量分别为 7.31，15.99，10.78，4.09，2.85，P 值为 0.000，因此没有使用 ANOVA。表 9-1 列出了五种结构下 CD-CAT 使用 MLE 的知识状态的模式判准率。由于真实参数为 0.05 或 0.25 的结果与原始题参数为 0.15 的结果在总体变动趋势上看基本相同，只是在参数越小时，对作答次数没那么高的要求。以下如无特别说明，则均是对原始题的项目参数为 0.15 的结果进行分析。

表 9-1 CD-CAT 知识状态估计精度水平对应表(使用 MLE)

因素 2 水平	1	2	3	4	5	6	7
CD-CAT 测验长度	3	5	10	15	20	30	—
三段论模式判准率	0.137 5	0.300 0	0.510 4	0.612 5	0.641 7	0.664 6	1.000 0
线型模式判准率	0.225 0	0.454 2	0.683 3	0.762 5	0.800 0	0.841 7	1.000 0
收敛型模式判准率	0.248 2	0.400 0	0.607 4	0.703 7	0.744 4	0.781 5	1.000 0
分支型模式判准率	0.092 3	0.192 3	0.364 1	0.543 6	0.618 0	0.653 9	1.000 0
无结构型模式判准率	0.039 5	0.074 9	0.215 9	0.339 0	0.450 8	0.526 7	1.000 0

注：表中模式判准率为估计的知识状态的模式判准率，计算方法见祝玉芳和丁树良(2009)。

为了节省篇幅，以三段论型的结果为代表，30 次重复 RIAI 均值部分结果列在表 9-2 至表 9-6 中(由于作答次数水平在 5 之上，即作答次数在 150 次以上时，RIAI 改善不明显，为节省篇幅，故略去)。对十三段论型结构，总体来看，不管设定的参数如何，作答次数越多和知识状态估计越准确，MMLE、MLE 和交差方法 RIAI 均增加，30 次重复的 RIAI 标准差(未列出)呈下降趋势，从 0.12 降至 0，说明 RIAI 越来越稳定。从三种标定方法的结果来看，MLE 对设定的参数不太敏感，MLE(0.05)、MLE(0.25)与 MLE(0.15)的 RIAI 基本相当，故略去 MLE(0.05)和 MLE(0.25)；相同条件下 MMLE 的 RIAI 稍高于 MLE 的，特别是在设定的参数与真实参数相同时，它的 RIAI 最高，MMLE 对参数设置稍微有些敏感，如表 9-3 与表 9-4 的对应元素之差的均值为 0.0473，而表 9-3 与表 9-5 的对应元素之差的均值为 0.0270，说明 MMLE(0.05)稍逊于 MMLE(0.25)(由表 9-3 和表 9-4 左下角部分也可直接看出)；交差方法比 MLE 和 MMLE 方法稍差，作答次数越多和知识状态估计越准确，交差方法与 MLE 和 MMLE 的结果相差越来越小。其他几种结构所对应的结果也有类似表现。

表 9-2　原始题参数$(s，g＝0.15)$MLE(0.15)方法 RIAI 均值(对三段论型)

作答次数	知识状态估计精度(由测验长度决定)						
(×30)	1	2	3	4	5	6	7
1	0.182 2	0.291 1	0.486 7	0.553 3	0.544 4	0.593 3	0.677 8
2	0.171 1	0.475 6	0.788 9	0.795 6	0.842 2	0.851 1	0.926 7
3	0.222 2	0.548 9	0.837 8	0.902 2	0.902 2	0.937 8	0.984 4
4	0.295 6	0.675 6	0.886 7	0.951 1	0.957 8	0.940 0	0.995 6
5	0.288 9	0.720 0	0.913 3	0.922 2	0.917 8	0.902 2	1.000 0

表 9-3　原始题参数$(s，g＝0.15)$MMLE(0.15)方法 RIAI 均值(对三段论型)

作答次数	知识状态估计精度(由测验长度决定)						
(×30)	1	2	3	4	5	6	7
1	0.333 3	0.362 2	0.571 1	0.620 0	0.673 3	0.695 6	0.673 3
2	0.528 9	0.591 1	0.811 1	0.848 9	0.880 0	0.895 6	0.928 9
3	0.631 1	0.731 1	0.908 9	0.937 8	0.968 9	0.966 7	0.984 4
4	0.708 9	0.815 6	0.920 0	0.955 6	0.964 4	0.980 0	0.993 3
5	0.682 2	0.846 7	0.944 4	0.962 2	0.975 6	0.977 8	1.000 0

表 9-4　原始题参数$(s，g＝0.15)$MMLE(0.05)方法 RIAI 均值(对三段论型)

作答次数	知识状态估计精度(由测验长度决定)						
(×30)	1	2	3	4	5	6	7
1	0.331 1	0.393 3	0.571 1	0.597 8	0.637 8	0.657 8	0.671 1
2	0.462 2	0.531 1	0.768 9	0.826 7	0.864 4	0.895 6	0.931 1
3	0.508 9	0.640 0	0.860 0	0.893 3	0.944 4	0.953 3	0.984 4
4	0.457 8	0.640 0	0.873 3	0.922 2	0.951 1	0.964 4	0.993 3
5	0.468 9	0.684 4	0.877 8	0.926 7	0.962 2	0.966 7	1.000 0

表 9-5　原始题参数$(s，g＝0.15)$MMLE(0.25)方法 RIAI 均值(对三段论型)

作答次数	知识状态估计精度(由测验长度决定)						
(×30)	1	2	3	4	5	6	7
1	0.313 3	0.333 3	0.566 7	0.577 8	0.671 1	0.691 1	0.675 6
2	0.475 6	0.537 8	0.804 4	0.844 4	0.871 1	0.893 3	0.937 8
3	0.533 3	0.622 2	0.884 4	0.940 0	0.971 1	0.968 9	0.980 0
4	0.557 8	0.711 1	0.933 3	0.957 8	0.971 1	0.980 0	0.995 6
5	0.544 4	0.726 7	0.940 0	0.966 7	0.968 9	0.977 8	1.000 0

表 9-6　原始题参数(s，$g=0.15$)交差方法 RIAI 均值(对三段论型)

作答次数 (×30)	知识状态估计精度(由测验长度决定)						
	1	2	3	4	5	6	7
1	0.171 1	0.135 6	0.402 2	0.286 7	0.324 4	0.446 7	0.644 4
2	0.182 2	0.380 0	0.700 0	0.666 7	0.740 0	0.700 0	0.924 4
3	0.204 4	0.391 1	0.777 8	0.833 3	0.884 4	0.842 2	0.975 6
4	0.237 8	0.482 2	0.857 8	0.882 2	0.915 6	0.917 8	0.993 3
5	0.233 3	0.544 4	0.853 3	0.911 1	0.928 9	0.928 9	0.995 6

对各种结构的汇总数据进行分析，分析知识状态估计精度或作答次数水平的侧面图，侧面图见图 9-1 至图 9-3。图 9-1 左图中三段论型对应的折线图，可利用表 9-3 中的完整数据计算其列平均，然后绘制出来，其他侧面图可用类似方法得到。除上述的发现以外，三段论型、线型和收敛型的 RIAI 比其他两种结构下的 RIAI 要高，这是由于这三种结构 CD-CAT 知识状态估计精度相对较高(见表 9-1)，相应 Q_r 阵列数较少；从三种标识方法来看，MMLE 方法最好，在三段论型、线型和收敛型，特别是知识状态估计精度水平 7(知识状态真值)上，交差方法、MLE 和 MMLE 三者的 RIAI 值相同。

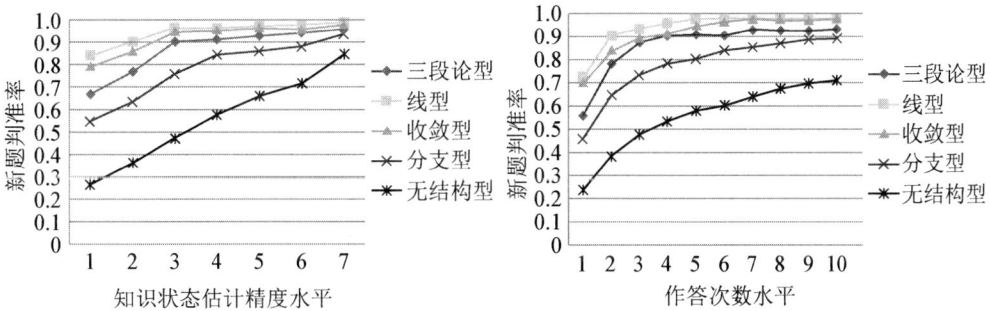

图 9-1　MMLE(DINA 模型中项目参数设为真)RIAI 趋势图

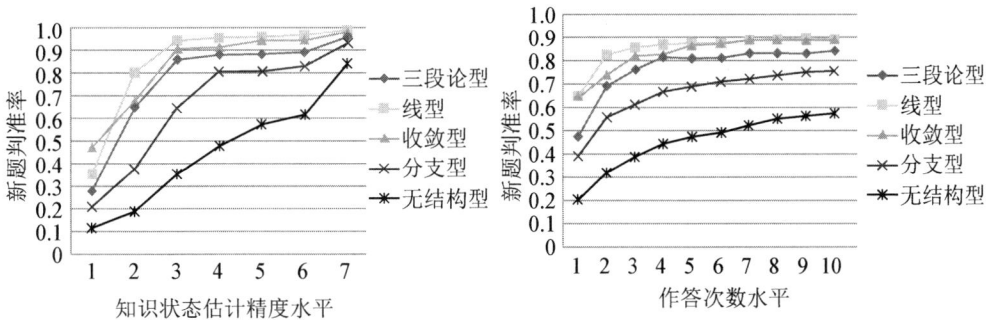

图 9-2　MLE(DINA 模型中项目参数设为真)RIAI 趋势图

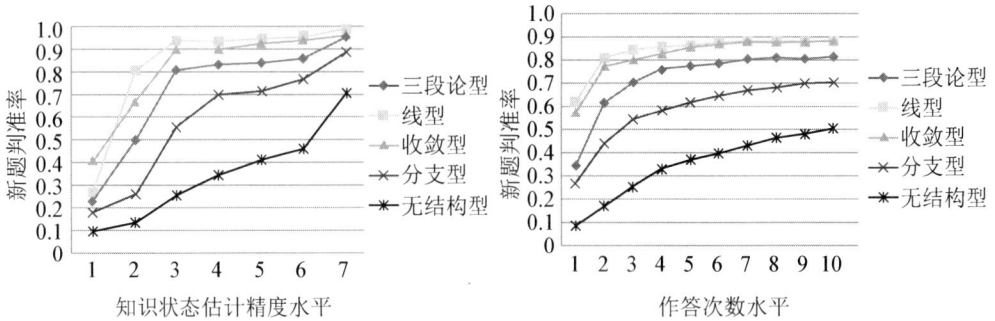

图 9-3　交差方法 RIAI 趋势图

另外，我们还对原始题随机猜测的情况的 RIAI 进行了分析和模拟实验，即在不考虑被试真实的知识状态，也不考虑原始题的真实属性向量及项目参数情况的状态下，对于常见的 4 选 1 选择题，每个被试在每个原始题上存在 25% 的概率答对。每个项目的属性向量的机会判准率（the chance probability）由 Q_r 矩阵中的列数 m 决定，机会判准率等于 $1/m$，则理论 RIAI 为 $1/m$，可以计算得到五种结构下理论 RIAI 分别为 0.062 5，0.125，0.111 1，0.038 5，0.015 4，模拟研究得到的结果也与理论 RIAI 的预期相符合（限于篇幅，没有专门列表）。

（二）自适应分配原始题结果

从上述随机分配原始题的结果可以看出，无结构型的 RIAI 相对较低，因此本节只对无结构型进行了自适应分配原始题的模拟实验，其他实验条件与随机分配原始题的实验条件相同。考虑到作答时间等因素的限制，每个被试不可能作答太多的原始题，在自适应分配原始题方法中，假定每个被试最多允许分配 10 个原始题。表 9-7 列出了随机分配原始题和自适应分配原始题各标定方法的 RIAI 及作答次数。从表 9-7 可以看出，当知识状态的估计精度处于水平 6（模式判准率为 0.526 7），对于各标定方法，从自适应分配原始题与随机分配原始题的 RIAI 比较结果来看：交差方法的 RIAI 增幅高达 0.20；MLE 的 RIAI 增幅为 0.12；MMLE 的 RIAI 稍有下降。在作答次数相同，知识状态估计精度较高时（水平 6 和水平 7），自适应分配原始题有一定的优势，而在知识状态估计精度较低时，自适应分配原始题的结果不太理想，可能由于该方法主要依赖估计的知识状态进行原始题分配。这种方法对提高交差方法的 RIAI 很有价值。

表 9-7 随机分配原始题和自适应分配原始题 RIAI 均值及平均作答次数（对无结构型重复 30 次）

试题选择方法	属性标定方法	知识状态估计精度（由测验长度决定）						
		1	2	3	4	5	6	7
随机分配原始题	MLE(0.15)	**0.127 6**	**0.233 3**	0.472 9	0.620 8	0.714 1	0.747 4	0.912 5
	MMLE(0.15)	**0.289 6**	**0.479 2**	**0.633 9**	**0.738 0**	**0.796 4**	**0.857 3**	0.916 7
	交差方法	**0.099 0**	**0.179 2**	0.390 6	0.497 4	0.574 0	0.634 9	0.831 3
自适应分配原始题	MLE(0.15)	**0.049 5**	**0.219 3**	0.505 2	0.701 6	0.809 9	0.868 2	0.945 8
	MMLE(0.15)	**0.146 4**	**0.235 9**	**0.381 8**	**0.577 6**	**0.713 0**	**0.848 4**	0.946 9
	交差方法	**0.037 0**	**0.178 1**	0.477 6	0.665 6	0.777 1	0.842 7	0.916 1
自适应分配原始题的作答次数		194.49	270.78	279.92	261.40	245.35	231.57	172.59

注：随机分配原始题的 RIAI 的作答次数水平，对应自适应分配原始题的作答次数折合成的作答次数水平，如表中最后一行对应的作答次数水平约为 6，9，10，9，8，8 和 6，以对作答次数大致相等的结果进行比较。

五、结论和讨论

实验结果显示：MMLE 方法较 MLE 和交差方法要好，只是该方法与自设的猜测和失误参数准确性稍有关联，但关系不大，交差方法对知识状态估计精度要求更高；原始题作答次数随属性层级结构的不同而要求不同，对于无结构型和分支型，要求的作答次数多；而交差方法不需要设定失误和猜测参数，该方法只针对非补偿认知诊断模型而与具体认知诊断模型无关，且在三段论型、线型和收敛型中表现较好。交差方法中采用了 $P_{cj}Q_{cj}/n_c$，按从小到大排序，结果类似，其他指标有待进一步研究。如果使用抽象代数中的格论（Lattice theory）的思想或粗糙集（rough sets）中上、下近似的思想（Yao，1998）或模糊集（fuzzy sets）（Zadeh，1965）的思想以改进交差方法一分为二的判断方式，效果应该会有所改进。

在线属性标定的项目仍需反馈给命题专家或学科专家，辅助专家最终确定项目属性，不能仅凭数据得出结果。尽管这种方法不一定能保证 RIAI 为百分之百，但是通过这种方法，给专家提供一个比较可靠的建议，可以减轻专家标定工作的负担，对于保证属性正确标定是具有一定意义的。在线诊断项目属性的标定对于题库项目补给（replenishment）具有重要意义，可以减少（休眠）过度曝光的项目，提高知识状态估计精度。

有学者（Van der Linden & Glas，2000；Wainer & Mislevy，2000）认为项目参数估计与被试参数估计是相互影响的，使用不准的项目参数将导致能力参数估计不准确（Chang & Lu，2010），同样，若能提高知识状态估计精度，如上述实验结果，可以提高 RIAI。本节仅采用随机选择原始题给被试作答的方式，可能出现包含属性多的项目一直被掌握属性少的被试作答的情况，从而出现大多数项目做错，另外，随机选择原始题给被试作答，每个原始题的作答次数基本相等，正确标定所含属性数不同的原始题，所要求的作答次数有可能存在差别，如存在差别，可以将作答次数少的原始题的剩余被试供其他原始题标定使用。随机选择原始题，一方面没有依照被试的当前知识状态进行题目的自适应选择，另一方面也不利于项目属性标定，但它仍不失为一种方便实施的方法。在知识状态估计精度较高时，本节设计的一种自适应分配原始题方法有一定的优势，但是否有更好的自适应分配原始题的方法，还值得进一步研究。另外，有学者（Chen，Xin，Wang & Chang，2010）对 DINA 模型项目参数的在线估计进行了模拟研究，对在线项目进行属性标定的同时，亦可进一步估计 DINA 或 FM 等诊断模型的项目参数，这也值得进一步研究。

对于纸笔形式的诊断测验，如果测试项目中，部分项目已由专家标出属性，在线项目属性标定方法是否可以用于对其他未知属性的项目进行标定，有待进一步研究。另外，由于可达矩阵可以表示所有项目或知识状态（丁树良等人，2010；丁树良、汪文义和杨淑群，2009），是否可选部分知识状态的被试（尤其是掌握可达矩阵的列对应的知识状态的被试）作答未知属性的项目，然后得到原始题的属性向量。这样做，能否减少每个原始题的作答次数而获得较高的估计精度，值得进一步研究。

事实上，本节所讨论的交差方法与具体的非补偿认知诊断模型无关。对于符合补偿性认知诊断模型的原始题的属性向量的标定工作，值得进一步研究。本节的方法假设每个项目的解题策略唯一，对于多策略的原始题中的属性向量的标定工作，是否可以在已有方法上进行修改，也值得进一步研究。

第二节　贝叶斯网络在认知诊断中的应用

一、贝叶斯网络简介

贝叶斯网络又称信念网络（Belief Networks）。贝叶斯网络由两部分组成，有向无环图（Directed Acyclic Graph，DAG）和条件概率分布（Conditional Probability Distribution，CPD），其中有向无环图描述贝叶斯网络节点之间的定性关系，条件概率分布描述贝叶斯网络节点之间的定量关系。贝叶斯网络的理论依据是概率论，推理的基础是基于概率推理，并以图的形式来表达和描述数据实例中的关联或因果关系。贝叶斯网络可以表示因果关系，但不局限于因果关系。它适用于表

达和分析不确定性的事物，能够对不完全、不精确或不确定的
知识或信息做出有效的推理，是目前不确定知识表达和推理领
域最有效的工具之一。图 9-4 和下面的例子显示了一个简单的
贝叶斯网络（张连文，郭海鹏，2006），所有的节点均为二值节
点（取值只能为 0 或 1）。

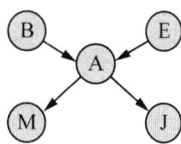

图 9-4　Alarm 网络

网络中各节点的含义如下：B（盗窃），E（地震），A（警铃响），M（接到玛丽的
电话）和 J（接到约翰的电话）。网络表示的语义如下：珀尔教授家住在洛杉矶，那
里地震和盗窃时有发生，教授的家装有警铃，地震和盗窃都可能触发警铃。听到
警铃响，两个邻居玛丽和约翰可能会打电话给他。如果接到电话，珀尔教授要判
断他家里遭盗窃和发生地震的概率为多大。这个网络中所有节点的取值都是二值
的（1 表示事件发生，0 表示事件没有发生）。

随着计算机技术的发展，贝叶斯网络技术在很多领域都得到了成功应用，许
多研究者正致力于将贝叶斯网络应用到现代教育测量中，比如沃姆莱（Vomlel，
2003）将贝叶斯网络应用到了技能诊断测量中；阿尔蒙德（Almond，2007）等人利
用贝叶斯网络对基于项目反应理论的认知诊断建模，并且将所得模型应用在细粒
度的技能诊断测量上；郭伯臣、施淑娟对贝叶斯网络在教育测量中的应用进行了
理论和实践上的研究；休厄尔和萨阿（Sewel & Shah，1967）利用贝叶斯网络结构
学习得到了影响高中学生报考大学的因素之间的关系。

二、贝叶斯网络在认知诊断中的应用

对于认知诊断测验，在确定了所测的属性后，如果能正确地分析出属性间的
层级关系，就能够确定可达矩阵 R，进而获得 Q 矩阵。因此，要想得到 Q 矩阵，
只要能得到属性间的层级关系就可以。但实际上，属性间的正确的层级关系并不
容易获得，原因主要有：①使用的方法不太好，比如 RSM 中使用的方法，已有
研究证明事后分析是不恰当的（丁树良等人，2009；2010）；②专家认知存在局
限，后面的实验结果可以证明这一点；③学科专家凭借自己的经验确定 Q 矩阵，
而被试的反应所对应的 Q 矩阵（潜在的）可能与专家的 Q 矩阵不一致；④属性层级
不明朗，专家之间有分歧，如不同的专家组对 2002 年美国得克萨斯州小学三年级
阅读评价测验就给出了两个 Q 矩阵（Cheng，2009），2009 年我们与某市教育招生
考试院联合做小学分数加法认知诊断时，也出现了对 Q 矩阵争议十分激烈的情
况。因此有必要对专家给出的 Q 矩阵进行评估。

既然获得的属性层级关系可能存在问题或者不容易获得，那么，有没有一种
方法不需要通过分析 Q 矩阵而得到属性间的层级关系呢？属性间存在层级关系，
这个层级关系直接影响到被试对各个属性的掌握顺序，进而影响被试对项目的作

答。也就是说，被试对项目的作答反应中包含着他们对属性的掌握情况的信息。尽管被试的得分模式受到了随机因素(如失误、猜测等)的影响，但得分模式大体上反映出了被试的属性掌握模式(知识状态)。因此应尽量设计好一个认知诊断测验，即好的测验蓝图，使得具有不同知识状态的被试能够表现出不同的得分模式，然后选取一种好的方法，从被试的作答反应中挖掘出属性的层级关系。认知诊断的一个非常重要的任务就是建立认知诊断模型，对被试按照其细粒度的知识掌握情况进行分类，因此在进行认知诊断测验时，需要寻找一种好的分类方法。将被试按照其属性掌握模式进行分类，分类的准确程度对诊断测验的影响是非常大的。

贝叶斯网络具备了从大量数据中总结出网络节点之间关系以及构造贝叶斯网络分类器对数据进行分类的能力，因此这里将贝叶斯网络作为工具来获得属性间的层级关系并对被试按属性掌握模式进行分类，下面分别来介绍这两个问题。

(一)贝叶斯网络在属性层级结构学习中的应用

将贝叶斯网络技术应用到属性层级结构的确定上，需要用到三个方面的数据，分别是：学科专家给出的测验中所考查的属性，用来作为结构学习中的节点；测验中各个项目所考查的属性及测验中各被试的作答数据，它们用来确定被试的属性掌握模式(作为结构学习的训练数据)。利用贝叶斯网络技术，结合被试的反应完成结构学习，可能得到和专家给出的属性层级结构不完全相同的结构。这可以作为参考信息，根据这个参考信息对给出的结构进行评估和修正。由于本节中所采用的是0—1计分方式，因此贝叶斯网络中各个节点的状态有两个，分别对应得1分和得0分的情况。

在很多诊断测量中，属性间的层级关系通常是由专家给出的(通过经验和数据分析)，但如果给出的属性间的层级关系是不准确的，必然会影响到诊断测量的准确性和可靠性。由于属性间的层级关系反映的是被试的认知过程和结构，因此被试的属性掌握模式也能够反映属性间的层级关系。下面介绍贝叶斯网络如何从被试的属性掌握模式中得到属性间的层级结构(喻晓锋，2009；喻晓锋，丁树良，秦春影，陆云娜，2010)。

对于一个测验项目，可以通过领域专家和有经验的教师来确定它所考查的属性(也可称为知识点)。对于测验的所有项目，可以得到它们所考查的属性。因此，根据被试在测验中所有项目上的得分向量与各个项目所考查的属性，我们就可以得到所有被试的属性掌握模式。比如，某个测验中考查了三个属性(知识点)，记为A，B，C；测验中共有6个项目，记为(1, 0, 0)(1, 1, 0)(1, 0, 1)(0, 1, 0)(0, 0, 1)(1, 1, 1)，其中，项目(1, 0, 0)表示该项目考查了属性A，没有考查属性B和C；有5个被试参加了测验，作答反应分别为(1, 0, 1, 0, 1, 0)(0, 0, 0, 0, 0, 0)(1, 1, 0, 1, 0, 0)(1, 1, 1, 0, 1, 0)(1, 0, 0, 0, 0, 0)，其中，(1，

0，1，0，1，0)表示该被试正确作答项目1，3，5，其余的项目作答错误，而项目1，3，5分别包含属性 A 和 C；将该被试的作答反应向量中正确作答的项目的属性进行"或"运算，得到这个被试的属性掌握模式为(1，0，1)，仿照这种做法，得到各被试的属性掌握模式为(1，0，1)(0，0，0)(1，1，0)(1，1，1)(1，0，0)，这就是贝叶斯网络结构学习的数据，通过学习可得到属性节点 A，B，C 之间的层级关系图。

根据被试在测验项目上的得分向量与项目所考查的属性，可以得到所有被试的属性掌握模式。将得到的属性掌握模式作为贝叶斯网络结构学习的训练数据集进行结构学习，可以得到属性之间的层级关系。这里采用的结构学习算法是 K2 算法(Cooper，Herskovits，1992)，其中用到的评分方法是贝叶斯评分方法(Heckerman，1994)。用 K2 算法进行结构学习的具体过程为：对给定的拓扑顺序(在这里，指的是各知识属性的掌握顺序，比如要想掌握属性 B，必须先掌握属性 A，则在拓扑顺序中 A 排在 B 的前面)中的每个节点，首先计算每个节点在其父节点集合为空时网络结构的评分(用来评估该结构的优劣)，然后将在拓扑顺序中其前面的节点所构成的不同组合依次作为其父节点的集合，计算新网络结构的评分，找出评分最高的网络结构，并在评分最高的网络结构中得到该节点的父节点集合，重复这个过程直到所有节点的父节点集合都找到。

1. 模拟实验

为了验证对被试的属性掌握模式进行贝叶斯网络结构学习得到的属性层级结构的准确性，我们进行 Monte Carlo 模拟研究。为比较不同层级结构下的结构学习的准确性，采用相关研究(Cui，Leighton & Zheng，2006)中的 4 种属性层级结构(如图 9-5 所示)来进行模拟。对图 9-5 所示的 4 种属性层级结构用塔苏卡或者丁树良等人介绍的方法依次求出邻接矩阵、可达矩阵、关联矩阵、简化关联矩阵和期望属性掌握模式，可计算得到分支型的期望模式的项目个数是 25，收敛型的是 8 个，线型的是 7 个，无结构型的是 64 个。

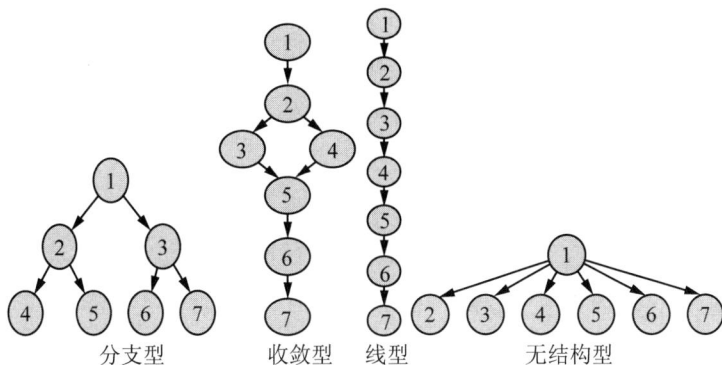

图 9-5　四种属性层次结构

由于实际的测验中，我们可以借助专家或教师得到每个项目所考查的属性及它们之间的拓扑顺序。此处按照塔苏卡的方法先给出测验中的项目所考查的属性及它们之间的拓扑顺序，这可以作为属性之间层级关系的一个"初值"或"参考值"。具体做法如下。

第一步：模拟含有"失误"或"猜测"的被试反应。将期望反应模式按总分从小到大的顺序排序，然后使具有这些得分的被试人数满足标准正态分布，一共模拟生成 5 000 个被试，对于得到某总分的各个被试，将他们平均分配到该总分下可能的各期望反应模式上。这样保证了期望反应模式的总得分服从正态分布。为了产生发生失误或猜测的观察反应模式，我们按如下的方法模拟。如果要模拟概率值为 β 的失误(slip)或猜测(guess)(如 $\beta = 0.05$)，那么操作的步骤为：对任意一个期望反应模式 $\boldsymbol{X}_a$ 在第 j 题上的得分 X_{aj}，产生一个服从 $U(0, 1)$ 的随机数 r，如果 $r > 1 - \beta$，则该期望反应模式 $\boldsymbol{X}_a$ 在第 j 题上的得分 X_{aj} 变成 $1 - X_{aj}$。如果 $r < 1 - \beta$，则该期望反应模式在该题上的得分不变。对所有期望反应模式中的所有分量都按这个方法操作，这样就模拟产生了一个失误或猜测概率为 β 的观察反应模式阵，然后把这些观察反应模式分类到期望反应模式中，用发生失误前的属性模式作为真值，然后计算属性模式分类的正确率，并用此来比较方法的好坏。用这个方法生成失误或猜测概率分别为 5％、10％、15％的数据。

第二步：结构学习。根据模拟得到的观察反应模式和测验项目，对被试正确作答的项目包含的属性向量进行"或"运算，得到所有被试的属性掌握模式，将它作为结构学习的数据集。根据在四种层级结构下得到的被试的属性掌握模式(包含不同的猜测率和失误率)，进行结构学习。

这里以收敛型结构为例来描述贝叶斯网络结构学习的过程：涉及七个节点(对应七个属性)，这里分别是用①②③…⑦来表示，每个节点分别有两个状态，这里用 1 和 0 表示，可以理解为考生对该节点掌握/未掌握两种情况；测验中所用到的项目(共 8 个)是事先准备好的，各个项目所考查的属性也是已知的(如图 9-6 所示)，再加上每个被试的作答向量，根据前面所介绍的"或"运算得到所有被试的属性掌握模式，把属性掌握模式作为结构学习的训练集。将节点和训练集作为输入，经过结构学习，将学习所得的结构作为输出。

结构学习的结果见表 9-8(表 9-8 表头中的 0、5％、10％、15％分别表示用不存在猜测和失误的数据进行学习，用存在 5％的猜测和失误的数据进行学习，等等)。从结果中可以看出，当不存在猜测和失误时，结构学习能得到正确的结构(与原始结构一致)；当存在 5％的猜测和失误时，结构学习仍能得到正确的结果；当存在 10％及 15％的猜测和失误时，收敛型结构都缺少了从属性 2 到属性 3 的一条边；而当存在 15％的猜测和失误时，分支型结构少了一条连接属性 1 和属性 3

的边。

$$
\begin{array}{c}
\quad\quad I_1 \ \ I_2 \ \ I_3 \ \ I_4 \ \ I_5 \ \ I_6 \ \ I_7 \ \ I_8 \\
\begin{array}{c}
A1 \\ A2 \\ A3 \\ A4 \\ A5 \\ A6 \\ A7
\end{array}
\left[
\begin{array}{cccccccc}
1 & 1 & 1 & 1 & 1 & 1 & 1 & 1 \\
0 & 1 & 1 & 1 & 1 & 1 & 1 & 1 \\
0 & 0 & 1 & 0 & 1 & 1 & 1 & 1 \\
0 & 0 & 0 & 1 & 1 & 1 & 1 & 1 \\
0 & 0 & 0 & 0 & 0 & 1 & 1 & 1 \\
0 & 0 & 0 & 0 & 0 & 0 & 1 & 1 \\
0 & 0 & 0 & 0 & 0 & 0 & 0 & 1
\end{array}
\right]
\end{array}
$$

图 9-6　测验中的项目(收敛型结构)

注：I_1，$\cdots$，I_8 表示项目，A1，$\cdots$，A7 表示属性

表 9-8　模拟实验中结构学习的结果

结构	失误和猜测概率			
	0	5%	10%	15%
分支型	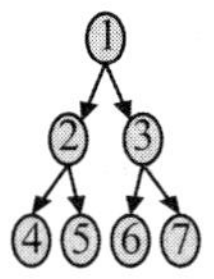	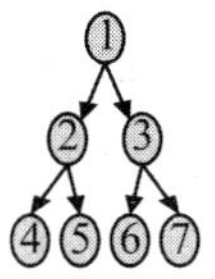	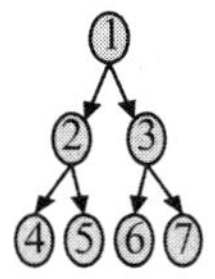	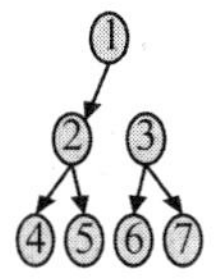
收敛型	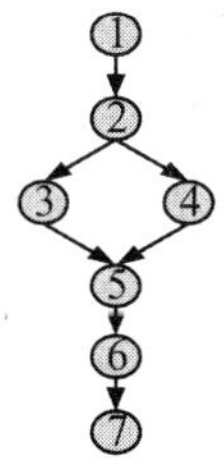	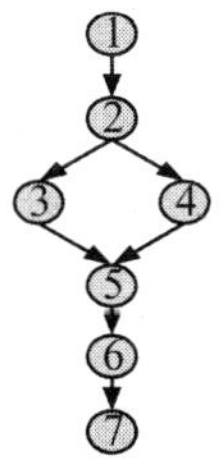	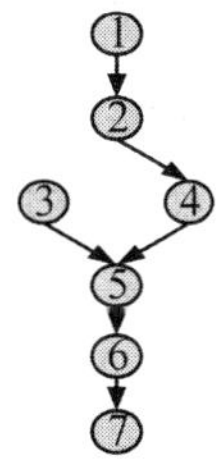	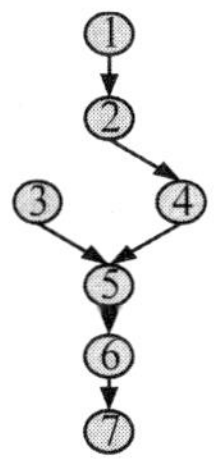
线型				
无结构型	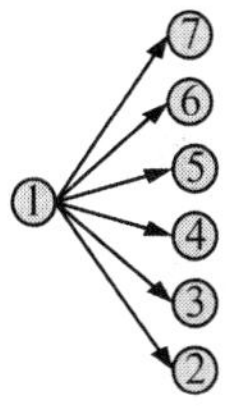	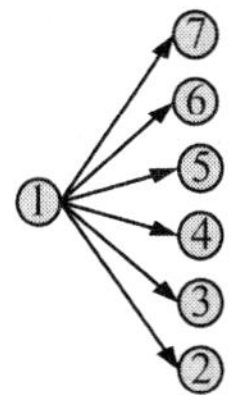	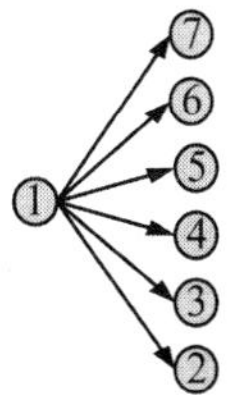	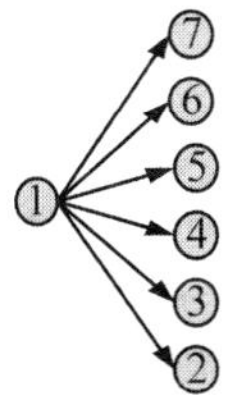

2. 实证研究

(1)属性及其层级关系的确定。

本节诊断高二学生对不同进位计数制及对其进行相互转换的技能(陆云娜, 2008)的掌握情况。首先,多个相关的学科专家一起对这部分的知识技能进行了界定,确定了七种属性,并对这七种属性间的关系进行了分析,厘清了它们之间的层级关系(如图9-7)。根据属性的层级关系模式编制了 16 道试题来测试这七种属性,每题所含属性均清晰明了。

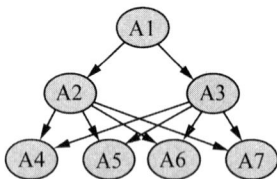

图 9-7　七个属性之间的层级关系

图 9-7 中 A1 表示数的概念,A2 表示基数,A3 表示位权,A4 表示十进制转换成其他进制,A5 表示其他进制转换成十进制,A6 表示二进制转换成八进制或十六进制,A7 表示八进制或十六进制转换成二进制。

(2)试题的编制。

根据所要考查的属性编写测验试题,分别含有一至七种属性的测验试题应该有 $2^7-1=127$ 种,但由于属性间存在着图 9-7 规定的层级关系,故只存在 19 种符合属性间层级关系的项目(如图9-8),这 19 个项目所对应的 Q 矩阵可以根据可达矩阵,通过扩张算法(丁树良等,2009)获得。Q 矩阵中的 1 表示该项目考查了该属性,0 表示没有考查该属性。

$$
\begin{bmatrix}
1 & 1 & 1 & 1 & 1 & 1 & 1 & 1 & 1 & 1 & 1 & 1 & 1 & 1 & 1 & 1 & 1 & 1 & 1 \\
0 & 1 & 0 & 1 & 1 & 1 & 1 & 1 & 1 & 1 & 1 & 1 & 1 & 1 & 1 & 1 & 1 & 1 & 1 \\
0 & 0 & 1 & 1 & 1 & 1 & 1 & 1 & 1 & 1 & 1 & 1 & 1 & 1 & 1 & 1 & 1 & 1 & 1 \\
0 & 0 & 0 & 0 & 1 & 0 & 0 & 0 & 1 & 1 & 0 & 0 & 0 & 1 & 1 & 0 & 1 & 1 & 0 \\
0 & 0 & 0 & 0 & 0 & 1 & 0 & 0 & 1 & 0 & 1 & 1 & 0 & 1 & 1 & 0 & 1 & 1 & 1 \\
0 & 0 & 0 & 0 & 0 & 0 & 1 & 0 & 1 & 0 & 1 & 0 & 1 & 1 & 0 & 1 & 1 & 1 & 1 \\
0 & 0 & 0 & 0 & 0 & 0 & 0 & 1 & 0 & 0 & 1 & 0 & 1 & 1 & 0 & 1 & 1 & 1 & 1 \\
\end{bmatrix}
$$

图 9-8　可能的测验项目

根据已确定的七个属性及其层级关系,我们编制了 16 道试题来测试被试在本节所指向的领域中的知识结构。

选取高二的学生,利用一节信息课进行施测。发下试卷 240 份,回收 236 份,因为当时使用规则空间模型进行分析,满分试卷不便使用,扣除满分试卷后可用于分析的有效试卷 189 份。

（3）分析步骤。

①得到所有被试的属性掌握模式。

根据被试对试题的作答情况及各试题所考查的属性，利用前面介绍的"或"运算得到被试的属性掌握模式。

②得到属性之间的层次关系。

将①中得到的数据作为贝叶斯网络结构学习的训练数据集，通过结构学习得到属性层次结构如图 9-9 所示：通过对比结构学习下得到的结果和编制测验前界定的层级关系可以看出，两种层次结构差距很小，利用结构学习得到的层级结构多了一条从属性 2 到属性 3 的弧，通过对试题、属性 2 和属性 3 之间的关系进行进一步分析，利用结构学习得到的层次关系可能更符合实际的情况。比如，一个二进制数 10111，它对应的十进制数为 23，而对应的八进制数为 27 和十六进制数为 17。八进制数 27 中"2"所在位置的位权为 8，十六进制数 17 中"1"所在位置的位权为 16，可见位权和基数有关，但原来命题人员并没有考虑到这一点，故 16 道试题中没有出现相应的测试试题。可见应用贝叶斯网络结构学习是很重要的，它可以从被试反应数据中挖掘出有用的信息，反馈给命题专家参考。有了更加符合实际的层级结构，就应该对 Q 矩阵进行修改，重新进行认知诊断。国外学者十分注意对 Q 矩阵的修改工作（Jimmy de la Torre，2008；Rupp & Templin，2008）。

图 9-7 与图 9-9 的区别在于图 9-7 中多了从属性 2 到属性 3 的弧，由于贝叶斯网络结构学习会在有关联的属性之间加上弧，将图 9-9 作为哈斯图（Hasse diagram，左孝凌等人，1982）是不对的，因此，要将属性 1 和属性 3 之间的弧删除，将图 9-9 改成哈斯图（参见图 9-10），利用贝叶斯网络结构学习得到的结构在教育测量中还要进行稍微的"修匀"。

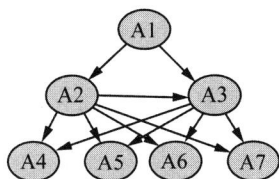

图 9-9　利用结构学习得到的属性层级关系　　图 9-10　图 9-9 所对应的哈斯图

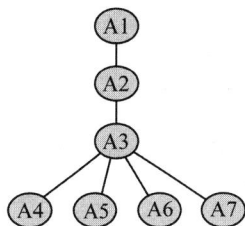

从模拟实验及实证研究的结果中可以看出，利用贝叶斯网络对被试的属性掌握数据进行结构学习后得到的结果是有参考价值的，可以为命题或测量专家带来有用的信息，即如果将采用贝叶斯网络训练出的结构反馈给命题和测量专家，可

为考试结果的分析、以后的测验及教学计划的制订提供有用的信息。属性间的层次关系反映了属性间的内在联系，反映了被试对属性的掌握顺序，如果层级关系设置错误，则会导致诊断结果与实际情况严重不一致。正确的属性间的层次关系，对于编制优质的测验项目而言是非常重要的，同样，对于教师进行补救教学而言也是很关键的，因为，在诊断测验中，根据考生的作答数据及正确的层次关系，可以得出考生的属性掌握模式，进而教师可以进行有针对性的补救教学。

(二)贝叶斯网络在认知诊断分类中的应用

近年来，基于图论和概率论的贝叶斯网分类器受到了研究者们的极大重视，贝叶斯网分类器的基本原理是对某研究对象指定其先验概率(通常是根据历史经验或历史数据)，得到其观察值后利用贝叶斯公式计算其相对于每个类别的后验概率，选择具有最大后验概率的类作为该对象所属的类。贝叶斯网分类器是用于分类的贝叶斯网络。该网络中包含类节点集合 $C = \{c_1, c_2, \cdots, c_k\}$，还包含一组节点 $X = (X_1, X_2, \cdots, X_n)$，$X$ 表明每个样本的特征，当 $(X_1, X_2, \cdots, X_n)$ 各分量分别取不同的值时，该样本属于不同的类，因此 $(X_1, X_2, \cdots, X_n)$ 也被称为属性节点或特征节点。根据网络结构的不同，贝叶斯网分类器可以分为很多种，典型的有朴素贝叶斯网分类器(Naive Bayesian Networks Classifier, NBC)和增强型的贝叶斯网分类器。常见的增强型的贝叶斯网分类器有两种，其中最简单的一种是树增广的朴素贝叶斯网分类器(Tree Augmented Naive Bayesian, TAN)，另一种是扩展的 TAN 分类器(Bayesian Networks Augmented Naive Bayesian, BAN)；通用贝叶斯网分类器(General Bayesian Network, GBN)；贝叶斯多网分类器(Bayesian Multi-Net, BMN)。

在这些不同的贝叶斯网分类器中，朴素贝叶斯网分类器是最简单的一种，因为它假设在给定类节点的条件下，各属性节点之间是独立的，虽然这种条件独立的假设在许多应用领域未必能够满足，但这种简化的贝叶斯网分类器在许多实际应用中还是有较好的分类精度的。朴素贝叶斯网分类器是基于贝叶斯公式中的先验概率和条件概率，利用已知信息来确定新样本的后验概率的。贝叶斯分类算法就是计算某个待分类样本数据属于不同类的后验概率，并将此样本数据划归为具有最大后验概率的类。朴素贝叶斯网分类器有两个优点：第一是容易构造，因为结构是已知的，所以不需要进行结构学习；第二是分类非常有效。这两个优点都源于所有属性之间的独立性假设，这种独立性假设看起来明显有问题，但是令人惊奇的是在大数据集上朴素贝叶斯网分类器却优于很多复杂的分类器，特别是当属性间的相关不是很强时(Cheng & Greiner, 1998)。

图 9-11 展示了朴素贝叶斯网分类器的结构。可以这样来理解这个分类器，假设一个测验中共有 n 个项目，被试对这 n 个项目进行作答，B_1，B_2，$\cdots$，B_n 分别

表示这 n 个项目的作答情况或得分（贝叶斯网分类器中的属性节点），B_1，B_2，…，B_n 的不同值的组合对应了不同的知识掌握情况。C 表示不同的知识掌握情况，即贝叶斯网分类器中的类节点集合。通过专家意见或历史数据可以得到 C 中不同的知识掌握情况（KS）的先验概率，即类节点的先验概率。

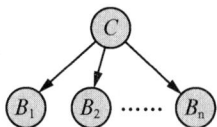

图 9-11　朴素贝叶斯网分类器

应用贝叶斯方法的一个重要特点是充分利用先验信息（专家的意见及以往的历史数据），由于测验在教育测量中是一个十分常见的行为，所以要得到先验信息并不是十分困难。

朴素贝叶斯网分类器具有较强的限定（属性变量之间是条件独立的），我们应该广义地理解这种独立性，即属性变量之间的条件独立性是指：属性变量之间的依赖相对于属性变量与类变量之间的依赖是可以忽略的，这一点刚好和项目反应理论 IRT 的局部独立性假设是一致的（漆书青，戴海崎，丁树良，2002）。我们将所有被试的作答数据作为训练集，这些作答数据中包含失误和猜测，根据贝叶斯网络学习得到我们所要的分类器，然后将作答数据中那些与任何期望反应模式都不同的作答模式找出来，作为测试集，用分类器进行分类（喻晓锋，2009；喻晓锋，丁树良，秦春影，2012）。

利用朴素贝叶斯网分类器进行分类的具体过程如下：已知 B_1，B_2，…，B_n 的值，对所有的 i 计算 $P(C_i \mid B_1 B_2 \cdots B_n)$，根据贝叶斯公式及全概率公式 $P(C_i \mid B_1 B_2 \cdots B_n) = \dfrac{P(B_1 B_2 \cdots B_n \mid C_i) P(C_i)}{P(B_1 B_2 \cdots B_n)} = \dfrac{P(B_1 B_2 \cdots B_n \mid C_i) P(C_i)}{\sum\limits_{i=1}^{k} P(B_1 B_2 \cdots B_n \mid C_i) P(C_i)}$，其中

$P(C_i)$ 为先验概率。因为在给定类节点 C 的条件下，B_1，B_2，…，B_n 是独立的，由概率论有 $P(B_1 B_2 \cdots B_n \mid C_i) = \prod\limits_{j}^{n} P(B_j \mid C_i)$，代入公式，计算出样本属于各类的后验概率值，寻找使 $P(C_i \mid B_1 B_2 \cdots B_n)$ 达到最大的 C_i 的取值，此时的 C_i 即为待分类样本所对应的类，也就是被试的知识状态，这便应用朴素贝叶斯网分类器实现了认知诊断。

1. 实验

为了考查朴素贝叶斯网分类器的分类效果，我们进行 Monte Carlo 模拟研究和实测数据的研究。采用计算机模拟的方法来进行试验，主要是基于如下原因：首先，被试真实的知识状态不可能得到，而使用模拟手段时，可以根据一定条件

假定被试"真实的"知识状态，并且可以很容易地将测验结果（通过测验得到的被试的知识状态）与被试的真实知识状态进行比较，这便于考察不同分类方法的分类准确性；其次，就是模拟的数据完全符合模型的要求，人们也能够灵活地更改实验参数、重复大量实验等。实测数据的研究可以验证方法的实际应用效果，有利于今后大规模的推广应用。在这里模拟数据、实测数据都只对 0—1 计分进行讨论。

2. 计算期望反应模式

对图 9-5 所示的 4 种属性层级结构用规则空间模型介绍的方法依次求出邻接矩阵、可达矩阵、关联矩阵、简化关联矩阵和期望属性掌握模式，可计算得到分支型的期望模式的项目个数是 25 个，收敛型的是 8 个，线型的是 7 个，无结构型的是 64 个。通过 Q_r 矩阵可得到被试期望反应模式，考虑到存在被试没有掌握任何一种属性的情况，故 4 种属性层级结构的期望反应模式的个数都比其相应的期望反应个数多 1，分别为 26，9，8，65。

3. 模拟观察反应模式

具体模拟方法是：把期望反应模式按总分从小到大的顺序排序，然后使具有这些得分的被试人数满足标准正态分布（根据国内外教育和心理测量模拟实验中的惯用作法），产生 5 000 个人进行分配，其中总分相同的期望反应模式平均分配人数，这样保证了期望反应模式的总得分服从正态分布。为了产生发生失误或猜测的观察反应模式，我们按如下的方法模拟：如果要模拟概率值为 β 的失误或猜意测（如 $\beta=0.05$），对任意一个期望反应模式 $\boldsymbol{X_a}$ 中的任意一个分量 X_{aj}，产生一个服从 $U(0,1)$ 的随机数 r，如果 $r>1-\beta$，则该期望反应模式 $\boldsymbol{X_a}$ 在第 j 题目上的得分 X_{aj} 变成 $1-X_{aj}$。如果 $r<1-\beta$，则该期望反应模式在该题上的得分不变。对所有期望反应模式中的所有分量都按这个方法操作，这样就模拟产生一个失误或猜测概率为 β 的观察反应模式阵，然后把这些观察反应模式分类到期望反应模式中，将发生失误前的属性模式作为真值，然后计算属性模式分类的正确率，进而来比较方法的好坏。用这个方法产生包含 5%、10%、15% 的失误或猜测概率的数据。

4. 评价指标

将发生失误前的属性模式作为真值，然后计算属性模式分类的正确率，进而来比较方法的好坏。比如，诊断测验共有 K 个属性（本实验 $K=7$）且有 N 个被试参加测验，发生失误前被试 α 的属性掌握模式为 $\boldsymbol{y_a}$（y_a 为 K 维向量），而分类结果为 z_a（z_a 为 K 维向量），如果 $\boldsymbol{y_a}=z_a$，令 $h_a=1$；否则 $h_a=0$，则属性模式判准率为 $\sum_{a=1}^{N} h_a/N$，记为 PMR。注意，还有一种评价指标是边际属性诊断判准率（也称为单个属性判准率），对 K 个属性中第 t 个属性，考查 N 个被试对第 t 个属性的判准率，比如被试 α 掌握（未掌握）第 t 个属性，今诊断其掌握（未掌握）该属性，则称为对第 t 个属性判准了一次，记为 $g_{\alpha t} = 1$，否则 $g_{\alpha t} = 0$。$\sum_{\alpha=1}^{N} g_{\alpha t} / N$ 即为第 t 个属性诊断判准率 $[\text{MMR}(t)]$，也称为边际诊断判准率。K 个属性的平均判准率记为 $\text{MMR} = \sum_{t=1}^{K} \text{MMR}(t) / K$，简称为属性平均判准率。

5. 实验结果

表 9-9 和表 9-11 详细列出了各分类法对 0—1 计分在各种失误概率下的判准率，其中的判准率都是 20 次重复实验的平均值，表中的 A，B 指的是 AHM 中的 A 方法和 B 方法，NBC 指的是利用朴素贝叶斯网分类器进行分类的方法。相对于其他的分类方法，朴素贝叶斯网分类器在四种属性层级结构上，在不同的失误概率下，都明显占优，在无结构型结构下，0—1 计分，且失误概率为 5% 时，NBC 方法的模式判准率是 92.3%，A 方法的是 45.9%，NBC 方法比 A 方法高了近 50%，比 B 方法（只有 6.6%）高得更多；在线型结构下，NBC 分类准确率在四种结构中是最低的，这是由于在线型结构下，测验的试题最少，但也比 A 方法的高出了超过 10%；并且随着失误概率的增加，与 NBC 方法相比，A 方法和 B 方法的分类准确率下降得更快，失误概率从 5% 到 15%，NBC 方法准确率平均下降不到 20%，而 A 方法准确率平均下降达到 25%。NBC 方法有一个显著的特点就是当试题数增加时，分类准确率也会明显增加。

在实际的诊断测验中，测验使用的试题不会很多，而对于这里的无结构型的属性层级关系而言，测验试题数达到了 64，这显然是不现实的，因此，控制测验长度是有必要的，无结构型层级结构的特殊性使所有项目中最多只出现两个属性或三个属性，选出这样的试题来进行诊断测验，所得到的试题数分别为 7 和 22，利用贝叶斯网分类器进行分类得到的效果依然很好，试验结果及数据，请见表 9-11，其中无结构型 1、无结构型 2 分别是指试题数为 7、22 的情况。

贝叶斯网分类器对两个实测数据均表现出了很好的应用效果，这进一步表明贝叶斯网分类器作为现代教育测量的认知诊断分类工具是可行的。

利用贝叶斯网分类器的一个最大的好处就是不需要估计项目反应理论下的模型参数（包括项目参数和能力参数），若这些参数估计的误差较大，则会严重影响其他分类方法的准确性，而这个问题在贝叶斯网分类器中是不存在的，因为贝叶斯网的结构学习和参数学习在理论上都非常成熟，也比较容易实现，并且还可以充分利用专家的经验和历史数据。

表 9-9　0—1 计分分类结果

层次结构 （试题个数）	分类方法	分析的水平	失误概率		
			5％	10％	15％
分支型 （25题）	A	属性模式判准率	0.668	0.562	0.409
		属性平均判准率	0.933	0.904	0.853
	B	属性模式判准率	0.194	0.165	0.139
		属性平均判准率	0.707	0.694	0.68
	NBC	属性模式判准率	0.910	0.816	0.722
		属性平均判准率	0.992	0.981	0.966
收敛型 （8题）	A	属性模式判准率	0.538	0.498	0.442
		属性平均判准率	0.896	0.887	0.862
	B	属性模式判准率	0.085	0.082	0.082
		属性平均判准率	0.721	0.711	0.699
	NBC	属性模式判准率	0.817	0.708	0.629
		属性平均判准率	0.959	0.935	0.915
线型 （7题）	A	属性模式判准率	0.707	0.513	0.407
		属性平均判准率	0.922	0.856	0.811
	B	属性模式判准率	0.268	0.171	0.117
		属性平均判准率	0.741	0.717	0.705
	NBC	属性模式判准率	0.811	0.71	0.633
		属性平均判准率	0.953	0.933	0.914
无结构型 （64题）	A	属性模式判准率	0.459	0.285	0.184
		属性平均判准率	0.87	0.802	0.74
	B	属性模式判准率	0.066	0.056	0.043
		属性平均判准率	0.652	0.64	0.637
	NBC	属性模式判准率	0.923	0.834	0.741
		属性平均判准率	0.997	0.993	0.986

表 9-10　0—1 计分的测验数据（控制测验长度）

层次结构 （试题个数）	失误概率	改变模式数	失误个数	非期望反应 模式个数
无结构型1 （7题）	5％	1 564	1 833	247
	10％	2 579	3 414	473
	15％	3 385	5 195	729

续表

层次结构 (试题个数)	失误概率	改变模式数	失误个数	非期望反应 模式个数
无结构型 2 (22 题)	5%	3 335	5 446	3 278
	10%	4 511	10 919	4 465
	15%	4 840	16 588	4 811

表 9-11　0—1 计分的试验结果(控制测验长度)

层次结构 (试题个数)	分类方法	分析的水平	失误概率		
			5%	10%	15%
无结构型 1 (7 题)	NBC	属性模式判准率	0.709	0.469	0.361
		属性平均判准率	0.940	0.896	0.857
无结构型 2 (22 题)	NBC	属性模式判准率	0.877	0.765	0.626
		属性平均判准率	0.986	0.970	0.941

第三节　HCI 指标及其扩展

如果给出属性及其层级关系，专家(教师)进行命题、组卷，所组成的试卷能够代表认知模型，即试卷编制合理，那么只要被试样本容量充分大，各种各样的理想(期望)反应模式都会出现；如果采用塔苏卡的"翻新"方式进行认知诊断，或者测验使用的试卷不能够代表认知模型，即相对于认知诊断目的而言试卷设计不合理，那么理想反应模式数必定会小于本来应该出现的数目。这时会出现被试反应与专家的预期(如果这种预期存在的话)不一致的情况。这种不一致表现为观察反应模式(与 Q_t 有关)和理论上的 A&H 不太吻合。更详细一点来说，被试的 ORP(无猜测失误)集合可能只是 ERP 的真子集，即两者可能不一致。前文已经分析了这两者不一致的一个原因，即 Q_t 不是充要 Q 矩阵。另外一个原因是可能 Q 矩阵标定有误而引起了系统误差。鲁普和坦普林研究过这个问题(Rupp & Templin, 2008)，他们认为，Q_t 中如果某列(表示一类项目)中本应为 0 的元素却误指为 1，则该项目猜测参数变大。比如一个项目仅含属性 A1，却在 A2 处也标记为 1，使本没有掌握属性 A2 而只掌握了属性 A1 的被试答对该项目，从而该项目的猜测参数变大。反之本应为 1 的元素却误指为 0，则该项目失误参数变大。比如一个项目本应含属性 A1 和 A2，却在 A2 处标记为 0，则本来仅掌握了属性 A1 的被试答错该项目是正常的，现在却认为是失误造成的。但是还有可能出现某些 ORP 不是 ERP 集合中的元素，即出现不符合层级关系的 ORP。这种不一致

不是因为 Q_t 不是充要 Q 矩阵而引起的。这种不一致可能是由于失误而引起的，也可能是由于猜测而引起的。失误和猜测是一种随机误差。

本节关注的不仅是由于测验蓝图（Q_t）的误指等引起的诊断结果的系统误差，还关心由于被试本身的失误而引起的随机误差。如果 ORP 存在严重干扰，即失误概率过大，则诊断准确率必定下降，如何判断干扰的严重程度？可以直接由 ORP 对认知模型进行评估吗？

一、由 ORP 估出 KS 可信吗？

如果作答时不含失误或猜测，则 ORP 即 ERP。而如果再满足 Q_t 是充要 Q 矩阵的条件，则 ERP 与 KS 一一对应，这时由 ORP 估出 KS 是简单的，也是可信的。然而被试的 ORP 或多或少地都存在失误或猜测，ORP 和 ERP 的对应就存在误差。

如果 Q_t 不是充要 Q 矩阵，则对于 ORP 估计出来的 KS 的集合能够真正代表被试群体，这也是难以置信的。比如，KS 分别为（0，0，0），（1，0，0），（0，1，0），（0，0，1）的被试，在给定的测验蓝图之下，所得的 ORP 都可能是（0，0，0），而 ORP 为（0，0，0），则估出来的 KS 也应该是（0，0，0），这当然造成了估计误差，这种估计误差是由于设计上的缺陷造成的，下文我们假定专家给出 A&H，在此基础上给出的 Q_t 也是充要 Q 矩阵。但可能专家给出的认知模型不能代表被试的认知模型（比如被试采用的策略与专家在 Q 矩阵中规定的策略不相同），这会造成 ORP 与 ERP 的系统误差；而被试的 ORP 中必定掺杂了随机误差，如果这些误差比较大，那么估计出的 KS 也就不一定准确，所以下面讨论如何度量 ORP 中的误差。

（一）层级相合指标

有了 Q 矩阵，有研究者（Cui et al.，2009）给出了层级相合性指标（HCI）以度量每个被试的观察反应与期望反应接近的程度，并且有人认为个人拟合指数的均值可以作为评价认知诊断模型和数据拟合程度的指标（Wang & Gierl，2007）。其原理是：设 j，g 为项目，假定项目 j，g 所测查的属性的集合分别为 AS_j 和 AS_g，且 AS_g 包含在 AS_j 中，则称项目 g 为项目 j 的子项目，j 为 g 的父项目，那么在不失误的条件下，如果被试 i 能对项目 j 做出正确反应，则必可对项目 g 做出正确反应，如果用 MS_i 表示在项目 j 上做出正确反应而在其子项目上做出错误反应（失误）的次数，则此时 $MS_i = \sum_{j \in SCi} \sum_{g \in S_j} x_{ij}(1-x_{ig})=0$，$x_{ij}$，$x_{ig}$ 为被试 i 在项目 j，g 上的得分。式中 $SCi=\{j \mid j$ 且 $x_{ij}=1\}$，它表示被试 i 做出正确反应的项目集合；$S_j=\{g \mid g$ 为项目，$AS_g \subseteq AS_j$，$g \neq j\}$ 即正确反应项目 j 的子项目集合。用 $\sharp S_j$ 表示集合 S_j 中的元素个数，$N_{ci}=\sum\limits_{j: x_{ij}=1}\sharp S_j$ ，即 N_{ci} 表示被试 i 在所有答对项目中每个项目所有子项目的个数，叫作所有答对项目的比较数。MS_i/N_{ci} 是对 ORP 与 ERP 不一致程度的一个度量，从而 $1-MS_i/N_{ci}$ 是对被试 i 的 ORP 与 ERP 一致性程度的度量，为了使这个度量值可以从 -1 变到 1，将其修改为 $1-2MS_i/N_{ci}$ 。

(二)修正的层级相合指标

然而我们考虑另一个问题，如果我们将 N_{ci} 修改成 N_{wi} ：

$$N_{wi}=\sum_{k: x_{ik}=0}\sharp V_k,$$

$x_{ik}=0$ 表示被试 i 做出错误反应的项目，$V_k=\{f\mid f$ 为项目，且 $AS_k\subseteq AS_f\}$ ，即做出错误反应的项目 k 的父项目的集合；$\sharp V_k$ 为集合 V_k 中元素个数。

理论上讲，如果不存在猜测，这时对于项目 k 的父项目 f 也应该做出错误反应，否则与期望反应不一致。显然 N_{ci} 与 N_{wi} 不一定相等，MS_i/N_{wi} 同样是对 ORP 与 ERP 不一致程度的度量，且 MS_i/N_{wi} 也有一定的合理性，有时它表现得更直观，这可以由下例看出。于是可以令

$$\mathrm{MHCI}=1-\left(\frac{MS_i}{N_{ci}}+\frac{MS_i}{N_{wi}}\right)。$$

[例1]设属性层级是由 4 个属性构成的线型结构，且属性 k 是属性 $k+1$ 的先决属性，$k=1,2,3$ 。设有 ORP 为 $x_m=(0,1,0,0)$ ，$x_n=(0,1,0,1)$ 。由于计算烦琐，具体的计算过程此处不予展示，直接给出结果。

(1)如果根据 HCI 原来的定义(Cui et al.，2009)，计算分母的比较数目时，不包含项目 j 本身，可以得到如下计算结果：

$$\mathrm{HCI}_m=1-2\times\frac{1}{1}=-1,\ \mathrm{HCI}_n=1-2\times\frac{3}{4}=-0.5；得到\ x_m\ 比\ x_n\ 失拟更严$$

重的结论。

(2)如果不根据 HCI 原来的定义，计算分母的比较数目时，包含项目 j 本身，则可以得到如下计算结果：

$$\mathrm{HCI}_m=1-2\times\frac{1}{2}=0；\mathrm{HCI}_n=1-2\times\frac{3}{6}=0；得到\ x_m\ 和\ x_n\ 失拟相同的结论。$$

这两个结果显然不太合理，因为直观上看 x_n 比 x_m 失拟更严重。

(3)以下计算 MHCI，在 S_j 的定义中将 $g\neq j$ 的限定取消，从而使 $\sharp S_j$ 的值至少为 1。

$$\mathrm{MHCI}_m=1-\left(\frac{1}{2}+\frac{1}{7}\right)=\frac{5}{14}；\mathrm{MHCI}_n=1-\left(\frac{3}{6}+\frac{3}{6}\right)=0。$$

这时 $MHCI$ 将 x_n 和 x_m 区分开了，且 $MHCI_n$ 比 $MHCI_m$ 要小，即偏离 ERP 更厉害，这符合直观印象。

定义：$MHCI = \sum_{i=1}^{N} MHCI_i / N$，它表示这 N 个被试的 ORP 对 ERP 的偏离程度，这个值越小，则偏离越大；反之则偏离越小。但是，目前这个指标的统计分布尚不清楚，故 $MHCI$ 到底小到什么程度，这一批数据才不可用，这是一个值得探讨的问题。

这里提到的 HCI 指标的计算方法与崔颖等人提出的有所不同，崔颖等人计算 $N_{ci} = \sum_{j:\, x_{ij}=1} \sharp S_j$ 时，只计算 $S_j = \{g \mid g \text{ 为项目}, AS_g \subseteq AS_j,\ g \neq j\}$，即项目 g 与项目 j 不相等时才计算入内，这时可能使 $N_{ci}=0$，即 HCI 的分母为零。比如，项目 i 仅仅包含一个属性 k 且同类试题仅此一道，被试 j 在该试题上正确作答，在这种情况下，HCI 的分母等于零。而 $MHCI$ 中将 S_j 做如下修改，则可以避免这种错误：$S_j = \{g \mid g \text{ 为项目}, AS_g \subseteq AS_j\}$。

在对数据进行认知诊断分析时，建议分三步。

第一步，在施测之前，对测验 Q 矩阵计算理论构想效度。如若太低，则应该检查测验蓝图，替换项目中的试题，修改测验 Q 矩阵后再计算 TCV，直到满意为止。如果不太低，则转第二步。

第二步，在施测之后，考查每个被试的反应是否与属性层级相容。然后计算全体被试的 MHCI 的均值，如果太低，则可能 A&H 与被试的知识结构不符，应该对 Q_t 进行修正，之后再转第一步，否则则转第三步。

第三步，选择 CDM 对数据进行分析。

二、结论与讨论

本节对教育测量中认知模型的评估进行了讨论。因评估的需要，我们和莱顿等人以及塔苏卡一样，首先，将认知模型用 Q 矩阵这种数学工具加以表达，但本节中采用的表达方式更细致一些，比如使用专门的记号以区分各种不同的 Q 矩阵。其次，在领域专家给出属性和层级以后，测验蓝图（Q_t）是潜在 Q 矩阵（Q_p）的子矩阵。我们引入理论构想效度评估 Q_t 在多大的程度上代表 A&H，并且给出一些例子说明现在引证的一些例子理论构想效度都不太高，由此想提醒测验开发者注意。最后，在现有测验基础上进行认知诊断（"翻新"）是一项具有价值且可行的工作。而在进行诊断分析时，不论是先有 A&H 再进行测验编制，还是先进行测验再从现成测验中挖掘出诊断所需的 Q 矩阵，在这两种情况下 Q 矩阵的标识都可能存在问题。如何从被试反应数据中找出其中存在的问题，这一点非常重要。崔颖(Cui，2009)提出 HCI，本节对其进行了修改，以辅助判断 Q 矩阵标识的正确性和测验是否适合当前被试，即测验是否可以正确描述当前被试的知识状态。确定 A&H 是艰苦细致的工作，编制认知诊断测验是一个新的挑战，应该多加注意。本节提出的 MHCI 仅仅是给出了一种方法，只有在许多工作完善之后才能使用(比如讨论 MHCI 的分布、截断点等)。当然，使用 MHCI 之前必须了解理论上的 A&H，这时已经获得了一系列的 Q 矩阵。所以 MHCI 这个指标只能评估 Q_t，而不能修正 Q_t。然而当评估结果表明 Q_t 存在问题时，就应该启动修改 Q_t 矩阵的程序。总之，我们认为认知诊断测验应该受到 A&H 的支持，并且应该尽可能代表 A&H，否则诊断信息就不一定准确、完备，测验的效度也不可能提高。这里只提出了一些提高认知诊断测验效度的初步设想，真正到实用阶段或许还有很长一段路要走。本节提出这些初步设想是想抛砖引玉，希冀引起人们的相关讨论，使得认知诊断工作少走弯路。

第四节　人工神经网络在认知诊断分类中的应用

一、人工神经网络认知诊断分类

(一)人工神经网络简介

人工神经网络作为一种自适应的模式识别技术，并不需要人们预先给出有关模式的经验知识和判别函数，它通过自身的学习机制自动形成所要求的决策区域。网络的特性由其拓扑结构、神经元特性、学习和训练规则所决定。它可以充分利用状态信息，对来自不同状态的信息逐一进行训练而获得某种映射关系。而且网络可以连续学习，如果环境发生改变，这种映射关系还可以自适应地进行调整。因此，人工神经网络在模式识别领域中有着越来越广泛的应用。

我们通过认知诊断中的 Q 矩阵理论已得知，期望反应模式是已知知识状态的被试在零失误和零猜测下的作答反应模式。但是在现实中被试的作答总是存在着猜测和失误，具有特定属性掌握模式的被试的真实反应与期望反应并不完全相同，一般来说，在测验作答时具有相同知识状态并且犯相同错误的被试的作答反应是相似的。人工神经网络认知诊断分类的目的就是期望找出被试的真实反应与已知知识状态的被试作答反应之间的对应关系，然后根据已知知识状态的被试作答反应与知识状态之间的对应关系，得到被试作答反应与被试知识状态之间的对应关系。

人工神经网络认知诊断分类的方法是通过用一批已知属性掌握模式和观察反

应模式的被试数据进行训练，得出属性掌握模式与被试的观察反应模式之间潜在的规律。最终根据这些规律，来完成新的被试观察反应模式的归类从而得到被试的具体认知状况。人工神经网络认知诊断分类过程分为两步。首先，利用一定数量的训练样本(叫作训练集或学习集)对网络进行训练，以确定网络的结构(中间层的传递函数和神经元数目)和参数(神经元之间的连接权值和阈值)，从而得到期望的诊断网络。其次，用训练好的网络对测试集进行分类决策。人工神经网络认知诊断分类流程框图如图 9-12 所示。

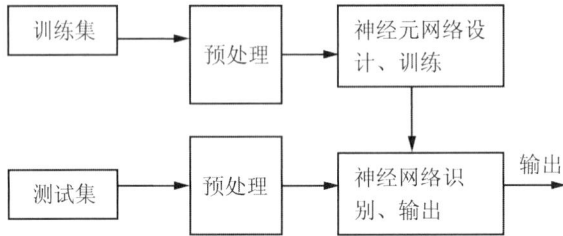

图 9-12 人工神经网络认知诊断分类流程框图

下面以图 9-13 中的 7 个属性的分支型层级结构举例说明人工神经网络分类方法的具体过程。

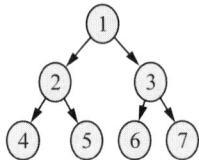

图 9-13 分支型属性层级结构

7 个属性的分支型层级结构对应的可达矩阵 R 为 7×7 矩阵，Q 矩阵为 7×25 矩阵，Q 矩阵中的每一列可以对应一类项目，这类项目所含属性恰与 Q 矩阵中的列对应；而被试中还有一类是对这 7 个属性一个也未掌握，故被试属性掌握模式有 $(25+1)=26$ 类。他们参加以 Q 矩阵为测验蓝图的认知诊断测验，所得期望反应模式有 26 类，每类回答 25 个项目，故期望反应模式的矩阵为 26×25，属性掌握模式矩阵为 25×7。我们通过模拟训练集和测试集的方法模拟出两批各 5 000 人的具有 5% 的概率发生失误的训练集和测试集。训练集用来训练网络，测试集用来测试网络分类效果。

假定 P 为训练集的输入向量，T 为训练集的目标向量。当输入向量确定以后，需要进行归一化处理，即对数据进行预处理，经过预处理的数据对于人工神经网络来说更容易训练和学习，因为原始数据幅值可能大小不一，有时候相差还比较悬殊，如果直接投入使用，测量值大的波动会极大占用神经网络的学习过程，使其不能反映小的测量值的变化。由于本节所使用的数据都为 0 或者 1，对数据进行归一化对网络分类效果影响不大，所以本节实验数据不进行归一化处理。

在应用神经网络解决实际问题的过程中，选择多少层网络，每层有多少个神经元节点，选择何种传递函数、何种训练算法，均无可行的理论指导，只能通过大量的实验计算获得相关信息。这无形增加了研究工作量和编程计算工作量，MATLAB 软件提供了一个现成的神经网络工具箱（Neural Network Toolbox，NNbox），为解决这个矛盾提供了便利条件。利用 MATLAB 软件提供的工具箱编制神经网络并解决非线性问题的程序是一个较好的选择，比较便捷而且有效。因此本节采用 MATLAB 软件编程实现模式分类。

（二）BP 神经网络的设计和训练

本节采用三层 BP 网络，即只有一个隐含层的 BP 网络。该神经网络输入层的节点数由输入向量 P 的维数决定，所以输入层神经元的个数为 25；输出层节点数由目标向量 T 的维数决定，所以输出层神经元的个数为 7。

由于隐含层节点数的选择还没有理论上的指导，所以隐含层节点数本节参考 Kolmogorov 定理，隐含层节点数设为 $2N+1$（N 为输入神经元个数）。在本节设计的程序中隐含层节点数是可调的，可以增大或缩小，从而来寻求一种较好的值。

经反复训练隐含层节点数定为 51。这样就形成了一个 25—51—7 的三层 BP 神经网络。

1. 传递函数的选择

传递函数的选择工具箱中提供了三种传递函数：Log-sigmoid 函数、tan-sigmoid 函数和线性函数。前两种为非线性函数，分别将 $x\in(-\infty,+\infty)$ 的输入压缩为 $y\in[0,1]$ 和 $y\in[-1,+1]$ 的输出。因此，对非线性问题，输入层和隐含层多采用非线性传递函数，输出层采用线性函数，以保持输出的范围，就非线性传递函数而言，若样本输出均大于零时，多采用 Log-sigmoid 函数，否则，采用 tan-sigmoid 函数。对线性系统而言，各层多采用线性函数。本节中由于目标向量 T 中的元素都位于区间 $[-1,1]$ 中，正好满足 tan-sigmoid 函数的输出要求，所以网络的隐含层神经元的传递函数定为 tan-sigmoid。

2. 学习算法的选择

BP 算法是一种有监督式的学习算法，其主要思想是：输入学习样本，使用反向传播算法对网络的权值和偏差进行反复的调整训练，使输出的向量与期望向量尽可能地接近，当网络输出层的误差平方和小于指定的误差时训练完成，保存网络的权值和偏差。一般 BP 算法采用梯度下降法使得误差均方趋向最小，直至达到误差要求。Matlab7.0 神经网络工具箱中提供了十多种快速学习算法，一类采用启发式学习方法，如引入动量因子的 traingdm 算法、变速率学习算法 traingda、"弹性"学习算法 trainrp；另一类采用数值优化方法，如共轭梯度学习算法 traincgf、Quasi-Newton 算法 trainbgf、Levenberg-Marguardt 算法 trainlm 等。其中 Levenberg-Marguardt 数值优化算法适用于中小型网络，并且学习速率最快，所以本节选择 trainlm 算法。

3. Matlab7.0 中 BP 网络的建立

（1）建立网络。

net＝newff(minmax(p)，[51，7]，{'tansig'，'purelin'}，'trainlm')；

newff()为建立 BP 神经网络的函数，minmax(p)表示样本数据经预处理后的网络输入 p 的取值范围，[51，7]表示隐含层节点数是 51，输出层节点数是 7，{'tansig'，'purelin'}表示隐含层中的神经元采用 tan-sigmoid 函数，输出层采用 purelin 函数，'trainlm'表示选择的学习算法。

（2）学习[net，tr]＝train(net，p，T)；T 为目标向量，根据网络学习误差逆传递算法，利用阻尼最小二乘算法迭代，由前一次训练得到的网络权重及阈值训练得到新的网络权重及阈值。

（3）测试 an1＝ sim(net，p)；an1(an1＞＝0.5)＝1；an1(an1＜0.5)＝0；将训练集当作输入向量输入训练好的网络中进行模拟网络输出，检验网络分类的正确性。由于得到的是被试对各个属性的掌握概率，如果要得到被试属性掌握模式本节将属性概率大于 0.5 的划为 1，小于 0.5 的划为 0。

（4）模式分类 an＝sim(net，P_Test)；an(an＞＝0.5)＝1；an(an＜0.5)＝0；将测试集 P_Test 输入训练好的网络中进行模拟网络输出。得到训练集被试的属性掌握模式，完成分类。

（三）Hamming 网络

Hamming 网络是最简单的竞争网络，它是专门为求解二值模式识别问题而设计的。Hamming 网络的目标是判定哪个标准模式最接近输入向量，判定结果由递归层的输出表示。每个标准模式均对应递归层中的一个神经元，当递归层收敛后，递归层中只有一个神经元的输出值为非 0 值，该神经元指明了哪一个标准模式与输入向量最接近。这里我们将期望反应模式作为标准模式，将观察反应模式作为输入向量。

Hamming 网络分类过程分两层：前馈层和递归层。详见图 9-14。

前馈层用于实现每个期望反应模式 $\boldsymbol{W}_{S \times R}^{1}$ 和观察反应向量 $\boldsymbol{P}_{R \times 1}$ 之间的相关检

测或计算内积。前馈层采用的是线性传输函数，偏置值向量 b 中的每个元素均等于 R（R 是期望反应中的元素个数）。前馈层的输出 $a^1=\text{purelin}(W^1p+b^1)$，即每个期望反应模式和观察反应模式的内积加 R，加 R 是为了保证输出不为负数值。这些内积表示观察反应向量与期望反应向量之间的接近程度。

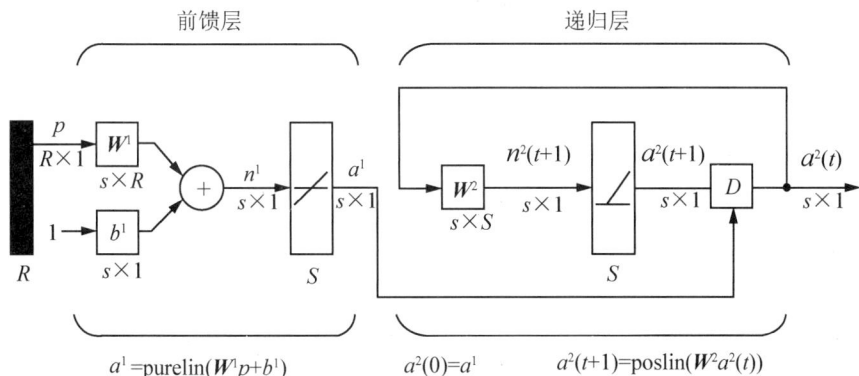

图 9-14 Hamming 网络分类过程

递归层就是所谓竞争层。该层的神经元用前馈层的输出进行初始化，即 $a^2(0)=a^1$，然后递归层中的神经元相互竞争，其递归算法为：

$$a^2(t+1)=\text{poslin}(W^2a^2(t))。$$

竞争取胜的神经元就表示观察反应模式的类别。其中权值矩阵 W^2 的对角线为 1，不在对角线上的元素设为某个小的负数 $-\varepsilon\left(\varepsilon\dfrac{1}{s-1}\right)$。这个矩阵产生横向抑制作用，每次迭代，每个神经元的输出都会随着所有其他神经元的输出的和按比例下降（最小的输出为 0），其中初始状态最大的神经元的输出比起其他神经元的输出降得慢些。当网络达到稳定状态时唯一一个有正值输出的神经元就代表输入向量的类别。

（四）概率神经网络的创建、训练和测试

概率神经网络 PNN 是 RBF 网络的一种变化形式，它结构简单、训练快捷，是一种性能良好的分类神经网络，由于它直接考虑样本空间的概率特性，以样本空间的典型样本作为隐含层的节点，一经确定就不需要进行训练，只要随实际问题进行样本的追加就可以了，而且 PNN 具有全局优化的特点。因此，PNN 已经广泛应用于模式分类领域。

在 MATLAB 中 PNN 的创建代码为

```
SPREAD=0.5;
net=newpnn(P，T，SPREAD);
```

其中，**P**，**T** 分别为输入向量和目标向量，SPREAD 为径向基函数的分布密度，默认值为 0.1，SPREAD 越大，函数越平滑。可见 SPREAD 的值对网络的最终逼近精度有着比较大的影响，因此在网络设计过程中需要调整 SPREAD 的值，直到达到比较理想的精度。因此需要做大量的实验来确定 SPREAD 的值。经过多次实验，我们得知当 SPREAD 取 0.5 时网络逼近效果最好。因此本节将 SPREAD 的取值定为 0.5。

由于函数 newpnn 已经创建了一个准确的概率神经网络，可以利用该网络进行模式分类。接下来就可以使用测试数据 P_test 对网络进行测试，看网络是否可以将模式正确分类。如果分类效果良好，则网络可以投入使用。用下列代码对网络进行模拟仿真：

   Y＝sim(net，P_test)。

基于概率神经网络的模式分类方法可以最大限度地利用数据先验知识，在贝叶斯最小风险准则下对被试观察反应模式进行分类。概率神经网络训练速度快，在工程上易于实现，而且对样本噪声具有较强的鲁棒性，可以达到较高的模式判准率。由于网络一经确定就不需要进行训练，只要随实际问题进行样本的追加就可以了，因此随着数据的逐渐积累，网络可以不断扩张从而进一步提高判准率。

利用 MATLAB 人工神经网络工具箱来实现利用神经网络进行认知诊断分类。通过这些研究，我们可以发现：

(1)基于神经网络的模式识别方法在网络参数未知的情况下能够自动建立动态模型，对于线性系统和非线性系统都有很好的跟踪能力，因此可以准确地对模式进行识别。

(2)通过改进或者选择高效的训练学习算法，可以在同等的收敛要求下，获得较高的模式判准率。

二、Monte Carlo 模拟实验

(一)实验设计

本节采用与崔颖等人所用方法相似的模拟实验方法，以比较 AHM 中方法 A、方法 B 同 BP 网络、Hamming 网络以及 PNN 网络分类方法的分类效果。在 3 种失误概率下(5%～15%)进行统计，共 12 个试验，每个试验都重复进行 30 次以减少误差，每次试验都对这几种分类方法进行比较，以考查失误概率及分类方法对诊断准确率的影响。

(二)实验数据的模拟

1. 认知属性及属性层级关系模拟

采用莱顿(Leighton,2004)等人建议的四种基本属性层级关系,认知属性个数为 7 个,如图 9-15 所示。

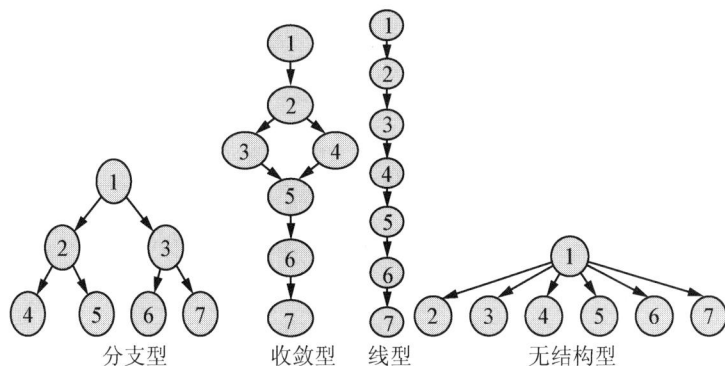

图 9-15　四种基本类型的属性层级关系

2. 测验 Q 矩阵

根据图 9-15 中的属性间的层级关系,符合四种基本类型的属性层级关系的测验项目数分别为 25、8、7 和 64,分别模拟四种属性层级关系所对应的测验 Q 矩阵,其测验项目数同样分别为 25、8、7 和 64。

3. 被试得分矩阵模拟

将符合图 9-15 的期望反应模式按总分从小到大的顺序排序,然后使具有这些得分的被试人数满足标准正态分布,生成 5 000 个模拟被试,对于总分相同的各期望反应模式而言,将得该总分的被试平均分配到这些模式上,这样保证了期望反应模式的总得分服从正态分布。为了产生发生了失误或猜测的观察反应模式,我们按如下的方法模拟,比如要模拟有 5% 的概率发生失误,本实验采用产生一个服从 $U(0,1)$ 的随机数 r,如果 $r>0.95$,则某个期望反应模式在某个题目上的得分是 1,就将其变为 0;如果该期望反应模式在该题上的得分是 0,就将其变为 1。如果 $r<0.95$,则该期望反应模式在该题上的得分不变。这样就模拟产生了一个有 5% 失误概率的观察反应模式阵,用同样方法生成 10% 和 15% 的失误概率的数据。

4. 训练集以及测试集

人工神经网络认知诊断分类通过将一定数量的观察反应模式以及与之对应的属性掌握模式构成训练样本集进行训练,来得到期望的网络。人工神经网络的分类精度在很大程度上受样本的数量和质量影响。所谓数量就是指训练样本的数目要充足;所谓质量就是指样本数据中需要蕴含所有可能的被试观察反应模式以及对应的属性掌握模式。

有学者(Gierl，Cui et al.，2007)提出利用多层感知器神经网络估计被试对每个属性的掌握概率，他们只是把期望反应模式(既无失误也无猜测的被试作答反应模式)及其对应的属性掌握模式(或者是对应的属性掌握模式以及能力参数 θ)作为训练样本来训练网络。由于在现实中被试的作答总是存在着猜测和失误，被试的观察反应模式多种多样，既包括期望反应模式也包括非期望反应模式。比如，7 个属性的分支型层级结构在 0—1 计分下测验项目有 25 个，期望反应模式只有 26 种，但所有可能的观察反应模式远多于 26 种，甚至可能达到 $2^{25}-1$ 种。如果只用期望反应模式及其对应的属性掌握模式(或者是对应的属性掌握模式以及能力参数 θ)进行训练的话，就不能反映出被试在作答中可能存在失误和猜测这一客观事实，而且训练集偏小对网络的分类精度也有较大的影响。本节通过实验数据模拟得出了一批被试的观察反应模式以及对应的属性掌握模式作为训练集，这些数据中既包括期望反应模式也包括非期望反应模式，以扩大训练样本集从而提高网络的分类精度。

本节采用与崔颖等人所用方法相似的模拟实验方法来考察训练样本集对网络诊断准确率的影响。BP 表示 BP 网络使用扩大的训练集，BPCUI 表示 BP 网络仅使用期望反应模式以及对应的属性掌握模式作为训练集。表 9-12 显示了 BP 网络使用两种训练集，在分支型层级结构的 3 种失误概率(分别为 5％、10％和 15％)下的归类结果，从表 9-12 中可以看出，使用扩大的训练集分类效果要比只使用期望反应模式以及对应的属性掌握模式作为训练集好得多。所以本节使用扩大的训练样本集作为人工神经网络方法认知诊断分类中的训练样本集。

表 9-12　两种训练样本集试验结果(属性数 $K=7$)

层次结构 (试题个数)	分类方法	分析的水平	失误概率		
			5％	10％	15％
分支型(Divergent) [25 题]	BP	属性模式判准率	0.828	0.710	0.581
		属性边际判准率	0.971	0.948	0.918
	BPCUI	属性模式判准率	0.537	0.338	0.271
		属性边际判准率	0.914	0.835	0.814

训练样本集与测试样本集具体模拟方法如下。

我们通过模拟观察反应模式的方法模拟出两批各 5 000 人的具有 5％的概率发生失误的观察反应模式集(由于失误是随机生成的所以这两批数据并不完全一样)，首先对于其中一批，在 5 000 个观察反应模式中，将与期望反应模式相同的剔除掉，得出非期望反应模式集，然后将期望反应模式集加入非期望反应模式集中(这样确保了训练集中含有全部的期望反应模式),并将其作为神经网络训练集的输入向量 $P_{m \times n}$(m 为训练集的样本个数,n 为测验项目个数),目标向量 $T_{m \times r}$(m 为训练集的样本个数,r 为测验的属性个数)为输入向量 P 对应的属性掌握模式。然后在第二批观察反应模式集中,将与期望反应模式相同的剔除掉,得出非期望反应模式集,并将其当作测试集 $P\_test_{s \times n}$(s 为测试集的样本个数,n 为测验项目个数)。

训练集用来训练网络,测试集用来测试网络分类效果。用相同的方法产生具有 10% 和 15% 的失误概率的训练数据和测试数据。

实验中用到的数据是图 9-15 中所示的 4 种属性层级结构(分支型、收敛型、线型和无结构型)根据以上数据模拟方法模拟得出的。可得到的分支型的期望模式的试题个数是 25 个,收敛型的是 8 个,线型的是 7 个,无结构型的是 64 个。

(三)评价指标

将发生失误前的属性掌握模式作为真值,然后通过计算属性模式归类的正确率来比较方法的好坏。比如,诊断测验共有 K 个属性(本实验 $K=7$)且有 N 个被试参加测验,发生失误前被试 α 的属性掌握模式为 y_α(y_α 为 K 维向量),而归类结果为 z_α(z_α 为 K 维向量),如果 $y_\alpha = z_\alpha$,令 $h_\alpha = 1$;否则 $h_\alpha = 0$,则属性模式判断准率为 $\sum_{\alpha=1}^{n} h_\alpha / N$。

还有一种评价指标是边际属性判准率(也称为单个属性归准率),对 K 个属性中第 t 个属性,考察第 t 个属性在 N 个被试上的判准率,比如被试 α 掌握(未掌握)第 t 个属性,今诊断其掌握(未掌握)该属性,则称对第 t 个属性判准了 次,记为 $g_{\alpha t} = 1$,否则 $g_{\alpha t} = 0$。$\sum_{\alpha=1}^{n} g_{\alpha t} / N$ 即为第 t 个属性诊断归准率,记为 $MR(t)$,也称为属性边际判准率。K 个属性的平均归准率记为 $MR = \sum_{t=1}^{K} MR(t) / K$。

四、实验结果及分析

图 9-16 和图 9-17 显示,在各属性层次结构中,人工神经网络方法的归类结果均比方法 A、方法 B 的分类效果好,其中属 PNN 分类效果最佳。随着失误概率的增大,各方法的模式归准率和边际诊断判准率都相应地降低。

表 9-13、表 9-14 详细列出了各分类法在各种失误下的归准率,其中的模式判准率以及属性边际判准率都是 30 次重复实验的数据平均值。从表 9-13 中可以看出:在相似条件下,各神经网络分类方法相对于崔颖等人报告的 0—1 计分 AHM 的判准率有了很大的提高,如分支型层级结构,发生 5% 失误,方法 A、方法 B 的判准率分别是 66.7% 和 59.7%,而神经网络各方法的判准率均超过 80%,

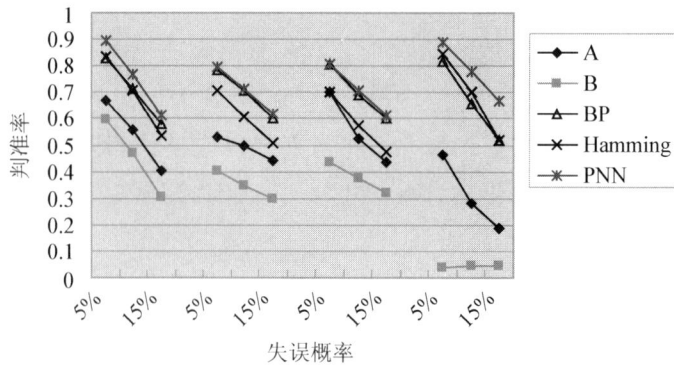

图 9-16 四种结构模式判准率

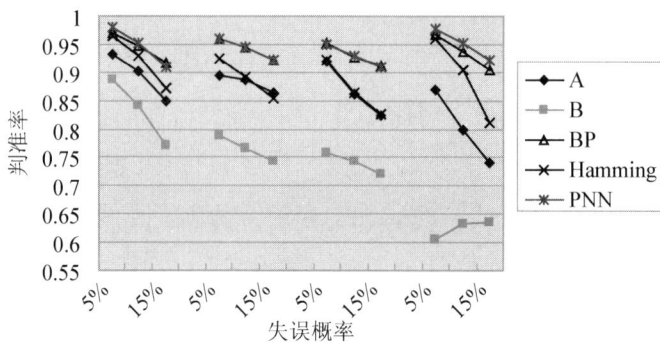

图 9-17 四种结构属性边际判准率

PNN 方法的判准率甚至达到了 89.3％；收敛型层级结构发生 5％失误，方法 A、方法 B 的判准率分别是 52.8％和 40.6％，神经网络各方法的判准率均超过 70％，PNN 方法的判准率达到了 79.7％；线型层级结构发生 5％失误，方法 A、方法 B 的判准率分别是 70.1％和 43.4％，神经网络各方法的判准率均超过 70％，其中 BP 方法和 PNN 方法的判准率超过了 80％；无结构型层级结构发生 5％失误，方法 A、方法 B 的判准率分别是 46.3％和 4.1％，神经网络各方法的判准率均超过 80％，PNN 方法的判准率达到了 88.9％。不论是什么样的属性层级结构，方法 A、方法 B 均不如神经网络方法。由以上实验结果可以明显看出，神经网络方法在认知诊断分类中有明显优势。

由表 9-14 可知，在属性边际判准率方面，神经网络方法较莱顿的方法 A、方法 B 在分类精度上明显提高，而且也进一步印证了表 9-13 中的部分结果，即模式判准率高的大都具有高的属性边际判准率。

表 9-13 各方法模式判准率(属性数 $K = 7$)

层级结构 [试题个数]	分类方法	失误概率		
		5%	10%	15%
分支型(Divergent) [25 题]	A	0.667	0.556	0.404
	B	0.597	0.467	0.304
	BP	0.828	0.710	0.581
	Hamming	0.832	0.705	0.537
	PNN	0.893	0.769	0.611
收敛型 (Convergent) [8 题]	A	0.528	0.500	0.440
	B	0.406	0.348	0.297
	BP	0.783	0.707	0.600
	Hamming	0.708	0.609	0.507
	PNN	0.797	0.710	0.621
线型 (Linear) [7 题]	A	0.701	0.525	0.438
	B	0.434	0.377	0.319
	BP	0.807	0.688	0.603
	Hamming	0.702	0.573	0.476
	PNN	0.809	0.705	0.616
无结构型 (Unstructed) [64 题]	A	0.463	0.284	0.190
	B	0.041	0.045	0.043
	BP	0.817	0.657	0.520
	Hamming	0.848	0.701	0.517
	PNN	0.889	0.781	0.667

注: A 为 AHM 中的方法 A, B 为 AHM 中的方法 B, BP, Hamming, PNN 是本节提出的神经网络方法。

表 9-14 各方法属性边际判准率(属性数 $K = 7$)

层次结构 [试题个数]	分类方法	失误概率		
		5%	10%	15%
分支型(Divergent) [25 题]	A	0.932	0.902	0.850
	B	0.887	0.842	0.772
	BP	0.971	0.948	0.918
	Hamming	0.966	0.930	0.871
	PNN	0.979	0.952	0.909

层次结构 [试题个数]	分类方法	失误概率		
		5%	10%	15%
收敛型 (Convergent) [8题]	A	0.894	0.887	0.863
	B	0.788	0.766	0.744
	BP	0.959	0.945	0.923
	Hamming	0.924	0.891	0.855
	PNN	0.961	0.944	0.922
线型 (Linear) [7题]	A	0.920	0.861	0.824
	B	0.759	0.743	0.722
	BP	0.950	0.928	0.910
	Hamming	0.921	0.863	0.827
	PNN	0.953	0.930	0.913
无结构型 (Unstructed) [64题]	A	0.869	0.799	0.741
	B	0.605	0.632	0.635
	BP	0.968	0.937	0.904
	Hamming	0.960	0.904	0.811
	PNN	0.977	0.953	0.923

注：A 为 AHM 中的方法 A，B 为 AHM 中的方法 B，BP，Hamming，PNN 是本节提出的神经网络方法。

五、结论

就本节使用的三种神经网络方法而言，BP 网络方法训练速度慢并且易于收敛到局部最小值，Hamming 网络实现起来比较简单并且分类速度快，但判准率还有待提高。总体来说，在本节提出的神经网络方法中，PNN 网络方法整体表现最优，PNN 网络方法不仅训练速度快，而且其训练时间仅略大于读取数据的时间。

第五节　CD-CAT 中题目参数的在线标定及其设计

本节主要介绍在线标定的概念、在线标定对 CAT 及 CD-CAT 题库维护与开发的重要性、CAT 和 CD-CAT 在线标定的相关研究、CD-CAT 在线标定方法的开发、CD-CAT 在线自适应标定的设计等内容，最后对已有研究进行总结，并对今后的研究方向进行梳理。

一、引言

随着计算机技术和心理与教育测量理论的飞速发展，CAT 自 20 世纪 70 年代早期被引入测验领域，目前已经成为一种非常流行的测验模式（Cheng，2008）。CAT 以项目反应理论为指导，基于被试在已作答题目上的表现估计被试的潜在特质（在心理测量学中一般被称为能力水平 θ），并根据选题策略连续地（Sequentially）从题库中选择最适合被试作答的题目对被试进行施测，直到满足测验终止规则（Chang & Ying，1996）。CAT 的基本思路是让计算机自动去模仿聪明主试的做法，每次都呈现难度与被试能力水平接近的题目。因此，相对于传统的纸笔测验，CAT 用更少的题目就能够提供更加准确的能力估计值 $\hat{\theta}$（Weiss，1982；Wainer，1990）。

认知诊断计算机化自适应测验是对 CAT 的扩展，其目的是对被试在测验所测属性（如任务、子任务、认知过程和技能）上的掌握水平进行分类。根据被试在属性上的掌握水平对被试进行分类的过程被称为认知诊断。2001 年，美国政府通过《不让一个小孩落后》（*No Child Left Behind*）法案，法案规定所有实施的测验都必须提供诊断信息给学生、家长和教师。在获知关于学生优缺点的反馈信息后，教师和家长可以在学生需要进一步提高的内容领域进行补救教学，学生也可以进行有针对性地学习；2009 年，美国奥巴马政府通过新联邦资助方案《卓越竞争》（*Race to the Top*）对之前的法案进行扩展，新方案除了关注大规模测评，还强调评价的目的应该是了解学生的学习与进步，而不仅仅是对学生的学习情况和学习状态进行监督与排名，今后的资源应该更多地分配给那些有利于指导和教学并能够提供诊断反馈的评价项目（U. S. Department of Education，2009）。《国家中长期教育改革和发展规划纲要（2010—2020 年）》提出，要大力推进素质教育改革试点。根据对素质教育本义的理解，评价学生的学业成绩不能只简单地评定一个分数（戴海崎，张青华，2004）。在我国若要实施素质教育，就应该大力发展认知诊断。这些都表明 CAT 和 CD-CAT 有很好的发展前景。CD-CAT 结合认知诊断和CAT 两者的优点，近年来在教育测量领域得到了越来越广泛的关注（Chen，Xin，Ding & Chang，2011；Chen，Xin，Wang & Chang，2012；Cheng，2009；Cheng & Chang，2007；McGlohen & Chang，2004，2008；Tatsuoka & Tatsuoka，1997；Xu，Chang & Douglas，2003；陈平，2011；陈平，辛涛，2011a，2011b；毛秀珍，辛涛，2011；林海菁，丁树良，2007；涂冬波，2009；汪文义，2009；汪文义，丁树良，游晓锋，2011；文剑冰，2003；杨淑群，蔡声镇，丁树良，丁秋林，2008）。

和传统 CAT 一样，CD-CAT 也是由以下六个重要部分组成的：（1）CDM；

(2)参数已经被标定①、属性已经被标识的题库(Parameter-Calibrated and Attribute-Identified Item Pool);(3)初始题目的选择;(4)选题策略;(5)知识状态估计方法;(6)终止规则。其中题库是 CD-CAT 使用的前提。像所有传统 CAT 的应用一样,随着时间的推移,题库的使用会出现新的问题,即题库中的一些题目可能会因为存在缺陷(Flawed)、过时(Obsolete)或者过度曝光等原因需要用新题(New Item)进行替换或者用新题进行增补(Wainer & Mislevy,1990),因此题目的增补(Item Replenishing)对 CD-CAT 题库的开发与维护至关重要。传统 CAT 的题目增补需要估计新题的题目参数,并将它们置于旧题②(Operational Item)题目参数的量尺上(Ban,Hanson,Wang,Yi & Harris,2001),而且参数估计不准的题目今后会导致被试知识状态(Knowledge State,KS)估计不准。因此,准确地估计新题的题目参数并把它们置于旧题的参数量尺上(新题题目参数的标定问题),成为 CD-CAT 题库开发与维护中一项极具挑战性的任务。

在传统 CAT 中,在线标定技术(On-line Calibration Technique)经常用于标定新题(如 Chang & Lu,2010;Makransky,2009;Wainer & Mislevy,1990;游晓锋,丁树良,刘红云,2010)。在线标定是指在被试作答旧题的测验过程中将新题呈现给被试作答并估计新题题目参数的过程(Wainer & Mislevy,1990),这有点类似于"铆人"(Anchor Person)设计(被试既作答旧题又作答新题)。在正式进行在线标定之前,测验组织者或主试需要提前告知被试,他们在某些题目(新题)上的作答反应将不参与分数的计算或能力的估计,只用于校准新题的题目参数,否则,会构成"欺骗"被试的行为。相对于"将题目通过纸笔测验的方式预先对不同的被试样本进行施测,然后分别估计题目参数,再使用等值方法(Equating Method)将题目参数置于同一量尺上"的传统方法,在线标定有很多明显的优点:(1)所有题目(新题和旧题)被置于同一量尺上,因此不需要复杂的等值设计就能够解决构建大规模题库时的测验等值等难题;(2)不需要使用任何的外部标定研究就可以在估计被试能力的同时也估计新题的题目参数,这样可以节省时间和费用(Makransky,2009);(3)虽然被试在新题上的作答反应不参与能力的估计,但是被试在作答新题时与在作答旧题时一样有着相同的作答动机。因此很自然地,在 CD-CAT 中也可以使用在线标定技术对新题进行标定。

关于认知诊断的在线标定,有一个新的研究问题值得大家思考:在认知诊断评价的背景下,需不需要进行等值,有没有必要进行在线标定? 有学者(de la Torre & Lee,2010)指出,当模型与数据完全拟合(如使用模拟数据)时,DINA 模型(Doignon & Falmagne,1999;Haertel,1989;Macready & Dayton,1977;

---

① 标定(calibrate)有两层含义:一是估计题目参数;二是把估计结果表达到一定量尺上。

② 旧题是相对于新题而言的,旧题实际上是指题库中已经被标定的题目。

Junker & Sijstma，2001)的题目参数具有参数不变性(Invariance Property)，具体表现在使用有着完全不同属性分布(Attribute Distribution)的标定样本可以得到相同的题目参数估计值；但是当模型与数据不完全拟合(存在噪声)时，不同的属性分布会得到不同的题目参数估计值。此外，还指出 DINA 模型只在两种情形下不需要进行等值：(1)模型与数据完全拟合；(2)参与标定的被试样本具有类似的属性分布。然而在真实测验情境中，这两种情形一般得不到满足。这也就成为在基于 DINA 等 CDM 的大规模认知诊断题库建设中有必要进行等值、需要进行在线标定的原因。另外，有学者(Xu & Von Davier，2008)还讨论了基于一般诊断模型(General Diagnostic Model，GDM)的等值问题，他们使用 GDM 分析美国教育进展评估(National Assessment of Educational Progress，NAEP)的阅读数据，并研究和比较了 GDM 中的链接策略(Linking Strategy)。

　　在过去的二十年里，对于传统 CAT，研究者提出了多种在线标定方法，如斯托金(Stocking，1988)的方法 A(Method A)和方法 B(Method B)，韦恩纳和米斯利维(Wainer & Mislevy，1990)的 OEM，班恩等人(Ban et al.，2001；Ban，Hanson，Yi & Harris，2002)的 MEM，以及 BILOG/先验方法(BILOG/Prior method)。根据班恩等人的研究，在这五种方法中，MEM 方法在题目参数的返真性(Item-Parameter Recovery，IPR)[①]方面表现最好；方法 A 由于非常简单，也是在线标定中的一种非常自然的选择，另外，OEM 方法也是一种经典的在线标定方法。方法 B 由于需要使用锚题(Anchor Item)，所以需要较大的样本量和较大的测验长度。对于其他的在线标定设计或方法，可以参考相关学者(Chang & Lu，2010)的序贯设计(Sequential Design)以及游晓锋等人的"夹逼平均法"。

　　尽管 CD-CAT 在提高形成性评估(Formative Assessment)的分类准确率、提高测验安全性以及拓广基础教育(Kindergarten-12，K-12)评价的实用性等方面存在巨大潜力，但是 CD-CAT 在线标定的实施却面临着巨大的挑战。因为目前许多 CAT 系统都是为了估计被试能力而开发的，这些系统中的选题策略仅仅是为了"根据被试的能力选择难度匹配的题目"而设计的。此外，由于在认知诊断评价中需要考虑 Q 矩阵(Embretson，1984；Tatsuoka，1995)构建所涉及的多维结构，使得 CD-CAT 中的在线标定会比传统 CAT 中的在线标定更为复杂。因此到目前为止，国内外关于 CD-CAT 在线标定问题的研究还很少。陈平等人(Chen et al.，2012)对 CD-CAT 中的在线标定进行了尝试性的探索，他们成功地将传统 CAT 中三种比较有代表性的方法(Method A、OEM 和 MEM)推广至 CD-CAT 中(分别记为 CD-Method A、CD-OEM 和 CD-MEM)，并且发现当 DINA 模型的题目参数较

---

　　①　返真性反映的是题目参数估计值与真值的接近程度。

小时，CD-Method A 方法在新题题目参数返真性方面的表现优于 CD-OEM 方法和 CD-MEM 方法。

另外在进行在线标定时，还有一个重要问题值得关注，即以何种方式将新题分配给被试作答可以得到更为准确的标定结果。一般有两种方式：（1）随机分配（Random Assignment）；（2）自适应分配（Adaptive Assignment）。我们将"将新题随机分配给被试作答，然后标定新题"的设计称为在线随机标定设计。不少学者在传统 CAT 在线标定问题的相关研究中，常采用随机标定设计（Ban et al.，2001；Wainer & Mislevy，1990；游晓锋等人，2010），因为这种设计实施起来非常简单、方便。但是，随机标定设计并没有反映 CD-CAT 的选"人"逻辑，没有体现"自适应"的特点。洛德（Lord，1980）指出，在自适应测验中，为了高效地估计被试的能力水平，选题算法基于被试在已作答题目上的表现自适应地选择下一个题目。类似地，为了高效地标定新题并充分利用在线标定技术的特点，也应该自适应地选择参与标定过程的被试（Chang & Lu，2010）。我们将"首先将新题随机分配给被试的子样本（Sub-Group）作答，并且对新题的题目参数进行预估计（Pre-Calibrated）；然后对于剩余被试，CD-CAT 测验基于新题的题目参数初始估计值将新题自适应分配给被试作答；最后基于剩余被试在新题上的作答反应对新题题目参数进行重新估计（Re-Calibrated）"的设计称为在线自适应标定设计（Online A-daptive Calibration Design）。于是，考查在线自适应标定设计较随机标定设计能否提高新题题目参数的返真性（IPR）也是一个有意义的研究问题。

在接下来的内容中，我们首先探讨 CD-CAT 在线标定方法的开发，之后，我们再深入讨论 CD-CAT 在线自适应标定的设计。最后，我们总结已有研究的不足并对进一步发展的方向进行展望。

二、CD-CAT 在线标定方法的开发

陈平（Chen et al.，2012）详细探讨了将传统 CAT 中在线标定方法推广到 CD-CAT 情境的可能性，并成功将 Method A、OEM 和 MEM 拓展到了 CD-CAT 中（CD-Method A、CD-OEM 和 CD-MEM）。限于篇幅，这里不对 Method A、OEM 和 MEM 方法进行介绍，关于这些方法的详细描述可参见相关文献（Stocking，1988；Wainer & Mislevy，1990；Ban et al.，2001；2002）。值得注意的是，当在线标定方法从传统 CAT 推广到 CD-CAT 时，主要思路并没有发生改变，变化的是被试潜在特质的维度（从一维的、连续的能力 θ 变化为多维的、离散的 KS α），测量模型（从单维的 IRT 模型变化为 CDM）及其计算公式。在正式介绍这些方法之前，首先对一些主要符号进行说明。

N 是被试总人数（样本大小），m 是新题个数，C 代表 CD-CAT 分配给被试

作答的旧题个数，n_j 是作答第 j 个新题的被试人数；$\boldsymbol{u}_j = (u_{1j}, u_{2j}, \cdots, u_{n_j,j})$ 是 n_j 名被试在第 j 个新题上的作答反应向量，$\boldsymbol{v}_i = (v_{i1}, v_{i2}, \cdots, v_{i,C})$ 是第 i 个被试在 C 个旧题上的作答反应向量，$\boldsymbol{x}_i$ 是第 i 个被试在旧题和新题上的作答反应向量；K 是测验所测属性的个数，L 是所有可能的 KS 个数［如果所有属性相互独立，L 等于 2^K；如果属性层级关系是莱顿等人（Leighton，Gierl ＆ Hunka，2004）所描述的线型、收敛型、分支型或无结构型关系，L 会小于或远远小于 2^K］；D 代表随机或自适应置入被试 CD-CAT 的新题个数。另外，设 Lower _ Bound 表示题目参数的下限值，Upper _ Bound 代表题目参数的上限值。

我们选择 DINA 模型作为 CDM，主要是因为 DINA 模型中每个题目只有两个简单的、容易解释的参数（猜测参数和失误参数）。因此，DINA 模型对于要求开发实时系统的 CD-CAT 来说是一个很好的选择（Cheng，2009）。用 $\boldsymbol{\alpha}_i = (\alpha_{i1}, \alpha_{i2}, \cdots, \alpha_{ik})$ 表示第 i 个被试的 KS，其中 α_{ik} 是 $\boldsymbol{\alpha}_i$ 的第 k 个元素。如果第 i 个被试掌握第 k 个属性，$\alpha_{ik} = 1$；否则，$\alpha_{ik} = 0$。$\boldsymbol{q}_j = (q_{j1}, q_{j2}, \cdots, q_{jk})$ 是 $\boldsymbol{Q}$ 矩阵的第 j 行，其中 q_{jk} 是 $\boldsymbol{q}_j$ 的第 k 个元素。如果正确作答第 j 个新题需要掌握属性 k，$q_{jk} = 1$；否则，$q_{jk} = 0$。

根据 DINA 模型，KS 估计值为 $\hat{\boldsymbol{\alpha}}_i$ 的被试 i 正确作答新题 j 的概率可以表示为

$$P_j(\hat{\boldsymbol{\alpha}}_i) = (1 - s_j)^{\hat{\eta}_{ij}} (g_j)^{1 - \hat{\eta}_{ij}}, \tag{9-1}$$

其中 g_j 和 s_j 分别是第 j 个新题的猜测参数和失误参数；$\hat{\eta}_{ij} = \prod\limits_{k=1}^{K} ik^{q_{jk}}$ 是一个潜在反应变量，用于标识 KS 估计值为 $\hat{\boldsymbol{\alpha}}_i$ 的被试是否掌握第 j 个新题测量的所有属性。如果 KS 估计值为 $\hat{\boldsymbol{\alpha}}_i$ 的被试 i 掌握了新题 j 测量的所有属性，$\hat{\eta}_{ij} = 1$；否则，$\hat{\eta}_{ij} = 0$。

接下来，我们详细介绍 CD-Method A、CD-OEM 和 CD-MEM 方法。

（一）CD-Method A

这种方法的主要思路是先估计被试的 KS，然后再估计新题的题目参数。具体地讲，首先基于被试在旧题上的作答反应以及旧题的题目参数值估计所有被试的 KSs，并将所有被试的 KSs 估计值 $\hat{\boldsymbol{\alpha}}_i (i = 1, 2, \cdots, N)$ 看成是 KS 真实值（看成已知），然后结合被试 KS 估计值以及被试在新题上的作答反应估计新题的题目参数。

对于新题 j，假设 n_j 个被试在该题上的作答反应相互独立，于是在新题 j 上观察到反应向量 $\boldsymbol{u}_j$ 的对数似然函数（Log Likelihood Function）可以表示为

$$\ln L_j = \ln\left(\prod_{i=1}^{n_j} \left((P_j(\hat{\boldsymbol{\alpha}}_i))^{u_{ij}} (Q_j(\hat{\boldsymbol{\alpha}}_i))^{1-u_{ij}}\right)\right)$$

$$= \sum_{i=1}^{n_j} (u_{ij} \ln P_j(\hat{\boldsymbol{\alpha}}_i) + (1 - u_{ij}) \ln Q_j(\hat{\boldsymbol{\alpha}}_i)), \tag{9-2}$$

其中 $Q_j(\hat{\boldsymbol{\alpha}}_i) = 1 - P_j(\hat{\boldsymbol{\alpha}}_i)$ 是参与作答新题 j 的第 i 个被试错误作答新题 j 的概率。

为了获得 g_j 和 s_j 的极大似然估计值(Maximum Likelihood Estimates),将对数似然函数 $\ln L_j$ 分别对 g_j 和 s_j 求偏导并令它们等于 0,

$$\frac{\partial \ln L_j}{\partial g_j} = \frac{\partial \ln L_j}{\partial P_j(\hat{\boldsymbol{\alpha}}_i)} \frac{\partial P_j(\hat{\boldsymbol{\alpha}}_i)}{\partial g_j} = 0, \tag{9-3}$$

$$\frac{\partial \ln L_j}{\partial s_j} = \frac{\partial \ln L_j}{\partial P_j(\hat{\boldsymbol{\alpha}}_i)} \frac{\partial P_j(\hat{\boldsymbol{\alpha}}_i)}{\partial s_j} = 0_\circ \tag{9-4}$$

式 9-3 和式 9-4 可以简化为

$$\frac{\partial \ln L_j}{\partial g_j} = \frac{\partial \ln L_j}{\partial P_j(\hat{\boldsymbol{\alpha}}_i)} \frac{\partial P_j(\hat{\boldsymbol{\alpha}}_i)}{\partial g_j} = \sum_{i=1}^{n_j} \frac{(u_{ij} - P_j(\hat{\boldsymbol{\alpha}}_i))(1 - \hat{\eta}_{ij})}{g_j Q_j(\hat{\boldsymbol{\alpha}}_i)}$$

$$= \sum_{\substack{i: \hat{\eta}_{ij}=0 \\ u_{ij}=0}} \frac{-g_j}{g_j(1-g_j)} + \sum_{\substack{i: \hat{\eta}_{ij}=0 \\ u_{ij}=1}} \frac{1-g_j}{g_j(1-g_j)} = 0, \tag{9-5}$$

$$\frac{\partial \ln L_j}{\partial s_j} = \frac{\partial \ln L_j}{\partial P_j(\hat{\boldsymbol{\alpha}}_i)} \frac{\partial P_j(\hat{\boldsymbol{\alpha}}_i)}{\partial s_j}$$

$$= \sum_{i=1}^{n_j} \frac{(u_{ij} - P_j(\hat{\boldsymbol{\alpha}}_i))(-\hat{\eta}_{ij})}{(1-s_j)Q_j(\hat{\boldsymbol{\alpha}}_i)}$$

$$= \sum_{\substack{i: \hat{\eta}_{ij}=1 \\ u_{ij}=0}} \frac{(1-s_j)'}{(1-s_j)s_j} + \sum_{\substack{i: \hat{\eta}_{ij}=1 \\ u_{ij}=1}} \frac{-s_j}{(1-s_j)s_j} = 0_\circ \tag{9-6}$$

由式 9-5 可以得到估计量 $\hat{g}_j = \dfrac{n_2}{n_1+n_2}$,其中 n_1 是作答新题 j 且满足条件 "$\hat{\eta}_{ij} = 0$ 和 $u_{ij} = 0$" 的被试人数,n_2 是作答新题 j 且满足条件 "$\hat{\eta}_{ij} = 0$ 和 $u_{ij} = 1$" 的被试人数。类似地,从式 9-6 可以得到估计量 $\hat{s}_j = \dfrac{n_3}{n_3+n_4}$,其中 n_3 是作答新题 j 且满足条件 "$\hat{\eta}_{ij} = 1$ 和 $u_{ij} = 0$" 的被试人数,n_4 是作答新题 j 且满足条件 "$\hat{\eta}_{ij} = 1$ 和 $u_{ij} = 1$" 的被试人数。当 $n_1 + n_2 = 0$ 或 $n_3 + n_4 = 0$ 时,我们假设

$$\hat{g}_j = (\text{Lower\_Bound} + \text{Upper\_Bound})/2$$

$$\text{或} \ \hat{s}_j = (\text{Lower\_Bound} + \text{Upper\_Bound})/2_\circ$$

因此对于每个新题,一旦得到与之对应的 n_1,n_2,n_3 和 n_4 四个值,估计量 $\hat{g}_j$ 和

$\hat{s}_j$ 就可以确定了。

CD-Method A 方法基于已知的被试 KS，使用单维 IRT 中的条件极大似然估计方法（Conditional Maximum Likelihood Estimation，CMLE）估计新题的题目参数。

（二）CD-OEM

CD-OEM 方法仅基于 EM 算法的单个 EM 循环。对于新题 j，CD-OEM 方法首先标识出作答该题的 n_j 名被试，并且使用一个 E 步。E 步中需要使用 KS $\boldsymbol{\alpha}_l$（$l=1$，2，$\cdots$，L）的后验分布 $[Post_j(\boldsymbol{\alpha}_l)]$，而后验分布基于 n_j 名被试在旧题上的作答反应 $[\boldsymbol{v}_i(i=1$，2，$\cdots$，$n_j)]$ 来计算：

$$
\begin{aligned}
Post_j(\boldsymbol{\alpha}_l) &= \frac{1}{n_j} \sum_{i=1}^{n_j} P(\boldsymbol{\alpha}_l \mid \boldsymbol{v}_i) \\
&= \frac{1}{n_j} \sum_{i=1}^{n_j} \frac{L(\boldsymbol{v}_i \mid \boldsymbol{\alpha}_l) P(\boldsymbol{\alpha}_l)}{L(\boldsymbol{v}_i)} \\
&= \frac{1}{n_j} \sum_{i=1}^{n_j} \frac{L(\boldsymbol{v}_i \mid \boldsymbol{\alpha}_l) P(\boldsymbol{\alpha}_l)}{\sum_{l=1}^{L} L(\boldsymbol{v}_i \mid \boldsymbol{\alpha}_l) P(\boldsymbol{\alpha}_l)} \, 。
\end{aligned} \tag{9-7}
$$

其中 $P(\boldsymbol{\alpha}_l \mid \boldsymbol{v}_i)$ 是被试 i 具有知识状态 $\boldsymbol{\alpha}_l$ 的后验概率，$L(\boldsymbol{v}_i \mid \boldsymbol{\alpha}_l)$ 是 KS 为 $\boldsymbol{\alpha}_l$ 的被试得到反应模式 $\boldsymbol{v}_i$ 的可能性，$P(\boldsymbol{\alpha}_l)$ 是 $\boldsymbol{\alpha}_l$ 的先验概率。于是接下来的等式成立，

$$
\begin{aligned}
\sum_{l=1}^{L} Post_j(\boldsymbol{\alpha}_l) &= \sum_{l=1}^{L} \frac{1}{n_j} \sum_{i=1}^{n_j} \frac{L(\boldsymbol{v}_i \mid \boldsymbol{\alpha}_l) P(\boldsymbol{\alpha}_l)}{\sum_{l=1}^{L} L(\boldsymbol{v}_i \mid \boldsymbol{\alpha}_l) P(\boldsymbol{\alpha}_l)} \\
&= \frac{1}{n_j} \sum_{i=1}^{n_j} \frac{\sum_{l=1}^{L} L(\boldsymbol{v}_i \mid \boldsymbol{\alpha}_l) P(\boldsymbol{\alpha}_l)}{\sum_{l=1}^{L} L(\boldsymbol{v}_i \mid \boldsymbol{\alpha}_l) P(\boldsymbol{\alpha}_l)} = 1 \, 。
\end{aligned} \tag{9-8}
$$

CD-OEM 方法基于被试在新题上的作答反应（$\boldsymbol{u}_j$），使用一个 M 步估计新题 j 的题目参数。假设 n_j 名被试在第 j 新题上的作答反应相互独立，那么 $\boldsymbol{u}_j$ 的对数边际似然函数（Log Marginal Likelihood Function）可以表示为：

$$
l_j(\boldsymbol{u}_j) = \log L_j(\boldsymbol{u}_j) = \log \prod_{i=1}^{n_j} L_j(u_{ij}) = \sum_{i=1}^{n_j} \log L_j(u_{ij}) \, 。 \tag{9-9}
$$

根据全概率公式 $L_j(u_{ij}) = \sum_{l=1}^{L} L_j(u_{ij} \mid \boldsymbol{\alpha}_l) Post_j(\boldsymbol{\alpha}_l)$，其中 $L_j(u_{ij} \mid \boldsymbol{\alpha}_l) = (P_j(\boldsymbol{\alpha}_l))^{u_{ij}} (1 - P_j(\boldsymbol{\alpha}_l))^{1-u_{ij}}$ 是 KS 为 $\boldsymbol{\alpha}_l$ 的被试在新题 j 上作答反应为 u_{ij} 的可能性。M 步的目的就是要最大化式 9-9。

因为被试在旧题和新题上的作答反应所构成的矩阵是稀疏矩阵（Sparse

Matrix)，所以这里需要对德拉托尔(de la Torre，2009)介绍的 EM 参数估计方法进行修改。记 $\Delta_j(\Delta_j = g_j，s_j)$ 表示新题 j 的题目参数，为了获得 g_j 和 s_j 的估计值，需要将对数边际似然函数关于 $\Delta_j(\Delta_j = g_j，s_j)$ 求偏导

$$\frac{\partial l_j(\boldsymbol{u}_j)}{\partial \Delta_j} = \sum_{i=1}^{n_j} \frac{1}{L_j(u_{ij})} \frac{\partial L_j(u_{ij})}{\partial \Delta_j}$$

$$= \sum_{i=1}^{n_j} \frac{1}{L_j(u_{ij})} \sum_{l=1}^{L} \frac{\partial L_j(u_{ij} \mid \boldsymbol{\alpha}_l)}{\partial \Delta_j} Post_j(\boldsymbol{\alpha}_l)。 \tag{9-10}$$

因为

$$L_j(u_{ij} \mid \boldsymbol{\alpha}_l) = P_j(\boldsymbol{\alpha}_l)^{u_{ij}} (1 - P_j(\boldsymbol{\alpha}_l))^{1-u_{ij}}， \tag{9-11}$$

所以式 9-10 变为

$$\frac{\partial l_j(\boldsymbol{u}_j)}{\partial \Delta_j} = \sum_{i=1}^{n_j} \frac{1}{L_j(u_{ij})} \sum_{l=1}^{L} L_j(u_{ij} \mid \boldsymbol{\alpha}_l) Post_j(\boldsymbol{\alpha}_l) \frac{\partial P_j(\boldsymbol{\alpha}_l)}{\partial \Delta_j} \left[\frac{u_{ij} - P_j(\boldsymbol{\alpha}_l)}{P_j(\boldsymbol{\alpha}_l)(1 - P_j(\boldsymbol{\alpha}_l))} \right]$$

$$= \sum_{l=1}^{L} \frac{\partial P_j(\boldsymbol{\alpha}_l)}{\partial \Delta_j} \left[\frac{1}{P_j(\boldsymbol{\alpha}_l)(1 - P_j(\boldsymbol{\alpha}_l))} \right]$$

$$\left[\sum_{i=1}^{n_j} u_{ij} P_j(\boldsymbol{\alpha}_l \mid u_{ij}) - P_j(\boldsymbol{\alpha}_l) \sum_{i=1}^{n_j} P_j(\boldsymbol{\alpha}_l \mid u_{ij}) \right]，$$

$$= \sum_{l=1}^{L} \frac{\partial P_j(\boldsymbol{\alpha}_l)}{\partial \Delta_j} \left[\frac{1}{P_j(\boldsymbol{\alpha}_l)(1 - P_j(\boldsymbol{\alpha}_l))} \right] \left[R_{jl} - P_j(\boldsymbol{\alpha}_l) I_{jl} \right]， \tag{9-12}$$

其中 $I_{jl} = \sum_{i=1}^{n_j} P_j(\boldsymbol{\alpha}_l \mid u_{ij}) = \sum_{i=1}^{n_j} \frac{L_j(u_{ij} \mid \boldsymbol{\alpha}_l) Post_j(\boldsymbol{\alpha}_l)}{L_j(u_{ij})}$ 是作答新题 j 且具有知识

状态 $\boldsymbol{\alpha}_l$ 的期望被试人数，$R_{jl} = \sum_{i=1}^{n_j} u_{ij} P(\boldsymbol{\alpha}_l \mid u_{ij})$ 是正确作答新题 j 且具有知识状态 $\boldsymbol{\alpha}_l$ 的期望被试人数。

另外，根据 DINA 模型的定义，所有可能的 KS 可以被第 j 个新题分成两类：第一类是"$\boldsymbol{\alpha}_l \cdot \boldsymbol{q}_j' < \boldsymbol{q}_j \cdot \boldsymbol{q}_j'$"(KS 为 $\boldsymbol{\alpha}_l$ 的被试没有掌握第 j 个新题测量的所有属性)，第二类是"$\boldsymbol{\alpha}_l \cdot \boldsymbol{q}_j' = \boldsymbol{q}_j \cdot \boldsymbol{q}_j'$"(KS 为 $\boldsymbol{\alpha}_l$ 的被试掌握第 j 个新题测量的所有属性)。因此，式 9-12 变为

$$\frac{\partial l_j(\boldsymbol{u}_j)}{\partial \Delta_j} = \sum_{\boldsymbol{\alpha}_l:\ \boldsymbol{\alpha}_l \cdot \boldsymbol{q}_j' < \boldsymbol{q}_j \cdot \boldsymbol{q}_j'} \frac{\partial P_j(\boldsymbol{\alpha}_l)}{\partial \Delta_j} \left[\frac{1}{P_j(\boldsymbol{\alpha}_l)(1 - P_j(\boldsymbol{\alpha}_l))} \right] \left[R_{jl} - P_j(\boldsymbol{\alpha}_l) I_{jl} \right]$$

$$+ \sum_{\boldsymbol{\alpha}_l:\ \boldsymbol{\alpha}_l \cdot \boldsymbol{q}_j' = \boldsymbol{q}_j \cdot \boldsymbol{q}_j'} \frac{\partial P_j(\boldsymbol{\alpha}_l)}{\partial \Delta_j} \left[\frac{1}{P_j(\boldsymbol{\alpha}_l)(1 - P_j(\boldsymbol{\alpha}_l))} \right] \left[R_{jl} - P_j(\boldsymbol{\alpha}_l) I_{jl} \right]。$$

$$\tag{9-13}$$

又由于

$$P_j(\boldsymbol{\alpha}_l) = \begin{cases} g_j，& if \boldsymbol{\alpha}_l \boldsymbol{q}_j' < \boldsymbol{q}_j \boldsymbol{q}_j'， \\ 1 - s_j，& if \boldsymbol{\alpha}_l \boldsymbol{q}_j' = \boldsymbol{q}_j \boldsymbol{q}_j'。 \end{cases} \tag{9-14}$$

于是式 9-13 变为

$$\frac{\partial l_j(\boldsymbol{u}_j)}{\partial \Delta_j} = \frac{\partial g_j}{\partial \Delta_j} \left[\frac{1}{g_j(1-g_j)}\right] \sum_{\boldsymbol{\alpha}_l: \ \boldsymbol{\alpha}_l \cdot \boldsymbol{q}'_j < q_j \cdot \boldsymbol{q}'_j} [R_{jl} - g_j I_{jl}] + \frac{\partial(1-s_j)}{\partial \Delta_j} \times$$

$$\left[\frac{1}{P_j(\boldsymbol{\alpha}_l)(1-P_j(\boldsymbol{\alpha}_l))}\right] \sum_{\boldsymbol{\alpha}_l: \ \boldsymbol{\alpha}_l \cdot \boldsymbol{q}'_j = q_j \cdot \boldsymbol{q}'_j} [R_{jl} - (1-s_j)I_{jl}]$$

$$= \frac{\partial g_j}{\partial \Delta_j} \left[\frac{1}{g_j(1-g_j)}\right] (R_j^{(0)} - g_j I_j^{(0)}) + \frac{\partial(1-s_j)}{\partial \Delta_j} \times$$

$$\left[\frac{1}{P_j(\boldsymbol{\alpha}_l)(1-P_j(\boldsymbol{\alpha}_l))}\right] (R_j^{(1)} - g_j I_j^{(1)}) , \tag{9-15}$$

其 中 $I_j^{(0)} = \sum\limits_{\boldsymbol{\alpha}_l: \ \boldsymbol{\alpha}_l \cdot \boldsymbol{q}'_j < q_j \cdot \boldsymbol{q}'_j} I_{jl} = \sum\limits_{\boldsymbol{\alpha}_l: \ \boldsymbol{\alpha}_l \cdot \boldsymbol{q}'_j < q_j \cdot \boldsymbol{q}'_j} \sum\limits_{i=1}^{n_j} P_j(\boldsymbol{\alpha}_l \mid u_{ij}) = \sum\limits_{\boldsymbol{\alpha}_l: \ \boldsymbol{\alpha}_l \cdot \boldsymbol{q}'_j < q_j \cdot \boldsymbol{q}'_j} \sum\limits_{i=1}^{n_j}$

$\dfrac{L_j(u_{ij} \mid \boldsymbol{\alpha}_l)Post_j(\boldsymbol{\alpha}_l)}{L_j(u_{ij})}$ 是作答新题 j 且至少有一个新题 j 所测属性没有掌握的被试

人数，而 $R_j^{(0)} = \sum\limits_{\boldsymbol{\alpha}_l: \ \boldsymbol{\alpha}_l \cdot \boldsymbol{q}'_j < q_j \cdot \boldsymbol{q}'_j} \sum\limits_{i=1}^{n_j} \dfrac{u_{ij}L_j(u_{ij} \mid \boldsymbol{\alpha}_l)Post_j(\boldsymbol{\alpha}_l)}{L_j(u_{ij})}$ 是正确作答新题 j 且至少

有一个新题 j 所测属性没有掌握的被试人数。类似地，$I_j^{(1)} = \sum\limits_{\boldsymbol{\alpha}_l: \ \boldsymbol{\alpha}_l \cdot \boldsymbol{q}'_j = q_j \cdot \boldsymbol{q}'_j} \sum\limits_{i=1}^{n_j}$

$\dfrac{L_j(u_{ij} \mid \boldsymbol{\alpha}_l)Post_j(\boldsymbol{\alpha}_l)}{L_j(u_{ij})}$ 和 $R_j^{(1)} = \sum\limits_{\boldsymbol{\alpha}_l: \ \boldsymbol{\alpha}_l \cdot \boldsymbol{q}'_j = q_j \cdot \boldsymbol{q}'_j} \sum\limits_{i=1}^{n_j} \dfrac{u_{ij}L_j(u_{ij} \mid \boldsymbol{\alpha}_l)Post_j(\boldsymbol{\alpha}_l)}{L_j(u_{ij})}$，而且他

们都属于掌握第 j 个新题测量的所有属性的被试。等式 $I_j^{(0)} + I_j^{(1)} = n_j$（$j = 1$，$2$，$\cdots$，$m$）对所有新题都成立。

由式 9-15 可以得出 g_j 和 s_j 的估计量

$$\hat{g}_j = \frac{R_j^{(0)}}{I_j^{(0)}} \text{和} \hat{s}_j = \frac{I_j^{(1)} - R_j^{(1)}}{I_j^{(1)}}。 \tag{9-16}$$

所以对于第 j 个新题，一旦计算出 $I_j^{(0)}$，$R_j^{(0)}$，$I_j^{(1)}$ 和 $R_j^{(1)}$ 四个值，估计量 $\hat{g}_j$ 和 $\hat{s}_j$ 就可以确定了。然而，值得注意的是计算以上四个值都需要用到新题的参数初始值，我们的做法是将初始的猜测参数和失误参数都设为（$Lower \_ Bound + Upper \_ Bound$）/2。

CD-OEM 方法的优点是不需要迭代，允许独立估计新题的题目参数。

（三）CD-MEM

CD-MEM 方法是 CD-OEM 方法的变式。相对于 CD-OEM 方法，CD-MEM 方法增加了 EM 循环的次数直到满足收敛标准。具体地说，CD-MEM 方法的第一个 EM 循环等同于 CD-OEM 方法，从第二个 EM 循环开始思路有所不同。而且，第一个 EM 循环得到的新题参数估计值可以作为第二个 EM 循环的新题参数初始值。

从第二个 EM 循环开始，对于新题 $j(j=1, 2, \cdots, m)$，CD-MEM 方法在 E 步中使用被试在旧题和新题上的作答反应更新 KS 的后验分布 $[Post_j^*(\boldsymbol{\alpha}_l)(l=1, 2, \cdots, L)]$，

$$
\begin{aligned}
Post_j^*(\boldsymbol{\alpha}_l) &= \frac{1}{n_j} \sum_{i=1}^{n_j} P(\boldsymbol{\alpha}_l \mid \boldsymbol{x}_i) \\
&= \frac{1}{n_j} \sum_{i=1}^{n_j} \frac{L(\boldsymbol{x}_i \mid \boldsymbol{\alpha}_l) Post_j(\boldsymbol{\alpha}_l)}{L(\boldsymbol{x}_i)} \\
&= \frac{1}{n_j} \sum_{i=1}^{n_j} \frac{L(\boldsymbol{x}_i \mid \boldsymbol{\alpha}_l) Post_j(\boldsymbol{\alpha}_l)}{\sum_{l=1}^{L} L(\boldsymbol{x}_i \mid \boldsymbol{\alpha}_l) Post_j(\boldsymbol{\alpha}_l)},
\end{aligned}
\tag{9-17}
$$

其中 $Post_j(\boldsymbol{\alpha}_l)$ 是第一个 EM 循环后更新的 $\boldsymbol{\alpha}_l$ 的后验分布（见式 9-8）且 $\sum_{l=1}^{L} Post_j^*(\boldsymbol{\alpha}_l)=1$。而且在 M 步中，旧题的题目参数保持不变，新题的题目参数根据式 9-16 逐个题目更新直到满足如下的收敛标准：

$$
\frac{1}{2m}\Big(\sum_{j=1}^{m} abs(G_j^{(1)}-G_j^{(0)}) + \sum_{j=1}^{m} abs(S_j^{(1)}-S_j^{(0)})\Big) < \varepsilon。
\tag{9-18}
$$

其中 $G_j^{(0)}$ 和 $S_j^{(0)}$ 都是来自上次 EM 循环的新题 j 的参数估计值，$G_j^{(1)}$ 和 $S_j^{(1)}$ 是来自当前 EM 循环的参数估计值。ε 是预先设定的迭代精度，可以是 0.001 也可以是更小的值。如果两个连续 EM 循环得到的题目参数估计值间的平均绝对差异小于预设的 ε，那么可以认为估计收敛。值得注意的是，在每一个 EM 循环结束后都需要使用最新的新题题目参数估计值对式 9-17 进行更新。CD-MEM 方法的优点是充分使用来自旧题和新题的信息。

上面对 CD-Method A、CD-OEM 和 CD-MEM 方法的描述表明：将在线标定方法从传统 CAT 情境推广到 CD-CAT 情境是可行的。

陈平等人（Chen et al.，2012）使用模拟方法对这三种 CD-CAT 在线标定方法在题目返真性方面的表现进行了比较。陈平等人第一个模拟研究（研究一）的模拟细节概括描述如下：(1)随机选择 5 个新题($D=5$)分配给被试作答，并将这些新题随机置于被试的 CD-CAT 中（随机标定设计）。(2)模拟生成两组被试，样本量均为 3000。模拟第一组被试时假设每个被试掌握每个属性的概率是 50%；模拟第二组被试时假设每个被试掌握每个属性的概率不同，也即不同的属性有着不同的难度水平或不同的属性掌握概率(Attribute Mastery Probabilities，AMPs)。假设六个属性($K=6$)的难度水平可以分成高、中和低三个类别，且每两个属性对应其中的一个类别。具体地讲，首先给定六个 AMPs：0.25 和 0.35（对应高难度水平）、0.45 和 0.55（对应中等难度水平）以及 0.65 和 0.75（对应低难度水平）。然后将它们随机分配给六个属性，六个属性的 AMPs 最后分别为 0.65，0.25，

0.75，0.45，0.55 和 0.35。（3）考虑到一些研究者在使用 DINA 模型对实测数据进行分析时会得到较大的参数估计值（比如 $\hat{g}=0.43$ 和 $\hat{s}=0.33$）（de la Torre & Douglas，2004；de la Torre，2009），因此讨论两种题目参数范围[g，$s \in (0.05$，$0.25)$ 和 g，$s \in (0.25，0.45)$]以考查题目参数大小对在线标定方法表现的影响。对应于这两个题目参数范围，模拟生成两个题库。两个题库中的题目参数（猜测参数和失误参数）分别从参数为 0.05 和 0.25 的均匀分布[$U(0.05，0.25)$ 和 $U(0.25，0.45)$]中随机抽取。两个题库的相同之处在于它们都包含 360 个旧题且有相同的 Q 矩阵。假设测验测量的属性个数为 6($K=6$)并且假设所有属性相互独立($L=2^K$)，因此 Q 矩阵是一个大小为 360×6 的矩阵。Q 矩阵按如下方式模拟：首先生成一个大小为 360×6 的临时矩阵（临时矩阵由 20 个大小为 6×6 的基本矩阵单元Q_1、8 个大小为 15×6 的基本矩阵单元Q_2 和 6 个大小为 20×6 的基本矩阵单元Q_3 纵向合并而成），然后对临时矩阵的行随机调换位置即可得到 Q 矩阵。三个基本矩阵单元的转置(Q'_1、Q'_2 和 Q'_3)如图 9-18 所示。（4）新题的生成包括 Q_{new_item}（新题对应的 Q 矩阵）的生成以及新题题目参数的生成。假设新题个数为 $20(m=20)$，于是Q_{new_item} 是大小为 20×6 的矩阵。为了方便，从上一步模拟产生的 Q 矩阵中随机抽取 20 行用于构建Q_{new_item}（注意也可以按照其他方法构建 Q_{new_item}），并根据旧题的题目参数范围相应地从 $U(0.05，0.25)$ 或 $U(0.25，0.45)$中随机抽取 20 个新题的题目参数。（5）使用 SHE(Cheng，2009；Tatsuoka，2002；Xu et al.，2003)从题库中选择下一个题目，采用 MAP 估计被试的 KS，并选用固定长度的测验终止规则($C=20$)。（6）使用均方根误差(Root Mean Squared Error，RMSE)、模式判准率(Pattern Correct Classification Rate，PC-CR)和属性判准率(Attribute Correct Classification Rate，ACCR)等指标对题目参数、整个属性掌握模式以及单个属性的估计准确性进行评价。

$$Q'_1 = \begin{bmatrix} 1 & 0 & 0 & 0 & 0 & 0 \\ 0 & 1 & 0 & 0 & 0 & 0 \\ 0 & 0 & 1 & 0 & 0 & 0 \\ 0 & 0 & 0 & 1 & 0 & 0 \\ 0 & 0 & 0 & 0 & 1 & 0 \\ 0 & 0 & 0 & 0 & 0 & 1 \end{bmatrix},$$

$$Q'_2 = \begin{bmatrix} 1 & 1 & 1 & 1 & 1 & 0 & 0 & 0 & 0 & 0 & 0 & 0 & 0 & 0 & 0 \\ 1 & 0 & 0 & 0 & 0 & 1 & 1 & 1 & 1 & 0 & 0 & 0 & 0 & 0 & 0 \\ 0 & 1 & 0 & 0 & 0 & 1 & 0 & 0 & 0 & 1 & 1 & 1 & 0 & 0 & 0 \\ 0 & 0 & 1 & 0 & 0 & 0 & 1 & 0 & 0 & 1 & 0 & 0 & 1 & 1 & 0 \\ 0 & 0 & 0 & 1 & 0 & 0 & 0 & 1 & 0 & 0 & 1 & 0 & 1 & 0 & 1 \\ 0 & 0 & 0 & 0 & 1 & 0 & 0 & 0 & 1 & 0 & 0 & 1 & 0 & 1 & 1 \end{bmatrix},$$

$$Q'_3 = \begin{bmatrix} 1 & 1 & 1 & 1 & 1 & 1 & 1 & 1 & 1 & 1 & 1 & 0 & 0 & 0 & 0 & 0 & 0 & 0 & 0 & 0 \\ 1 & 1 & 1 & 1 & 0 & 0 & 0 & 0 & 0 & 0 & 1 & 1 & 1 & 1 & 1 & 1 & 0 & 0 & 0 & 0 \\ 1 & 0 & 0 & 0 & 1 & 1 & 1 & 0 & 0 & 0 & 1 & 1 & 1 & 0 & 0 & 0 & 1 & 1 & 1 & 0 \\ 0 & 1 & 0 & 0 & 1 & 0 & 0 & 1 & 1 & 0 & 1 & 0 & 0 & 1 & 1 & 0 & 1 & 1 & 0 & 1 \\ 0 & 0 & 1 & 0 & 0 & 1 & 0 & 1 & 0 & 1 & 0 & 1 & 0 & 1 & 0 & 1 & 1 & 0 & 1 & 1 \\ 0 & 0 & 0 & 1 & 0 & 0 & 1 & 0 & 1 & 1 & 0 & 0 & 1 & 0 & 1 & 1 & 0 & 1 & 1 & 1 \end{bmatrix},$$

图 9-18 基本矩阵单元 Q_1、Q_2 和 Q_3 的转置

陈平等人第三个模拟研究(研究三)还使用了来自中国二级英语能力测验(Level-2 English Proficiency Test，L2EPT)(Liu，You，Wang，Ding & Chang，2010)的真实数据对这三种方法进行比较。研究三在以下两个方面不同于研究一：(1)被试与题库生成方面。从参与 L2EPT 预试的 38722 名被试中随机抽取样本量为 3000 的被试样本。对于 L2EPT，课程专家通过讨论标识出 8 个属性(关于各个属性的含义，详见附表 1)。英语教师和专家共编制了 352 个多项选择题，目的是为中国的英语二级学习者开发一个基于网络的 CD-CAT 系统。每个题目测量一个或两个属性，并且都是 0—1 计分。使用刘红云等人构建的 Q 矩阵、估计得到的被试 KSs 和题目参数值作为研究三的 Q 矩阵真值、被试 KSs 真值以及题目参数真值。(2)新题的生成方面。从 352 个题目中随机选择 20 个作为新题，剩余的332 个题目构成 CD-CAT 题库。

陈平等人的结果表明：当随机分配新题给被试作答时(研究一)，三种方法的所有 RMSEs 值都很小，这说明这三种方法都可以用于在线标定。然而当题目的猜测参数和失误参数相对比较小[比如 g，$s \in (0.05，0.25)$]时，CD-Method A 在题目参数的返真性方面优于其他两种方法；当题目的猜测参数和失误参数相对比较大[比如 g，$s \in (0.25，0.45)$]时，CD-Method A 的表现略差于其他两种方法。当使用 L2EPT 真实数据及根据数据校注的题目参数(研究三)时，CD-Method A 在题目参数返真性方面的表现显著优于其他两种在线标定方法。

三、在线自适应标定的设计

前面已提到，在线自适应标定是要将新题以自适应的方式分配给被试作答。为了为每名被试自适应地选择题目，需要确定新题的题目参数。在传统 CAT 中，有学者(Wainer & Mislevy，1990)提供了一种确定新题题目参数的方法，即题目编制者(Item Writers)基于主观判断(Subjective Judgment)确定新题的题目参数。而对于 DINA 模型，题目编制者也有可能给出粗糙的参数估计值，因为 DINA 模型中每个题目只有两个参数。陈平等人使用基于数据(Data-Based)的方法确定新题的初始参数值：首先将新题随机分配给被试的子样本作答，然后通过使用 CD-Method A、CD-OEM 或 CD-MEM 等在线标定方法对新题的题目参数进行预标定(这个阶段被称为预标定阶段，Pre-Calibration Phase)；然后对于剩余被试，CD-CAT 基于新题的题目参数初始估计值自适应地选择新题给被试作答；最后，基于剩余被试在新题上的作答反应重新标定新题的题目参数(这个阶段被称为重新标定阶段，Re-Calibration Phase)。

一方面，参与预标定阶段的被试人数可能会影响题目参数初始值的估计准确性，从而进一步影响最后的标定结果；另一方面，参与重新标定阶段的被试人数也会影响最后的估计结果。因此，如何以一种有效的方式从预标定阶段过渡到重新标定阶段就成为一个非常重要的问题。受马克兰斯凯（Makransky，2009）标定策略的启发，考虑三种自适应标定设计：（1）参与预标定阶段的被试人数与参与重新标定阶段的被试人数比例是 1∶3（记为 N_{PC}∶$N_{RC}=1∶3$）。也即，先将新题随机分配给前 25％ 的被试作答，然后将新题自适应地分配给剩下 75％ 的被试作答。新题参数的初始值和最终的估计值分别基于前 25％ 的被试的作答反应数据和后 75％ 的被试的作答反应数据估计获得。（2）N_{PC}∶$N_{RC}=1∶1$。（3）N_{PC}∶$N_{RC}=3∶1$。三种自适应标定设计的图形呈现如图 9-18 所示。

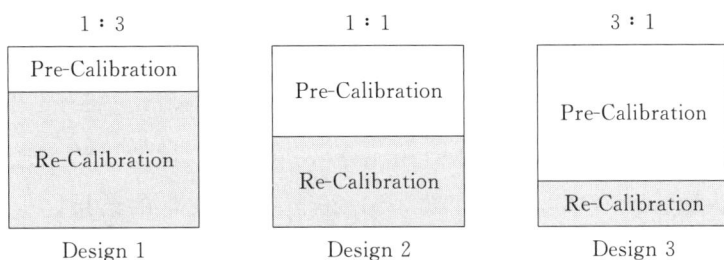

图 9-18　三种在线自适应标定设计

陈平等人第二个模拟研究（研究二）考察了在线自适应标定设计较随机标定设计而言能否提高 IPR。除了将新题分配给被试作答的方式不同，研究二的所有模拟条件都与研究一的相同：研究一中的题目选择是非自适应的（Non-Adaptive），研究二是自适应的。更具体地讲，在预标定阶段，新题被随机分配给被试的子样本作答，被试子样本在新题上的作答反应用于估计新题的题目参数初始值。而在重新标定阶段，新旧题混合在一起供程序进行自适应选题。为了对研究一和研究二进行比较，将研究二中被试在旧题上的作答反应设为与研究一中的相同。因此，研究二为每名剩余被试选择的旧题与研究一中的相同，而且得到的 PCCR 和 ACCR 指标值也会与研究一的相同。另外，陈平等人的研究三使用 L2EPT 的真实数据对这两种标定设计进行比较。

陈平等人的结果表明：在研究二大多数的实验条件下，在线自适应标定设计较随机标定设计而言并没有改善题目参数的返真性，特别是当 DINA 模型的题目参数相对比较大［比如 g，$s \in (0.25，0.45)$］时。使用通过实测数据校准的题目参数时（研究三），由于随机标定设计已经能够得到比较满意的结果了，自适应标定设计的改进不大。

四、小结与讨论

这里，我们对陈平等人的研究进行总结与讨论，并对进一步发展的方向进行展望。

陈平等人成功地将三种传统 CAT 的在线标定方法（Method A、OEM 和 MEM）拓展到 CD-CAT 情境（CD-Method A、CD-OEM 和 CD-MEM）中。从传统 IRT 模型（如 1PLM、2PLM 和 3PLM）到 CDM（如 DINA 模型），尽管模型假设、潜在特质维度以及计算公式都不同，但是文中进行的分析推导使得这种推广非常直接、易懂。模拟研究的结果也表明：三种 CD-CAT 在线标定方法在 IPR 方面都有不错的表现。而且在大多数实验条件下（尤其是当题目参数相对较大时），自适应标定设计较随机标定设计而言并不能改善题目参数的返真性。另外，研究还发现 CD-Method A 的表现在较大程度上受题目参数大小的影响。

文章存在一些不足之处，需要得到进一步的改进和完善。第一，为了得到比较准确的题目参数估计值并且不给被试造成负担，有学者（Wainer & Mislevy，1990）建议作答每个新题的被试人数应该足够多。文章仅考虑了一个被试样本（3000）且假设每个被试在其 CD-CAT 中作答 5 个新题，因此平均来说，作答每个新题的被试人数大约有 750 人[（3000×5）/20]。根据文章的结果，尽管作答每个新题的被试数（750）可以提供比较准确的题目参数估计，但是研究"作答每个新题的被试数"或"每个被试作答的新题数"对题目参数返真性的影响是一个值得进一步研究的问题。而且，"最多可以有多少新题、至少需要有多少旧题（或两者的比例是多少）才能获得较高的新题题目参数估计精度"也是今后值得研究的一个重要方向。

第二，作为一个初始的尝试，文章仅仅将焦点集中在 DINA 模型上。今后，文章提到的这些方法应该推广到其他具有显式题目特征函数的 CDMs 中，如 FM（DiBello，Stout & Roussos，1995），NIDA 模型（Maris，1999）和 DINO 模型（Templin & Henson，2006），以及 Embretson 和 Reise（2000）描述的模型。

第三，文章假设 Q 矩阵是预先构建好的并且是正确的，这个假设在现实测验情境中并不一定能够得到满足。根据鲁普和坦普林（Rupp & Templin，2008）的研究：如果 Q 矩阵指定错误（Misspecified），DINA 模型的猜测参数和失误参数会被高估。具体地讲，当把必不可少的属性（Essential Attribute）从 Q 矩阵中删除时会高估失误参数；当把多余的属性（Superfluous Attribute）添加到 Q 矩阵中时，猜测参数会被高估。因此，另一个新的研究问题就是评价 Q 矩阵质量对题目参数估计准确性的影响，可以在研究中模拟产生不同水平的 Q 矩阵指定错误程度。

第四，作为一项初始研究，文章仅对传统 CAT 中三种有代表性的在线标定方法进行了讨论。今后，还可以将传统 CAT 中其他的在线标定方法或设计推广到 CD-CAT 情形中，如张华华等人（Chang & Lu，2010）的变化长度 CAT 标定设计；还可以基于 CDM 和 CD-CAT 自身的结构与特点开发出能够满足预定标定精度的不同于这三种方法的 CD-CAT 在线标定方法。

第五，Q 矩阵的生成是通过假设所有属性相互独立来完成的。然而，如莱顿等人所述，通过真实测验蓝图构建的 Q 矩阵还可以呈现出多种复杂形式，如线型、收敛型、分支型和无结构型等。因此，另一个有趣的研究问题是考查不同 Q 矩阵结构对在线标定准确性的影响。

附表 1　二级英语能力测验的属性描述

	属性名	属性描述
属性 1	词语识别	学生能辨别单词和短语。
属性 2	词语理解	学生能准确理解单词和短语的含义及其在语境中的用法。
属性 3	了解语法	学生能在有关语境中识别所学语法知识，并能进行正确判断和选择。
属性 4	听后获取直接信息	学生能在图片支持下听懂句子，辨别关键词；学生能在简短文字支持下听懂简单对话，准确捕捉对话直接给出的具体信息。
属性 5	听交际用语然后做出反应	学生能听懂交际用语并准确应答。
属性 6	听后获取间接信息	学生听对话或语段并能通过简单地判断、推理等理解所听内容。
属性 7	通过读获取直接信息	学生能读懂简单的故事或小短文，并能找出短文或故事中直接描述的具体信息。
属性 8	通过读获取间接信息	学生能读懂简单的故事或小短文，并能通过简单地判断、推理等分析获得短文或故事中没有直接给出的信息。

思考题：

1. CD-CAT 原始题属性自动标定的几种方法各有什么长处？对原始题进行属性标定的意义是什么？

2. 将贝叶斯网络应用在认知诊断当中有什么样的优点？

3. MHCI 与 HCI 相比，长处在哪里？

4. 本章介绍的几种人工神经网络各自的原理是什么？

5. 为什么说将在线标定方法从传统 CAT 推广到 CD-CAT 中是可行的？

第十章　认知诊断的实践探索

　　本章介绍了两个将认知诊断应用在教育测试中的实例，分别是小学儿童数学问题解决认知诊断和中学生图形推理认知诊断，详细说明了它们的研究过程和结果，并指出了不足之处，展望了认知诊断在实际应用中的前景。

第一节　小学儿童数学问题解决认知诊断

数学问题一般是指需运用数学概念、理论、方法才能解决的问题。小学数学问题解决多指数学应用题（文字题）解决，是对结合生活情境而编制的问题的解决，是整个小学数学学习的重点和难点，它有助于个体真正理解数学知识、学会应用数学知识解决实际问题，可以促进个体数学思维的发展（徐速，2006）。对于数学问题解决的研究一直是国内外心理学界和数学学界研究的重点（Mayer，1996；Kintsch & Greeno，1985；陈英和等，2004；周新林、张梅林，2003；等），这些研究，尤其是心理学界的研究，为小学儿童数学问题解决的认知诊断研究无疑提供了很好的理论基础。

鉴于数学问题解决在小学数学学习中的重要性及认知诊断的优势，本节尝试对小学儿童数学问题解决进行认知诊断研究，探索目前小学儿童相关认知发展实况及其存在的认知缺陷，为促进儿童相关认知发展及知识获取服务。

一、小学儿童数学问题解决认知成分的确定

要实现对小学儿童数学问题解决的认知诊断，首先应对相应任务进行认知分析，找出影响小学儿童数学问题解决难度的认知特征（刺激特征），探清这些认知特征对项目难度及被试作答的影响，为下一步的认知诊断提供心理学理论基础。本节中的项目认知特征或刺激特征均指影响个体认知加工的那些特征，我们重点分析加减问题解决的项目认知特征。

（一）研究方法与过程

1. 小学儿童数学问题解决认知成分的析出与确定

以迈耶（Mayer，1992）数学问题解决的认知加工模型为理论基础，分别从"问题表征"和"问题解决"两个认知过程入手探讨影响小学儿童数学问题解决的项目认知特征，参照数学问题解决的两种基本心理学理论模型——数学知识应用模型（Nesher，1982）和语言理解模型（Kintsch et al.，1985），本节最终提出了影响小学儿童数学问题解决（主要指数学加减问题解决，下同）的两大基本认知成分（基于项目刺激特征的认知成分）：语言复杂性成分和数学关系复杂性成分。

语言复杂性成分（含四个子成分）主要是从语言理解的角度描述儿童的解题行为，它主要包括问题语义关系（语义类型）复杂性和问题语言陈述结构的复杂性，它们影响着个体对问题情境的表征（理解）。有学者（Greeno，1980；Riley，Greeno & Heller，1983）根据语义将加减数学问题解决分为三种主要类型，合并型、比较型和变化型，并发现它们对项目难度的影响不同。问题语言陈述结构主

要是指语言陈述与运算关系是否一致，若一致称为一致型比较，否则为不一致型比较（Lewis & Mayer，1987）。大量研究表明（如 Fayol，Abd & Gombert，1987），不一致型比较题的解决更为困难，更容易出现错误。还有学者（Hegarty，Maye & Monk，1995；陈英和等，2004）研究发现，对于一致型和不一致型比较问题的作答是区分两种表征策略（直译策略和问题模型策略）的主要方式之一。

数学关系复杂性成分（含三个子成分）强调数学知识在问题解决中的重要角色，它主要包括问题运算步骤数、问题隐含条件数及数字计算的复杂性。有学者（Enright，Morley & Sheelan，2002；Arendasy，Sommer，Gittler & Hergovich，2006）的研究表明问题运算步骤数越多，问题越难以解决；同样问题隐含条件数越多，问题也越难以解决（Arendasy et al.，2006）。运算步骤数和隐含条件数的多寡影响着数量间逻辑关系的复杂性，也即数学关系复杂性。数字计算的复杂性主要指四则运算的复杂性，运算数的大小及运算中是否涉及进位、借位等操作技能都影响着运算的复杂性。

两大基本认知成分存在于"问题表征"和"问题解决"两个认知过程之中，影响着儿童对问题的认知加工。两个基本假设成分及其七个子成分可详见本节后的附表 1。

2. 分析方法

采用 Fisher LLTM，估计项目测量学参数；使用分层回归分析（Hierarchical Regression Analysi）方法，构建项目测量学参数对两个假设认知成分（语言复杂性成分和数学关系复杂性成分）的两层回归模型，比较两层回归模型间的差异，探讨两个假设认知成分对项目测量学参数性能的影响，进而分析影响问题解决的以项目刺激特征为基础的认知因素。需要说明的是，分层回归分析主要目的不是探讨不同模型自变量的显著性，而是比较不同模型间的差异性。其检验原理方法可参见相关文献（Tabachnik & Fidell，1989）。

3. 测试材料

参考小学二、三、四年级的学习教材（包括人民教育出版社出版的教材和北京师范大学出版社出版的教材），走访部分一线教师，最终确定出 20 道数学问题，组成测试材料，作为小学儿童数学问题解决认知成分分析材料（简称"认知分析测验"，参见本节后的测验题目 1），其项目考核结构如本节后的附表 2 所示。测试后发现，认知分析测验的克龙巴赫系数（α 系数）为 0.764，奇偶分半信度为 0.785。

4. 测试对象

在南昌地区和宜春地区对小学三、四年级学生进行调查，共调查 736 人。测试时间 60 分钟。测试时发放试卷 736 份，收回有效试卷 713 份。

5. 分析工具

采用 MCMC 算法程序(涂冬波,漆书青,蔡艳,戴海琦和丁树良,2008)对 LLTM 项目参数进行估计,使用 SPSS 进行分层回归分析。

(二)研究结果

1. 认知属性的验证

为了验证以上两个基本成分(或七个子成分)是否是影响儿童数学问题解决的主要因素,采用恩布雷森和戈林(Embretson & Gorin,2001)建议使用的分层回归的方法。本节将数学关系复杂性成分作为基础成分,首先进入回归方程,只含有自变量为数学关系复杂性的回归方程称为模型 A。然后将语言复杂性成分作为自变量加入回归模型 A 中,构成模型 B。分层回归分析结果见表 10-1、表 10-2 和表 10-3。

表 10-1　回归模型 A 有效性的方差分析

	SS	df	MS	F
回归	6.940	3	2.313	4.389*
剩余	8.432	16	0.527	
总和	15.371	19		

注:＊代表 $P < 0.05$。

表 10-2　回归模型 B 有效性的方差分析

	SS	df	MM	F
回归	11.965	7	1.709	6.021**
剩余	3.407	12	0.284	
总和	15.371	19		

注:＊＊代表 $P < 0.01$。

表 10-3　回归模型 A 和回归模型 B 的分层检验

模型	R	R^2	ΔR^2	P
回归模型 A	0.672	0.451	0.327	$P < 0.05$
回归模型 B	0.882	0.778		

表 10-1 和表 10-2 表明回归模型 A 和回归模型 B 都是有效的回归模型,两个模型的自变量适合用于解释或预测因变量。表 10-3 是回归模型 A 和回归模型 B 的分层检验结果,加入语言复杂性成分后的模型 B 的解释量远大于未加入语言复杂性成分的模型 A($\Delta R^2 = 0.327$),即原来的解释率从 45.1% 上升到 77.8%,且呈显著差异($P < 0.05$),回归模型 B 优于回归模型 A,说明以项目刺激特征为基础的语言复杂性成分与数学关系复杂性成分均是影响因变量(项目难度)的因素,

且两个因素对项目难度的总解释率高达 77.8%，因而可以认为两个认知成分是影响项目难度的主要成分，也即两个基本成分(七个子成分)是影响儿童数学加减问题解决的主要因素。这些研究结论均为下一步的认知诊断提供了理论基础。

2. 属性层级关系的验证

语言复杂性成分与数学关系复杂性成分是两个相对独立的认知成分，两个成分的子成分间相对独立。在语言复杂性成分中，合并型、变化型与比较型是三种不同的语义类型，也具有相对的独立性，但一致型比较与不一致型比较间可能存在一定的关系(均属比较型语义类型)。数学关系复杂性成分中的三个子成分也相对独立。据此可以假设七个认知属性间的层级关系主要有两种，见图 10-1。

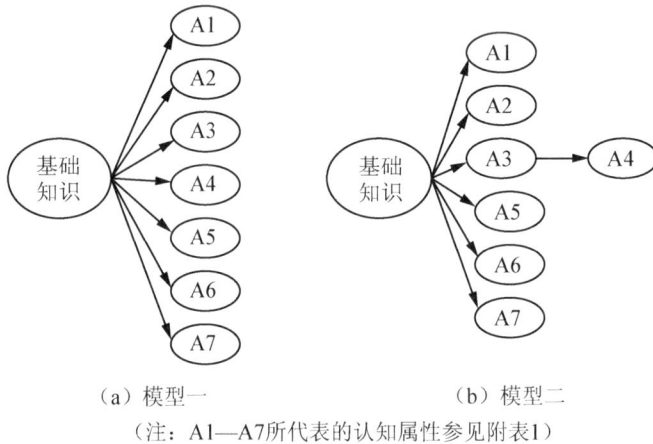

（a）模型一　　　　　　　　　　　（b）模型二

（注：A1—A7所代表的认知属性参见附表1）

图 10-1　属性层级关系

采用崔颖、莱顿、吉尔和亨卡(Cui，Leighton，Gierl & Hunka，2006)开发的 HCI 进行检验，检验统计量为

$$HCI_i = 1 - \frac{2 \sum\limits_{j \in S_{correct i}} \sum\limits_{g \in S_j} X_{ij}(1 - X_{ig})}{N_{ci}}。$$

$S_{correct i}$：被试 i 正确作答项目的集合。

X_{ij}：被试 i 在项目 j 上的得分。

S_j：由所测属性为项目 j 属性的子集组成的项目集合。

N_{ci}：若某一项目所测属性为被试 i 任意答对项目所测属性的子集，则称为一个"比较"，那么 N_{ci} 是被试 i 所有正确作答项目的所有比较的总数。

HCI 的值域为[-1，1]，1 表示完美拟合，-1 则表示完全不拟合(Perfect Misfit)，一般认为 HCI 超过 0.70 就表示模型与数据之间的拟合程度很好(Gierl，Wang & Zhou，2008)。

表 10-4 是两个模型的 HCI 检验结果，结果显示两个模型的平均的 HCI 指标

均大于 0.7，比较理想，两个模型均与数据基本拟合，但两个模型的 HCI 值并无显著性差异（$P > 0.05$），根据模型的简约性原则，本研究最终选取模型一。

表 10-4　两个模型的 HCI 指标均数差异 T 检验

模型	$\overline{X}$	S	P
模型一	0.742	0.317	> 0.05
模型二	0.751	0.307	

二、小学儿童数学问题解决认知诊断的分析

（一）研究方法与过程

前面的研究表明，影响项目难度及被试问题解决的认知成分主要有两大基本成分（语言复杂性成分和数学关系复杂性成分），共 7 个子成分。对于个体而言，要解决具有相应认知特征的问题，则需掌握相对应的一些认知属性，见表 10-5。

表 10-5　项目认知特征与个体相对应的认知属性

项目认知特征（刺激特征）		个体相对应的认知属性	代号
	合并型语义	整体—部分图式/合并图式	A1
	变化型语义	转移图式/变化图式	A2
语言复杂性	一致型比较语义	一致型多于少于图式/一致型比较图式	A3
	不一致型比较语义	不一致型多于少于图式/不一致型比较图式	A4
	多步运算	多步运算技能	A5
数学关系复杂性	含隐含条件	识别隐含条件技能	A6
	复杂计算	复杂计算技能	A7

表 10-5 的 7 个项目认知特征是影响数学加减问题难度的主要因素（$R^2 = 0.778$），同时也是影响个体正确作答的主要因素，因此个体是否掌握了相对应的 7 个认知属性将直接决定着个体能否正确解决相应的数学问题。因此，本节中，对于小学儿童数学问题解决的认知诊断更多的是诊断儿童是否掌握了以上 7 个认知属性，它们是影响小学儿童数学问题解决的关键认知因素。

1. 认知诊断的 HO-DINA 模型及其参数估计

要真正实现认知诊断，还需特定的计量学模型，即认知诊断模型。德拉托尔和道格拉斯（de la Torre & Douglas，2004）提出了 HO-DINA 模型，它是基于 IRT 的认知诊断模型，该模型较 RSM 更为简洁、更符合人的认知过程，对于该模型的介绍可参见相关文献（de la Torre & Douglas，2004）。

本节采用涂冬波、漆书青等人介绍的具体的 MCMC 算法——Gibbs 抽样下的

随机移动 M-H 算法来实现 HO-DINA 模型的参数估计。并用 Matlab 7.0 语言自编 MCMC 程序来实现 HO-DINA 模型的参数估计。

2. 测试材料

根据研究一的结果及小学儿童的学习实际，遵照认知诊断测验编制的两个基本原则(见第二章)，编制出 15 道加减应用题，组成"认知诊断测验"(参见本节后的测验题目 2)，其考核属性情况详见本节后的附表 2。测试后发现，认知诊断测验的克龙巴赫系数(α 系数)为 0.737，奇偶分半信度为 0.752。

3. 测试对象

对南昌市(城市)和宜春市淋江镇(农村)的小学三、四年级的学生进行调查，共调查 858 人(所有被试均未参加研究一中的测试)，其中三年级和四年级学生分别为 630 人和 222 人；来自城市和来自农村的学生分别为 753 人和 99 人。测试时间为 45 分钟。测试时发放试卷 858 份，收回有效问卷 852 份。

4. 分析工具

自编 HO-DINA 模型的 MCMC 算法程序及 SPSS。

(二)研究结果

1. 小学儿童数学问题解决认知属性的认知诊断

认知诊断的目的主要是诊断出个体在特定问题解决中所存在的认知优势及认知劣势。本节主要是诊断小学儿童对于数学问题所涉及的七个认知属性，评估小学儿童对于七个认知属性的掌握情况。

表 10-6 介绍了小学儿童对每个认知属性的总体掌握情况。对所有被试而言，掌握百分比在 90% 以上的属性有 A1，A2，A3，A5 和 A7，共 5 个认知属性，其中属性 A1 掌握的人数最多，高达 97.93%，小学儿童对属性 A1，A2，A3，A5 和 A7 掌握得比较理想。但语言复杂性成分中的"不一致型比较"(A4)和数学关系复杂性成分中的"含有隐含条件"(A6)是学生较难掌握的子成分(分别有 37.3% 和 25.8% 的人未掌握)，小学儿童在这两个属性上的掌握情况相对较差，应引起重视。认知属性 A4("不一致型比较")是指在比较型试题中出现的表示比较条件的关键词(如"多于""少于")与对应的正确算术运算不一致，也即"多于"对应减法，"少于"对应加法，对于这类问题的解决，学生需具备较高级的表征策略——问题模型策略(Hegarty，Mayer et al.，1995)，而实际中有些学生更易倾向使用较低级的表征策略——直译策略。直译策略的典型特征是抽取问题中的数字和关键词(如"多于""少于")，而忽略问题情境，这样会导致凡是出现"多于"就对应加法，凡是出现"少于"就对应减法的典型错误。而问题模型策略则需要构建问题情境的心理模型，对于关键词有可能会引发错误的问题，学生也会根据问题模型进行正确作答。因此问题模型策略是一种较高级的表征策略，学生相对较难获取这种策

略。因此对于认知属性 A4 未掌握的学生，更多的是对表征策略——问题模型策略进行补救，而不是只关注数学知识本身。属性 A6 指试题中"含有隐含条件"，学生要正确解决这类项目，首先要识别出隐含的未知量，对于这种认知属性，补救方法更多的是增强识别隐含条件的技能，可采用样例学习法。未完全掌握这两个属性是目前小学儿童解决加减问题所面临的主要问题，应加以重视并进行相应的补救教学。

表 10-6 被试对各个属性的掌握情况及在相应人群中的占比

属性掌握模式	所有被试 $n=852$	分年级			分城乡		
		三年级 $n=630$	四年级 $n=222$	P	城市 $n=753$	农村 $n=99$	P
A1	97.93	97.61	98.84	>0.05	99.07	89.26	>0.05
A2	95.99	95.14	98.40	>0.05	98.00	80.70	>0.05
A3	93.55	92.24	97.27	>0.05	96.60	70.35	<0.01
A4	62.74	59.30	72.50	<0.01	64.42	49.96	<0.05
A5	90.73	88.99	95.67	>0.05	93.12	72.55	<0.01
A6	74.20	70.82	83.79	<0.01	76.70	55.18	<0.01
A7	95.68	95.31	96.73	>0.05	96.53	89.21	>0.05

诊断结果还表明 7 个认知属性的掌握情况存在显著的年级差异和城乡差异（表 10-7），总的来看四年级学生的掌握情况较三年级学生的掌握情况好，城市儿童的掌握情况较农村儿童的好。在认知属性 A4 和 A6 上，四年级学生的掌握比例显著高于三年级学生的，在其他五个认知属性上不同学生无显著差异。三年级学生对认知属性 A4 和 A6 的掌握比例不高，尤其是 A4，近 40% 的学生未掌握，因此认知属性 A4 和 A6 仍应是四年级的学习重点。对于认知属性 A6，四年级学生的掌握比例为 83.79%，基本可以。但有 27.5% 的四年级学生未掌握属性 A4，因此认知属性 A4 可能仍是五年级学生学习的重点之一。城市和农村的学生在认知属性 A3、A4、A5、A6 上的掌握比例有显著差异，在认知属性 A1、A2、A7 上的掌握比例无显著差异。农村学生对 7 个认知属性的掌握情况不是很理想，还没有一个认知属性的掌握比例超过 90%，尤其是认知属性 A4，有超过一半的学生未掌握，认知属性 A6 也有近 45% 的学生未掌握，因此农村小学儿童的教育问题值得关注。

表 10-7 介绍了小学儿童属性掌握模式的情况，不同的掌握模式（除全掌握模式外）反映了儿童所犯的不同类型的认知错误。852 名小学儿童掌握的模式共 31 种，从全未掌握(0，0，0，0，0，0，0)到全部掌握(1，1，1，1，1，1，1)。人

数集中较多的掌握模式分别为："1，1，1，1，1，1，1"(56.46％)，"1，1，1，0，1，1，1"(17.72％)，"1，1，1，0，1，0，1"(5.87％)，"1，1，1，1，1，0，1"(4.58％)。掌握这四种模式的人数占总人数的 84.63％。56.46％的小学儿童掌握了所有的 7 个认知属性，其中三年级全掌握的比例为 52.06％，四年级为 68.92％(存在年级差异，P＜0.01)，城市小学儿童为 59.63％，农村小学儿童为 32.32％(存在城乡差异，P＜0.01)。因此总体来看小学儿童对于加减问题掌握得还比较理想，但存在显著的年级差异和城乡差异。

除全部掌握模式(1，1，1，1，1，1，1)以外的其他 30 种模式均表明了学生所犯的不同的认知错误。在 30 种认知错误中，以"1，1，1，0，1，1，1"(17.72％)，"1，1，1，0，1，0，1"(5.87％)，"1，1，1，1，1，0，1"(4.58％)为主，占总认知错误的 65％(28.17/43.54≈65％)，学生所犯的认知错误主要有三种(1，1，1，0，1，1，1；1，1，1，0，1，0，1；1，1，1，1，1，0，1)，具体体现在属性 A4 和 A6 上。三年级学生所犯的认知错误共 29 种，四年级学生的为 14 种，也即经过一年的学习，学生所犯的错误类型减少了 15 种。但城市儿童所犯错误类型数(26 种)较农村儿童多(20 种)，这可能与农村儿童取样相对较少有关。

表 10-7　被试掌握模式及在相应人群中的占比情况

属性	所有被试 $n=852$	分年级			分城乡		
		三年级 $n=630$	四年级 $n=222$	P	城市 $n=753$	农村 $n=99$	P
0，0，0，0，0，0，0	0.70	0.63	0.90	＜0.01	0.53	2.02	＜0.01
0，0，1，0，0，0，0	0.12	0.16	/	/	/	1.01	/
0，0，1，0，0，0，1	0.24	0.32	/	/	0.27	/	/
0，0，1，0，0，1，1	0.47	0.63	/	/	0.13	3.03	＜0.01
0，1，1，0，0，0，1	0.12	0.16	/	/	0.13	/	/
0，1，1，0，1，0，1	0.24	0.32	/	/	0.27	/	/
1，0，0，0，0，0，0	0.12	0.16	/	/	/	1.01	/
1，0，0，0，0，0，1	2.35	2.86	0.90	＜0.01	1.20	11.11	＜0.01
1，0，0，0，1，0，1	0.35	0.48	/	/	/	3.03	/
1，0，0，1，0，0，1	0.12	0.16	/	/	0.13	/	/
1，0，0，1，1，0，1	0.47	0.63	/	/	0.27	2.02	＜0.01
1，0，1，0，0，0，1	0.35	0.48	/	/	0.27	1.01	＜0.01
1，0，1，0，1，0，1	0.82	0.95	0.45	＜0.01	0.80	1.01	＜0.05
1，0，1，0，1，1，1	0.12	0.16	/	/	0.13	/	/
1，0，1，1，0，0，1	0.12	0.16	/	/	0.13	/	/

续表

属性	所有被试 $n=852$	分年级			分城乡		
		三年级 $n=630$	四年级 $n=222$	P	城市 $n=753$	农村 $n=99$	P
1，0，1，1，1，0，1	0.35	0.48	/	/	0.40	/	/
1，0，1，1，1，1，1	0.12	/	0.45	/	0.13	/	/
1，1，0，0，0，0，1	2.47	2.86	1.35	<0.01	1.73	8.08	<0.01
1，1，0，0，1，0，1	1.88	2.22	0.90	<0.01	1.46	5.05	<0.01
1，1，0，0，1，1，1	0.24	0.16	0.45	<0.01	0.13	1.01	<0.01
1，1，0，1，0，0，1	0.59	0.79	/	/	0.13	4.04	<0.01
1，1，0，1，1，0，1	0.24	0.16	0.45	<0.01	0.27	/	/
1，1，0，1，1，1，1	0.12	0.16	/	/	/	1.01	/
1，1，1，0，0，0，0	0.12	/	0.45	/	0.13	/	/
1，1，1，0，0，0，1	2.11	2.54	0.90	<0.01	2.12	2.02	>0.05
1，1，1，0，0，1，1	0.12	0.16	/	/	/	1.01	/
1，1，1，0，1，0，1	5.87	6.35	4.50	<0.01	5.84	6.06	>0.05
1，1，1，0，1，1，1	17.72	18.73	14.87	<0.01	18.86	9.09	<0.01
1，1，1，1，0，0，1	0.35	0.48	/	/	0.40	/	/
1，1，1，1，1，0，1	4.58	4.60	4.50	>0.05	4.52	5.05	>0.05
1，1，1，1，1，1，1	56.46	52.06	68.92	<0.01	59.63	32.32	<0.01
总和	100	100	100		100	100	

注：“/”表示无误掌握模式，表内各数据除“属性”与“P”两栏外单位均为%，各数据均为原始实验数据，个别数据为约数。

2. 小学儿童数学问题解决问题表征策略诊断

赫加蒂、迈耶等人（Hegarty，Mayer et al.，1995）认为，在数学应用题心理表征中存在两种基本的策略：直译策略和问题模型策略。使用直译策略的学生在解答数学应用题时，只注重对应用题中所含的数字和关键词进行分析；而使用问题模型策略的学生在解答问题时，注重对条件之间的数学逻辑关系进行加工，并根据问题的具体情境构建相关问题模型。因此，采用直译策略的儿童能正确解决一致型比较应用题，但不能正确解决不一致型比较应用题；而采用问题模型策略的儿童既能正确解决一致型比较应用题又能正确解决不一致型比较应用题。据此，赫加蒂等人和陈英和等人认为，可以根据学生在一致型和不一致型比较问题上的作答来区分学生的两种表征策略。本节受此方法启发，从认知诊断的角度出发来区分儿童的两种表征策略，儿童的表征策略直接影响着儿童对认知属性 A3（一致型比较）和 A4（不一致型比较）的掌握情况，也即采用直译策略的儿童基本掌握了认知属性 A3，但未能掌握认知属性 A4；而采用问题模型策略的儿童同时掌握了认知属性 A3 及 A4，因此可以根据儿童对认知属性 A3（一致型比较）和 A4（不一致型比较）的掌握情况来判断儿童的表征策略。具体方法是，若儿童掌握了认知属性 A3 而未掌握认知属性 A4，则儿童的表征策略以"直译策略"为主。若儿童掌握了认知属性 A3 而且也掌握了认知属性 A4，则认为儿童的表征策略以"问题模型策略"为主。若不属于以上两种中的任意一种则认定为"待判"策略。"待判"策略有两种情况：一是儿童采用了其他的表征策略（A3 和 A4 均未掌握），二是根据儿童的作答数据还不足以判断是"直译策略"还是"问题模型策略"（掌握了 A4 而未掌握 A3）。

表 10-8 表明直译策略和问题模型策略是小学儿童使用的两种基本表征策略（占 98.5％），这进一步验证了赫加蒂等人的观点。总体来看，小学儿童使用问题模型策略（62％）的人数高于使用直译策略（36.5％）的人数，大多数小学儿童使用较为高级的表征策略来解决数学问题。两种基本策略的使用情况存在显著的年级差异和城乡差异。总体来看，低年级的儿童（三年级）较高年级的儿童（四年级）更多地使用直译策略；农村儿童较城市儿童更多地使用直译策略，更少地使用问题模型策略。尤其值得注意的是，农村儿童中有 55.6％ 的儿童使用较低级的直译策略，因此对于农村儿童应更多地注意表征策略的培养，表征策略的好坏直接影响着儿童对数学加减问题解决的成败。

表 10-8　小学儿童问题表征策略在相应人群中的占比情况

表征策略	所有被试 n＝852	分年级			分城乡		
		三年级 n＝630	四年级 n＝222	P	城市 n＝753	农村 n＝99	P
直译策略	36.5％	40.30％	25.7％	＜0.01	34.0％	55.6％	＜0.01
问题模型策略	62.0％	57.80％	73.8％	＜0.01	65.2％	37.4％	＜0.01
"待判"策略	1.5％	1.9％	0.5％	＜0.01	0.8％	7.0％	＜0.01
总　和	100％	100％	100％	/	100％	100％	/

三、小结

本节以小学儿童数学问题解决的认知分析结果为基础，探明了应诊断的关键认知属性，并结合小学儿童学习实际，编制出了相应的认知诊断测验。采用 HO-DINA 模型参数估计的自编程序，实现对被试的认知诊断分析。探明了目前小学儿童在加减数学问题解决中的认知特征及其所存在的问题，这些研究为指导小学儿童学习、教师开展教学及评估提供了丰富的信息，具有较强的应用价值。

对 1565（713＋852＝1565）名小学儿童进行研究，研究结果表明：

（1）采用项目反应理论与分层回归统计方法相结合的方法进行研究，发现数学关系复杂性和语言复杂性是影响项目难度的两个主要的项目认知特征，是影响小学儿童数学问题解决的两个主要认知因素。（2）小学儿童对于解决加减问题所涉及的 7 个关键认知属性的掌握情况总体尚可。其中对认知属性 A1，A2，A3，A5，A7 掌握得比较理想，但对"不一致性比较图式"（属性 A4）和"识别隐含条件技能"（属性 A6）掌握得相对较差，且在这两个属性上存在显著的年级差异和城乡差异（高年级的较低年级的好，城市的比农村的好）。尤其值得注意的是，农村小学儿童对 7 个认知属性整体掌握的情况并不是十分理想，有 $1 - 32.32\% = 67.68\%$ 的农村小学儿童存在不同的认知错误（详见表 10-7），有 50% 以上的农村小学儿童未掌握属性 A4，应引起重视。（3）小学儿童所犯的认知错误主要有三类（1，1，1，0，1，1，1；1，1，1，0，1，0，1；1，1，1，1，1，0，1），而这些错误均与认知属性 A4 和 A6 有关。（4）问题模型策略和直译策略是小学儿童两种主要的表征策略，但以问题模型策略为主。不同策略在使用情况上存在显著的年级差异和城乡差异，高年级儿童和城市小学儿童使用问题模型策略的人数分别显著地多于低年级儿童和农村小学儿童使用该策略的人数，直译策略则相反。在农村小学儿童中，儿童使用的策略以直译策略为主，这是导致农村儿童解决加减问题总体不理想的主要原因。

限于能力及时间，研究中并未提供较为详细的、有针对性的补救措施。这有待与学科教师进一步沟通协作，并最终提出较为具体的补救措施及方案。在取样的样本容量上，本节农村儿童与城市儿童相差较远，这在一定程度上影响了结果的概化程度。同时对于目前小学儿童相对难以掌握认知属性 A4 和 A6 的心理学原因，还有待深入探讨。农村小学儿童在数学问题解决中所存在的突出问题及其原因也有待进一步调查。

附表及测验题目

附表 1　小学儿童数学问题解决基本假设成分明细表

基本假设成分	子成分	解释	举例说明
语言复杂性			
语义复杂性	合并型语义	合并问题中有个并不变化的量，问题解决者需要做出合并或分解	甲有 3 颗弹珠，乙有 5 颗弹珠，他们一共有多少颗弹珠？
	变化型语义	变化型问题描述了加减这种操作引起的事物在数量上的增加或减少	甲有 3 颗弹珠，然后乙给了他 5 颗弹珠，现在甲有多少颗弹珠？

续表

基本假设成分	子成分	解释	举例说明
语言陈述结构复杂性	一致型比较（一致型陈述＋变化型语义）	比较的关键词与实际运算操作相一致，如题中有"多"或"少"，则分别进行相应的加法或减法运算	甲有8颗弹珠，乙比甲多5颗弹珠，乙有多少颗弹珠？
	不一致型比较（不一致型陈述＋变化型语义）	比较的关键词与实际运算操作不一致，如题中有"多"或"少"，则分别进行相应的减法或加法运算	甲有8颗弹珠，甲比乙多5颗弹珠，乙有多少颗弹珠？
数学关系复杂性			
运算步骤复杂性	多步运算	运算步骤多于一步	甲有2颗弹珠，乙有4颗弹珠，丙有3颗弹珠，他们一共有多少颗弹珠？
隐含条件复杂性	含隐含条件	试题中有隐含的未知量	甲有8颗弹珠，乙比甲多5颗弹珠，他们一共有多少颗弹珠？
计算复杂性	复杂计算	计算需进位/借位	甲有19颗弹珠，乙有34颗弹珠，乙比甲多多少颗弹珠？

附表 2　认知分析测验项目考核结构

题号	语言复杂性（语义类型及语言陈述结构复杂性）				数学关系复杂性		
	合并	变化	比较型＋语言陈述结构		计算步骤/隐含条件		复杂计算
			一致型比较	不一致型比较	多步运算	隐含条件	
	A1	A2	A3	A4	A5	A6	A7
1	1	0	0	0	0	0	0
2	1	0	0	0	0	0	1
3	1	0	0	0	1	0	0
4	1	0	0	0	1	0	1
5	0	1	0	0	0	0	0
6	0	1	0	0	0	0	1
7	0	1	0	0	0	0	0

续表

题号	语言复杂性（语义类型及语言陈述结构）				数学关系复杂性		
	合并	变化	比较型＋语言陈述结构		计算步骤/隐含条件		复杂计算
			一致型比较	不一致型比较	多步运算	隐含条件	
	A1	A2	A3	A4	A5	A6	A7
8	0	1	0	0	1	0	1
9	0	1	0	0	1	0	1
10	0	0	1	0	0	0	0
11	0	0	1	0	0	0	1
12	0	0	1	1	0	0	1
13	0	0	0	1	0	0	0
14	1	1	0	0	1	0	1
15	1	0	1	0	1	1	1
16	1	0	1	0	1	0	0
17	1	0	1	0	1	1	0
18	0	1	1	0	1	1	1
19	1	0	0	1	1	1	1
20	0	1	0	1	1	1	0

附表 3　认知诊断测验项目考核属性模式

项目	语言复杂性（语义类型及语言陈述结构）				数学关系复杂性		
	合并题型（整体—部分图式）	变化题型（转移图式）	比较题型＋语言陈述结构（多于少于图式）		计算步骤/隐含条件		复杂计算
			一致型比较	不一致型比较	多步运算	隐含条件	
	A1	A2	A3	A4	A5	A6	A7
1	1	0	0	0	0	0	0
2	1	0	0	0	1	0	0
3	0	1	0	0	0	0	1
4	0	1	0	0	0	0	1
5	0	1	0	0	1	0	0
6	0	1	0	0	1	0	0

续表

项目	语言复杂性（语义类型及语言陈述结构）				数学关系复杂性		
	合并题型（整体—部分图式）	变化题型（转移图式）	比较题型＋语言陈述结构（多于少于图式）		计算步骤/隐含条件		复杂计算
			一致型比较	不一致型比较	多步运算	隐含条件	
	A1	A2	A3	A4	A5	A6	A7
7	0	0	1	0	0	0	0
8	0	0	1	0	0	0	1
9	0	0	0	1	0	0	1
10	1	1	0	0	1	0	1
11	1	0	1	0	1	0	1
12	1	0	1	0	1	1	1
13	0	1	1	0	1	1	0
14	1	0	0	1	1	1	0
15	0	1	0	1	1	1	1
总计	6	7	5	3	9	4	8

测验题目1：

1. 李奶奶养了70只公鸡、120只母鸡，李奶奶一共养了多少只鸡？

2. 少先队员植树，四年级和五年级共植树220棵，五年级植树150棵，四年级植树多少棵？

3. 修路队修路，第一天修了43米。第二天上午修了24米，下午修了21米，两天共修了多少米？

4. 同学们要做62朵纸花，第一次做了25朵，第二次做了28朵，还要做多少朵？

5. 某木工厂生产了160把椅子，送给幼儿园50把，还剩多少把？

6. 小明有一些苹果，小刚拿走了39个，还剩25个，小明有多少个苹果？

7. 水果仓库今天运出水果50千克，昨天有水果160千克，仓库里现在有多少千克水果？

8. 粮店有粮食90袋，第一天卖出26袋，第二天卖出28袋，还剩多少袋？

9. 同学们今天捡了140个贝壳，送给别人170个，昨天有600个，现在有多少个贝壳？

10. 养牛场有母牛78头、公牛36头，母牛比公牛多多少头？

11. 二年级有 180 名少先队员，三年级的少先队员比二年级多 30 名，三年级有多少名少先队员？

12. 粮站昨天有 80 袋面粉，比今天运来的面粉多 25 袋，今天运来了多少袋面粉？

13. 友谊商店里卖出数学练习本 260 本，比卖出的作文练习本少 30 本，卖出作文练习本多少本？

14. 水果店有苹果 45 筐、梨 37 筐，卖出 28 筐水果，还剩多少筐水果？

15. 文具店昨天卖了 28 支铅笔，今天比昨天多卖了 18 支，文具店昨天和今天一共卖了多少支铅笔？

16. 小朋友做了红星星 120 颗、黄星星 410 颗，做的白星星的颗数比红星星和黄星星的总数多 40 颗，白星星做了多少颗？

17. 小明去年集了 120 张邮票，今年比去年少集了 20 张，小明今年和去年一共集了多少张邮票？

18. 某书店去年有书 500 本，共卖出 260 本书，今年运进的书比去年剩余的书少 80 本，今年运进多少本书？

19. 乐乐做了 180 颗红星星，做的红星星比黄星星少 60 颗，乐乐一共做了多少颗星星？

20. 图书馆去年有图书 560 本，送了 200 本给希望小学，今年又运来一部分图书，去年剩余的图书比今年运来的多 150 本，今年运来多少本图书？

测验题目 2：

1. 李奶奶养了 70 只公鸡、120 只母鸡，李奶奶一共养了多少只鸡？

2. 修路队修路，第一天修了 43 米。第二天上午修了 24 米，下午修了 21 米，两天共修了多少米？

3. 小明有一些苹果，小刚拿走了 39 个，还剩 25 个。小明一开始有多少个苹果？

4. 今天早晨有 29 辆汽车开进了车库，昨天车库里面有 56 辆汽车，现在车库里有多少辆汽车？

5. 菜场原有白菜 180 千克，卖出 50 千克，后来又运来 30 千克，现在菜场有多少千克白菜？

6. 文具店今天卖出练习本 40 本，又运来 30 本，昨天有 170 本，现在共有多少本练习本？

7. 食品店有大米 78 千克、大豆 36 千克，大米比大豆多多少千克？

8. 二年级有 180 个少先队员，三年级的少先队员比二年级的多 30 个，三年级有多少个少先队员？

9. 粮站昨天有 80 袋面粉，比今天运来的面粉多 25 袋，今天运来多少袋面粉？

10. 水果店有苹果 45 筐，梨 37 筐，卖出 28 筐水果，还剩多少筐水果？

11. 同学们跳绳，小华跳了 65 下，小明跳了 55 下。小青比小华和小明跳的总数少 70 下。小青跳了多少下？

12. 文具店昨天卖了 28 支铅笔，今天比昨天多卖了 18 支，文具店昨天和今天一共卖了多少支铅笔？

13. 某鞋厂去年生产鞋 300 双，共卖出 200 双，今年生产的鞋比去年剩余的多 250 双，今年生产了多少双鞋？

14. 某小学有女老师 43 人，女老师比男老师多 10 人，这所小学一共有多少位老师？

15. 某公司，一月份生产电视机 700 台，卖出电视机 530 台，二月份又生产了一批电视机，一月份剩余的电视机比二月份生产的电视机少 650 台，二月份生产了多少台电视机？

第二节　中学生图形推理认知诊断

一、问题的提出

图形推理是根据一幅大图形中图案或符号的变化规律，推出并填上大图形中空缺部分的图案或符号的认知活动。前人的研究表明，解答图形推理问题的策略往往不止一种。亨特（Hunt，1974）认为图形推理的解题策略主要有格式塔策略和分析策略两种。英赫尔德和皮亚杰（Inhelder & Piaget，1964）也发现了相同的两种策略，并且认为只有通过分析策略才能真正地知道图案间的关系。林崇德、沃建中、陈浩莺、曹凌雁曾用口语报告的方法来研究图形推理的解题策略，认为图形推理的解题策略有分析策略、不完全分析策略、知觉分析策略、知觉匹配策略、自主想象策略、格式塔策略六种。其中分析策略是指个体能够正确发现这道题中所有的规则并使用这些规则来解决问题；不完全分析策略是指个体能够指出这道题中的部分规则并按照这些规则来解决问题；知觉分析策略是指个体不能明确地抽象出规则，但能够发现矩阵因子横向与纵向或对角线上的变化，并根据这些变化做出选择；知觉匹配策略是指个体选择与矩阵的某个因子相似或相同的图形，或选择与矩阵中所有因子都不同的图形；自主想象策略是指个体因喜好或认为被选图形像某件物品而做出选择，或说不出理由（猜测）；格式塔策略是指个体将缺损图形补充完整的策略。

　　此外，随着认知心理学的兴起，一批心理学家致力于图形推理心理加工成分的研究。早在 1977 年，斯腾伯格就提出了归纳推理的信息加工成分理论。在斯腾伯格之后，卡彭特等人（Carpenter et al.，1990）用瑞文推理测验做研究材料，发现图形推理过程包含抽象思维和工作记忆两个心理加工成分。抽象思维包含两个相关但又独立的成分——视知觉识别成分和归纳推理成分。其中视知觉识别成分指对视觉刺激的编码和对视觉刺激意义的解释，在图形推理中表现为发现图形横向、纵向或对角线上的变化及赋予这种变化以某种意义。

　　前人关于图形推理解题策略和心理加工成分的研究表明，只报告一个笼统总分的传统图形推理测验——瑞文推理测验虽然能对被试图形推理的整体水平进行评价，但可能会掩盖个体的差异。因为即使个体在测验上行为表现一致，也不代表他们有相同的心理加工过程，他们可能有不同的解题策略和心理加工成分，不同心理加工成分对应的能力也不一定相同。

　　因此，我们要了解被试图形推理的水平，不仅要进行整体的评价，还需要考虑被试解答图形推理题时所经历的心理加工过程，从更微观的层面来评价被试的图形推理水平。本节欲在前人研究的基础上采用口语报告来分析、探究图形推理的解题策略及各策略所包含的心理加工成分，形成图形推理的认知成分模型。同时引进多策略多成分潜在特质模型（Multicomponent Latent Trait Model for Multiple Strategies，MLTM for MS）将图形推理的认知成分模型与心理测量模型加以整合，实现对个体图形推理认知特征的诊断。

二、MLTM for MS 简介

　　MLTM for MS 由恩布雷森首先提出。此模型认为要对个体测验分数的潜在意义做出解释，首先需要提出与数据相拟合的认知成分模型。该模型还假设问题的解决策略往往不止一种，并有严格的先后顺序，而每种策略可能包含几种心理加工成分。以言语类比推理为例，许多研究表明其解题策略有规则策略、联想策略、猜测策略，其中规则策略的主要心理加工成分是规则构建和规则评估。联想策略最主要的心理加工成分为联想成分。恩布雷森还假定被试首先使用规则策略来解答项目，失败后则使用联想策略，而猜测策略是在规则策略和联想策略均失败后使用的策略。

　　MLTM for MS 需要两类数据，即在标准测验项目上的作答反应以及代表心理加工成分的子测验的作答反应。它还认为个体正确作答项目的概率等于个体使用各种策略正确作答项目的概率之和；而个体使用某种策略正确作答项目的概率等于个体能够成功通过某些心理加工成分的概率之积。仍以言语类比推理为例，MLTM for MS 用下列数学模型来表示它的认知成分模型：

$$P(XT = 1/Rule) = aP_1P_2, \tag{10-1}$$

$$P(XT = 1 \mid Assoc) = cQ_1P_A + cP_1Q_2P_A = cP_A(1 - P_1P_2), \tag{10-2}$$

$$P(XT = 1 \mid Guess) = gQ_1Q_2Q_A + gP_1Q_2Q_A = g(1 - P_1P_2)(1 - P_A), \tag{10-3}$$

$$P(XT = 1) = P(XT = 1 \mid Rule) + P(XT = 1 \mid Assoc) + p(XT = 1 \mid Guess), \tag{10-4}$$

前三个公式分别代表个体使用规则策略、联想策略及猜测策略正确回答项目的概率；式 10-4 为正确作答标准测验项目的概率。其中 P_1，P_2 和 P_A 分别代表成功通过规则构建、规则评估和联想成分的概率；而 Q_1，Q_2 和 Q_A 则代表未通过各成分的概率。式中还有常数 a，c，g，a 代表通过规则策略且在标准测验上正确作答的次数在通过规则策略的总次数中所占比例；c 代表没有通过规则策略，但成功对答案进行联想时正确作答标准测验项目的比例；g 代表规则策略、联想策略都未正确完成，但正确作答标准测验项目的概率。

此外，MLTM for MS 将上述认知成分模型与心理测量模型加以整合，使解题过程中所经历的不同心理加工成分可以直接融合到心理测量模型之中。在 MLTM for MS 中，心理测量模型为：

$$P(X_{ijT} = 1) = 1/(1 + epx(b_{ik} - \theta_{jk})). \tag{10-5}$$

其中 $P(X_{ijT} = 1)$ 表示被试 j 在项目 i 第 k 个子成分上正确作答的概率；θ_{jk} 为被试 j 在子成分 k 上的能力值；b_{ik} 为项目 i 在子成分 k 上的难度。

通过式 10-4 和式 10-5，就可以估出每个策略内每个成分的难度及对应的个体能力值，预测出个体使用每种策略成功作答的概率，从而可以分析个体解题时所经历的心理加工过程，对他们的解题策略及错误作答原因进行诊断。

三、研究方法

(一)预备性研究：口语报告及分析

口语报告的目的是了解个体解答图形推理题目时使用了哪些策略及使用这些策略的先后顺序，同时还要了解各种策略所包含的心理加工成分，形成图形推理的认知成分模型。在林崇德等人的研究基础上，选用瑞文标准推理测验为研究材料，随机抽取 18 名被试进行无结构的口语报告。将搜集到的口语报告分析资料进行整理分析，得到如下结果。

(1)个体在策略的选择上有先后顺序，可归纳为两种情况。一种是先使用知觉分析策略，失败后则使用分析策略，再失败后则使用知觉匹配、自主想象等策略；另一种是先使用知觉匹配策略，然后结合知觉分析策略或分析策略来解题，若失败则使用自主想象策略等。

（2）知觉分析策略主要包含视知觉识别成分；分析策略主要包含规则构建、规则评估和规则应用三个成分，并且规则构建和规则应用两个成分最重要。

（3）从被试的作答情况来看，知觉分析策略和分析策略是最有效的策略，也最能反映被试的推理水平；而格式塔策略只是对解答格式塔类型的题目有效。另外，知觉匹配策略在大部分情况下是无效的，而自主想象策略则完全可以看作是无效的策略。因此，本节将知觉分析策略、分析策略以外的几种策略统称为猜测策略。若用一流程图来表示图形推理心理加工的过程，则如图 10-2。

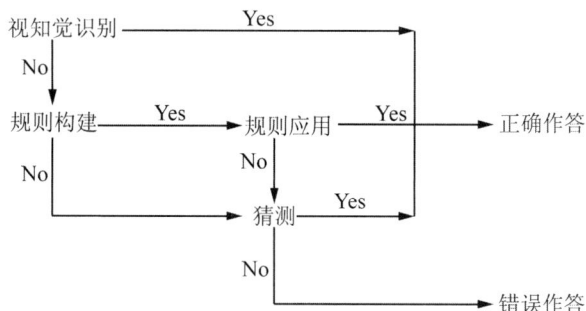

图 10-2 图形推理心理加工过程图

图 10-2 最上面的一条路径指个体使用知觉分析策略来解答图形推理题目，该策略只包含视知觉识别成分；图中第二条路径指个体在使用知觉分析策略失败后使用分析策略来解题，使用此策略解答题目所经历的心理加工成分依次为规则构建成分和规则应用成分；图中第三条路径表示当个体使用知觉分析策略和分析策略均失败后使用猜测策略来解答图形推理题目。

（二）被试

被试来自某省三个中学的五个班级，共发放相应测试卷 247 份，收回 247 份，剔除无效问卷 12 份，最后得到有效问卷 235 份，有效被试样本中有男生 142 人，女生 93 人；八年级学生 94 人，高一学生 93 人，高二学生 48 人。所有被试年龄为 12～17 岁，属于瑞文标准推理测验适用范围。

（三）研究材料

选择瑞文标准推理测验，首先剔除其中的格式塔题目，剔除的原因是解决这类题目的策略基本是格式塔策略，本节并未将其列为本次研究任务。在剩下的题目中选择区分度较高的 20 道题目组成本节的主要材料，称其为"标准图形推理测验"。之所以选 20 道题是考虑诊断测验的时长要适合中学生的年龄特征，选区分度较高的题是为了尽量维持原测验的高信效度，结果实测信度达到 0.823。

为了使用 MLTM for MS 探查图形推理的解题策略和心理加工成分，又将"标准图形推理测验"稍做改造，分别编成"图形推理分析测验"和"图形推理规则应用测验"。"图形推理分析测验"不提供备选答案，而是要求被试根据所给图形画出所缺图案，并说明理由。测验不提供备选答案的目的是让被试只能使用知觉分析策略和分析策略来解答题目。因此，该测验实际上测了知觉分析策略中的视知觉识别成分和分析策略中的规则构建成分。"图形推理规则应用测验"也不提供备选答案，而是向被试提供每道题目的图形变化规律，要求被试根据所给出的规律画出所缺图案。由此可知，此测验测的是分析策略中的规则应用成分。

(四)测试过程

所有测验分两阶段进行。第一阶段进行图形推理分析测验和标准图形推理测验。首先进行图形推理分析测验，时间不限。待所有被试均作答完毕后稍做休息，但要求被试不要讨论测验内容。休息之后接着进行标准图形推理测验。在预先不告知被试的情况下，间隔一个半月后进行第二阶段的测试。第二阶段进行图形推理规则应用测验。

(五)评分

标准图形推理测验和图形推理规则应用测验的评分标准都是答对一题给 1 分。图形推理分析测验的评分则依据图 10-2 及图形推理各心理加工成分的含义，标准如下：如果被试所补充的图形是错误的，那么视知觉识别成分和规则构建成分都为 0 分。如果被试所补充的图形是正确的，那么将有三种情况。其一是被试在说明理由时只描述了图形横向、纵向或者对角线上的变化，那么视知觉识别成分得 1 分，而规则构建成分得 0 分。其二是被试只陈述了图形的变化规律，评分则与上述评分相反。其三是被试既描述了图形横向、纵向或对角线上的变化，又陈述了图形的变化规律，则评定被试在视知觉识别成分和规则构建成分上各得 1 分。

根据图形推理三个分测验的评分标准，在理论上可以得到被试在不同的题目上形成的 16 种作答模式：(1, 0, 0, 0)；(1, 0, 0, 1)；(0, 0, 0, 0)；(0, 0, 0, 1)；(1, 1, 0, 0)；(1, 1, 0, 1)；(0, 1, 0, 0)；(0, 1, 0, 1)；(1, 0, 1, 0)；(1, 0, 1, 1)；(0, 0, 1, 0)；(0, 0, 1, 1)；(1, 1, 1, 0)；(1, 1, 1, 1)；(0, 1, 1, 0)；(0, 1, 1, 1)。其中第一个数字代表是否成功通过视知觉识别成分，第二个数字代表是否通过规则构建成分，第三个数字代表是否通过规则应用成分，第四个数字代表被试在标准图形推理测验上是否正确作答。

(六)数据处理

数据处理分为三个部分：(1)计算被试在所有项目上的各种作答模式的总频数。(2)采用 ANOTE1.60 估计各心理加工成分上每个题目的项目参数和每个被试的能力参数。(3)使用 SPSS13.0 统计软件对数据进行进一步的分析处理。

四、研究结果

(一)个体图形推理能力的分解

根据式 10-5 所给出的心理测量模型,可以估计出所有被试在三种心理加工成分上的能力值(视知觉识别能力、规则构建能力、规则应用能力)以及图形推理总能力值,同时估计出三个测验中项目的难度值。使用 ANOTE1.60 中的二值计分单参数模型模块进行参数估计,结果发现,很多被试的图形推理总能力值相同,但三种成分对应的能力值并不一定相同。表 10-9 列出了总能力均为 1.290 4 的 10名被试在三种成分上的能力值。

表 10-9　总能力相同的 10 名被试在三种成分上的能力值

被试	视知觉识别	规则构建	规则应用	总能力	被试	视知觉识别	规则构建	规则应用	总能力
99	−0.246 7	0.589 6	1.049 6	1.290 4	214	−0.391 3	1.000 6	0.193 7	1.290 4
195	0.709 4	−0.338 8	0.535 6	1.290 4	215	0.041 4	0.724 7	0.535 6	1.290 4
200	1.486 7	−0.726 5	1.049 6	1.290 4	217	0.345 6	0.309 8	0.535 6	1.290 4
203	−0.538 9	0.452 2	1.049 6	1.290 4	224	−0.103	1.149	0.535 6	1.290 4
204	0.709 4	−0.726 5	0.193 7	1.290 4	225	0.516 4	0.860 5	0.535 6	1.290 4

由表 10-9 可知,对于总能力值均为 1.290 4 的被试,195、200、204 号的视知觉识别能力较强,但是规则构建能力较弱,规则应用能力则一般;而有的被试则相反,如被试 214、217、224;还有的是规则应用能力强,视知觉识别能力和规则构建能力弱或者一般,如被试 99、203。所以,MLTM for MS 可以揭示很多传统图形推理测验掩盖的个体差异。

(二)个体图形推理正确作答概率的分解和预测

按照 MLTM for MS 的思想并参照图 10-2 可知,个体使用各种策略解答图形推理题目的正确概率分别为:

$$P(X_T=1 \mid 知觉分析)=aP_1。 \tag{10-6}$$

上式代表使用知觉分析策略正确作答项目的概率;P_1 代表通过视知觉识别成分的概率;a 代表通过知觉分析策略且在标准测验上正确作答的次数占通过知觉分析策略总次数的比例。

$$P(X_T=1 \mid 分析)=cQ_1P_2P_3。 \tag{10-7}$$

上式代表使用分析策略正确作答项目的概率;Q_1 代表没有通过视知觉识别成分的概率;P_2 代表通过规则构建成分的概率;P_3 代表通过规则应用成分的概率;c 代表没有通过知觉分析策略,但使用分析策略正确作答标准测验项目的比例。

$$P(X_T=1 \mid 猜测)=gQ_1(1-P_2 P_3)。 \tag{10-8}$$

上式代表通过猜测正确作答项目的概率；g 代表知觉分析策略、分析策略都未正确完成，但正确作答标准测验项目的概率。

$$P(X_T=1)=P(X_T=1 \mid 知觉分析)+P(X_T=1 \mid 分析)+P(X_T=1 \mid 猜测) \tag{10-9}$$

上式为正确作答项目的总概率。

根据 a，c，g 的含义，a 为(1，0，0，1)，(1，1，0，1)，(1，0，1，1)，(1，1，1，1)这四种作答模式的总频数在(1，0，0，1)，(1，1，0，1)，(1，0，1，1)，(1，1，1，1)，(1，0，0，0)，(1，1，0，0)，(1，0，1，0)，(1，1，1，0)作答模式的总频数中所占的比例；c 为(0，1，1，1)的总频数在(0，1，1，1)，(0，1，1，0)的总频数中所占的比例；g 为(0，0，0，1)，(0，1，0，1)，(0，0，1，1)的总频数在(0，0，0，1)，(0，1，0，1)，(0，0，1，1)，(0，0，0，0)，(0，1，0，0)，(0，0，1，0)的总频数中所占的比例。使用自编程序统计出所有被试各种作答模式的总频数，见表 10-10。

表 10-10　全体被试各种作答模式的总频数

作答模式	总频数	作答模式	总频数
1，0，0，1	80	1，0，0，0	17
1，1，0，1	38	1，1，0，0	5
1，0，1，1	1 235	1，0，1，0	84
1，1，1，1	563	1，1，1，0	37
0，1，1，1	1 118	0，1，1，0	86
0，0，0，1	162	0，0，0，0	364
0，1，0，1	78	0，1，0，0	17
0，0，1，1	464	0，0，1，0	431

根据表 10-10 有：

$a=(80+38+1235+563)/(80+38+1235+563+17+5+84+37)\approx0.930\ 5$；

$c=111\ 8/(111\ 8+86)\approx0.928\ 6$；

$g=(162+78+464)/(162+78+464+364+17+431)\approx0.464\ 4$。

即被试使用知觉分析策略的正确作答概率约为 93.05%；使用分析策略的正确作答概率约为 92.86%；使用猜测策略的正确作答概率约为 46.44%。

联合 ANOTE1.60 估计的结果，可以求出个体使用每种策略正确解答各项目的概率。例如，被试 1 在三个心理加工成分上的能力值分别为 $-0.391\ 3$，

—1.749 3，—1.392 3，根据式 10-6 至式 10-9 可以计算被试使用各种策略解答项目的正确作答概率，见表 10-11。

表 10-11　被试 1 使用各策略正确作答项目的概率

题号	知觉分析	分析	猜测	总概率	题号	知觉分析	分析	猜测	总概率
1	0.524	0.011	0.198	0.732	11	0.429	0.040	0.230	0.699
2	0.717	0.004	0.105	0.825	12	0.454	0.082	0.197	0.733
3	0.454	0.007	0.234	0.696	13	0.339	0.042	0.274	0.655
4	0.499	0.077	0.177	0.753	14	0.275	0.034	0.310	0.619
5	0.521	0.052	0.178	0.751	15	0.107	0.142	0.340	0.589
6	0.440	0.023	0.233	0.696	16	0.127	0.116	0.343	0.586
7	0.466	0.043	0.211	0.719	17	0.100	0.061	0.384	0.545
8	0.288	0.011	0.316	0.614	18	0.006	0.010	0.457	0.472
9	0.421	0.016	0.247	0.683	19	0.007	0.026	0.448	0.481
10	0.380	0.022	0.263	0.666	20	0.002	0.007	0.460	0.469

由表 10-11 可知，被试 1 使用分析策略解答所有项目的正确率都很低，对大多数题目使用知觉分析策略时正确率较高，对后几个较难的题目则主要靠猜测。因此，我们可以诊断被试 1 使用最多的是知觉分析策略，基本上没有使用分析策略。要提高该被试的图形推理能力，应该着重训练他使用分析策略解题的能力。

五、讨论与分析

（一）中学生个体图形推理认知特征分析

由表 10-9 结果可以看出，即使在标准图形推理测验上能力相同的被试，他们各心理加工成分对应的能力也可能不一样。一个可能的原因是被试的年龄不同，林崇德等人的研究表明，不同年龄的儿童使用的策略不一样，对于较难的题目，年龄较小的被试较多使用低级策略，而年龄较大的更倾向于使用分析策略和知觉分析策略。不同策略所经历的心理加工成分不一样，自然对应的心理加工能力不一样。

王有智等人的研究发现图形推理能力受认知方式的影响，因此出现表 10-9 这样的结果的另一个可能原因是被试的认知方式不同。场独立被试倾向于凭借内部感知线索来加工信息，他们受"气氛效应"的影响少一些，在头脑中创建的图形模型比较多，成功构建规则的概率就高；而场依存被试善于以外部环境线索为指导，认知改组技能较差，"气氛效应"对其的影响较大，形成的心理模型较少，他们往往难以成功地构建较难图形推理题目的规则。此外，进行规则应用时，必须对图案进行认知改组，场独立被试认知改组技能较强，所以对应的规则应用能力也强；而场依存被试去隐蔽能力较差，因此认知改组技能较差，所以规则应用能力就弱。

（二）MLTM for MS 在研究中的意义

依据 MLTM for MS 的思想，研究设计了反映图形推理解题策略和心理加工成分的分测验，使得我们可以在更微观的层面对个体的图形推理水平做出评价，更精细地反映被试间的个体差异。并且，类似于表 10-11 所列出的被试 1 的分解结果，我们还可以对其他的被试进行这样的分解，进而分析每个被试的心理加工过程，寻找错误作答的原因，为下一步的训练、矫正提供依据。

MLTM for MS 还可以指导我们编制测验。由 a，c，g 的值可知，图形推理的有效解题策略为知觉分析策略和分析策略，而包括知觉匹配策略和自主想象策略在内的猜测策略则为无效策略。这个结果告诉我们可以改变测验的形式，限制被试，让被试在解答图形题目时只能使用分析策略、知觉分析策略、格式塔策略，而不能使用猜测策略等无效策略，从而提高测验的效度。另外，如果只是想考查图形推理的某个心理加工成分所对应的能力，如规则构建能力，那么可以在编制测验时选择那些视知觉识别成分和规则应用成分都很简单的题目，从而确保被试是否能答对题目主要受规则构建成分难度的影响。

（三）有待改进之处

研究还存在着不足之处，其一是所确定的认知成分模型较为简单，只涉及最主要的三种心理加工成分，因此还需从理论上对图形推理的内部心理加工机制进行更深入的研究，为个体图形推理能力的评价提供坚实的理论基础。其二是需要三个成分测验，需要多次测量，这可能引起被试的不合作、疲劳等负效应，如何设计一个测验把三个测验所测的成分测量出来，是值得探讨的。

六、结论

（1）MLTM for MS 可以在更微观的层次对个体图形推理认知特征进行诊断，更精细地揭示个体间的能力差异。

（2）在图形推理测验上总体水平相当的个体，各成分对应的能力，即视知觉识别能力、规则构建能力、规则应用能力不一定相同。

（3）在图形推理测验中，中学生被试使用知觉分析策略和分析策略的正确作答概率较高，而使用猜测策略的正确作答概率较低。

（4）MLTM for MS 还可以指导认知诊断测验的编制。

附 1 图形推理分析测验例题

您好：

非常感谢您对本节的支持，在测试之前，请先填写下面的内容，谢谢您的合作！

姓名：_____　　学号：_____　　学校：_____

班级：_____　　性别：_____　　年龄：_____

现在，请您仔细阅读下面的注意事项：

1. 本测验是一个智力测验，没有严格的时间限制，但请大家认真作答所有的题目，不要空着。

2. 测验的每一页都给出了一组图案，并且每组图案的右下角都缺少一个图案，请您认真思考后用铅笔在空白处画一个图案，使得该组图案合理完整。画后请说明理由。

例如：

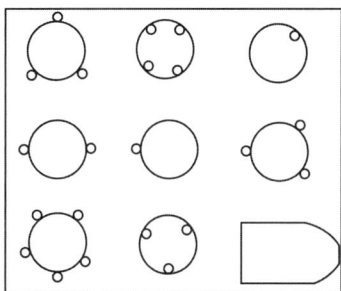

补充图案：

理由：

从竖行来看，第一列最上面的图案外面有三个节，中间的图案外面有两个节，下面的图案外面有五个节，它应该是上面的图案和中间的图案节个数的总和。第二列上面的图案里面有四个节，中间的图案外面有一个节，下面的图案里面有三个节，则它是上面的图案和中间的图案里外节个数的相减。因此，推测该组图案的变化规律为下面的图案的节数是上面的图案和中间的图案节个数的相加或相减；如果上两个图案的节在同一方向则相加，而如果不在同一方向则相减。此外，从横行来看，也可以得到类似的规律。依此规律，空白处的图案应该是外面有两个节的图案。

附 2 图形推理规则应用测验例题

您好：

非常感谢您对本节的支持，在测试之前，请先填写下面的内容，谢谢您的合作！

姓名：_____   学号：_____   学校：_____

班级：_____   性别：_____   年龄：_____

现在，请您仔细阅读下面的注意事项：

1. 本测验是一个智力测验，没有严格的时间限制，但请大家认真作答所有的题目，不要空着。

2. 测验的每一页都给出了一组图案，并且每组图案的右下角都缺少一个图案；此外，在图案的下方给出了这组图案变化的规律，请您根据所给出的规律用铅笔在空白处补充一个图案，使得该组图案合理完整。

例如：

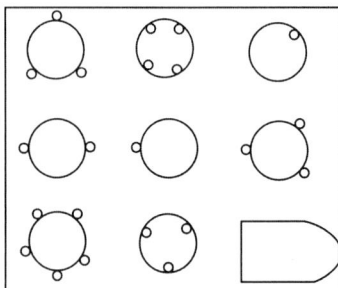

规律：下面的图案的节数是上面的图案和中间的图案节个数的相加或相减；如果上两个图案的节在同一方向则相加，如果不在同一方向则相减。

补充图案：

思考题：

1. 如何分辨儿童数学问题解决中的解题策略？

2. MLTM for MS 有什么优势？

3. 你觉得将认知诊断应用于实际中，有哪些基本过程？需要注意哪些事项？

第十一章　认知诊断若干技术与模型研究

本章介绍了认知诊断研究中的一些技术与模型，具体为：基于 DINA 模型测验 Q 矩阵修正方法，即 γ 法，涉及 γ 法的思路、方法及其与已有方法的比较等，该方法可以提高认知诊断测验的准确率；一种多策略认知诊断方法，涉及该方法的思路、原理及其 Monte Carlo 模拟验证。

第一节 基于 DINA 模型测验 Q 矩阵修正方法

一、引言

认知诊断是一项复杂的工程，它至少包括"Q 矩阵界定"和"诊断分类"两大部分(Tatsuoka，2009)。"Q 矩阵界定"是认知诊断的基础，Q 矩阵是阐述认知属性与测验项目的关系的唯一信息载体，是进一步将被试诊断分类的重要依据。在许多研究中，人们一般均假设所构建的 Q 矩阵是正确的，并在此基础上进行诊断分类。然而合理界定/标定 Q 矩阵不是一件易事，最典型的例子就是国外许多研究者对塔苏卡关于"分数减法"属性的界定争论了二十几年，到目前为止仍未有定论。由此德卡洛(DeCarlo，2010)曾感叹属性界定/标定的复杂性，并认为它是导致认知诊断目前在实际应用中受限的主要原因之一。大量研究表明(Rupp & Templin，2008；de la Torre，2008)，若测验 Q 矩阵被错误界定，则会对随后的认知诊断分析带来严重影响，它会导致参数估计误差增大及诊断正确率大幅度下降(Rupp & Templin，2008)。因此，对于构建出的测验 Q 矩阵，在结合实测数据的基础上进行验证，并对有误的 Q 矩阵进行修正就显得十分必要。

查阅国内外相关文献，我们发现目前对于修正 Q 矩阵的研究非常少，仅看到鲁索斯等人(Roussos et al.，2007)和德拉托尔(de la Torre，2008)的研究。鲁索斯等人基于融合模型(Fusion Model)，对 Q 矩阵修正方法提出了一些建议：根据被试掌握的属性和项目属性将被试分成三类，根据在每个项目上观察到的正确作答数目在这三类人中的比例来判断项目的界定是否正确；德拉托尔(de la Torre，2008)针对 DINA 模型提出了一种修正 Q 矩阵的经验法(δ 法)，研究发现 δ 法在一定程度上能有效地侦查并修正 Q 矩阵的错误。

鉴于 Q 矩阵在认知诊断中的重要性及 Q 矩阵标定的复杂性，本节在前人研究的基础上，拟进一步探讨 Q 矩阵的修正方法，为侦查并修正 Q 矩阵中的错误，保证 Q 矩阵的合理性提供基础，从而为提高认知诊断的准确率服务。

二、测验 Q 矩阵修正方法及其思路

DINA 模型是目前被广泛应用的认知诊断模型之一(DeCarlo，2010)，该模型相对比较简洁，诊断准确率较高(de la Torre & Douglas，2004；Cheng，2008)。DINA 模型的项目参数主要有两个，分别是猜测参数(g)和失误参数(s)。g 是指被试未掌握项目考核的所有属性，但却答对项目的概率；s 指被试掌握了项目考

核的所有属性，但却答错的概率。参数 s 和 g 在一定程度上反映了诊断中的"噪声"(noisy)，其值过高不利于诊断分析。

许多研究表明(Rupp & Templin，2008；de la Torre，2008；)，DINA 模型的猜测参数(g)和失误参数(s)在一定程度上能反映测验 $\boldsymbol{Q}$ 矩阵的冗余与缺失。如果属性冗余，则会导致参数 g 增大；如果属性有缺失，则会导致参数 s 增大。因此参数 s 和 g 在一定程度上反映了 $\boldsymbol{Q}$ 矩阵界定的正确性。

在认知诊断中，一般认为若被试 i 掌握了项目 j 考核的所有属性，则被试倾向于答对该项目；如果被试 i 未掌握项目 j 考核的所有属性，则被试倾向于答错该项目。也就是说，被试对项目考核属性的掌握与否会影响被试对项目的作答。本节的新方法也借用此思想，如果项目 j 考核了属性 k，则掌握属性 k 的被试组在项目 j 上的得分应倾向于高于未掌握属性 k 的被试组的得分，即掌握属性 k 与否会影响被试对项目 j(该项目考核了属性 k)的作答；如果项目 j 未考核属性 k，则掌握属性 k 的被试组在项目 j 上的得分与未掌握属性 k 的被试组的得分相当，即掌握属性 k 与否不会影响被试对项目 j(该项目未考核属性 k)的作答。

因此本节在结合 DINA 模型中项目参数(s, g)以及掌握属性与否是否影响对项目的作答两个因素的基础上，提出了 $\boldsymbol{Q}$ 矩阵的修正方法——γ 法，具体如下。

(一)γ 法考查指标

首先考查认知诊断 DINA 模型下项目参数 s 和 g，从而判断项目的属性界定是否有可能存在冗余或缺失等错误；对可能存在属性错误界定的项目，再分别考查被试对该项目每个属性的掌握与否是否会显著影响其对该题的作答。

(1)如果某题的猜测参数 g 过大，说明该题界定的属性可能冗余。如果掌握属性 k 的被试组与未掌握属性 k 的被试组对该题的正确作答无实质性差异，则该题很有可能未考查属性 k，若其原始 $\boldsymbol{Q}$ 矩阵认定该项目考核了该属性，则建议从该项目中删除该属性，即 1→0。

(2)如果某题的失误参数 s 过大，说明该题界定的属性可能有漏或存在缺失。如果掌握属性 k 的被试组与未掌握属性 k 的被试组对该题的正确作答有实质性差异，则该题很有可能考察了属性 k，若其原始 $\boldsymbol{Q}$ 矩阵上未认定该项目考核了属性 k，则建议在该项目中增加该属性，即 0→1。

(3)如果某项目猜测参数 g 和失误参数 s 均过大，则说明该项目属性中既有多余属性，又缺少了已考属性，修正方法与上面的(1)和(2)一致。比如项目 j 考核模式为(1, 1, 0, 0, 0)，但却被错误界定为(1, 0, 1, 0, 0)，则多了第三个属性少了第二个属性。

(二)γ 法实现步骤

(1)DINA 模型参数估计。根据被试在测验上的原始得分数据及原始界定的 Q 矩阵(为行文方便,我们均简称为"$Q\_original$ 矩阵"),采用 DINA 模型估计测验项目参数及被试对每个属性的掌握概率。

(2)根据 DINA 模型估计的项目参数 s 和 g,查找 $g(j)$ 和 $s(j)$ 过大的项目,即大于 s 和 g 临界值的题目。

(3)对任一属性 k 划分出掌握组被试与未掌握组被试。

根据被试对属性的掌握概率,对任一属性 k,将被试分成掌握组和未掌握组。哈策(Hartze,2005)指出若被试掌握属性 k 的概率在 0.6 以上,则判被试掌握了属性 k;若掌握概率在 0.4 以下则判未掌握属性 k;若属性掌握概率介于 0.4 和 0.6 之间则待判(数据无足够证据进行判定)。本节采用哈策(Hartze,2002)的这一研究结论。即将掌握概率在 0.6 以上的视为"掌握组",0.4 以下的视为"未掌握组",在 0.4 和 0.6 之间的为"待判组"。

(4)掌握组被试与未掌握组被试在项目上得分的差异性大小检验。

以效应大小(effect size,ES)作为差异显著性大小的实际指标。效应大小是基于统计检验力的指标之一,它与 Z 检验、t 检验、F 检验等不尽相同,后者关注是否有差异,而效应大小则更关注观测到的差异是不是事实上的差异以及这种差异在实际中的程度如何(胡竹菁,2010;Cohen,1992)。

科恩(Cohen,1992)提出了效应大小的三个决断值,0.2,0.5 和 0.8,分别代表较小差异、中度差异和较大差异,若小于 0.2 则说明在实际中无实质性差异。为了使新方法具有一定的灵敏度,我们采用 0.2 作为决断值,即效应大小小于 0.2 则说明无实质性差异,若大于 0.2 则说明有实质性差异。

(5)对原始 Q 矩阵的修正。

Q 矩阵修正公式见式 11-1,对符合式 11-1 条件的 Q 矩阵中的元素进行修改,其余元素不修改。

$$q(j,k) = \begin{cases} 1\rightarrow 0, & \text{如果 } g(j) > \text{临界值,且 } ES(j,k) < 0.2, \\ 0\rightarrow 1, & \text{如果 } s(j) > \text{临界值,且 } ES(j,k) >= 0.2。 \end{cases} \quad (11\text{-}1)$$

公式中"$1\rightarrow 0$"指将"1"修改为"0",即删除冗余属性;"$0\rightarrow 1$"指将"0"修改为"1",即增加缺失的属性;"ES"指效应大小。

由于 DINA 模型中的参数 s 和 g 是一种随机误差概率,它们的取值越大说明出现随机误差的概率越大,因此 s 和 g 的临界值如何取,也是下面研究一要重点回答的问题之一。当然式 11-1 也表明,s 和 g 即使超过了临界值,也并不一定就代表 Q 矩阵有问题而需修改。

三、研究一：γ 法中 s，g 的临界值选择和 γ 法的可行性及其对 Q 矩阵修正的准确性

为了考察本节提出的 γ 法中 s，g 的临界值和 γ 法的可行性及其对 Q 矩阵修正的准确性，采用三因素实验设计（$3 \times 5 \times 6$），分别为被试作答失误率（5%，10%，15%），s，g 的临界值（0.1，0.15，0.2，0.25，0.3）和 Q 矩阵错误率（0，5%，10%，15%，20%，25%）。其中"被试作答失误率"指在莱顿等人介绍的理想作答反应模式下（无猜测和失误），根据一定的失误概率模拟被试的作答反应数据矩阵，它不同于 DINA 模型中的猜测参数和失误参数。

实验中，属性为 5 个，属性间不可补偿、相互独立，所有可能的项目考核模式共 $2^5 - 1 = 31$ 种，因此模拟 31 种考核的项目（测验长度为 31 题），被试 1 000 人。

（一）Monte Carlo 模拟过程

模拟过程分为两部分：一是被试作答反应模拟（含测验 Q 矩阵及被试掌握模式），模拟方法完全采用莱顿等人介绍的模拟方法；二是错误 $Q\_original$ 的模拟。

1. 被式作答反应模拟

（1）测验 Q 矩阵真值。即包括 $2^5 - 1 = 31$ 种考核模式试题的 Q 矩阵。

（2）被试属性掌握模式真值。采用莱顿等人介绍的模拟方法，被试掌握模式共 $2^5 = 32$ 种，计算 32 种模式在 31 道试题上理想反应的总分，将总分按正态分布进行划分，以确定每种理想掌握模式的人数百分比，共模拟 1 000 人。

（3）被试作答反应矩阵。根据（1）和（2）模拟的测验 Q 矩阵真值及被试属性掌握模式真值，在没有任何猜测及失误的情况下，模拟被试在测验项目上的理想作答。采用莱顿等人介绍的模拟方法，在理想作答基础上，模拟作答反应失误概率分别为 5%，10%，15% 的情况下被试的作答反应矩阵。

2. 错误 $Q\_original$ 的模拟

根据上面（1）模拟的 Q 矩阵真值，分别模拟错误率为 0，5%，10%，15%，20%，25% 的 $Q\_original$ 矩阵。这种错误类型有三种，分别是属性冗余、属性缺失、属性既冗余又缺失。哪些项目的 Q 矩阵有误，以及是何类错误均完全随机。

（二）评价指标

采用模拟的得分矩阵及 $Q\_original$ 矩阵进行 DINA 模型的诊断分析，并根据诊断结果，使用本节提出的 γ 法对 $Q\_original$ 矩阵进行修正（我们将修正后的 Q 矩阵称为 Q_modify 矩阵），分别将 $Q\_original$ 矩阵和 Q_modify 矩阵与 Q 矩阵真值进行比较，分别计算 $Q\_original$ 矩阵和 Q_modify 矩阵的正确率，从而判定 γ 法的修

正效果。同时考察修正后 Q 矩阵正确率的提高值、Q 矩阵的修改率、正确修改率和错误修改率等指标，全方位考查 γ 法的可行性及对 Q 矩阵修正的准确性。

(三)结果

表 11-1、表 11-2、表 11-3 是作答失误分别为 5％、10％和 15％时 γ 法对 Q 矩阵的修正情况。在表 11-1、表 11-2、表 11-3 中，"Q_bug"指模拟中 Q 矩阵的错误率（前文中 $Q\_original$ 矩阵的错误率）；"$Q\_original$ 矩阵正确率"是指 $Q\_original$ 矩阵与真值 Q 矩阵的相同率；"Q_Modify 矩阵正确率"指采用 γ 法对 $Q\_original$ 矩阵进行修正所得的 Q 矩阵（Q_Modify 矩阵）与真值 Q 矩阵的相同率；"Q 矩阵正确率的提高值"指修正后 Q 矩阵正确率与修正前 Q 矩阵正确率之差；"修改率"指 γ 法对 $Q\_original$ 矩阵的修改率，即修改的元素个数除以 $Q\_original$ 矩阵元素总和；"正确修改率"指在修改元素中正确修改的比例；"错误修改率"指在修改元素中错误修改的比例。

由表 11-1、表 11-2、表 11-3 我们可以发现，不论在何种作答失误情况下，当 s，g 临界值为 0.2，0.25 或 0.3 时，γ 法均能有效地改善 $Q\_original$ 矩阵的正确率，且修正后 Q 矩阵正确率的提高明显。并且当 Q 矩阵无错误时（Q_bug 为 0），γ 法未对 Q 矩阵做任何修改，表明 γ 法具有较强的错误识别能力。

表中内容还表明，随着 s，g 的临界值的减小，γ 法对 Q 矩阵的修改幅度（"修改率"）整体上呈递增趋势，也即 s，g 的临界值越小，γ 法越灵敏，但同样也会导致它的错误修改率增加（尤其当失误为 15％时，见表 11-3）；s，g 的临界值越大，它会导致 γ 法不够灵敏，即"修改率"会减少，"修正后 Q 矩阵正确率的提高值"不高，但错误修改率明显降低。因此 s，g 的临界值的确定不宜过低也不宜过高，过低易导致错误修改率增加，过高易导致修正后 Q 矩阵正确率的提高值偏低（相当于未修正或修正过少）。由表 11-1、表 11-2、表 11-3 可知，s，g 的临界值为 0.2，0.25 和 0.3 相对比较适宜，这几种情况下 γ 法均能有效地提高 Q 矩阵的正确率。

表 11-1 作答失误为 5％时 Q 矩阵的修正

Q_bug	s，g 的临界值	$Q\_original$ 矩阵正确率	Q_Modify 矩阵正确率	Q 矩阵正确率的提高值	修改率	正确修改率	错误修改率
	0.10	1	1	0	0	—	—
	0.15	1	1	0	0	—	—
0	0.20	1	1	0	0	—	—
	0.25	1	1	0	0	—	—
	0.30	1	1	0	0	—	—

续表

Q_bug	s，g 的临界值	Q_original 矩阵正确率	Q_Modify 矩阵正确率	Q 矩阵正确率的提高值	修改率	正确修改率	错误修改率
	0.10	0.954 8	1	0.05	0.045 2	1	0
	0.15	0.954 8	0.987 1	0.03	0.032 3	1	0
	0.20	0.954 8	0.987 1	0.03	0.032 3	1	0
5%	0.25	0.954 8	0.987 1	0.03	0.032 3	1	0
	0.30	0.954 8	0.987 1	0.03	0.032 3	1	0
	平均	**0.954 8**	**0.989 68**	**0.034 9**	**0.034 9**	**1**	**0**
	0.10	0.903 2	0.993 5	0.09	0.090 3	1	0
	0.15	0.903 2	0.974 2	0.07	0.071	1	0
	0.20	0.903 2	0.961 3	0.06	0.058 1	1	0
10%	0.25	0.903 2	0.961 3	0.06	0.058 1	1	0
	0.30	0.903 2	0.961 3	0.06	0.058 1	1	0
	平均	**0.903 2**	**0.970 32**	**0.067 1**	**0.067 1**	**1**	**0**
	0.10	0.851 6	0.980 6	0.13	0.129	1	0
	0.15	0.851 6	0.961 3	0.11	0.109 7	1	0
	0.20	0.851 6	0.961 3	0.11	0.109 7	1	0
15%	0.25	0.851 6	0.961 3	0.11	0.109 7	1	0
	0.30	0.851 6	0.961 3	0.11	0.109 7	1	0
	平均	**0.851 6**	**0.965 16**	**0.113 6**	**0.113 6**	**1**	**0**
	0.10	0.8	0.987 1	0.19	0.187 1	1	0
	0.15	0.8	0.961 3	0.16	0.161 3	1	0
	0.20	0.8	0.935 5	0.14	0.135 5	1	0
20%	0.25	0.8	0.929	0.13	0.129	1	0
	0.30	0.8	0.929	0.13	0.129	1	0
	平均	**0.8**	**0.948 38**	**0.148 4**	**0.148 4**	**1**	**0**
	0.10	0.754 8	0.967 7	0.21	0.212 9	1	0
	0.15	0.754 8	0.941 9	0.19	0.187 1	1	0
	0.20	0.754 8	0.929	0.17	0.174 2	1	0
25%	0.25	0.754 8	0.909 7	0.15	0.154 8	1	0
	0.30	0.754 8	0.890 3	0.14	0.135 5	1	0
	平均	**0.754 8**	**0.927 72**	**0.172 9**	**0.172 9**	**1**	**0**

表 11-2   作答失误为 10％时 Q 矩阵的修正

Q_bug	s，g 的临界值	Q_original 矩阵正确率	Q_Modify 矩阵正确率	Q 矩阵正确率的提高值	修改率	正确修改率	错误修改率
0	0.10	1	0.935 5	−0.064 5	0.064 5	0	1
	0.15	1	1	0	0	—	—
	0.20	1	1	0	0	—	—
	0.25	1	1	0	0	—	—
	0.30	1	1	0	0	—	—
5％	0.10	0.954 8	0.974 2	0.02	0.071	0.636	0.364
	0.15	0.954 8	1	0.05	0.045 2	1	0
	0.20	0.954 8	0.993 5	0.04	0.038 7	1	0
	0.25	0.954 8	0.980 6	0.03	0.025 8	1	0
	0.30	0.954 8	0.980 6	0.03	0.025 8	1	0
	平均	**0.954 8**	**0.985 78**	**0.034**	**0.041 3**	**0.927**	**0.073**
10％	0.10	0.903 2	0.961 3	0.06	0.122 6	0.737	0.263
	0.15	0.903 2	0.987 1	0.08	0.083 9	1	0
	0.20	0.903 2	0.967 7	0.06	0.064 5	1	0
	0.25	0.903 2	0.948 4	0.05	0.045 2	1	0
	0.30	0.903 2	0.948 4	0.05	0.045 2	1	0
	平均	**0.903 2**	**0.962 58**	**0.06**	**0.072 3**	**0.947**	**0.053**
15％	0.10	0.851 6	0.967 7	0.12	0.129	0.950	0.050
	0.15	0.851 6	0.967 7	0.12	0.116 1	1	0
	0.20	0.851 6	0.954 8	0.1	0.103 2	1	0
	0.25	0.851 6	0.916 1	0.06	0.064 5	1	0
	0.30	0.851 6	0.916 1	0.06	0.064 5	1	0
	平均	**0.851 6**	**0.944 48**	**0.092**	**0.095 5**	**0.990**	**0.010**
20％	0.10	0.8	0.954 8	0.15	0.206 5	0.875	0.125
	0.15	0.8	0.954 8	0.15	0.154 8	1	0
	0.20	0.8	0.941 9	0.14	0.141 9	1	0
	0.25	0.8	0.922 6	0.12	0.122 6	1	0
	0.30	0.8	0.909 7	0.11	0.109 7	1	0
	平均	**0.8**	**0.936 8**	**0.134**	**0.147 1**	**0.975**	**0.025**

续表

Q_bug	s，g 的临界值	$Q\_original$ 矩阵正确率	Q_Modify 矩阵正确率	Q 矩阵正确率的提高值	修改率	正确修改率	错误修改率
	0.10	0.754 8	0.935 5	0.18	0.245 2	0.868	0.132
	0.15	0.754 8	0.929 0	0.17	0.200 0	0.936	0.065
25%	0.20	0.754 8	0.916 1	0.16	0.161 3	1	0
	0.25	0.754 8	0.890 3	0.14	0.135 5	1	0
	0.30	0.754 8	0.871 0	0.12	0.116 1	1	0
	平均	**0.754 8**	**0.908 4**	**0.154**	**0.171 6**	**0.961**	**0.039**

表 11-3　作答失误为 15% 时 Q 矩阵的修正

Q_bug	s，g 的临界值	$Q\_original$ 矩阵正确率	Q_Modify 矩阵正确率	Q 矩阵正确率的提高值	修改率	正确修改率	错误修改率
	0.10	1	0.890 3	−0.109 7	0.109 7	0	1
	0.15	1	0.987 1	−0.012 9	0.012 9	0	1
0	0.20	1	1	0	0	—	—
	0.25	1	1	0	0	—	—
	0.30	1	1	0	0	—	—
	0.10	0.954 8	0.877 4	−0.08	0.154 8	0.25	0.75
	0.15	0.954 8	0.929	−0.03	0.103 2	0.375	0.625
5%	0.20	0.954 8	0.993 5	0.04	0.038 7	1	0
	0.25	0.954 8	0.980 6	0.03	0.025 8	1	0
	0.30	0.954 8	0.980 6	0.03	0.025 8	1	0
	平均	**0.954 8**	**0.952 22**	**−0.002**	**0.069 7**	**0.725**	**0.275**
	0.10	0.903 2	0.935 5	0.04	0.141 9	0.636 4	0.363 6
	0.15	0.903 2	0.967 7	0.07	0.109 7	0.823 5	0.176 5
10%	0.20	0.903 2	0.967 7	0.07	0.071	1	0
	0.25	0.903 2	0.941 9	0.05	0.045 2	1	0
	0.30	0.903 2	0.941 9	0.05	0.045 2	1	0
	平均	**0.903 2**	**0.950 94**	**0.056**	**0.082 6**	**0.891 98**	**0.108 02**

Q_bug	s, g 的临界值	Q_original 矩阵正确率	Q_Modify 矩阵正确率	Q 矩阵正确率的提高值	修改率	正确修改率	错误修改率
	0.10	0.851 6	0.890 3	0.04	0.167 7	0.615 4	0.384 6
	0.15	0.851 6	0.916 1	0.06	0.141 9	0.727 3	0.272 7
15%	0.20	0.851 6	0.935 5	0.08	0.109 7	0.882 4	0.117 6
	0.25	0.851 6	0.922 6	0.07	0.096 8	0.866 7	0.133 3
	0.30	0.851 6	0.916 1	0.06	0.064 5	1	0
	平均	**0.851 6**	**0.916 12**	**0.062**	**0.116 12**	**0.818 36**	**0.181 64**
	0.10	0.8	0.851 6	0.05	0.193 5	0.633 3	0.366 7
	0.15	0.8	0.883 9	0.08	0.161 3	0.76	0.24
20%	0.20	0.8	0.909 7	0.11	0.135 5	0.904 8	0.095 2
	0.25	0.8	0.890 3	0.09	0.116 1	0.888 9	0.111 1
	0.30	0.8	0.877 4	0.08	0.077 4	1	0
	平均	**0.8**	**0.882 58**	**0.082**	**0.136 8**	**0.837 4**	**0.162 6**
	0.10	0.754 8	0.890 3	0.14	0.219 4	0.823 5	0.176 5
	0.15	0.754 8	0.916 1	0.17	0.193 5	0.933 3	0.066 7
25%	0.20	0.754 8	0.903 2	0.15	0.167 7	0.961 5	0.038 5
	0.25	0.754 8	0.883 9	0.14	0.148 4	0.956 5	0.043 5
	0.30	0.754 8	0.864 5	0.12	0.129	0.95	0.05
	平均	**0.754 8**	**0.891 6**	**0.144**	**0.171 6**	**0.924 96**	**0.075 04**

因此总体来看，用 γ 法对 Q 矩阵进行修正基本可行，且能有效地改善 Q 矩阵的正确率，它在实践中不失为一种可供借鉴的方法。

四、研究二：γ 法与 δ 法的比较

为了进一步考查 γ 法的可行性及其对 Q 矩阵修正的准确性，我们将 γ 法与德拉托尔（de la Torre，2008）提出的修正 Q 矩阵的 δ 法进行比较。为了使研究结果间具有可比性，研究二中的所有实验条件均与德拉托尔的保持一致。属性 5 个，项目 30 个（见表 11-4），被试 5 000 人，所有项目的 s，g 参数真值均为 0.2。根据模拟真值采用 DINA 模型的项目反应函数模拟被试的得分矩阵。Q 矩阵的真值见表 11-4。对表 11-4 中的项目 1、项目 11 和项目 21 三题模拟有错误的 Q 矩阵，共

11 种错误情况，见表 11-5。

表 11-4　德拉托尔模拟的 Q 矩阵真值

项目	α_1	α_2	α_3	α_4	α_5	项目	α_1	α_2	α_3	α_4	α_5
1	**1**	**0**	**0**	**0**	**0**	16	0	1	0	1	0
2	0	1	0	0	0	17	0	1	0	0	1
3	0	0	1	0	0	18	0	0	1	1	0
4	0	0	0	1	0	19	0	0	1	0	1
5	0	0	0	0	1	20	0	0	0	1	1
6	1	0	0	0	0	**21**	**1**	**1**	**1**	**0**	**0**
7	0	1	0	0	0	22	1	1	0	1	0
8	0	0	1	0	0	23	1	1	0	0	1
9	0	0	0	1	0	24	1	0	1	1	0
10	0	0	0	0	1	25	1	0	1	0	1
11	**1**	**1**	**0**	**0**	**0**	26	1	0	0	1	1
12	1	0	1	0	0	27	0	1	1	1	0
13	1	0	0	1	0	28	0	1	1	0	1
14	1	0	0	0	1	29	0	1	0	1	1
15	0	1	1	0	0	30	0	0	1	1	1

表 11-5　德拉托尔模拟的错误 Q 矩阵情况

实验条件	改变的项目	改变类型
1	1	$\alpha_1 \to 0$, $\alpha_2 \to 1$
2	1	$\alpha_2 \to 1$
3	11	$\alpha_1 \to 0$, $\alpha_3 \to 1$
4	11	$\alpha_1 \to 0$
5	11	$\alpha_3 \to 1$
6	21	$\alpha_1 \to 0$
7	21	$\alpha_1 \to 0$, $\alpha_2 \to 0$
8	21	$\alpha_1 \to 0$, $\alpha_4 \to 1$
9	21	$\alpha_1 \to 0$, $\alpha_2 \to 0$, $\alpha_4 \to 1$
10	21	$\alpha_1 \to 0$, $\alpha_2 \to 0$, $\alpha_4 \to 1$, $\alpha_5 \to 1$
	1	$\alpha_2 \to 1$
11	11	$\alpha_2 \to 0$, $\alpha_3 \to 0$
	21	$\alpha_1 \to 0$, $\alpha_4 \to 1$

表 11-6 是 γ 法对 Q 矩阵的修正情况。从表 11-6 我们可看出，当 s，g 的临界

值为 0.15 和 0.2 时，γ 法均能有效地修正 11 种实验情况下的所有错误的 Q 矩阵，且无一处修改错误。但当 s，g 的临界值为 0.25 时，我们发现在第 8、第 9 和第 11 种实验条件下，第 21 题修正不够彻底，且都是对属性 4 不能进行很好地修正，后来进一步检查这三种情况下项目 21 的项目参数估计结果，发现该项目参数 g 值均小于 0.25，也就是说当 s，g 的临界值越大时，γ 法的灵敏度就显得不够。虽然对项目 21 修正得不够彻底，但也均未有错误修改的情况，只是有的错误未全修正到。总体来看在德拉托尔的实验条件下，γ 法对错误 Q 矩阵的修正情况比较理想，且结果与德拉托尔采用的 δ 法报告的结果基本相当。δ 法在 DINA 模型分析的基础上还需经过复杂的 E-M 迭代运算，因此相比较而言，γ 法较 δ 法显得更为简单。

表 11-6　不同实验条件下 γ 法对 Q 矩阵的修正情况

实验条件	失误 Q 矩阵题项	Q 矩阵真值	错误 Q 矩阵	s，g 的临界值	修正后的 Q 矩阵
				0.15	1, 0, 0, 0, 0
1	1	1, 0, 0, 0, 0	0, 1, 0, 0, 0	0.20	1, 0, 0, 0, 0
				0.25	1, 0, 0, 0, 0
				0.15	1, 0, 0, 0, 0
2	1	1, 0, 0, 0, 0	1, 1, 0, 0, 0	0.20	1, 0, 0, 0, 0
				0.25	1, 0, 0, 0, 0
				0.15	1, 1, 0, 0, 0
3	11	1, 1, 0, 0, 0	0, 1, 1, 0, 0	0.20	1, 1, 0, 0, 0
				0.25	1, 1, 0, 0, 0
				0.15	1, 1, 0, 0, 0
4	11	1, 1, 0, 0, 0	0, 1, 0, 0, 0	0.20	1, 1, 0, 0, 0
				0.25	1, 1, 0, 0, 0
				0.15	1, 1, 0, 0, 0
5	11	1, 1, 0, 0, 0	1, 1, 1, 0, 0	0.20	1, 1, 0, 0, 0
				0.25	1, 1, 0, 0, 0
				0.15	1, 1, 1, 0, 0
6	21	1, 1, 1, 0, 0	0, 1, 1, 0, 0	0.20	1, 1, 1, 0, 0
				0.25	1, 1, 1, 0, 0
				0.15	1, 1, 1, 0, 0
7	21	1, 1, 1, 0, 0	0, 0, 1, 0, 0	0.20	1, 1, 1, 0, 0
				0.25	1, 1, 1, 0, 0
				0.15	1, 1, 1, 0, 0
8	21	1, 1, 1, 0, 0	0, 1, 1, 1, 0	0.20	1, 1, 1, 0, 0
				0.25	**1, 1, 1, 1, 0**

续表

实验条件	失误Q矩阵题项	Q矩阵真值	错误Q矩阵	s, g的临界值	修正后的Q矩阵
9	21	1, 1, 1, 0, 0	0, 0, 1, 1, 0	0.15	1, 1, 1, 0, 0
				0.20	1, 1, 1, 0, 0
				0.25	**1, 1, 1, 1, 0**
10	21	1, 1, 1, 0, 0	0, 0, 1, 1, 1	0.15	1, 1, 1, 0, 0
				0.20	1, 1, 1, 0, 0
				0.25	1, 1, 1, 0, 0
11	1, 11, 21	1, 0, 0, 0, 0	1, 1, 0, 0, 0	0.15	1, 0, 0, 0, 0; 1, 1, 0, 0, 0; 1, 1, 1, 0, 0
		1, 1, 0, 0, 0	1, 0, 1, 0, 0	0.20	1, 0, 0, 0, 0; 1, 1, 0, 0, 0; 1, 1, 1, 0, 0
		1, 1, 1, 0, 0	0, 1, 1, 1, 0	0.25	1, 0, 0, 0, 0; 1, 1, 0, 0, 0; **1, 1, 1, 1, 0**

五、研究三：γ 法下 Q 矩阵修正对诊断正确率的影响

本部分主要在研究一的实验基础上，进一步考查本节提出的 Q 矩阵修正方法——γ 法对诊断正确率的影响，突出考查 Q 矩阵修正前后诊断正确率的变化。为了便于说明问题及节省文章篇幅，此处只报告当 s, g 的临界值为 0.2 时 Q 矩阵修正前后的诊断正确率。结果见表 11-7 和图 11-1。

诊断正确率分别采用 MMR 和 PMR 两个指标。

表 11-7　s, g 临界值为 0.2 时 Q 矩阵修正前后的诊断正确率

$Q\_$bug	作答失误率	MMR			PMR		
		修正前	修正后	提高值	修正前	修正后	提高值
5%	5%	0.972 6	0.980 6	0.008 0	0.889 0	0.914 0	0.025 0
	10%	0.952 4	0.953 0	0.000 6	0.824 0	0.825 0	0.001 0
	15%	0.902 2	0.911 2	0.009 0	0.663 0	0.679 0	0.016 0
	平均	**0.942 4**	**0.948 3**	**0.005 9**	**0.792 0**	**0.806 0**	**0.014 0**
10%	5%	0.932 2	0.970 6	0.038 4	0.760 0	0.884 0	0.124 0
	10%	0.906 4	0.954 4	0.048 0	0.691 0	0.816 0	0.125 0
	15%	0.849 6	0.892 0	0.042 4	0.558 0	0.663 0	0.105 0
	平均	**0.896 1**	**0.939 0**	**0.042 9**	**0.669 7**	**0.787 7**	**0.118 0**

续表

Q_bug	作答失误率	MMR			PMR		
		修正前	修正后	提高值	修正前	修正后	提高值
15%	5%	0.945 8	0.980 0	0.034 2	0.803 0	0.910 0	0.107 0
	10%	0.855 4	0.936 6	0.081 2	0.531 0	0.789 0	0.258 0
	15%	0.791 2	0.881 6	0.090 4	0.415 0	0.647 0	0.232 0
	平均	**0.864 1**	**0.932 7**	**0.068 6**	**0.583 0**	**0.782 0**	**0.199 0**
20%	5%	0.920 6	0.980 2	0.059 6	0.696 0	0.914 0	0.218 0
	10%	0.870 6	0.940 2	0.069 6	0.563 0	0.791 0	0.228 0
	15%	0.749 4	0.848 8	0.099 4	0.326 0	0.545 0	0.219 0
	平均	**0.846 9**	**0.923 1**	**0.076 2**	**0.528 3**	**0.750 0**	**0.221 7**
25%	5%	0.842 8	0.964 6	0.121 8	0.548 0	0.863 0	0.315 0
	10%	0.826 8	0.952 4	0.125 6	0.412 0	0.815 0	0.403 0
	15%	0.746 0	0.870 6	0.124 6	0.336 0	0.580 0	0.244 0
	平均	**0.805 2**	**0.929 2**	**0.124 0**	**0.432 0**	**0.752 7**	**0.320 7**

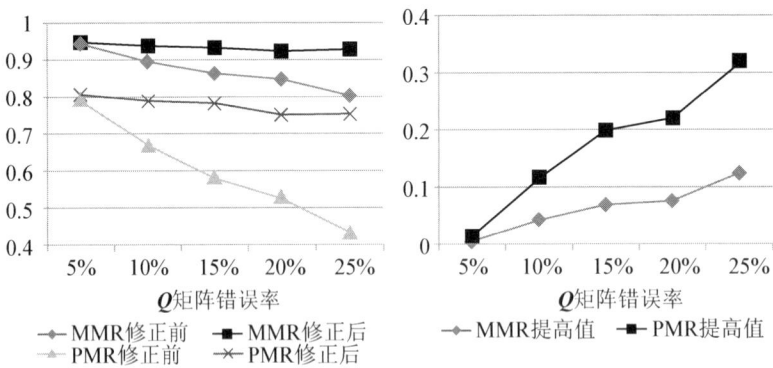

图 11-1　γ 法下 Q 矩阵修正对诊断正确率的影响(s，g 的临界值为 0.2)

由表 11-7 和图 11-1 可以看出，采用修正后的 Q 矩阵进行诊断分析，其诊断的准确率(含 MMR 和 PMR)明显高于修正前的，γ 法能有效改善诊断的精度；同时，随着 Q 矩阵错误率(Q_bug)的增加(图 11-1)，修正前后 Q 矩阵的 MMR 和 PMR 的提高值也不断增加，尤其是 PMR，最高增幅高达 40%(表 11-7)，大大改善了诊断的准确性。

因此 γ 法不仅能有效地修正 Q 矩阵，而且还可以进一步提高认知诊断的准确率，这对于推动认知诊断在实际中的运用具有重要的借鉴意义。

六、小结及讨论

(一)结论

本节开发了一种基于 DINA 模型的 Q 矩阵修改方法——γ 法，并采用 Monte Carlo 模拟及与国外同类研究相比较的方法，进一步验证 γ 法的可行性及准确性。通过本节的三个研究可以发现：

(1)不论在何种作答失误概率(5%，10%，15%)下，当 s，g 的临界值为 0.2，0.25 或 0.3 时，本节提出的 γ 法均能有效地修正错误 Q 矩阵；同时，当 Q 矩阵无错误时，γ 法对该 Q 矩阵未做任何修改。表明 γ 法对 Q 矩阵是否存在错误具有较强的识别能力及修正能力。

(2)与国外同类研究相比，本节提出的 γ 法具有较理想的修正率，且与德拉托尔提出的 δ 法的修正率相当。但相比较而言，γ 法较 δ 法更为简单。

(3)γ 法不仅能有效地修正错误的 Q 矩阵，而且还可以进一步提高认知诊断的正确率，尤其是 PMR，模式判准率的最高增幅高达 40%，大大改善了认知诊断的准确率。这对于推动认知诊断在实际的运用具有重要的借鉴意义。

(二)讨论

1. 关于 s，g 的临界值问题

研究一表明，随着 s，g 的临界值的减小，γ 法对 Q 矩阵的修改幅度("修改率")整体上呈递增趋势，也即 s，g 的临界值越小，γ 法越灵敏，但同样也会导致它的错误修改率增加(尤其当失误为 15% 时)；s，g 的临界值越大，它会导致 γ 法不够灵敏，即"修改率"会减少，"修正后 Q 矩阵正确率的提高值"不高，但错误修改率明显偏低。因此 s，g 的临界值的确定不宜过低也不宜过高，过低易导致错误修改率增加，过高易导致修正后 Q 矩阵正确率的提高值偏低(相当于未修正或修正过少)。结合本节研究结果及 DINA 模型中参数 s，g 的含义，我们建议在实际工作中 s，g 的临界值的取值区间应为 $[0.2, 0.5)$(这种反映"噪声"的失误或猜测的概率不宜超过 50%)。当然，未来应进一步开展大量研究，以进一步探明 s，g 的临界值对 Q 矩阵的修正影响，从而更好地确定 s，g 在实际应用中的临界值。当然，在 γ 法中，即使项目参数 s，g 超过了临界值，也并不一定就代表 Q 矩阵有误。

2. 关于 Q 矩阵的修正方法与专家意见充分结合

本节提出 Q 矩阵的修正方法，主要目的是在实际工作中辅助人们进行 Q 矩阵界定，为 Q 矩阵界定提供辅助方法支持，以尽量保证 Q 矩阵的相对合理性，从而提高认知诊断的准确率。当然，即使对 Q 矩阵进行了修改，也还需进一步结合相

关学科领域专家的意见，以确定这种修改的可解释性及合理性，从而最终确认是否要进行修改。因此，我们认为只有将 Q 矩阵的修正方法与专家意见充分结合，方能更为有效地保证 Q 矩阵的合理性。

认知诊断的实现离不开相关认知心理中任务解决的认知加工模型，莱顿和吉尔（Leighton & Gierl，2007a）认为任务解决的认知模型的一种表达方式就是属性层级关系（attribute hierarchy），而测验 Q 矩阵则是属性层级关系的另一种表现形式。对错误 Q 矩阵的修正，可以进一步完善测验 Q 矩阵及属性层级关系，这也从一定程度上完善了相关任务解决的认知模型，因此测验 Q 矩阵的修正有利于检验并促进相关任务解决的认知加工模型的构建。

限于篇幅及时间，本节还有许多有待进一步完善的地方，如 s，g 的临界值问题；研究中属性的个数相对不多，属性间的关系也只考查了独立型等问题。这些问题都有待进一步深入研究。当然，由于本节提出的是基于 DINA 模型的 Q 矩阵的修正方法，因此实际数据与 DINA 模型的拟合程度在一定程度上会影响 γ 法的修正效果。因此我们建议在实际应用 γ 法时，应尽量保证数据与 DINA 模型拟合，否则可能不宜使用 γ 法，这可能是该方法的潜在局限之一。

总之，本节为 Q 矩阵的合理界定提供了一种辅助方法，我们也希望借此抛砖引玉，以推动认知诊断在我国的进一步发展。

第二节　一种多策略认知诊断方法

一、引言

目前心理测量学学者们开发了 60 多种认知诊断计量模型（Fu & Li，2008），每种计量模型各具特点。但这些模型基本上只能处理单策略的测验情境，一般都假设所有被试均采用同一种加工策略/解题策略，从而忽视了加工策略的多样性及差异性。

加工策略/解题策略的多样性及差异性问题向来是当前大多数认知诊断研究所回避的问题，通常假定所有被试均采用相同的加工策略。人们渐渐发现这种假定往往与实际情况不符，个体的心理加工特点不尽相同，使用的加工策略/解题策略也各有不同，从而解决同一问题的加工过程也不尽相同。因此开发多策略的认知诊断计量模型（Multiple-Strategies Cognitive Diagnosis Method，MSCDM）值得探讨，它不仅要诊断被试采用了何种加工策略，还要诊断被试对相应策略所涉及的认知属性的掌握情况，因此较传统的认知诊断模型提供的信息更为丰富，也更有价值。

查阅国内外研究文献，我们发现目前对于多策略认知诊断方法的研究非常少，仅看到德拉托尔和道格拉斯（de la Torre & Douglas，2008）的研究。德拉托尔和道格拉斯构建了多策略 DINA 模型，研究中采用多个 Q 矩阵来表征多种加工策略/解题策略，并采用参数估计的方法估计被试选用每种策略的概率。德拉托尔和道格拉斯的研究结果表明对于有两种加工策略/解题策略的测验情境，多策略 DINA 模型具有较好的性能，但比较可惜的是作者并未报告其对于加工策略/解题策略进行诊断的正确率，也未进一步充分考察该模型在有两种以上加工策略/解题策略的测验情境中的性能及表现。但德拉托尔和道格拉斯采用多个 Q 矩阵来表征多种加工策略/解题策略的思想值得借鉴。

鉴于当前国内外绝大多数认知诊断模型忽视加工策略多样性的问题，本节在前人研究的基础上，拟进一步探讨多策略认知诊断方法的开发，为实现加工策略的诊断提供方法学支持，并为拓展认知诊断在实际中的应用服务。

二、多策略认知诊断方法的开发

本节开发的 MSCD 方法沿用德拉托尔和道格拉斯的思想，采用多个 Q 矩阵来表征不同的加工策略，每个 Q 矩阵中各列代表该策略下的认知技能；诊断分类方法结合使用丁树良、祝玉芳、林海菁和蔡艳（2009）修正的 Q 矩阵理论及孙佳楠、张淑梅、辛涛和包珏（2011）的广义距离判别法。MSCD 方法具体诊断过程如下，其诊断示意图见图 11-2。

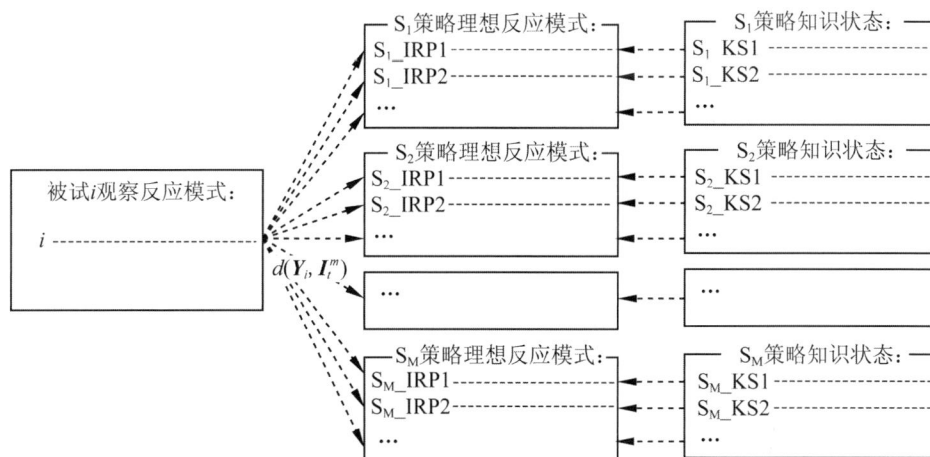

图 11-2　MSCD 方法的诊断示意图

（1）计算每种策略下被试理想掌握模式，即知识状态 KS，以及在测验项目上的 IRP（计算过程可详见丁树良等，2009）。如果测验含有 M 种解题策略，则需计算 M 套理想掌握模式和在测验上的理想反应模式，也就是图 11-2 的中间部分和右边部分。

（2）根据所有被试的观察作答模式（测验得分数据），采用 IRT 模型估计被试的能力参数和项目参数。对于二值计分测验情境，主要的 IRT 模型有 1PLM、2PLM 和 3PLM，研究者可以根据数据的具体特征选用合适的模型。为了说明方便，此处沿用 GDD 方法中的 2PLM。

（3）采用孙佳楠、张淑梅、辛涛和包珏（2011）的广义距离判别法计算被试观察反应模式到每种策略下每种理想反应模式的广义距离，即 $d(\boldsymbol{Y}_i, \boldsymbol{I}_t^m)$。

$$d(\boldsymbol{Y}_i, \boldsymbol{I}_t^m) \stackrel{\Delta}{=} \sum_{j=1}^{J} d(Y_{ij}, I_{j(t)}^m),$$

$$d(Y_{ij}, I_{j(t)}^m) \stackrel{\Delta}{=} |Y_{ij} - I_{j(t)}^m| P_j(\theta_i)^{Y_{ij}} (1 - P_j(\theta_i))^{1-Y_{ij}},$$

J 是项目个数，$\boldsymbol{Y}_i = (Y_{i1}, \cdots, Y_{iJ})$ 表示被试 i 的观察反应模式，$\boldsymbol{I}_t^m$ 表示在第 m 种策略下的第 t 种理想反应模式，$d(Y_{ij}, I_{j(t)}^m)$ 表示被试 i 在项目 j 上的观察反应与第 m 种策略下第 t 种理想掌握模式在项目 j 上的理想反应间的广义距离。$d(\boldsymbol{Y}_i, \boldsymbol{I}_t^m)$ 指被试 i 的观察反应模式与第 m 种策略下第 t 种理想反应模式间的广义距离。θ_i 采用的是被试观察反应模式估计出的能力值（孙佳楠，张淑梅，辛涛和包珏，2011）。

（4）在所有加工策略下，取 $d(\boldsymbol{Y}_i, \boldsymbol{I}_t^m)$ 最小者，即 $\min\{d(\boldsymbol{Y}_i, \boldsymbol{I}), m = 1, \cdots, M\}$ 所对应的 $\boldsymbol{I}_t^m$ 视作被试的属性掌握模式，$\boldsymbol{I}_t^m$ 所对应的加工策略即为被试的加工策略或解题策略。

值得注意的是：

（1）在进行项目参数和被试参数估计时，仅使用到了被试的观察反应数据，并未用到理想反应模式，因此进行项目参数和被试参数的估计与加工策略及其理想反应模式无关，进而广义距离 $d(\boldsymbol{Y}_i, \boldsymbol{I}_t^m)$ 的计算也不受加工策略的个数影响，故 MSCD 方法不太受策略个数影响，理论上 MSCD 方法可以处理有两种以上加工策略的测验情境。

（2）我们建议在采用 MSCD 方法时，测验 $\boldsymbol{Q}$ 矩阵中应包含可达矩阵 $\boldsymbol{R}$（Tatsuoka，2009），以实现理想掌握模式与理想反应模型的一一对应（丁树良、杨淑群和汪文义，2011；丁树良、汪文义和杨淑群，2010）。

（3）对于在测验项目上全部答对的被试或全部答错的被试，仅从反应模式本身而言，我们是无法判断被试采用了何种加工策略的，我们把这种情境视为"加工策略无法归类"或"待判"现象。

多策略认知诊断方法（MSCDM）具体要实现两个目标：一是诊断被试采用了何种加工策略；二是诊断被试对相应加工策略中涉及的认知属性的掌握情况。这较传统的单策略模型提供的信息更为丰富，也更有价值。

三、研究一：MSCDM 的判准率及与单策略认知诊断方法的比较

（一）关于多策略数据的模拟

查阅国内外的相关研究文献，目前我们只发现了一篇关于多策略认知诊断的模拟的文献（de la Torre & Douglas，2008），其模拟中指定测验中含有两种加工策略/解题策略（两个 Q 矩阵），每种解题策略下均涉及 5 个属性，详见表 11-8。

有研究（丁树良等，2011）表明，测验 Q 矩阵若以可达矩阵 R 为子矩阵可使得知识状态与理想反应模式实现一一对应。由于德拉托尔和道格拉斯模拟的 20 个项目 Q 矩阵中不含相应的 R 矩阵，因此本节在德拉托尔和道格拉斯模拟的基础上，分别增加 A 策略和 B 策略所对应的 R 矩阵试题（各 5 题，见表 11-8 中着色的试题），以实现知识状态与理想反应模式的一一对应。

（二）实验设计

模拟两种类型的测验情境，一类测验情境是传统的单策略数据，另一类测验情境是双策略数据，分别采用传统的单策略认知诊断模型和新开发的多策略认知诊断方法对两类数据进行分析及比较，以考察新开发的多策略认知诊断方法的可行性及科学性。

第一类测验情境（Data_Ⅰ）：所有被试均采用表 11-8 中的 A 策略。

第二类测验情境（Data_Ⅱ）：一部分被试采用表 11-8 中的 A 策略，另一部分被试采用表 11-8 中的 B 策略。

孙佳楠等人（2011）研究发现，基于 Q 矩阵和广义距离的认知诊断方法总体上优于 DINA 模型、规则空间模型和属性层级模型，因此本节采用基于 Q 矩阵和广义距离的认知诊断方法作为传统的单策略认知诊断模型（下同），并与本节开发的多策略认知诊断方法进行比较。

表 11-8　30 道题上两种策略的 Q 矩阵

项目	方法									
	A 策略					B 策略				
1	1	1	0	0	0	0	1	0	1	1
2	1	0	1	0	0	0	0	1	1	1
3	1	0	0	1	0	0	1	1	0	1
4	1	0	0	0	1	0	1	1	1	0
5	0	1	1	0	0	1	0	0	1	1
6	0	1	0	1	0	1	1	0	0	1
7	0	1	0	0	1	1	1	0	1	0
8	0	0	1	1	0	1	0	1	0	1

续表

项目	方法									
	A 策略					B 策略				
9	0	0	1	0	1	1	0	1	1	0
10	0	0	0	1	1	1	1	1	0	0
11	1	1	1	0	0	0	0	0	1	1
12	1	1	0	1	0	0	1	0	0	1
13	1	1	0	0	1	0	1	0	1	0
14	1	0	1	1	0	0	0	1	0	1
15	1	0	1	0	1	0	0	1	1	0
16	1	0	0	1	1	0	1	1	0	0
17	0	1	1	1	0	1	0	0	0	1
18	0	1	1	0	1	1	0	0	1	0
19	0	1	0	1	1	1	1	0	0	0
20	0	0	1	1	1	1	0	1	0	0
21	1	0	0	0	0	0	1	1	0	0
22	0	1	0	0	0	1	0	0	0	1
23	0	0	1	0	0	1	0	0	1	0
24	0	0	0	1	0	1	1	0	0	0
25	0	0	0	0	1	1	0	1	0	0
26	1	1	0	0	0	1	0	0	0	0
27	1	0	1	0	0	0	1	0	0	0
28	1	0	0	1	0	0	0	1	0	0
29	1	0	0	0	1	0	0	0	1	0
30	0	1	1	0	0	0	0	0	0	1

注：表中前 20 题的 Q 矩阵引自德拉托尔和道格拉斯的"Model evaluation and multiple strategies in cognitive diagnosis：an analysis of fraction subtraction data"。

(三)Monte Carlo 模拟过程

此处模拟固定测验 Q 矩阵、属性及解题策略，如表 11-8，被试 1 000 人，因此本部分只需模拟被试的属性掌握模式真值以及被试在测验项目上的作答反应。

(1)被试属性掌握模式真值的模拟。

在 A、B 两种策略下被试所有可能的属性掌握模式均有 $2^5 = 32$ 种，除去所有属性都未考察的模式，共剩余 30 种模式，将这 30 种掌握模式平均分配给 1 000 名被试，对于不能均分的，随机指派给被试(为了简化叙述，以下不能平均分配的，均随机指派给被试)。对于第一类单策略数据(Data＿Ⅰ)，给 1 000 名被试平均分配 A 策略中的 30 种掌握模式；对于第二类多策略数据(Data＿Ⅱ)，给 500 名被试平均分配 A 策略中的 30 种掌握模式，给另 500 名被试平均分配 B 策略中的 30 种掌握模式。

（2）被试作答反应的模拟。

根据测验 Q 矩阵真值及被试掌握模式真值，在没有任何猜测及失误的情况下，模拟被试在测验项目上的理想作答，即若被试掌握了项目考核的所有属性则答对该项目，若被试至少有一个项目考核属性未掌握则答错该项目。接着采用莱顿等人的模拟方法，在理想作答基础上，模拟作答反应失误概率分别为 2％、5％、10％的被试的作答反应矩阵。现以一个例子说明对被试作答反应的模拟。

若被试 i 使用的是 B 策略，其掌握模式为 B 策略下的(1，0，1，0，0)，该被试去做表 11-8 中的项目 2，项目 2 在 B 策略下的考核模式为(0，0，1，1，1)，由于被试 i 未掌握项目 2 考核的属性 6 和属性 7，因此被试 i 在项目 2 上的理想作答为"0"，即答错。再生成一随机数 r，如果 r 小于等于随机失误概率，则被试 i 在项目 2 上观察作答为"1"，否则仍为"0"。其余依此类推。

（3）每种测验情境均实验 30 次。

（四）评价指标

采用属性边际判准率（Average Attribute Match Ratio，AAMR）、PMR 以及解题策略判准率（Strategy Match Ration，SMR）三个指标作为评价指标。

$$\mathrm{PMR} = \frac{\sum_{i=1}^{N} N_{i\_correct}}{N \times K},$$

$$\mathrm{AAMR} = \frac{\sum_{i=1}^{N} \sum_{k=1}^{K} N_{ik\_correct}}{N \times K},$$

$$\mathrm{SMR} = \frac{\sum_{i=1}^{N} N_{i\_strategy\_correct}}{N},$$

其中，N 为被试总数，$N_{i\_correct}$ 用于表示被试 i 的整个属性掌握模式是否判对，判对为 1，判错为 0；K 为属性个数，$N_{ik\_correct}$ 用于表示被试 i 的属性 k 是否判对，判对为 1，判错为 0；$N_{i\_strategy\_correct}$ 用于表示被试 i 的解题策略是否判对，判对为 1，判错为 0。

（五）研究结果

表 11-9 是单策略认知诊断方法和多策略认知诊断方法在不同测验情境下的三个评价指标上的比较。

1. 单策略测验情境

不论是采用传统的单策略认知诊断方法，还是采用新开发的多策略认知诊断方法，两者的 AAMR 和 PMR 均比较理想，而且基本一致；对于多策略模型，在三种失误概率取值水平下平均仅有不到 0.5％的被试的解题策略被误判为 B 策略。这表明对于单策略测验情境，单策略认知诊断方法和多策略认知诊断方法诊断的结果基本一致，多策略认知诊断方法仍然适用于单策略测验情境。

2. 多策略测验情境

在多策略测验情境下，若采用传统的单策略认知诊断方法，AAMR 和 PMR 均很不理想，三种失误概率水平下平均的 AAMR 和 PMR 分别为 71.3% 和 46.2%；而采用新开发的多策略认知诊断方法，三种失误概率水平下平均的 AAMR 和 PMR 分别为 95.6% 和 86.1%，且 A 策略和 B 策略的诊断正确率都在 95% 以上。这表明对于多策略测验情境，传统单策略认知诊断方法的错判率非常高，它不适用于多策略测验情境。对于这类数据应采用多策略认知诊断方法，且它的 AAMR、PMR 以及 SMR 均比较理想。

表 11-9　单策略和多策略认知诊断方法判准率比较(30 次实验结果的平均值)

测验情境	失误概率	单策略认知诊断模型				多策略认知诊断方法			
		AAMR	PMR	A 策略 SMR	B 策略 SMR	AAMR	PMR	A 策略 SMR	B 策略 SMR
单策略 (1 000 人 A 策略)	2%	0.989 1	0.956 1	1	—	0.988 4	0.953 2	0.999 4	—
	5%	0.964 5	0.889 5	1	—	0.970 4	0.887 8	0.996 8	—
	10%	0.937 2	0.784 9	1	—	0.936 7	0.780 8	0.992 4	—
	平均	**0.963 6**	**0.876 8**	**1**	**—**	**0.965 2**	**0.873 9**	**0.996 2**	**—**
多策略(500 人 A 策略，500 人 B 策略)	2%	0.714 2	0.505 2	1	0	0.987 2	0.954 4	0.988 8	0.988 4
	5%	0.719 5	0.473 5	1	0	0.962 2	0.876	0.959 6	0.963 6
	10%	0.704 2	0.408 5	1	0	0.918 4	0.753 8	0.923	0.909 2
	平均	**0.712 6**	**0.462 4**	**1**	**0**	**0.955 9**	**0.861 4**	**0.957 1**	**0.953 7**

四、研究二：多策略认知诊断方法的性能

研究一中，测验 Q 矩阵固定，解题策略最多为两种，且两种策略包含属性的个数也相同。为了使研究更具一般性，以及更为全面、充分地考查新模型的性能，本部分主要考察在多种模拟试验条件下多策略认知诊断方法(MSCDM)的性能及表现。本部分涉及的解题策略最多达五种，每种解题策略下所包含的认知属性个数不尽相同，且每次测验 Q 矩阵是根据相应的测验情境随机生成的。具体三种测验情境见表 11-10。

表 11-10　不同测验情境的特征

测验情境	策略类型	每种策略使用人数	每种策略包含的属性数
三种解题策略	A，B，C	500	A—6，B—5，C—4，D—3，E—3 (共涉及 23 个认知属性)
四种解题策略	A，B，C，D	500	
五种解题策略	A，B，C，D，E	500	

(一)Monte Carlo 模拟过程

模拟表 11-10 中的三种测验情境,在所有测验情境下测验项目数仍固定为 30 题,属性间不可补偿相互独立。

(1)测验 Q 矩阵模拟。

每种策略下测验 Q 矩阵随机生成,但为了实现理想掌握模式与理想反应模式的一一对应,模拟时所生成的 Q 矩阵包含可达矩阵 R。

(2)被试属性掌握模式真值模拟。

与研究一的模拟保持一致。每种解题策略均模拟 500 人,对于有五种解题策略的测验情境,则需模拟 2500 名被试的属性掌握模式真值。

(3)被试作答反应模拟。

与研究一的模拟保持一致。

(4)每种测验情境均实验 30 次。

(二)评价指标

同样采用 AAMR、PMR 以及 SMR 三个指标作为评价指标。

(三)研究结果

表 11-11 表明在有两种以上加工策略的测验情境下,多策略认知诊断方法的 AAMR、PMR、SMR 均较理想,说明 MSCD 方法适用于两种以上的加工策略。而且不论是三种解题策略还是四种或五种解题策略,其 AAMR 和 SMR 没有本质差异。但对于 PMR 而言,随着解题策略的增加,PMR 也略有提高(但提高的幅度很小),这可能与测验人数有关。在本模拟中,策略越多的测验情境被试量越多,IRT 参数估计越准。当然其原因还有待进一步探讨。

表 11-11 不同加工策略下判准率比较(30 次实验结果的平均值)

测验情境	失误概率	多策略认知诊断方法						
		AAMR	PMR	A 策略 SMR	B 策略 SMR	C 策略 SMR	D 策略 SMR	E 策略 SMR
三种解题策略	2%	0.983 4	0.957 3	0.995 1	0.993 8	0.989 9	—	—
	5%	0.957 8	0.885 3	0.984 1	0.978 1	0.962 8	—	—
	10%	0.904 5	0.778 8	0.961 1	0.942 3	0.915	—	—
	平均	**0.948 6**	**0.873 8**	**0.980 1**	**0.971 4**	**0.955 9**	—	—
四种解题策略	2%	0.985 5	0.962 3	0.993 6	0.993 7	0.987 5	0.987 8	—
	5%	0.958 2	0.905 6	0.983 5	0.977 9	0.963 3	0.965 9	—
	10%	0.903 5	0.803 4	0.942 6	0.944 4	0.910 5	0.906 8	—
	平均	**0.949**	**0.890 4**	**0.973 2**	**0.972**	**0.953 8**	**0.953 5**	—

续表

测验情境	失误概率	多策略认知诊断方法						
		AAMR	PMR	A策略 SMR	B策略 SMR	C策略 SMR	D策略 SMR	E策略 SMR
五种解题策略	2%	0.985 5	0.961 5	0.994 7	0.996 1	0.988 9	0.984 8	0.986 3
	5%	0.958 8	0.909 1	0.985 8	0.982 6	0.962 8	0.957 6	0.964 4
	10%	0.898 2	0.813 9	0.959 1	0.944 8	0.909 8	0.900 2	0.898 5
	平均	**0.947 5**	**0.894 8**	**0.979 9**	**0.974 5**	**0.953 8**	**0.947 5**	**0.949 7**

五、研究结论与讨论

(一)研究结论

加工策略/解题策略的多样性及差异性问题向来是当前大多数认知诊断研究所回避的问题，人们通常假定所有被试均采用相同的加工策略。本研究在前人研究的基础上，开发了一种多策略认知诊断方法（MSCD方法），该方法不仅诊断被试的加工策略，还诊断相应策略下被试对相关认知属性的掌握情况。

研究结果表明：在单策略测验情境下，采用传统的认知诊断方法与采用MSCD方法的诊断正确率均比较理想，且差异不大；但在多策略测验情境下，传统的认知诊断方法的诊断正确率较低，而MSCD方法的诊断正确率却仍较理想；当加工策略增至5种时，MSCD方法仍有较高的属性边际判准率、模式判准率以及加工策略判准率，这表明MSCD方法基本合理、可行。

(二)讨论与展望

1. MSCD方法与德拉托尔和道格拉斯的方法的比较

本研究中，由于在计算广义距离的过程中，项目参数和被试参数的估计均是基于观察的作答反应数据，而这与测验涉及的策略多少没有本质关系，因此在MSCD方法中，策略的多少对于计算广义距离并没有实质性的影响。研究二也表明三种、四种和五种解题策略下的属性判准率及策略判准率基本相当，这也进一步证实在一定范围内，策略的多少对于MSCD方法的诊断正确率没有实质性的影响。而这一点与德拉托尔和道格拉斯采用的多策略的DINA模型的研究结果不尽相同，由于其是对被试选用每种策略的概率进行参数估计，并且对所有策略下的所有属性均同时估计，这必然导致，策略越多，待估参数（策略参数和属性参数）也越多，估计也就越难。显然德拉托尔和道格拉斯的多策略的DINA模型的诊断效果会受策略个数的影响和制约。同时，由于德拉托尔和道格拉斯采用复杂的EM算法估计被试选用某种策略的概率，而本研究采用的是计算广义距离进行判别，因此相比较而言本研究开发的 MSCD 方法显得更为简单及在实践中更易操作。但 MSCD 方法在灵活性上还有待进一步完善，比如允许被试在不同题目上采用不同的策略。

2. 关于"加工策略无法归类"或"待判"现象

对于在测验项目上全部答对的被试和全部答错的被试，仅从观察反应模式本身而言，我们是无法判断被试采用了何种加工策略的，也即出现"加工策略无法归类"或"待判"现象。在这种情况下我们一般不判或待判，即作答数据中无充分信息让我们来判断被试的加工策略，需结合其他相关资料做进一步分析。当然这应是今后研究有待深入考虑的问题。

3. 关于 MSCD 方法在 RSM 及属性层级模型（AHM）上的推广

MSCD 方法的原理同样适用于规则空间模型及属性层级模型。对于规则空间模型，一个测验 Q 矩阵对应一组纯规则点，这些纯规则点构成一个规则空间；若采用多个 Q 矩阵来表征测验的多种策略，则对每一个 Q 矩阵我们均可以构造出一个规则空间，当然每一个规则空间也由相应的多个纯规则点组成。这样一种策略对应一个规则空间，每个规则空间均由多个纯规则点组成。接着采用规则空间模型方法计算每个被试观察的序偶 $\{(\theta', \zeta')\}$ 与每种策略下所有纯规则点的序偶 $\{(\theta, \zeta)\}$ 间的马氏距离，我们同样取马氏距离最小者（或者取马氏距离最小和次小者，再经贝叶斯判别，取后验概率最大者）所对应的策略为被试的加工策略，马氏距离最小者（或后验概率最大者）所对应的知识状态或理想掌握模式为被试的掌握模式。

在属性层级模型中，一个 Q 矩阵对应一组理想反应模式，若采用多个 Q 矩阵来表征测验的多种策略，则每个 Q 矩阵对应一组理想反应模式，多个 Q 矩阵就对应多组理想反应模式，而每组理想反应模式对应于一种 Q 矩阵，即一种策略；接着可以通过属性层级模型的 A 方法或 B 方法（A method or B method，Leighton，Gierl & Hunka，2004）计算每个被试观察反应模式与每组理想反应模式中任一理想反应模式的相似率（或似然比），取相似率最大者所对应的掌握模式作为被试的掌握模式，其最大者所对应的策略即为被试加工策略。

本节对 0—1 计分的多策略认知诊断方法进行了研究，开发了适用多策略测验情境的认知诊断新方法——MSCD 方法。限于时间及条件，该方法还有许多地方值得进一步完善，比如允许被试在不同的题目上采用不同的加工策略，以增加 MSCD 方法的灵活性等。当然未来研究可以进一步考虑多级评分的情况。另外本研究中的"加工策略无法归类"或"待判"现象也有待进行进一步的深入研究，同时考察不同属性阶层关系下 MSCD 方法的诊断效果也是很有意思的研究。对于 MSCD 方法在规则空间模型及属性层级模型上的推广效果如何，也需要做进一步研究，当然 MSCD 方法在实际应用中的效果如何，在未来的研究中可进一步探讨。

思考题：

1. 什么是 Q 矩阵修正？

2. γ 法修正 Q 矩阵的基本过程是什么？

3. 本章中多策略认知诊断模型的原理是什么？过程如何？

4. 与传统的单策略认知诊断模型相比，本章提出的多策略认知诊断模型有什么优势与不足？

参考文献

［英文参考文献］

Achenbach，T. M.（1970）. The children's associative responding test：A possible alternative to group IQ tests. *Journal of Educational Psychology*，5.

Ackerman，T.，A.，Gierl，M.，J.，& Walker，C.，M.（2003）. Using multidimensional item response theory to evaluate educational and psychological tests. *Educational Measurement：Issues and Practice*，22(3).

Almond，R G.，DiBello，L V.，Moulder，B.，& Zapata-Rivera J.，D.（2007）. Modeling diagnostic assessments with Bayesian networks. *Journal of Educational Measurement*，44(4).

Arendasy M.，Sommer M.，Gittler G.，& Hergovich A.（2006）. Automatic generation of quantitative reasoning items：A pilot study. *Journal of Individual Differences*，27(1).

Ban，J.，C.，Hanson，B.，A.，Wang，T.，Y.，Yi，Q.，& Harris，D.，J.（2000）. *Comparative Study of Online Pretest Item Calibration/Scaling Methods in CAT*. ACT Research Report Series. ACT-RR-2000-11.

Ban，J.，C.，Hanson，B.，A.，Yi，Q.，& Harris，D.，J.（2002）. *Data Sparseness and Online Pretest Item Calibration/Scaling Methods in CAT*. Paper presented at the Annual Meeting of the American Educational Research Association，Seattle.

Behrens，J.，T.，Mislevy，R.，J.，Bauer，M.，Williamson，D.，M.，& Levy，R.（2004）. Introduction to evidence-centered design and lessons learned from its application in a global e-learning program. *International journal of testing*，4.

Bejar，I.（1993）. A generative approach to psychological and educational measurement. In N. Fredrikesen，R. Mislevy & I. Bejar，（Eds.），*Test theory for a new generation of tests*，Hillsdale，NJ：Erlbaum.

Bejar，I. (2003). A Feasibility Study of On-the-Fly Item Generation in Adaptive Testing. *The Journal of Technology*，*Learning*，*and Assessment*，2(3).

Birenbaum，Tatsuoka，K.，& Yamada. （2004）. Diagnostic assessment in TIMSS-R，Between-countries and Within-country comparisons of EIGHTH graders mathematics performance，*Studies in Educational Evaluation*，30.

Bock，R.，D.，& Mislevy，R.，J. (1988). Comprehensive educational assessment for the states，The Duplex design，*Educational Evaluation and Policy Analysis*，10.

Bock，R.，D.，& Zimowski，M.，F. （1989）. Duplex design，Giving students a stake in educational assessment. Chicago，National Opinion Research Center，The University of Chicago.

Bock，R.，D.，& Zimowski，M.，F. (1997). Handbook of modern item response theory. New York：Springer.

Bock，R.，D.，& Aitkin，M. (1981). Marginal maximum likelihood estimation of item parameters：Application of an EM algorithm. *Psychometrika*，46(4).

Bock，R.，D.，& Mislevy，R.，J. (1981). An item-response curve model for matrix sampling data，The California grade-three assessment. In D. Carlson (Ed.). *Testing in the states*，*Beyond accountability*. San Francisco：Jossey-Bass.

Bock，R.，D.，& Schilling，S.，G. (2003). IRT based item factor analysis. In M. du Toit(ed.). *IRT form SSI：BILOG-MG*，*MULTILOG*，*PARSCALE*. Scientific Software International，Lincolnwood，IL.

Bock，R.，D.，Gibbons，R.，& Muraki，E. (1988). Full information item factor analysis. *Applied Psychological Measurement*，12(3).

Bolt，D.，& Fu，J.，B. （2004）. A polytomous extension of the fusion model and its Bayesian parameter estimation. *Paper presented at NCME*，San Diego，USA.

Bolt，D.，M.，& Vnessa，L.，F. (2003). Estimation of compensatory and noncompensatory multidimensional item response models using Markov Chain Monte Carlo. *Applied Psychological Measurement*，27(6).

Bor-Chen Kuo，Tien-Yu Hsieh，& Ya-Yuan Chang. （2006）. Combining Multiple Bayesian Networks for Modeling Students' Learning Bugs and Skills.. December 4-8，University of Tasmania，Hobart，Tasmania.

Cai, Y., Ding, S., L., & Tu, D., B. (2011). Developing a new group-level cognitive diagnosis model. National council on measurement in education (NCME), New Orleans, America.

Cai, Y., Ding, S., L., & Tu, D., B. (2012). A Cognitive Diagnosis Model: Similarity Group-level Decision Model. The 30th ICP, Cape Town, South Africa.

Carpenter, P., A., Just, M., A., & Shell, P. (1990). What one intelligence test measures: A theoretical account of the processing in the raven progressive matrices test. *Psychological Review*, 4(3).

Chang, H., & Ying, Z. (1996). A global information approach to computerized adaptive testing. *Applied Psychological Measurement*, 20.

Chang, H., & Ying, Z. (2008). To weight or not to weight? Balancing influence of initial items in adaptive testing. *Psychometrika*, 73(3).

Chang, H., & Ying, Z. (2009). Nonlinear sequential designs for logistic item response theory models with applications to computerized adaptive tests. *The Annuals of Statistics*, 37(3).

Chang, Y., C., I., & Lu, H., Y. (2010). Online Calibration Via Variable Length Computerized Adaptive Testing. *Psychometrika*, 75.

Chen, P., Xin, T., Ding, S., & Chang, H. (2011, April). *Item replenishing in cognitive diagnostic computerized adaptive testing*. Paper presented at the National Council on Measurement in Education, New Orleans, Louisiana.

Chen, P., Xin, T., Wang, C., & Chang, H. (2012). Online calibration methods for the DINA model with independent attributes in CD-CAT. Psychometrika, (DOI)10.1007/s11336-012-9255-7.

Chen, P., Xin, T., Wang, C., Chang, H. H. (2010). A Comparative Study on On-line Calibration in Cognitive Diagnostic Computerized Adaptive Testing. Paper presented at the 75th Meeting of the Psychometric Society. July, Athens, Georgia.

Cheng, J., & Greiner, R. (1998). Comparing Bayesian Network Classifiers. In Proceedings of UAI-99: 101-108.

Cheng, Y. (2009). When cognitive diagnosis meets computerized adaptive testing. *Psychometrika*, 74.

Cheng, Y. (2008). *Computerized adaptive testing: New development and applications*. Unpublished doctoral dissertation, University of Illinois at

Urbana-Champaign.

Cheng，Y.，& Chang，H.（2007）. The modified maximum global discrimination index method for cognitive diagnostic computerized adaptive testing. Presented at the CAT and cognitive structure paper session，June 7，2007，GMAC.

Chipman，S.，Nichols，P.，& Brennan，R.（1995）. Introduction. In P. D. Nichols，S.，F.，Chipman，and R.，L.，Brennan（Eds.），*Cognitively Diagnostic Assessment*. Hillsdale，NJ：Lawrence Erlbaum Associates.

Chiu，C. Y.，& Köhn，H. F.（2015）. Consistency of cluster analysis for cognitive diagnosis：The DINO model and the DINA model revisited. Applied Psychological Measurement，39(6).

Cohen，J.（1992）. A power primer. *Psychological Bulletin*，112.

Collins，J.，A.，Greer，J.，E.，& Huang，S.，X.（1993）. Adaptive Assessment Using Granularity Hierarchies and Bayesian Nets. In C.，Frasson，G.，Gauthier，& A.，Legold（Eds.）. *Intelligent Tutoring Systems*：*Proceedings of The 3rd International Conference*.

Cooper，G.，F.，& Herskovits，E.（1992）. A Bayesian method for the induction of probabilistic networks from data. *Machine Learning*，9，pp. 309-347.

Cui，Y.，& Leighton，J.，P.（2009）. The Hierarchy Consistency Index：Evaluating Person Fit for Cognitive Diagnostic Assessment. *Journal of Educational Measurement*，46(4).

Cui，Y.，Leighton，J.，P.，& Zheng，Y.（2006）. Simulation studies for evaluating the performance of the two classification methods in the AHM. Paper presented at NCME，San Francisco，CA.

Cui，Y.，Leighton，J.，P.，Gierl，M.，J.，& Hunka，S.（2006）. A person-fit statistic for the attribute hierarchy method：The hierarchy consistency index. Paper presented at the annual meeting of the National Council on Measurement in Education，San Francisco，CA.

de la Torre，J.（2008）. An empirically based method of Q-matrix validation for the DINA model：Development and applications. *Journal of Educational Measurement*，45(4).

de la Torre，J.（2008）. Model evaluation and multiple strategies in cognitive diagnosis：An analysis of fraction subtraction data. *Psychometrika*. 73(4).

de la Torre，J.（2008）. Multidimensional scoring of abilities：the ordered polytomous response case. *Applied Psychological Measurement*，32(5).

de la Torre, J. (2009). DINA Model and Parameter Estimation: A Didactic, *Journal of Educational and Behavioral Statistics*, 34(1).

de la Torre, J. (2009). Improving the quality of ability estimates through multidimensional scoring and incorporation of ancillary variables. *Applied Psychological Measurement*, 33(6).

de la Torre, J., & Douglas, J. (2011). The generalized DINA model framework. *Psychometrika*. 76(2).

de la Torre, J., & Lee, Y. S. (2010). A note on the invariance of the DINA model parameters. *Journal of Educational Measurement*, 47.

de la Torre, J., Hong, Y., & Deng W., L. (2010). Factors affecting the item parameter estimation and classification accuracy of the DINA model. *Journal of Educational Measurement*, 47(2).

de la Torre, J., & Douglas, J. (2004). Higher-Order Latent trait Models for Cognitive Diagnosis, *Psychometrika*, 69(3).

de la Torre, J., & Liu, Y. (2008, March). A cognitive diagnosis model for continuous responses. National Council on Measurement in Education Annual Meeting. New York City, NY.

DeCarlo, L., T. (2010). On the analysis of fraction subtraction data: The DINA model, classification, latent class sizes, and Q-matrix, *Applied Psychological Measurement*, 35(1).

Demars, C., E. (2006). Application of the bi-factor multidimensional item response theory model to testlet-based tests. *Journal of Educational Measurement*, 43(2).

Demars, C., E. (2009). "Guessing" parameter estimates for multidimensional item response theory models. *Educational and Psychological measurement*, 67(3).

DiBello, L., & Stout, W. (2007). Guest editors' introduction and overview: IRT-based cognitive diagnostic models and related methods. *Journal of educational measurement*, 44(4).

DiBello, L., Stout, W., & Roussos, L. (1995). Unified cognitive/psychometric diagnostic assessment likelihood-based classification techniques. In P., D., Nichols, S., F., Chipman, & R., L., Brennan. (Eds.), *Cognitively Diagnostic Assessment*, pp. 361-389, Hillsdale, NJ: Lawrence Erlbaum Associates.

Dimitrov, D. M., & Atanasov, D. V. (2013). Conjunctive and disjunctive extensions of the least squares distance model of cognitive diagnosis. Educational and Psychological Measurement, 72(1).

Ding, S., Luo, F., Cai, Y., Lin, H., & Wang, X. (2008). Complement to Tatsuoka's Q matrix theory, In K., Shigemasu, A., Okada, T., Imaizumi, T., Hoshino (eds.), Universal Academy Press, Inc. Tokyo, Japan, 2008.

Doignon, J. P., & Falmagne, J. C. (1999). *Knowledge spaces*. New York: Springer-Verlag.

Embretson, S., E, Yang, X. (2007). Automatic item generation and cognitive psychology. In: C., Rao, S., Sinharay (Eds.) *Handbook of Statisitics: Psychometrics* (*Vol*. 26), Elsevier.

Embretson, S., E. (1980). Multicomponent latent trait models for ability tests. *Psychometrika*, 45.

Embretson, S., E. (1983). Construct validity: Construct representation versus nomothetic span. *Psychological Bulletin*, 93.

Embretson, S., E. (1984). A general latent trait model for response processes. *Psychometrika*, 49.

Embretson, S., E. (1985). *Multicomponent Latent Trait Models for Test design. In Susan E. Embretson*. Test Design. Academic Press.

Embretson, S., E. (1995). Developments toward a cognitive design system for psychological tests. In D. Lubinsky & R. Dawes (Eds.), *Assessing individual differences in human behavior: Newconcepts, methods, and findings*. Palo Alto, CA: Consulting Psychologist Press.

Embretson, S., E. (1998). Psychometic Models for Learning and Cognitive Processes. Test Theory for a New Generation of Tests.

Embretson, S., E. (2001). Improving Construct Validity with Cognitive Psychology Principles. *Journal of Educational Measurement*, 38.

Embretson, S., E. (2002). Measuring human intelligence with artificial intelligence: Adaptive item generation. In: R., Sternberg, J, Pretz (Eds.) *Cognition and intelligence: Identifying the mechanisms of the mind*. Cambridge, United Kingdom: Cambridge University Press.

Embretson, S., E., & Reise, S. (2000). *Item response theory for psychologists*. Mahwah, NJ: Erlbaum.

Embretson, S., E. (1998). A cognitive design system approach to generating valid tests: Application to abstract reasoning. *Psychological Methods*.

Enright, M., K., Morley, M., & Sheelan, K., M. (2002). Item by Desigh: the Impact of Systematic Feature Variation on Item Statistical Characteristics, *Applied Measurement in Education*, 15(1).

Eunkyoung, U., Dogan, E., & Secongah, I. (2003). Comparing Eighth-Grade diagnostic test results for Korean, Czech, and American students, Reproductions supplied by EDRS.

Fayol, M., Abdi, H., & Gombert, J. (1987). Arithmetic problems formulation and working memory load. *Cognition and Instruction*, 4(3).

Finch, H. (2010). Item parameter estimation for the MIRT model: Bias and precision of confirmatory factor analysis-based models. *Applied Psychological Measurement*, 34(1).

Finkelman, M., Nering, M. L., & Roussos, L. A. (2009). A conditional exposure control method for multidimensional adaptive testing. *Journal of Educational Measurement*, 46(1).

Fisher, G. H. (1973). The linear logistic model as an instrument in educational research. *Acta Psychologica*, 37.

Fisher, G. H. (1983). Logistic latent trait models with linear constraints. *Psychometrika*, 48.

Fraser, C. (1998). *NOHARM: A Fortran program for fitting unidimensional and multidimensional normal ogive models in latent trait theory*. The University of New England, Center for Behavioral Studies, Armidale, Australia.

Frederiksen, N., Mislevy R., F., & Bejar, I. *Test theory for a new generation of tests*. Hills dale, NJ: LEA.

Fu, J., & Li, Y. (2008). Cognitively diagnostic psychometric models: An integrative review. ETS research report.

Gentile, J., Kessler, K. & Gentil, K. (1969). Process of solving analogies items. *Journal of Educational Psychology*, 60.

Gierl, M., J., Cui, Y., & Hunka, S. (2007). Using connectionist models to evaluate examinees' response patterns on tests. Paper presented at the annual meeting of the National Council on measurement in education, Chicago, IL.

Gierl, M., & Leighton J., P. (2007). Using the attribute hierarchy method to make diagnostic inferences about examinees' cognitive skills. In

J. P. Leighton & M. Gierl(Eds.), *Cognitive diagnostic assessment for education: Theory and Applications*. Cambridge, UK: Cambridge university press.

Gierl, M. , J, Leighton, J. , P, & Hunka, S. M. (2000). Exploring the logic of Tatsuoka's rule-space model for test development and analysis. *Educational Measurement: Issues and Practice*, 19.

Gierl, M. , J. (2007). Making diagnostic inferences about cognitive attributes using the rule-space model and attribute hierarchy method. *Journal of educational measurement*, 44(4).

Gierl, M. , J. , Wang, C. , & Zhou, J. (2007). Using the attribute hierarchy method to make diagnostic inferences about examinees' cognitive skills in algebra on the SAT. New York: College examination board. Gierl (Eds.), *Cognitive diagnostic assessment for education*. Cambridge, UK: Cambridge university press.

Gitomer, D. H. , Yamamoto, K. (1991). Performance modeling that integrates latent trait and class theory. *Journal of Educational Measurement*, 28.

Gorin, J. (2007). Test construction and diagnostic testing. In J. P. Leighton & M. Gierl(Eds.), *Cognitive diagnostic assessment for education: Theory and Applications*. Cambridge, UK: Cambridge university press.

Gorin, J. , S. , & Embretson, S. , E. (2006). Item Diffficulty Modeling of Paragraph Comprehension Items. *Applied Psychological Measurement*, 30(5).

Greeno, J. , & So, G. (1980). examples of cognitive task analysis with instructional implication. Snow R. E. , Federico P. , & Montagu W. E. (Eds.). *Aptitude, learning, and instruction*. Hillsdale, NJ: Lawrence Erlbaum Associates.

Gulliksen, H. (1961). Measurement of learning and mental abilities. *Psychometrika*, 26.

Haertel, E. H. (1984). An application of latent class models to assessment data. *Applied Psychological Measurement*, 8.

Haertel, E. H. (1989). Using restricted latent class models to map the skill structure of achievement items. *Journal of Educational Measurement*, 26.

Han, T. , Z. (2007). *Estimating Item Parameter Adaptively in CAT With one Parameter Model*. IMPS2007, Tokyo.

Hansen, M. P. (2013). Hierarchical item response models for cognitive diagnosis. Unpublished doctorial dissertation of University of California, Los Angeles.

Hartz, S. (2002). *A bayesian framework for the unified model for assessing cognitive abilities: Blending theory with practicality.* Unpublished doctoral dissertation, University of Illinois at Urbana-Champaign.

Hartz, S., Roussos, L., & Stout, W. (2002). A bayesian framework for the unified model for assessing cognitive abilities: Blending theory with practicality. Unpublished doctoral dissertation, University of Illinois at Urbana-Champaign.

Hegarty, M., Mayer, R., E., & Monk, C., A. (1995) Comprehension of Arithmetic Word Problems: A comparison of successful and unsuccessful problems solvers. *Journal of Educational Psychology,* 87(1).

Hegarty, M., Mayer, R., E., & Green, C., A. (1992). Comprehension of arithmetic word problems: evidence form students' eye fixations. *Journal of Educational Psychology,* 84(1).

Huebner, A., & wnag, C. (2011). A note on comparing examinee classification methods for cognitive diagnosis models. *Educational and Psychological Measurement.* 71(2).

Hunt, E. (1974). Quote the raven? Never more. In L. W. Gregg (Ed). *Knowledge and Psychological measurement,* 32.

Inhelder, B., & Piaget, J. (1964). *The early growth of logic in the child.* New York: Norton.

Jang, E. (2009). Cognitive diagnostic assessment of L2 reading comprehension: Validity arguments for fusion model application to language assessment. *Language Testing,* 26.

Jiang, Y. (2005). *Estimating parameters for multidimensional item response theory models by MCMC methods.* Unpublished doctoral dissertation, Michigan State University.

Jones, D., H., & Jin, Z., Y. (1994). Optimal Sequential Designs For On-Line Item Estimation. *Psychometrika.* 59.

Junker, B., & Sijtsma, K. (2001). Cognitive assessment models with few assumptions, and connections with nonparametric item response theory. *Applied Psychological Measurement.* 25(3).

Kacmar, K., M., Farmer, W. L, Zivnuska, S., & Witt, L. A. (2006). Applying Multidimensional Item Response Theory Analysis to a Measure of Meta-Perspective Performance. *The Electronic Journal of Business Research Methods,*

4(1).

Kintsch, W. , & Greeno, J. , G. (1985). Understanding and solving word arithmetic problems. *Psychological Review*, 92(1).

Kolman, B. , Busby, R. , C. , & Ross, S. (1996). *Discrete Mathematical Structures*. (3rd ed.). Prentice Hall.

Leighton, J. , P. (2004). Avoiding misconceptions, misuse, and missed opportunities: The collection of verbal reports in educational achievement testing. *Educational measurement: Issues and practice*, Winter.

Leighton, J. , P. , Gierl M. , & Hunka, S. M. (2004). The attribute hierarchy method for cognitive assessment: A variation on Tatsuoka's rule-space approach. *Journal of educational measurement*, 41(3).

Leighton, J. , P. , & Gierl, M. (2007a). Cognitive diagnostic assessment for education: Theory and Applications. Cambridge, UK: Cambridge University Press.

Leighton, J. , P. , & Gierl, M. (2007b). Defining and evaluating models of cognition used in educational measurement to make inferences about examinees' thinking processes. *Education measurement: Issues and practice*, 26.

Leighton, J. , P. , & Gierl, M. (2007c). Verbal reports as data for cognitive diagnostic assessment. In J. P. Leighton & M. Gicrl (Eds.), *Cognitive diagnostic assessment for education: Theory and Applications*. Cambridge, UK: Cambridge university press.

Leighton, J. , P. , Gierl, M. , & Hunka, S. M. (2004). The attribute hierarchy method for cognitive assessment: A variation on Tatsuoka's rule-space approach. *Journal of Educational Measurement*. 41(3).

Leighton, J. , P. , Gierl, M. , & Hunka, S. , M. (2004). The attribute hierarchy method for cognitive assessment: A variation on Tatsuoka's rule-space approach. *Journal of educational measurement*, 41(3).

Leighton, J. , P. , Gierl, M. , & Hunka, S. , M. (1999). Attribute in Tatsuoka's rule-space model. Poster presented at the annual meeting of the National Council on Measurement in Education, Montreal, Quebec, Canada.

Lewis, A. , B. , & Mayer, R. , E. (1987). Students' miscomprehension of relational statements in arithmetic word problems. *Journal of Educational Psychology*, 79(4).

Li, Y. , H. , & Schafer, W. , D. (2005). Trait parameter recovery using multidimensional computerized adaptive testing in reading and mathematics. *Applied Psychological Measurement*, 29(1).

Liu, H., You, X., Wang, W., Ding, S., & Chang, H. (2010). *Large-scale applications of cognitive diagnostic computerized adaptive testing in China*. Paper presented at the annual meeting of National Council on Measurement in Education, Denver, CO, April.

Lord, F. M. (1980). *Applications of item response theory to practical testing problems*. Hillsdale, NJ: Lawrence Erlbaum Associates.

Macready, G. B., & Dayton, C. M. (1977). The use of probabilistic models in the assessment of mastery. *Journal of Educational Statistics*, 33.

Makransky, G. (2009). *An Automatic Online Calibration Design in Adaptive Testing*. The 2009 GMAC Conference on Computerized Adaptive Testing. Retrieved August 1, 2010.

Maris, E. (1999). Estimating multiple classification latent class models. *Psychometrika*, 64(2).

Marveled, J., M., Glas, C., A., Landeghem, G., V., & Damme, J., V. (2006). Application of multidimensional item response theory models to longitudinal data. *Educational and Psychological Measurement*, 66(1).

Maydeu-Olivares, A. (2001). Multidimensional item response theory modeling of binary data: Large sample properties of NOHARM estimates. *Journal of Educational and Behavioral Statistics*, 26(1).

Mayer, R., E. (1992). *Thinking, problem solving, cognition* (2nd). New York: W. H. Freeman and Company.

Mayer, R., E., & Hegarty, M. (1996). The Process of Understanding Mathematical Problems. In: R J Sternberg, Talia Ben-Zeev (eds.). *The Nature of Mathematical Thinking*. Hillsdale, NJ: Lawrence Erlbaum Associates.

McGlohen, M. K. (2004). *The application of cognitive diagnosis and computerized adaptive testing to a large-scale assessment*. Unpublished doctoral thesis, University of Texas at Austin.

McGlohen, M., K., & Chang, H., H. (2008). Combining computer adaptive testing technology with cognitively diagnostic assessment. *Behavior Research Methods*, 40.

Mislevy, R., J., & Bock, R., D. (1989). A hierarchical item-response model for educational testing. In R. D. Bock (Ed.), *Multilevel analysis for educational data*. San Diego, CA, Academic Press.

Mislevy, R., J., & Bock, R., D. (1990). PC-BILOG 3, Item analysis and test scoring with binary logistic models, MooresviUe, IN, Scientific Software, Inc.

Mislevy, R., J. (1983). Item response models for grouped data, *Journal of Educational Statistics*, 8.

Mislevy, R., J. (1993). Foundations of a new test theory. In: N., Frederiksen, R., F., Mislevy & I., Bejar (Eds). Test theory for a new generation of tests. Hills dale, NJ: LEA.

Mislevy, R., J. (1994). Evidence and inference in educational assessment. *Psychometrika*, 59.

Mislevy, R., J. (1996). Test theory reconceived. *Journal of educational measurement*, 33.

Mislevy, R., J., Steinberg, L., S., & Almond, R., G. (2003). On the role of task model variables in assessment design. In S. Irvine & P. Kyullonene (Eds.), *Generating items for cognitive tests: Theory and practice*. Hillsdale, NJ: Erlbaum.

Nesher, P. (1982). Levels of description in the analysis of addition and subtraction word problems. In: T., P., Carpenter, J., M., Moser, T., A., Romberg (eds.). *Addition and subtraction: A cognitive perspective*. Hillsdale, NJ: Lawrence Erlbaum Associates, Inc.

Nichols, P. (1994). A framework of developing cognitively diagnostic assessments. *Review of educational research*, 64.

Norris, S., P., Macnab, J., S., & Phillips, L., M. (2007). Cognitive modeling of performance on diagnostic achievement tests: A philosophical analysis and justification. In J. P. Leighton & M. Gierl (Eds.), *Cognitive diagnostic assessment for education: Theory and Applications*. Cambridge, UK: Cambridge university press.

Orlando, M., & Thissen, D. (2000). New item fit indices for dichotomous item response theory models. *Applied Psychological Measurement*, 24(1).

Parsad, R. (2008). MODULE-I Computer Usage and Statistical Software Packages. In R. Parsad, V. K. Gupta, L. M. Bhar, & V. K. Bhatia (Eds.), Advances in Data Analytical Techniques: E-Book. Retrieved November 2, 2010.

Qi, S., Dai, H., Ding, S. (2004). Comparing ANOTE with MULTILOG and PARSCALE on parameter estimation. Paper presented at NCME.

Reckase, M., D. (2009). *Multidimensional Item Response Theory*. In: C. R. Rao, Handbook of Statistics, volume, 26. Elsevier B. V.

Reckase, M., D., & McKinley, R. L. (1982). Some Latent Trait Theory in a Multidimensional Latent Space. Iowa City, IA: American College Service.

Reckase, M., D., & McKinley, R. L. (1991). The discriminating power of items that measure more than one dimension. *Applied Psychological Measurement*, 15(4).

Reise, S., P., Meijer, R., R., & Andrew, T. (2006). Application of Group-Level Item Response Models in the Evaluation of Consumer Reports About Health Plan Quality, *Multivariate Behavioral Research*, 41.

Riley, M., S., Greeno, J., G., & Heller, J., I. (1983). Development of children's problem solving ability in arithmetic. Ginsburg H P(Ed.). *The development of mathematical thinking*. New York: Academic Press.

Rosen, K., H. (2003). Discrete Mathematics and its Applications(5th ed.), China Machine Press.

Roussos, L., A., DiBello, L. V., Stout W., Hartz, S. M., Henson, R. A., & Templin, J. L. (2007). The Fusion Model Skills Diagnostic System. In J. P. Leighton., and M. J. Gierl. (Eds.), Cognitive Diagnostic Assessment for Education: Theory and Applications, Cambridge University Press.

Roussos, L., A., DiBello, L., V., Stout, W., Hartz, S., M., Henson, R., A., & Templin, J., L. (2007). The Fusion Model Skills Diagnostic System. In J. P. Leighton., and M. J. Gierl, (Eds.), *Cognitive Diagnostic Assessment for Education: Theory and Applications*, Cambridge University Press.

Rupp, A., A., & Mislevy, R., J. (2007). Cognitive Foundations of Structured Item Response Models. In J. P. Leighton., and M. J. Gierl, (Eds.), *Cognitive Diagnostic Assessment for Education: Theory and Applications*, Cambridge University Press.

Rupp, A., A., & Templin, J. (2008). The effects of Q-Matrix misspecification on parameter estimates and classification accuracy in DINA model. *Educational and Psychological Measurement*. 68(1).

Rupp, A., Templin, J., & Henson, R. (2010). *Diagnostic measurement: Theory, methods, and applications*. New York: Guilford.

Samejima, F. (1969). Estimation of latent ability using a response pattern of graded scores. *Psychometrika* Monograph，17.

Samejima，F.（1995）. Acceleration model in the heterogeneous case of the general graded response model. *Psychomatrika*，60.

Samejima，F.（1997）. Graded Response Model. Van der Linden W. J. ，& Hambleton R. K.（Eds.）. *Handbook of modern item response theory*（pp. 85-100）. Springer-New York press.

Sewell，W.，H.，& Shah，V.，P.（1967）. Socioeconomic status，intelligence，and the attainment of higher education. Sociology of Education，40(1).

Shih，S.，C.，& Kuo，B.，C.（2005）. Using Bayesian Networks for Modeling Students' Learning Bugs and Sub-skills. *Lecture Notes in Artificial Intelligence*，Vol. 3681.

Sinharay，S.，& Almond，R.，G.（2007）. Assessing fit of cognitive diagnostic models：A case study. *Educational and Psychological Measurement*，67（2）.

Stocking，M.（1988）. *Scale drift on-line calibration.*（ETS Research Report 88-28-ONR）. Princeton，NJ：Educational Testing Service.

Sympson，J. B.（1978）. A model for testing with multidimensional items. Paper presented at the Proceedings of the 1977 computerized adaptive testing conference，Minneapolis，MN.

Tabachnik，B.，G.，& Fidell，L.，S.（1989）. *Using multivariate statistics*（*2nd ed.*）. New York：HarperCollins.

Tate，R.，L.，& Heidorn，M.（1998）. School-level IRT scaling of writing assessment data，*Applied Measurement in Education*，11.

Tate，R.，L.，& Heidorn，M.（1999）. School-level IRT year to year performance changes，*Educational and Psychological Measurement*，59.

Tate，R.，L.，& King，F.，J.（1994）. Factors which influence precision of school-level IRT ability estimate，*Journal of Educational Measurement*，31.

Tate，R.，L.（1995）. Robustness of the school-level IRT model，*Journal of Educational Measurement*，32.

Tate，R.，L.（2000）. Robustness of the school-level polytomous IRT model，*Educational and Psychological Measurement*，60.

Tate，R.，L.，King，F.，J.，& Hills，J.，R.（1991）. A comparison of the Duplex and Attainment designs for Florida assessment programs(Technical report)，Tallahassee，FL，Florida Department of Education.

Tatsuoka, C. (2002). Data analytic methods for latent partially ordered classification models. *Journal of the Royal Statistical Society: Series C (Applied Statistics)*, 51.

Tatsuoka, K., K & Tatsuoka, M., M. (1997). Computerized cognitive diagnostic adaptive testing: effect on remedial instruction as empirical validation. *Journal of Educational Measurement*, 34(1).

Tatsuoka, K., K, Corter, J., E., & Tatsuoka, C. (2004). Patterns of diagnosed mathematical content and process skills in TIMM-R across a sample of 20 countries. *American educational research journal*, 41(4).

Tatsuoka, K., K. (1983). Rule Space: An approach for dealing with misconceptions based on item response theory. *Journal of Educational Measurement*, 20(4).

Tatsuoka, K., K. (1990). Toward integration of item response theory and cognitive error diagnoses. In N. Frederiksen, R. L. Glasser, A. M. Lesgold, and M. G. Shafto (Eds.), *Diagnostic monitoring of skills and knowledge acquisition*. Hillsdale, NJ: Lawrence Erlbaum Associates.

Tatsuoka, K., K. (1991). Boolean algebra applied to determination of universal set of knowledge states. Princeton, NJ: Educational Testing Service. 91-44-ONR.

Tatsuoka, K., K. (1995). Architecture of knowledge structure and cognitive diagnosis: A statistical pattern recognition and classification approach. In P. D. Nichols, S. F. Chipman, and R. L. Brennan (Eds.), *Cognitively Diagnostic Assessment*. Hillsdale, NJ: Lawrence Erlbaum Associates.

Tatsuoka, K., K. (2009). *Cognitive Assessment: An introduction of the rule space method*. Routledge, New York, NY 10016.

Tatsuoka, K., K. (1990). Toward an integration of Item Response Theory and cognitive error diagnosis. In N. Frederiksen, R. Glaser, A. Lesgold, & M. Shafto (Eds.), Diagnostic monitoring of skill and knowledge acquisition. New Jersey: Lawrence Erlbaum Associates Publishers.

Tatsuoka, K., K. (1993). Item construction and psychometric models appropriate for constructed responses. In: Bennett & W., Ward (Eds.), *Construction versus choice in cognitive measurement*. Hillsdale, NJ: Lawrence Erlbaum Associates.

Tatsuoka, K., K., James, E., & Tatsuoka, C. (2004). Patterns of diagnosed mathematical content and process skills in TIMSS-R across a sample of 20 countries, *American Educational Research Journal*, 41(4).

Templin, J. L., & Henson, R. A. (2006). Measurement of psychological disorders using cognitive diagnosis models. Psychological Methods, 11(3).

Tom, Verguts & Paul, D., B. (2002). The induction of solution rules in Raven's Progressive. *European Journal of Cognitive Psychology*, 14(4).

Torre, J. D. L., & Douglas, J. A. (2008). Model evaluation and multiple strategies in cognitive diagnosis: an analysis of fraction subtraction data. psychometrika, 73(4).

Tu, D., B., Cai, Y., & Dai, H., Q. (2012a). A multiple-strategies cognitive diagnosis model: MSCD model. The 30th ICP, Cape Town, South Africa.

Tu, D., B., Cai, Y., & Dai, H., Q. (2012b). A Polytomous extension of High Order DINA Model. The 30th ICP, Cape Town, South Africa.

van der Linden, W., J., & Glas, C., A. (2000). Capitalization on item calibration error in adaptive testing. *Applied Measurement in Education*, 13.

Vomlel, J. (2004). Bayesian networks in educational testing. International Journal of Uncertainty., *Fuzziness and Knowledge-Based System*. 1.

von Davier, M. (2005). *A general diagnostic model applied to language testing data* (ETS Research Report No. RR-05-16). Princeton, NJ: ETS.

Wainer, H. (1990). *Computerized adaptive testing: A primer*. Hillsdale, NJ: Erlbaum.

Wainer, H., & Mislevy, R. J. (1990). Item response theory, item calibration, and proficiency estimation. In H. Wainer (Ed.), *Computerized adaptive testing: A primer*. Hillsdale, NJ: Erlbaum.

Wainer, H., & Mislevy, R. (2000). *Computerized adaptive testing: a primer* (2nd ed.). New Jersey: Lawrence Erlbaum Washington.

Wang, C., J., & Gierl, M., J. (2007). *Investigating the Cognitive Attributes Underlying Student Performance on the SAT Critical Reading Subtest: An Application of the Attribute Hierarchy Method*. Paper presented at the 2007 annual meeting of the National Council on Measurement in Education.

Wang, C., J., Gierl, M., J., & Leighton, J., P. (2006). Using attribute hierarchy method on a reading test. Para prepared for the gradeates student poster session at the 2006 NCME, San Francisco, California.

Weiss, D. J. (1982). Improving measurement quality and efficiency with adaptive testing. *Applied Psychological Measurement*，6.

Wen，J.，B.（2003）. *Application of the Rule Space Model in Computerized Adaptive Testing for Diagnostic Assessment*. Unpublished Doctorial Dissertation，The Chinese University of Hong Kong.

Wu，M.，L.，Adams，R.，J.，& Wilson，M.，R.（1997）. ConQuest：Generalized item response modeling software. ACER，Victoria，Australia.

Xu，X.，& von Davier，M.（2008）. *Linking for the general diagnostic model*（ETS Research Report No. RR-08-08）. Princeton，NJ：Educational Testing Service.

Xu，X.，Chang，H.，& Douglas，J.（2003）. A Simulation Study to Compare CAT Strategies for Cognitive Diagnosis. Paper presented in American Educational Research Association.

Xu，X.，Chang，H.，& Douglas，J.（2005）. Computerized adaptive testing strategies for cognitive diagnosis. Paper presented at the annual meeting of National Council on Measurement in Education，Montreal，Canada.

Yang，X.，D.，& Embretson，S.，E.（2007）. Construct validity and cognitive diagnostic assessment. In J. P. Leighton & M. Gierl（Eds.），*Cognitive diagnostic assessment for education：Theory and Applications*. Cambridge，UK：Cambridge university press.

Yao，L.，H.（2003）. BMIRT：Bayesian multivariate item response theory. CTB/McGraw-Hill，Monterey，CA.

Yao，L.，H.，& Boughton，K.（2009）. Multidimensional linking for tests with mixed item types. *Journal of Educational Measurement*. 46（2）.

Yao，L.，H.，& Schwarz，R.（2006）. A multidimensional partial credit model with associated item and test statistics：An application to mixed-format tests. *Applied Psychological Measurement*，30（6）.

Yao，Y.，Y.（1998）. A Comparative Study of Fuzzy Sets and Rough Sets. *Information Sciences*，109.

Zeng，L.，Y.，Ding，S.，L.，& Gen，D.，W.（2010）. Test construction for cognitive diagnosis. 2010 Asia-Pacific conference on wearable computing system，Shenzheng，China，17-18，April.

Zhang，B.，& Clement，A.，S.（2008）. Evaluating item fit for multidimensional item response model. *Educational and Psychological Measurement*，68（2）.

Zhang，B.，& Stone，C.（2004）. Direct and indirect estimation of three parameter compensatory multidimensional item response models. Paper presented at the annual meeting of the American Educational Research Association，San Diego，CA.

Zhang，W.，M.（2006）. *Detecting differential item functioning using the DINA model*. Unpublished doctoral dissertation，University of North Carolina at Greensboro.

［中文参考文献(含中译本)］

Martin，T.，Hagan，Howard，B.，Demuth，Mark，H.，& Beale. （2002）著，戴葵译. 神经网络设计，北京：北京机械工业出版社.

蔡艳，丁树良，涂冬波，戴海琦. （2012）. 群体水平 IRT 模型及其应用——兼与 IRT 的比较. 心理科学.

蔡艳，丁树良，涂冬波. （2011）. GIRT 的 2 参数模型参数估计——兼与 IRT 的比较. 江西师范大学学报(自然科学版)，35(3).

蔡艳，丁树良，涂冬波. （2011a）. 英语阅读问题解决的认知诊断. 心理科学，34(2).

蔡艳，苗莹，涂冬波. （2016）. 多级评分的认知诊断计算机化适应测验. 心理学报，10.

蔡艳，谭辉晔，涂冬波. （2015）. 哪个测验 Q 矩阵更合理：基于 DINA 模型测验 Q 矩阵合理性侦查指标及其比较与应用. 心理科学，5.

蔡艳，涂冬波，丁树良. （2013）. 五大认知诊断模型的诊断正确率比较及其影响因素：基于分布形态、属性数及样本容量的比较. 心理学报，11.

蔡艳，涂冬波，丁树良. （2014）. 基于群体水平评估的认知诊断模型开发与应用. 心理科学，2.

蔡艳，涂冬波，丁树良. （2014）. MIRT 模型中多维能力及其相关矩阵估计的影响因素. 心理学探新，2014，5.

蔡艳，涂冬波，丁树良. （2010）. 认知诊断测验编制的理论及方法. 考试研究. 6(3).

蔡艳，涂冬波，丁树良. （2014）. 基于群体水平评估的认知诊断模型开发与应用. 心理科学，2.

蔡艳，涂冬波，丁树良. （2013）. 五大认知诊断模型的诊断正确率比较及其影响因素，基于分布形态、属性数及样本容量的比较. 心理学报，11.

蔡艳，涂冬波. （2015）. 属性多级化的认知诊断模型拓展及其 Q 矩阵设计.

心理学报，10.

蔡艳．（2016）．CAT 中能力参数估计方法的改进：R-MLE 估计法．心理学探新，1.

蔡艳．（2010）．基于群体水平的英语阅读问题解决能力评估及认知诊断．江西师范大学博士学位论文.

曹亦薇．（2001）．异常反应模式的识别和分类．心理学报，33(6).

陈德枝，戴海琦，赵顶位．（2009）．规则空间方法与属性层次方法的诊断准确性比较．心理科学．32(2).

陈平，辛涛．（2011a）．认知诊断计算机化自适应测验中在线标定方法的开发．心理学报，43(6).

陈平，辛涛．（2011b）．认知诊断计算机化自适应测验中的项目增补．心理学报，43(7).

陈平．（2011）．认知诊断计算机化自适应测验的项目增补——以 DINA 模型为例．博士学位论文，北京师范大学.

陈秋梅，张敏强．（2010）．认知诊断模型发展及其应用方法述评．心理科学进展，18(3).

陈英和，仲宁宁，耿柳娜．（2004）．关于数学应用题心理表征策略的新理论．心理科学，11(1).

戴海崎，刘声涛．（2004）．瑞文测验项目认知难度因素分析及 LLTM 拟合验证．心理与行为研究，2.

戴海琦，陈德枝，丁树良，邓太萍．（2006）．多级评分题计算机自适应测验选题策略比较．心理学报，38(5).

戴海琦，刘润香．（2010）．中学生图形推理认知特征诊断．心理与行为研究，8(1).

戴海琦，罗照盛．（2010）．心理测量学．北京：高等教育出版社.

戴海琦，宋宜梅．（2008）．基于认知诊断的被试类比推理测验行为分析．心理科学，31(4).

戴海琦，张锋，陈雪枫．（2007）．心理与教育测量(第二版)．广州：暨南大学出版社.

戴海琦，张青华．（2004）．规则空间模型在描述统计学习模式识别中的应用研究．心理科学，27(4).

单昕彤，涂冬波，蔡艳．测验相对拟合检验方法 CVLL 法在认知诊断中的拓展及应用．（2017）．心理科学，2.

丁树良，罗芬．（2005）．求偏序关系．Hasse 图的算法．江西师范大学学报

（自然科学版），29(2).

丁树良，汪文义，杨淑群(2009). 认知诊断测验编制的原则. 中国科技论文在线，http://www.paper.edu.cn/，[2019-04-20].

丁树良，汪文义，杨淑群. (2011). 认知诊断测验蓝图的设计. 心理科学. 34(2).

丁树良，杨淑群，汪文义. (2010). 可达矩阵在认知诊断测验编制中的重要作用. 江西师范大学学报(自然科学版)，34(5).

丁树良，祝玉芳，林海菁，蔡艳. (2009). Tatsuoka Q 矩阵理论的修正. 心理学报，41(2).

高旭亮，涂冬波，王芳，张龙，李雪莹. (2016). 可修改答案的计算机化自适应测验的方法. 心理科学进展，24(4).

龚光鲁，钱敏平(2004). 应用随机过程教程及在算法和智能计算机中的随机模型. 北京：清华大学出版社.

胡竹菁. (2010). 平均数差异显著性检验统计检验力和效果大小的估计原理与方法. 心理学探新，30(1).

康春花，戴海崎. (2001). 采用 LLTM 作测量与认知结合研究的初步探讨. 心理科学，5.

康春花，任平，曾平飞. (2015). 非参数认知诊断方法：多级评分的聚类分析. 心理学报，8.

康春花，辛涛. (2010). 测验理论的新发展：多维项目反应理论. 心理科学进展，18(3).

李峰，余娜，辛涛. (2009). 小学四，五年级数学诊断性测验的编制：基于规则空间模型的方法. 心理发展与教育，3.

林崇德，沃建中，陈浩莺，曹凌雁. (2003). 小学生图形推理策略发展特点的研究. 心理科学，26(1).

林海菁，丁树良. (2007). 具有认知诊断功能的计算机化自适应测验的研究与实现. 心理学报，39(4).

罗欢，丁树良，汪文义，喻晓锋，曹慧媛. (2010). 属性不等权重的多级评分属性层级方法. 心理学报，42(4).

毛萌萌. (2008). AHM 模型下的新分类方法. 江西师范大学学位论文.

毛秀珍，辛涛. (2011). 认知诊断 CAT 中选题策略的改进. 北京师范大学学报(自然科学版)，47(3).

茆诗松，王静龙，濮晓龙. (1998). 高等数理统计. 北京：高等教育出版社.

漆书青，等. (2002). 现代教育与心理测量学原理. 北京：高等教育出版社.

钱锦昕，余嘉元．（2010）．认知诊断中基于神经网络的 PSP 方法．心理科学，33(4)．

屈婉玲，耿素云，张立昂．（2008）．离散数学．北京：高等教育出版社.

斯腾伯格．（2001）．超越 IQ——人类智力的三元理论．上海：华东师范大学出版社.

孙佳楠，张淑梅，辛涛和包珏．（2011）．基于 Q 矩阵和广义距离的认知诊断方法．心理学报．43(9)．

田伟，辛涛．（2012）．基于等级反应模型的规则空间方法．心理学报，44(2)．

涂冬波，蔡艳，戴海琦，丁树良．（2011）．HO-DINA 模型的 MCMC 参数估计及模型性能研究．心理科学，34(6)．

涂冬波，蔡艳，戴海琦，漆书青．（2008）．现代测量理论下四大认知诊断模型述评．心理学探新，28(2)．

涂冬波，蔡艳，戴海琦．（2013）．认知诊断 CAT 选题策略及初始题选取方法．心理科学，36(2)．

涂冬波，蔡艳，丁树良．（2012）．认知诊断：理论、方法与应用．北京，北京师范大学出版社.

涂冬波，蔡艳，漆书青，丁树良，戴海琦．（2009）．项目反应理论新进展——题组模型及其参数估计的实现．心理科学，32(6)．

涂冬波，蔡艳，戴海琦，丁树良．（2010）．一种多级评分的认知诊断模型：P-DINA 模型的开发．心理学报，42(10)．

涂冬波，戴海琦，蔡艳，丁树良．（2010）．小学儿童数学问题解决的认知诊断．心理科学，33(6)．

涂冬波，蔡艳，戴海琦，丁树良．（2011）．多维项目反应理论：参数估计及其在心理测验中的应用．心理学报，43(11)．

涂冬波，蔡艳，戴海琦，丁树良．（2011）．HO-DINA 模型的 MCMC 参数估计及模型性能研究．心理科学，34(6)．

涂冬波，蔡艳，戴海琦，丁树良．（2011）．项目反应论新进展：基于 3PLM 和 GRM 的混合模型．心理科学，34(5)．

涂冬波，蔡艳，戴海琦，丁树良．（2012）．一种多策略的认知诊断方法：MSCD 方法的开发．心理学报，44(11)．

涂冬波，蔡艳，戴海琦．（2013）．基于 HO-DINA 模型的多级评分认知诊断模型的开发．心理科学，36(4)．

涂冬波，蔡艳，戴海琦．（2013）．基于项目自动生成的认知诊断测验开发．心理科学，36(1)．

涂冬波，蔡艳，戴海琦．（2012）．基于 DINA 模型的 Q 矩阵修正方法．心理学报，44(4)．

涂冬波，蔡艳，戴海琦．（2013）．认知诊断 CAT 选题策略及初始题选取方法．心理科学，36(2)．

涂冬波，蔡艳，戴海琦．（2013）．几种常用非补偿型认知诊断模型的比较与选用：基于属性层级关系的考量．心理学报，45(2)．

涂冬波，蔡艳．（2015）．基于属性多级化的认知诊断计算机化自适应测验设计与实现．心理学报，11．

涂冬波，戴海琦，蔡艳，丁树良．（2010）．小学儿童数学问题解决的认知诊断．心理科学，33(6)．

涂冬波，漆书青，戴海琦，蔡艳，丁树良．（2008）．教育考试中的认知诊断评估．考试研究，4(4)．

涂冬波，漆书青，蔡艳，戴海琦，丁树良．（2008）．IRT 模型参数估计的新方法——MCMC 算法．心理科学，31(1)．

涂冬波，漆书青．（2007）．认知诊断与大规模统一考试的改革．教育与考试，1(1)．

涂冬波，漆书青．（2009a）．认知诊断基本理论与方法．中国科技论文在线，http//www. paper. edu. cn/ index. php/default/releasepaper/content/33864，[2019-03-16]．

涂冬波，漆书青．（2009b）．认知诊断计量模型的开发及应用．中国科技论文在线．http// www. paper. edu. cn/index. php/default/ releasepaper/content/34111，[2019-03-16]．

涂冬波，张心，蔡艳，戴海琦．（2014）．认知诊断资料-模型拟合检验统计量及应用，心理科学，37(1)．

涂冬波，张心，蔡艳，戴海琦．（2014）．认知诊断模型-资料拟合检验统计量及其性能．心理科学，1．

汪文义，丁树良，游晓锋．（2011）．计算机化自适应诊断测验中原始题的属性标定．心理学报，43(8)．

汪文义．（2009）．计算机化自适应测验选题策略研究——以 GRM 和 DINA 模型为例．江西师范大学硕士学位论文．

文剑冰．（2003）．规则空间模型在诊断性计算机化自适应测验中的应用．香港中文大学博士学位论文．

吴方文，涂冬波，刘明矾．（2017）．分离型的多级评分认知诊断模型开发及其应用研究．心理科学，1．

吴方文．（2015）．补偿型的多级评分认知诊断模型的开发及其在抑郁症状评估中的运用研究．江西师范大学硕士毕业论文．

吴智辉，甘登文，丁树良．（2011）．可达阵在认知诊断选题策略中的运用研究．江西师范大学学报（自然科学版），4．

辛涛，乐美玲，张佳慧．（2012）．教育测量理论新进展及发展趋势．中国考试，5．

徐速．（2006）．小学数学学习心理研究．杭州：浙江大学出版社．

杨淑群，蔡声镇，丁树良，林海菁，丁秋林．（2008）．求解简化Q矩阵的扩张算法．兰州大学学报（自然科学版），3．

杨向东，Lorraine，Chiu，卫芸．（2011）．数学应用题中语言成分模型的构建——多元随机效应项目反应理论模型的运用．心理学报，43(4)．

杨智为，林佳桦，杨思伟，许曜瀚．（2008）．基于学生概念结构之适性测验算法．全国教育与心理统计与测量学术年会暨第八届海峡两岸心理与教育测验学术研讨会．云南：昆明．

游晓锋，丁树良，刘红云．（2010）．计算机化自适应测验中原始题项目参数的估计．心理学报，42(7)．

余嘉元．（1995）．运用规则空间模型识别解题中的认知错误．心理学报，2．

余娜，辛涛．（2009）．认知诊断理论的新进展．考试研究，5(3)：22-34．

喻晓锋，丁树良，秦春影，陆云娜．（2011）．贝叶斯网在认知诊断属性层级结构确定中的应用．心理学报，43(3)．

喻晓锋，丁树良，秦春影．（2012）．朴素贝叶斯网分类器在认知诊断分类中的应用研究，统计与决策，3．

喻晓锋．（2015）．认知诊断评价中测验属性界定及诊断模型开发研究．江西师范大学博士学位论文，南昌．

喻晓锋．（2009）．贝叶斯网在认知诊断中的应用，江西师范大学硕士学位论文．

詹沛达，边玉芳，王立君．（2016）．重参数化的多分属性诊断分类模型及其判准率影响因素．心理学报，48(3)．

詹沛达，王立君，陈飞鹏．（2013）．不同因素对认知诊断DINO模型诊断准确率的影响．考试研究，4．

张连文，郭海鹏．（2006）．贝叶斯网引论．北京：科学出版社．

张敏强，简小珠，陈秋梅．（2011）．规则空间模型在瑞文智力测验中的认知诊断分析．心理科学，34(2)．

张淑梅，包钰，郭文海．（2013）．一种多级评分的广义认知诊断模型．心理学探新，5.

赵春来，徐明曜．（2008）．抽象代数：Ⅰ．北京：北京大学出版社.

周婕，丁树良，陈平．（2007）．多级评分 CAT 的认知诊断方法．江西师范大学学报（自然科学版），（4）.

周新林，张梅玲．（2003）．加减文字题解决研究概述．心理科学进展，11(6)．

祝玉芳，丁树良．（2009）．基于等级反应模型的属性层级方法．心理学报，41(3)．

祝玉芳，王黎华，丁树良，汪文义．（2015）．多策略的多级评分认知诊断方法的开发．江西师范大学学报（自然科学版），4.

左孝凌，李为鑑，刘永才．（1982）．离散数学．上海：上海科学技术文献出版社.